머신러닝을 활용한
소셜 빅데이터 분석과
미래신호 예측

송태민, 송주영 지음

한·
나·래
아카데미

머신러닝을 활용한
소셜 빅데이터 분석과 미래신호 예측

2017년 2월 21일 1판 1쇄 박음
2017년 2월 28일 1판 1쇄 펴냄

지은이 | 송태민·송주영
펴낸이 | 한기철

펴낸곳 | 한나래출판사
등록 | 1991. 2. 25 제22-80호
주소 | 서울시 마포구 토정로 222, 한국출판콘텐츠센터 309호
전화 | 02-738-5637·팩스 | 02-363-5637·e-mail | hannarae91@naver.com
www.hannarae.net

ⓒ 2017 송태민·송주영
ISBN 978-89-5566-200-9 93310

2016년 1월 제46차 다보스포럼은 '4차 산업혁명의 이해(Mastering the 4th Industrial Revolution)'를 주제로 디지털 시대로의 전환이 경제·사회·인간 행태에 미치는 영향을 논의하였다. 이 포럼에서는 4차 산업혁명으로 주목받는 인공지능(AI)과 사물인터넷(IoT)이 빅데이터의 '자동화와 연결성'에 기반하여 집적한 데이터를 분석하고 활용함으로써 가까운 미래에 우리의 삶을 획기적으로 변화시킬 것으로 예측하였다.

세계 각국의 정부와 기업들은 빅데이터의 활용과 가치창출이 미래 국가 경쟁력에 큰 영향을 미칠 것으로 기대하고 있다. 주요국들은 안전을 위협하는 글로벌 요인이나 테러·재난재해·질병·위기 등에 선제적으로 대응하기 위해 빅데이터를 활용한 시스템을 우선적으로 도입하고 있다. 특히, SNS를 통해 생산되는 소셜 빅데이터를 분석·활용함으로써 사회적 문제를 해결하고 미래를 예측하기 위해 적극적으로 노력하고 있다.

미래예측은 과거의 기억과 현재의 경험을 토대로 삼아 다음에 일어날 일을 예측하는 것이다. 미래의 상황을 과학적으로 예측하는 것은 기술, 시장, 조직, 정책 등 광범위한 분야에서 매우 중요하고 필요한 일이다. SNS를 비롯한 온라인 채널에서 생산되는 텍스트 형태의 비정형 데이터를 집적하여 분석하는 소셜 빅데이터에 기반한 미래예측은 경제·사회의 실제 현상을 반영함으로써 정보로서 매우 높은 가치를 지닌다. 이에 따라 최근 소셜 빅데이터를 활용한 미래예측 연구가 진행되고 있으나 수집기술과 분석기술의 어려움으로 활발히 이루어지지 못하고 있다.

트위터 등 온라인 채널에서 수집되는 소셜 빅데이터는 데이터의 형식이 복잡하고 방대할 뿐만 아니라 그 생성 속도가 매우 빨라 기존의 데이터 처리 방식이 아닌 새로운 분석방법을 필요로 한다. 이에 따라 소셜 빅데이터를 활용하여 복잡하고 다양한 사회현상을 분석하고 미래를 예측할 수 있는 능력을 지닌 데이터 사이언티스트(data scientist)의 역할이 매우 중요하다 할 수 있다.

그동안 저자들은 급속히 변화하는 사회현상을 예측하여 선제적으로 대응하기 위해 정형화된 빅데이터와 소셜 빅데이터를 연결하여 분석하는 연구에 노력을 경주해왔다. 이 책역시 그러한 연구의 결과로, 실제로 소셜 빅데이터를 분석하여 미래를 예측하고 정책을 개발하기 위해 필요한 데이터 수집부터 분석과 고찰에 이르는 전체 연구과정을 자세히 담았다. 또한 온라인 문서에서 유용한 정보를 추출하는 텍스트 마이닝, 문서에 담긴 감정을 분석하는 오피니언 마이닝, 키워드 간 상호관계를 예측하는 머신러닝과 시각화 분석 과정 등을 깊이 있게 다루었다.

이러한 점에서 이 책은 몇 가지 특징을 지닌다.

첫째, 이 책에 수록된 소셜 빅데이터 연구 사례의 모든 분석에는 기본적으로 오픈소스 프로그램인 R을 사용하였고 일부 분석내용은 SPSS와 비교하여 설명하였다. 이로써 독자들이 통계분석, 머신러닝, 그리고 시각화 분석 등을 통하여 분석결과를 비교할 수 있도록 하였다.

둘째, 기본적인 통계지식을 지닌 독자라면 누구나 쉽게 따라할 수 있도록 연구 단계별로 본문을 구성하고 상세히 기술하였다.

셋째, 대부분의 소셜 빅데이터 연구를 위한 실전자료와 분석결과는 국내외 학회지에 게재하여 검증을 받았다.

넷째, 소셜 빅데이터 연구를 위한 방법론과 함께 실제 연구사례를 담아 독자들이 사회현상 분석 및 정책 수요예측을 위한 연구에 쉽게 적용할 수 있도록 하였다.

이 책의 내용을 소개하면 다음과 같다.

1부에서는 소셜 빅데이터의 이론적 배경과 함께 소셜 빅데이터를 분석하기 위한 다양한 연구방법론을 설명하였다. 1장에는 빅데이터의 정의, 소셜 빅데이터 분석방법과 수집 및 분류 방법, 소셜 빅데이터 활용방안, 미래신호 예측방법론 등에 대해 상세히 기술하였다. 2장에는 소셜 빅데이터 분석 프로그램인 R의 설치 및 활용 방법을 소개하고, 소셜 빅데이터 분석을 위해 데이터 사이언티스트가 습득해야 할 과학적 연구방법에 관해 기술하였다. 3장에는 머신러닝의 랜덤포레스트, 의사결정나무분석, 분류모형 평가, 연관분석의 개념을 설명하고 분석사례를 기술하였다. 4장에는 소셜 빅데이터 분석결과를 시각적으로 표현하고 전달하는 과정인 시각화에 대해 상세히 기술하였다.

2부에서는 국내의 온라인 뉴스사이트, 블로그, 카페, 트위터, 게시판 등에서 소셜 빅데이터를 수집하고 실제로 분석한 연구사례를 기술하였다. 5장에는 '보건복지정책 미래신호 예측' 연구사례를 기술하였다. 6장에는 'ICT 미래신호 예측' 연구사례를 기술하였다. 7장에는 '비만 미래신호 예측' 연구사례를 기술하였다.

이 책에 기술된 대부분의 연구는 2016년부터 최근까지 국내 학회지 등에 게재된 것이며 일부는 해외 학회지에 게재하기 위해 작성된 논문으로 구체적인 분석내용들은 저자들의 의견임을 밝힌다. 이 책을 저술하는 데는 주변 분들의 많은 도움이 있었다. 먼저 본서의 출간을 가능하게 해주신 한나래아카데미 한기철 사장님과 조광재 상무님, 편집부 직원들께 감사의 인사를 드린다. 저자들이 집필하면서 참고한 서적이나 논문의 저자 분들께도 머리 숙여 감사를 드린다. 특히, 소셜 빅데이터 수집을 지원해주신 SKT 스마트인사이트의 김정선 박사님과 임직원들께 무한한 감사를 전한다.

끝으로 소셜 빅데이터 분석을 통하여 급속히 변화하는 사회현상을 예측하고 창조적인 발견을 이끌어내고자 하는 모든 분들에게 이 책이 실질적인 도움이 되기를 바란다. 나아가 빅데이터 연구의 학문적 발전을 이루고 더 나은 미래를 여는 길에 일조할 수 있기를 진심으로 희망한다.

2017년 2월
송태민, 송주영

일러두기

- 이 책의 2부(5~7장)에는 국내 학회지 등에 게재된 실제 연구사례를 기술하였다.
- 본문의 분석방법은 매뉴얼 형식으로 수록하여 초급자가 쉽게 따라 할 수 있도록 구성하였다.
- 본서에 사용된 모든 데이터 파일은 한나래출판사 홈페이지(http://www.hannarae.net) 자료실에서 내려받을 수 있다.
- R 프로그램은 R프로젝트의 홈페이지(http://www.r-project.org)에서 다운로드 받아 사용할 수 있다.
- 본서에 사용된 R 프로그램은 R-3.3.1 버전으로 본서의 R-설치 폴더에서 R-3.3.1-win. exe를 실행시킬 수 있다.
- SPSS 평가판 프로그램은 (주)데이타솔루션 홈페이지(http://www.datasolution.kr/ trial/trial.asp)에서 회원 가입 후 설치할 수 있다.

차례

1부 소셜 빅데이터 미래신호 예측방법론

1장 소셜 빅데이터 미래신호 예측과 활용방안

2장 소셜 빅데이터 미래신호 분석방법론

2부 소셜 빅데이터 미래신호 예측 연구실전

5장 보건복지정책 미래신호 예측

6장 ICT 미래신호 예측

1부에서는 소셜 빅데이터의 이론적 배경과 함께 분석을 위한 다양한 연구방법론을 기술하였다. 1장에는 소셜 빅데이터의 수집 및 분류, 분석 방법을 상세히 설명하고, 한 걸음 더 들어가 미래신호 예측방법론을 기술하였다. 2장에는 소셜 빅데이터 분석 프로그램인 R의 활용 방법을 소개하고, 데이터 사이언티스트가 습득해야 할 과학적 연구방법에 관해 기술하였다. 3장에는 머신러닝의 랜덤포레스트, 의사결정나무분석, 분류모형 평가, 연관분석의 개념을 설명하고 분석사례를 기술하였다. 4장에는 소셜 빅데이터 분석결과를 시각적으로 표현하고 전달하는 과정인 시각화에 대해 상세히 기술하였다.

1

소셜 빅데이터 미래신호 예측방법론

1장

소셜 빅데이터 미래신호 예측과 활용방안[1]

1 서론

미래예측(foresight)은 기술, 시장, 조직, 정책 등 광범위한 분야에서 미래의 상황을 과학적으로 예측하고 일련의 전략을 제시하는 가치창조적 행위다(Georghhiou et al., 2008). 미래예측은 단순히 미래의 모습을 전망하는 것을 넘어 바람직한 미래를 만들기 위해 현실 가능한 전략과 대안을 도출하는 것을 포함하는 개념이다(주재욱 외, 2016: p. 28). 주요 선진국들은 미래 변화의 트렌드를 파악하고 미래의 핵심기술을 선별하기 위하여 주기적으로 국가의 미래 트렌드를 분석하고 그 결과를 발표하고 있다(정근하, 2010: p. 6). 그동안 US Strategic Business Insight(BIS, 2011), Finland Futures Research Center(TrendWiki, 2011) 등 많은 연구 그룹들이 미래 트렌드를 예측하기 위해 다양한 연구를 시도해왔으나 대부분 전문가의 지식과 의견에 따라 미래를 전망하는 데 그쳤다(Yoo et al., 2009).

최근 소셜미디어의 확산으로 온라인상에 남긴 정치·경제·문화에 대한 메시지가 그 시대의 감성과 정서를 파악할 수 있는 원천으로 등장함에 따라 많은 국가와 기업에서는 SNS를 통하여 생산되는 소셜 빅데이터를 분석·활용함으로써 사회적 문제를 해결하고 미래를 예측하기 위해 적극적으로 노력하고 있다. 특히 SNS를 비롯한 온라인 채널에서 생산되는 텍스트 형태의 비정형 데이터는 실제 경제 및 사회에 미치는 영향력이 매우 높아 정보로서 높은 가치를 지닌다(박찬국·김현제, 2015: p. 39). 최근 국내에서는 소셜 빅데이터를 활용한 미래예측 연구가 진행되고 있으나(정근하, 2010; 민기영 외, 2014; 박찬국·김현재, 2015; 주재욱 외, 2016; 송태민·송주영, 2014,

---

1 본 연구의 일부 내용은 해외학술지에 게재하기 위하여 송주영 교수(펜실베이니아 주립대학교), 송태민 박사(한국보건사회연구원)가 공동으로 수행한 것임을 밝힌다.

2015, 2016 등) 수집기술과 분석기술의 어려움으로 활발히 확산되지 못하고 있다.

한편, 우울증은 정신병리학에서 '현대인의 정신적 감기'라고 불릴 정도로 남녀노소에 관계없이 일반인 모두에게 익숙한 용어이며 우울증의 폐해는 심각하다. 청소년기의 우울 증은 만성적이며 재발적인 경과를 나타낼 뿐만 아니라 대인관계 기능 및 학업성취에 악영 향을 미쳐 지속적인 신체성장을 방해하고, 다른 정신장애의 가능성을 증가시키는 등 중 요한 사회적 문제로 인식되고 있다(Fergusson et al., 2007). 전 세계 우울증 환자는 3억 5000 만 명에 이르고(WHO, 2012) 우울증에 따른 질병 부담은 2030년에는 1위가 될 것으로 예 측되나(WHO, 2008), 우울증 환자의 50% 이상이 적절한 치료를 받지 못하고 있다(WHO, 2014). 우리나라 만 19세 이상 성인의 우울장애 유병률은 6.7%이며, 이 중 18.2%만 정신문 제에 대한 상담 또는 치료 경험이 있는 것으로 나타났다(Ministry of Health and Welface of Korea & Korea Centers for Disease Control and Prevention, 2015). 우리나라 청소년의 우울증상 경험률은 2011년 32.8%, 2012년 30.5%, 2013년 30.9%, 2014년 26.7%로 점차 낮아지고 있으 나 여전히 높은 수준이다(Ministry of Education of Korea et al., 2015).

많은 선행연구를 통해 우울에 영향을 미치는 요인은 인구사회학적 요인, 생활습 관 요인, 질병관련 요인 등으로 보고되고 있다. 인구사회학적 요인으로는 여성일수록 (Silverstein, 2002), 가정 내 사회적 자본이 낮을수록(Ogburn et al., 2010), 이혼·사별·별 거 상태일수록(Rotermann, 2007) 우울에 더 영향을 미친다. 우울증의 대표적인 결과로 는 자살을 꼽는다. WHO에서는 자살 시도자들은 불안(anxiety), 우울(depression), 절망 (hopelessness) 상태를 경험하고, 자살 이외에 다른 대안이 없다고 느꼈을 것으로 보았다 (WHO, 2014). 캐나다에서 사후 부검을 통해 청소년의 사망원인을 연구한 결과 자살 사망 군에서 우울증이 있는 경우가 48.4배 높게 나타났다(Renaud et al., 2008).

최근 SNS의 영향력이 증대됨에 따라 긴급상황과 위기대응의 커뮤니케이션 수단으로도 SNS가 부각되고 있다. SNS는 일상생활 속에서 가지는 우울한 감정이나 스트레스, 고민을 들 을 수 있고 그 행태를 이해할 수 있는 공간이다. 그러므로 SNS상에 나타나는 우울 관련 감정 표현이나 심리적 위기 행태들을 분석하면 위험징후와 함께 유의미한 패턴을 감지하여 우울 위 험에 노출된 위기청소년들의 문제를 예방하고 적시 대응해 긍정적 효과를 얻을 수 있다.

본 연구는 우리나라에서 수집 가능한 모든 온라인 채널에서 언급된 우울 관련 문서를 수집하여 주제분석(text mining)과 감성분석(opinion mining)을 통해 청소년 우울 관련 주요 키워드를 분류하고, 청소년 우울과 관련하여 나타나는 주요 원인과 증상 등에 대한 미래 신호를 탐지하여 예측모형을 제시하고자 한다.

2 소셜 빅데이터 분석과 활용[2]

스마트폰, 스마트TV, RFID, 센서 등의 급속한 보급과 모바일 인터넷과 소셜미디어의 확산으로 데이터량이 기하급수적으로 증가하고, 데이터의 생산·유통·소비 체계에 큰 변화가 생기면서 데이터가 경제적 자산이 될 수 있는 빅데이터 시대를 맞이하게 되었다(송태민, 2012). 세계 각국의 정부와 기업들은 빅데이터가 향후 국가와 기업의 성패를 가름할 새로운 경제적 가치의 원천이 될 것으로 기대하고 있으며 더 이코노미스트(The Economist), 가트너(Gartner), 맥킨지(McKinsey) 등은 빅데이터를 활용한 시장변동 예측과 신사업 발굴과 같은 경제적 가치창출 사례와 효과를 제시하고 있다. 특히, 빅데이터는 미래 국가 경쟁력에도 큰 영향을 미칠 것으로 기대하여 국가별로는 안전을 위협하는 글로벌 요인이나 테러, 재난재해, 질병, 위기 등에 선제적으로 대응하기 위해 우선적으로 도입하고 있다.

구글 독감예보서비스(www.google.org/flutrends)는 독감·인플루엔자 등 독감과 관련된 검색어 쿼리의 빈도를 조사하여 독감확산 조기경보체계를 제공하고 있다. 싱가포르는 테러 및 전염병으로 인한 불확실한 미래를 대비하기 위해 2004년부터 빅데이터를 분석·관리하는 RAHS(Risk Assessment & Horizon Scanning)[3]시스템을 구축하여 운영하고 있다. 영국은 HSC(The Foresight Horizon Scanning Centre)[4]를 설립·운영하면서 비만대책 수립, 잠재적 위험관리(해안침식·기후변화), 전염병 대응 등 사회 전반의 다양한 문제에 빅데이터 기술을 활용하고 있다. EU는 대지진과 쓰나미로 인한 자연재난, 테러, 글로벌 위기, 참여와 네트워크 등 미래의 문제들에 대비하기 위한 iKnow(Interconnect Knowledge) 프로젝트를 추진하여 세계 변화의 불확실성에 대응하고 있다. OECD는 빅데이터를 비즈니스 효율성을 제공하는 새로운 자산으로 인식하여 제15차 WPIIS 회의[5]에서 빅데이터의 경제적 가치 측정을 의제로 채택하였다. 또한 2016년 제46회 다보스포럼에서는 '4차 산업혁명의 이해'를 핵심 주제로 선정하여 인공지능과 사물인터넷에서 생산되는 빅데이터의 '자동화와 연결

---

2 본 절의 일부 내용은 '송태민·송주영(2016). R을 활용한 소셜 빅데이터 연구방법론. pp. 16-39'과 '송태민·송주영(2015). 빅데이터 연구 한 권으로 끝내기. pp. 16-31' 부분에서 발췌한 것임을 밝힌다.

3 http://nscs.gov.sg/public/content.aspx?sid=191, 2016.11.3. 인출

4 https://www.gov.uk/government/groups/horizon-scanning-centre, 2016.11.3. 인출

5 OECD, 15TH MEETING OF THE WORKING PARTY ON INDICATORS FOR THE INFORMATION SOCIETY, 7-8 June 2011.

성'에 기반한 분석과 활용을 강조하였다.

빅데이터는 데이터의 형식이 다양하고 방대할 뿐만 아니라 그 생성 속도가 매우 빨라 기존의 데이터 처리 방식이 아닌 새로운 관리 및 분석 방법이 요구된다. 또한 트위터나 페이스북과 같은 소셜미디어에 남긴 정치·경제·사회·문화에 대한 메시지가 그 시대의 감성과 정서를 파악할 수 있는 원천으로 등장함에 따라 대중매체에 의해 수립된 정책의제는 이제 소셜미디어를 통해 파악할 수 있으며, 개인이 주고받은 수많은 댓글과 소셜 로그 정보는 공공정책을 위한 공공재로서 진화 중에 있다(송영조, 2012). 이와 같이 많은 국가와 기업에서는 SNS를 통해 생산되는 소셜 빅데이터를 분석·활용함으로써 새로운 경제적 효과를 낳고 일자리 창출을 도모하는 한편, 사회적 문제를 해결하고 미래를 예측하기 위하여 적극적으로 노력하고 있다.

기존에 실시하던 횡단적 조사나 종단적 조사 등을 대상으로 한 연구는 정해진 변인들에 대한 개인과 집단의 관계를 보는 데에는 유용하나 사이버상에서 언급된 개인별 문서(버즈: buzz)에서 논의된 관련 정보 상호 간의 연관관계를 밝히고 원인을 파악하는 데는 한계가 있다(송주영·송태민, 2014). 이에 반해 소셜 빅데이터 분석은 훨씬 방대한 양의 데이터를 활용하여 다양한 참여자의 생각과 의견을 확인할 수 있기 때문에 사회적 문제를 정확히 예측하고 현상에 대한 복잡한 연관관계를 밝혀낼 수 있다. 본서는 다양한 분야의 소셜 빅데이터를 수집·분석하여 가치를 창출하고 미래를 예측할 수 있는 소셜 빅데이터 연구방법과 활용방안을 제시하고자 한다.

2 -1 빅데이터 개요

1) 빅데이터 정의

위키피디아(Wikipedia)에서는 빅데이터(Big Data)를 '기존 데이터베이스 관리도구로 데이터를 수집·저장·관리·분석할 수 있는 역량을 넘어서는 대량의 정형 또는 비정형 데이터 세트 및 이러한 데이터로부터 가치를 추출하고 결과를 분석하는 기술'로 정의하고 있다(2016. 11. 22). 가트너[6]는 더 나은 의사결정, 시사점 발견 및 프로세스 최적화를 위해 사용

---

6 Gartner(2012)(www.gartner.com/newsroom/id/2124315, 2016. 11. 22. 인출).

되는 새로운 형태의 정보처리가 필요한 대용량, 초고속 및 다양성의 특성을 가진 정보자산으로 정의하고 있으며, 맥킨지[7]는 일반적인 데이터베이스 소프트웨어 도구가 수집, 저장, 관리, 분석하기 어려운 대규모의 데이터로 정의하고 있다. 이와 같은 정의를 살펴볼 때 빅데이터란 엄청나게 많은 데이터로 양적인 의미를 벗어나 데이터 분석과 활용을 포괄하는 개념이다(송태민, 2012). 빅데이터의 주요 특성은 일반적으로 3V[Volume(규모), Variety(다양성), Velocity(속도)]를 기본으로 2V[Value(가치), Veracity(신뢰성)]와 2C[Complexity(복잡성), Connectivity(연결성)]의 특성을 추가해 설명할 수 있다.

예를 들어 빅데이터의 특성(5V, 2C)과 정부3.0과의 연관성을 살펴보면 [그림 1–1]과 같이 추진 전략과 유기적 연관성이 있음을 알 수 있다. 정부 3.0의 '소통하는 투명한 정부'는 빅데이터의 이용 활성화를 위해 공공 데이터를 적극 개방함으로써 활용 가능한 자료의 양이 매우 방대(Volume)해지고, 그 내용이 복잡(Complexity)해진다. 정부 3.0의 '일 잘하는 유능한 정부'는 빅데이터를 활용한 과학적 행정 구현으로 다양한(Variety) 정보의 연결(Connectivity)을 가능하게 하고, 정부운영시스템 개선으로 자료의 축적 속도(Velocity)를 빠르게 한다. 정부 3.0의 '국민중심의 서비스 정부'는 빅데이터 분석결과를 기초로 수요자 맞춤형 서비스 통합을 제공함으로써 신뢰성 있는(Veracity) 새로운 가치(Value)를 창출하게 한다.

---

7 McKinsey Global Institute(2011). Big data: The next frontier for innovation, competition, and productivity, 2016. 11. 22. 인출

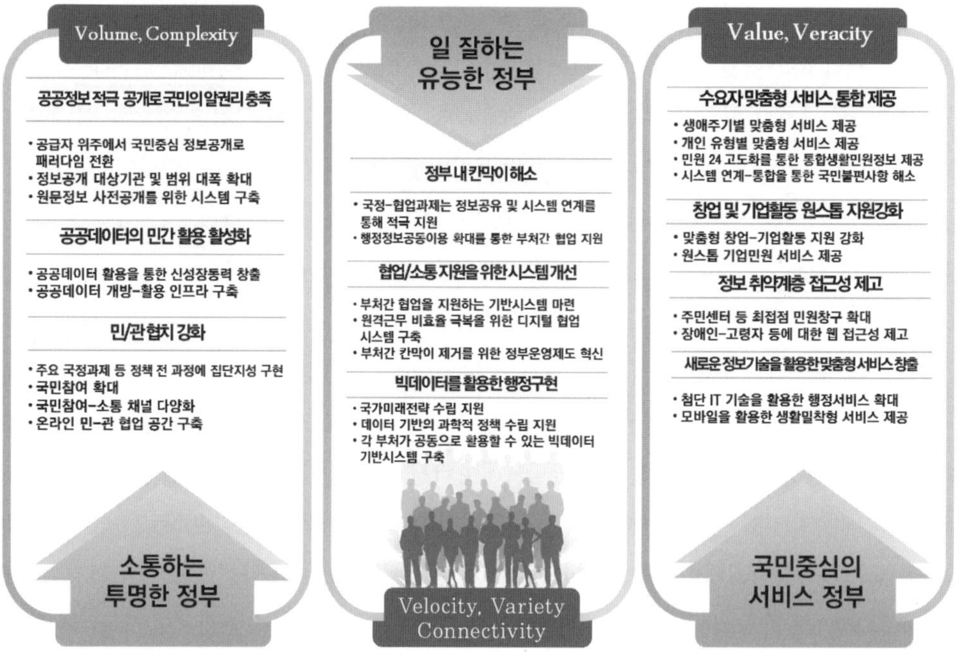

[그림 1-1] 빅데이터의 특성과 정부 3.0 추진 전략

2) 빅데이터 전망

가트너는 2011년부터 이머징 기술 전망에서 앞으로 주목해야 할 기술로 빅데이터를 소개하였다. 기술발생 단계(Innovation Trigger)에 있는 빅데이터가 향후 2–5년 후에 성숙할 것이며, 2012년 가장 빠르게 성숙하는 신기술이 될 것이라고 전망하였다(Gatner, 2011/2012). 또한 2013년과 2014년 대중매체의 조명을 받고 관심을 받는 단계(Peak of Inflated Expectations)를 거쳐 2015년 이후부터 ICT와 융합하여 IoT와 머신러닝(Machine Learning) 기술로 발전할 것이라고 전망하였다[그림 1–2].[8]

---

8 Gatner(2016), 'Hype Cycle for Emerging Technologies. 2016', http://www.gartner.com/newsroom/id/3412017

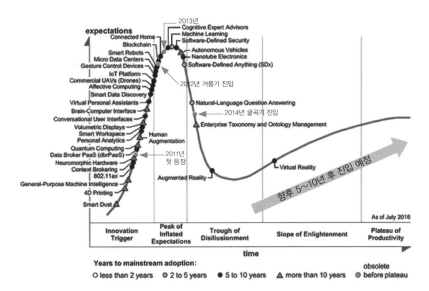

[그림 1-2] 2016년도 가트너의 이머징 기술(빅데이터) 하이프 사이클(Hype Cycle)

전 세계 빅데이터 시장은 [그림 1-3]과 같이 2010년 32억 달러에서 2015년 169~321억 달러로 향후 5년간 연평균 39%~60% 성장이 예측된다(KISTI, 2013).

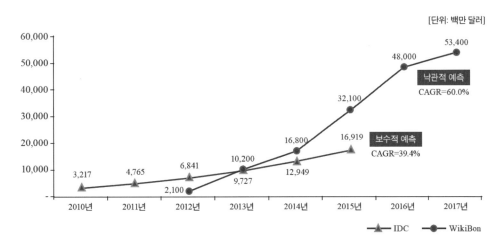

[그림 1-3] 주요 시장조사기관의 빅데이터 세계시장 규모

3) 빅데이터 기술

빅데이터 기술은 '생성→수집→저장→분석→표현'의 처리 전 과정을 거치면서 요구되는 개념으로 분석기술과 인프라는 [표 1-1]과 같다.

[표 1-1] 빅데이터 처리 프로세스별 기술영역

구분	영역	개요
소스	내부데이터	database, file management system
	외부데이터	file, multimedia streaming
수집	크롤링(crawling)	검색엔진의 로봇을 이용한 데이터 수집
	ETL(Extraction, Transformation, Loading)	소스데이터 추출, 전송, 변환, 적재
저장	NoSQL database	비정형 데이터 관리
	storage	빅데이터 관리
	servers	초경량 서버
처리	MapReduce	데이터 추출
	processing	다중업무처리
분석	NLP(Natural Language Processing)	자연어처리
	machine learning	기계학습을 통해 데이터 패턴 발견
	serialization	데이터 간의 순서화
표현	visualization	데이터를 도표나 그래픽으로 표현
	acquisition	데이터 획득 및 재해석

자료: Pete Warden(2011). *Big Data Glossary.* O'Reilly Media.

빅데이터 관련 기술은 크게 수집기술, 저장기술, 처리기술, 분석기술, 활용기술, 기타 기술로 정의할 수 있다.

(1) 수집기술

빅데이터 수집기술 방식은 크게 두 가지로 구분할 수 있다. 하나는 데이터 크롤러인 웹로봇이 매일 뉴스와 트위터를 방문하여 데이터를 수집하고 해당 기관의 DB에 보관하는 full crawl 방식이다. 다른 하나는 새로운 토픽(예: 청소년 우울)이 설정되면 수집조건에 따라 웹로봇이 설정된 사이트를 방문하여 데이터를 수집하는 focus crawl 방식이다. 빅데이터 수집기술로는 [표 1-2]와 같이 크롤링, 카산드라, 로그수집기, 센싱, RSS, Open API 등이 있다.

[표 1-2] 빅데이터 수집기술

영역	내용
크롤링 (crawling)	주로 검색엔진의 웹로봇을 이용하여 SNS, 뉴스, 웹정보 등 조직 외부, 즉 인터넷에 공개되어 있는 웹문서(정보) 수집
카산드라 (Cassandra)	분산 시스템에서 방대한 분량의 데이터를 처리할 수 있도록 디자인된 오픈 소스 데이터베이스 관리 시스템
로그수집기 (log collector)	조직 내부에 존재하는 웹서버의 로그 수집, 웹 로그, 트랜잭션 로그, 클릭 로그, 데이터베이스 로그 데이터 등을 수집
센싱(sensing)	각종 센서를 통해 데이터 수집
RSS(Really Simple Syndication or Rich Site Summary)	데이터의 생산·공유·참여 환경인 웹2.0을 구현하는 기술로, 필요한 데이터를 프로그래밍을 통해 수집
Open API (Open Application Program Interface)	서비스·정보·데이터 등을 어디서나 쉽게 이용할 수 있도록 운영체제와 응용프로그램 간 통신에 사용되는 언어나 메시지 형식의 개방된 API로 데이터 수집 방식을 제공

(2) 저장기술

빅데이터 저장기술로는 [표 1-3]과 같이 데이터웨어하우스, RDB, 클라우드, X86, 디스크 스토리지, NoSQL, SAN 등이 있다.

[표 1-3] 빅데이터 저장기술

영역	내용
데이터웨어하우스 (Data Warehouse, DW)	사용자의 의사결정 지원을 위하여 다양한 운영 시스템에서 추출·변환·통합·요약된 데이터베이스
RDB (Relational DataBase)	관계형 데이터를 저장·수정하고 관리할 수 있는 데이터베이스로, SQL 문장을 통하여 데이터베이스의 생성, 수정 및 검색 등의 서비스 제공
클라우드(cloud)	인터넷 기반의 컴퓨팅 기술로, 무형의 형태로 하드웨어, 소프트웨어 컴퓨팅 자원을 제공하는 기술
X86	인텔이 개발한 마이크로프로세서 계열을 이르는 말로, 이들과 호환되는 프로세서들에서 사용한 명령어 집합 구조들을 통칭
디스크 스토리지 (disk storage)	데이터와 명령어를 저장하기 위해 사용하는 장치로, 빠른 속도 및 안정성을 강화한 하드디스크 기반의 저장장치
NoSQL (Not only SQL)	클라우드 환경에서 발생하는 빅데이터를 효과적으로 저장·관리하는 비정형 데이터 관리를 위한 데이터 저장기술
SAN (Storage Area Network)	대규모 네트워크 사용자들을 위하여 디스크 어레이, 테이프 라이브러리, 옵티컬 주크박스 등과 같은 서로 다른 종류의 데이터 저장장치를 관련 서버와 함께 연결하는 특수목적용 스토리지 전용 네트워크

(3) 처리기술

빅데이터 처리기술로는 [표 1-4]와 같이 가상화, 맵리듀스, 스케일아웃, 어플라이언스, 하둡, 인메모리, 에이치베이스, R, 드레멜, 퍼콜레이터, 너치, 인덱싱, 스톰, 하둡 분산파일시스템 등이 있다.

[표 1-4] 빅데이터 처리기술

영역	내용
가상화 (virtualization)	물리적인 컴퓨팅 자원을 논리적으로 나누어 사용자에게 서로 다른 서버, 운영체제 등의 장치로 보이게 하는 기술
맵리듀스 (MapReduce)	분산 시스템상에서 데이터 추출, 대용량 데이터를 병렬처리로 지원하기 위하여 구글이 제안한 분산처리 소프트웨어 프레임워크
스케일아웃 (scale out)	서버의 대수를 늘려 트래픽을 분산하여 처리능력을 향상시키는 방식
어플라이언스 (appliance)	데이터웨어하우징을 위해 서버, 스토리지, 운영체제, 데이터베이스, BI, 데이터마이닝 등 여러 가지 하드웨어(HW)와 소프트웨어(SW)가 최적화된 상태로 통합된 장비
하둡(Hadoop)	분산 시스템상에서 대용량 데이터 처리 분석을 위한 대규모 분산 컴퓨팅을 지원하는 자바 기반 소프트 프레임워크
인메모리 (In-memory)	메모리상에 필요한 데이터와 이의 인덱스를 메모리에 저장하여 처리하는 기법
에이치베이스 (Hbase)	컬럼 기반의 데이터베이스로 대규모 데이터 처리를 위한 분산 데이터 저장소
R	통계계산 및 시각화를 위해 R언어와 개발환경을 제공하며 이를 통해 기본적인 통계 기법부터 모델링, 최신 데이터마이닝 기법까지 구현 및 개선 가능한 오픈소스 프로젝트
드레멜(Dremel)	빠른 속도로 쿼리를 수행하여 대용량 데이터를 분석하는 분산처리가 지원되는 기술
퍼콜레이터 (Percolator)	구글의 검색 엔진에서 검색 인덱스를 작성하기 위해 채택된 기술
너치(Nutch)	자료와 정보를 검색하는 크롤러
인덱싱(indexing)	대량의 데이터를 유형이나 연관성 등 일정한 순서에 따라 체계적으로 정리하여 특정 정보를 쉽게 발견하기 위한 기법
스톰(Storm)	다양하게 분산되어 있는 정보들로부터 메타 데이터의 추출·통합·저장·관리 및 활용을 위한 기반 구조, 응용 프레임워크, 개발방법론을 제공하는 데이터 추론 플랫폼
하둡 분산파일시스템 (HDFS, Hadoop Distributed File System)	이기종 간의 하드웨어로 구성된 클러스터에서 대용량 데이터 처리를 위하여 개발된 분산 파일시스템으로, 분산된 서버의 로컬 디스크에 파일을 저장하고 파일의 읽기, 쓰기 등과 같은 연산을 운영체제가 아닌 API를 제공하여 처리

(4) 분석기술

빅데이터 분석기술로는 [표 1-5]와 같이 NDAP, 기계학습, 네트워크, 시멘틱 웹, 온톨로지, 패턴인식, EDW, 데이터마이닝, 텍스트마이닝, 오피니언마이닝, 웹마이닝, 현실마이닝, 소셜 네트워크 분석, 클러스터 분석, 통계적 분석, 음성인식, 영상인식, 증강현실, 인공지능, Mahout, ETL, 알고리즘, 프레겔 등이 있다.

[표 1-5] 빅데이터 분석기술

영역	내용
NDAP (NexR Data Analytics Platform)	데이터 형태와 관계없이 모든 데이터의 수집·처리·저장·분석 등과 관련한 모든 엔드투엔드 서비스를 제공하는 플랫폼
기계학습 (machine learning)	인공지능의 한 분야로, 기존의 데이터를 통해 컴퓨터를 학습시킨 후 학습된 속성을 기반으로 새로운 예측값을 찾는 기법
네트워크(network)	개인 또는 집단이 하나의 노드가 되어 각 노드들 간의 상호 의존적인 관계에서 만들어지는 관계구조
시멘틱 웹 (semantic web)	분산 환경에서 리소스에 대한 정보와 자원 간의 관계 및 의미 정보를 온톨로지 형태로 표현하고 이를 자동화 처리가 가능하도록 하는 프레임워크
온톨로지(ontology)	도메인 내에서 공유하는 데이터들을 개념화하고 명시적으로 정의한 기술
패턴인식 (pattern recognition)	데이터로부터 중요한 특징이나 속성을 추출하여 입력 데이터를 식별할 수 있도록 분류하는 기법
EDW (Enterprise Data Warehouse)	기존 DW(Data Warehouse)를 전사적으로 확장한 모델
데이터마이닝 (data mining)	대용량의 데이터, 데이터베이스 등에서 패턴인식, 인공지능 기법 등을 이용하여 데이터 간의 상호 관련성을 확인하고, 감춰진 지식이나 새로운 규칙 등의 유용한 정보를 추출하는 기법
텍스트마이닝 (text mining)	자연어로 구성된 비정형 텍스트 데이터에서 패턴 또는 관계를 추출하여 가치 있고 의미 있는 정보를 찾아내는 기법
오피니언마이닝 (opinion mining)	웹서버 내의 데이터베이스에 저장되어 있는 어떤 주제 혹은 특정 대상자의 의견을 포함하고 있는 텍스트 속에서 의미를 추출하여 감성(긍정, 부정 등)을 분석하는 기법
웹마이닝 (web mining)	인터넷상에서 수집된 정보를 데이터마이닝 기법으로 분석·통합하는 기법
현실마이닝 (reality mining)	사람들의 행동패턴을 예측하기 위해 현실에서 발생하는 사회적 행동과 관련된 정보를 휴대폰, GPS 등의 기기를 통해 얻고 분석하는 기법
소셜 네트워크 분석 (social network analysis)	소셜 미디어를 언어분석 기반 정보 추출을 통해 이슈를 탐지하고 흐름이나 패턴 등의 향후 추이를 분석하는 기법
클러스터 분석 (cluster analysis)	관심과 취미에 따른 유사성을 정의하여 비슷한 특성의 개체들을 합쳐 서로 다른 그룹의 유사 특성을 발굴하는 기법
통계적 분석 (statistical analysis)	전통적인 분석방법으로, 주로 수치형 데이터에 대하여 확률을 기반으로 어떤 현상의 추정·예측을 검증하는 기법
음성인식 (speech recognition)	사람의 음성을 컴퓨터가 해석하여 그 내용을 문자 데이터로 전환하는 처리 기법
영상인식 (vision recognition)	객체 인식 기술을 이용하여 추출된 전자적 데이터를 여러 목적에 따른 알고리즘을 적용하여 정보를 처리하는 기법
증강현실 (Augmented Reality, AR)	가상현실(Virtual Reality, VR)의 한 분야로 현실세계와 가상세계를 중첩하여 사용자에게 보다 나은 현실감을 제공하는 기법
인공지능 (Artificial Intelligence, AI)	인간의 지능을 연구하고 이를 모델링하여 이론적 체계를 세우고 다양한 응용시스템으로 구현하는 기법
Mahout (Apache Mahout)	분산처리가 가능하고 확장성을 지닌 기계학습을 기반으로 비슷한 속성분류를 처리하는 기법의 라이브러리
ETL (Extraction Transformation Loading)	필요한 소스데이터 추출 후 변환을 거쳐 시스템에서 시스템으로 데이터를 이동(추출, 전송, 변환, 적재)시키는 기법

알고리즘 (algorithm)	컴퓨터 혹은 디지털 대상의 과업을 수행하는 방법에 대한 설명으로 명확히 정의된 한정된 개수의 규제나 명령들의 집합
프레겔(pregel)	정점 중심의 메시지 전달방식을 이용하는 그래프 처리에 적합한 클라우드 기반 분산 처리 프레임워크

(5) 활용기술

빅데이터 활용기술로는 [표 1-6]과 같이 BI, 인포그래픽스, SaaS, PaaS, IaaS, DaaS 등이 있다.

[표 1-6] 빅데이터 활용기술

영역	내용
BI (Business Intelligence)	신속하고 정확한 비즈니스 의사결정에 필요한 데이터의 수집·저장·처리·분석하는 일련의 기술과 응용시스템 기술의 집합
인포그래픽스 (Infographics)	복잡한 정보, 자료 또는 지식의 시각적 표현
SaaS (Software as a Service)	클라우드 환경에서 동작하는 온라인 오피스 등 서비스로서의 소프트웨어
PaaS (Platform as a Service)	클라우드 환경에서 동작하는 애플리케이션이나 서비스가 실행되는 환경을 제공하는 서비스로서의 플랫폼
IaaS (Infrastructure as a Service)	클라우드 환경에서 동작하는 OS 및 응용프로그램을 포함한 IT 자원(서버, 스토리지, DB 등)의 제공이 가능한 서비스로서의 인프라
DaaS (Desktop as a Service)	클라우드 환경에서 동작하는 데스크톱으로 PaaS, SaaS를 결합한 데스크톱 서비스

(6) 기타 기술

빅데이터 기타 기술에는 [표 1-7]과 같이 아파치, 자바, HTML5 등이 있다.

[표 1-7] 빅데이터 기타 기술

영역	내용
아파치(Apache)	클라이언트 요청을 처리하기 위해 모듈화된 접근을 사용하여 주요 소스코드를 변경하지 않고 서버 측 기능을 구현하는 유연하고 확장 가능한 웹서버
자바(JAVA)	객체지향적 프로그래밍 언어로 보안성이 뛰어나며 컴파일한 코드는 다른 운영체제에서 사용할 수 있도록 클래스(class)로 제공
HTML5 (Hyper Text Mark-up Language 5)	복잡한 애플리케이션까지 제공할 수 있는 웹애플리케이션 플랫폼으로 진화한 HTML을 개선한 마크업 언어

2 −2 소셜 빅데이터 분석방법

빅데이터 분야에서 데이터 사이언티스트는 SNS 등 온라인 채널에서 수집되는 비정형 데이터를 신속하게 분석한다. 소셜미디어에서 정보를 뽑아내고 분석하는 방법은 크게 세 가지로 나눌 수 있다(송태민·송주영, 2013).

- 첫째, 텍스트마이닝(text mining)은 인간의 언어로 쓰인 비정형 텍스트에서 자연어처리 기술을 이용하여 유용한 정보를 추출하는 것을 말한다. 다시 말해 비정형 텍스트의 연계성을 파악하여 분류 혹은 군집화하거나 요약하는 등 빅데이터 속에 숨겨진 의미 있는 정보를 발견하는 것이다.
- 둘째, 오피니언마이닝(opinion mining)은 소셜미디어의 텍스트 문장을 대상으로 자연어 처리 기술과 감성분석 기술을 적용하여 사용자의 의견(긍정·보통·부정 등)을 분석하는 것이다.
- 셋째, 네트워크 분석(network analysis)은 네트워크 연결구조와 연결강도를 분석하여 어떤 메시지가 어떤 경로를 통해 전파되는지, 누구에게 영향을 미칠 수 있는지를 파악하는 것이다.

소셜 빅데이터 분석 절차 및 방법은 다음과 같다[그림 1-4].

- 첫째, 해당 주제와 관련한 온라인 문서(우울)에 대해 분석 모델링을 실시하여 수집대상과 수집범위를 설정한 후, 대상채널(뉴스·블로그·카페·게시판·트위터 등)에서 크롤러 등 수집엔진(로봇)을 이용하여 데이터를 수집한다. 이때 불용어(푸시킨·우울한 고백·하우리의 우울 등)를 지정하여 수집의 오류를 방지하고, 우울 관련 연관 키워드 그룹(우울·우울증)을 지정한다.
- 둘째, 수집한 우울 원데이터(raw data)는 텍스트 형태의 비정형 데이터로 연구자가 원상태로 분석하기에는 어려움이 있다. 따라서 수집한 비정형 데이터를 텍스트마이닝, 오피니언마이닝을 통하여 분류하고 정제하는 절차가 필요하다. 정제된 비정형 데이터 분석은 버즈분석, 키워드분석, 감성분석, 계정분석 등으로 진행한다.
- 셋째, 비정형 빅데이터를 정형 빅데이터로 변환해야 한다. 우울 관련 주제분석 사례를 살펴보면, 우울 관련 각각의 온라인 문서는 ID로 코드화해야 하고 문서 내에서 발생하

는 키워드(진단·증상·예방·치료·대상 등)는 모두 빈도로 코드화해야 한다.

- 넷째, 사회현상과 연계하여 분석하기 위해서는 정형화된 빅데이터를 오프라인 통계(조사) 자료와 연계시켜야 한다. 오프라인 통계 자료는 대부분 정부나 공공기관에서 유료 또는 무료로 제공하기 때문에 연계 대상 자료와 함께 연계 가능한 식별자(일별·월별·연별·지역별)를 확인한 후 오프라인 자료를 수집해 연계(link)할 수 있다.

- 다섯째, 오프라인 통계 자료와 연계된 정형화된 빅데이터의 분석에는 요인 간 인과관계나 시간별 변화 궤적을 분석할 수 있는 구조방정식모형, 시간별(시간/일/월/년)·지역별 사회현상과 관련된 요인과의 관계를 분석할 수 있는 다층모형, 그리고 수집된 키워드의 분류과정을 통해 새로운 현상을 발견할 수 있는 머신러닝 분석이나 시각화를 실시할 수 있다.

[그림 1-4] 소셜 빅데이터 분석 절차 및 방법(우울 온라인 문서 분석 사례)

1) 청소년 우울 소셜 빅데이터 주제분석

소셜 빅데이터 주제분석(수집 및 분류)에는 두 가지 방법이 있다. 첫째는 해당 토픽에 대한 이론적 배경 등을 분석하여 온톨로지(ontology)를 개발한 후, 온톨로지의 키워드를 수집하여 분류하는 톱다운(Top-down) 방법이다. 둘째는 해당 토픽을 웹크롤러로 수집한 후 범용사전이나 사용자 사전으로 분류(유목화 또는 범주화)하는 보텀업(Bottom-up) 방법이다.

(1) 톱다운 방법

소셜 미디어의 확산으로 SNS를 비롯한 온라인 채널에서 생산되는 소셜 빅데이터는 정보로서 높은 가치를 지닌다. 하지만 미래를 탐지하고 예측하기 위해서는 이를 보다 효과적으로 수집·분석하기 위한 분석틀이 필요하다. 특히 온라인상에서 표현된 빅데이터는 비정형 데이터이기 때문에 이들 가운데 의미 있는 키워드를 추출하고 자료를 효과적으로 수집하려면, 청소년 우울의 개념을 추출하고 해당 개념들 간의 관계를 나타내는 '온톨로지'가 있어야 한다.

온톨로지는 해당 개념을 명시적으로 정의해준다. 컴퓨터가 처리할 수 있는 형태로 표현하는 용어의 논리적인 집합이면서 개념 간 관계를 명시한 사전의 역할을 한다(No, 2009). 즉 '온톨로지는 관심 주제의 공유된 개념(shared concepts)을 형식화하고(formalizing) 표현하기 위한(representing), 컴퓨터가 해석 가능한 지식 모델(computer-interpretable knowledge model)'이다(Kim et al., 2013). 그러므로 온톨로지가 있어야만 거대한 비정형 빅데이터를 분류하여 처리하고, 기존 연구방법들을 통해 다양한 분석을 시도할 수 있다.

본 연구는 소셜 빅데이터 분석을 통해 청소년들의 우울과 관련된 특성과 행태를 분석하고 위험요인을 모니터링하며, 미래신호를 예측하기 위한 분석틀로써 온톨로지와 용어체계를 개발[9]하는 것이다.

청소년 우울을 중심으로 살펴본 정신건강관리 주제 분류는 위험요인, 증상 및 징후, 스크리닝, 진단, 치료, 예방으로 총 6개 영역이 도출되었고 이들 영역의 관계를 그림으로 나타내면 [그림 1-5]와 같다.

---

9 청소년 우울 온톨로지 개발은 '송태민 외(2015). 빅데이터 분석 기반의 위기청소년 예측 및 적시대응 기술 개발'의 일환으로 우울 빅데이터 수집을 위해 서울대학교 간호대학 박현애 교수 연구팀과 공동으로 수행되었으며, '정혜실(2015). 청소년 우울관련 소셜 빅데이터 수집과 분석을 위한 온톨로지 개발 및 평가. 서울대학교 대학원 석사학위논문'으로 'Hyesil Jung, Hyeoun-Ae Park, Tae-Min Song, Eunjoo Jeon, Ae Ran Kim, Joo Yun Lee. (2015). Development of an Adolescent Depression Ontology for Analyzing Social Data. MEDINFO 2015: eHealth-enabled Health I.N. Sarkar et al. (Eds.) © 2015 IMIA and IOS Press.'에 게재된 내용임을 밝힌다.

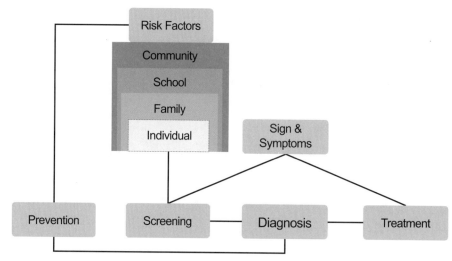

[그림 1-5] 청소년 우울 온톨로지(An ontology of adolescent depression)

온톨로지 개발은 우울 관리 주제를 설명하는 분류틀에 해당하는 용어에 대하여 '대분류·중분류·소분류'의 각 영역 수준별로 용어를 추출하여 영역 수준별로 제시해야 한다. 따라서 [표 1-8]과 같이 각 용어별로 인터넷 검색과 선행문헌 검색 등의 방법을 이용하여 동의어와 유사어를 정의해야 한다. 그런 다음 개발한 온톨로지를 활용하여 청소년 우울과 관련한 소셜 빅데이터를 수집하고 분류해야 한다.

[표 1-8] 우울 온톨로지 분류에 따른 영역 수준

대분류	중분류	소분류1	소분류2	소분류3	동의어·유의어	수준
위험요인						대분류(위험요인)
	대상자 특성요인				personal factor	대분류(위험요인) 〉 중분류(대상자특성요인)
		인구사회 학적요인				대분류(위험요인) 〉 중분류(대상자특성요인) 〉 소분류1(인구사회학적 요인)
			인구학적 특성		인구통계학적 특성	대분류(위험요인) 〉 중분류(대상자특성요인) 〉 소분류1(인구사회학적 요인) 〉 소분류2 (인구학적 특성)
				성별	성, gender	대분류(위험요인) 〉 중분류(대상자특성요인) 〉 소분류1(인구사회학적 요인) 〉 소분류2 (인구학적 특성) 〉 소분류3(성별)
				연령	나이, 발달단계, stage of puberty	대분류(위험요인) 〉 중분류(대상자특성요인) 〉 소분류1(인구사회학적 요인) 〉 소분류2 (인구학적 특성) 〉 소분류3(연령)

				재학 여부	학교 다님, 학교 중퇴	대분류(위험요인) 〉 중분류(대상자특성요인) 〉 소분류1(인구사회학적 요인) 〉 소분류2 (인구학적 특성) 〉 소분류3(재학여부)
...	...	...	...	...	...	이 외 분류를 포함할 수 있음
증상 및 징후					emotional change	대분류(증상 및 징후)
	감정변화					대분류(증상 및 징후) 〉 중분류(감정변화)
		불안			걱정, 공포, 불안정, 조마조마, 뒤숭숭	대분류(증상 및 징후) 〉 중분류(감정변화) 〉 소분류1(불안)
		우울			공허함, 외로움, 소외감, 침울, 고독	대분류(증상 및 징후) 〉 중분류(감정변화) 〉 소분류1(우울)
		슬픔			불행, 울음, 비통	대분류(증상 및 징후) 〉 중분류(감정변화) 〉 소분류1(슬픔)
...	...	...	...	...	...	...

　본 연구의 분석에 사용된 청소년 우울 증상은 텍스트 문서의 주제분석(text mining)을 통하여 다음과 같이 DSM-5(Diagnostic and Statistical Manual of mental Disorders, 5th edition; DSM-5)[10]에서 제시한 9개 증상으로 분류되었다. 우울 증상은 통계분석을 위하여 해당 우울증상이 있을 경우 '1' 없는 경우 '0'으로 코드화하였다.

① DSM1: 거의 하루 종일 우울한 기분이 주관적 보고나 다른 이의 관찰로 보고됨 (Depressed mood most of the day, nearly every day, as indicated by either subjective report).
 – 문서에 포함된 단어: depressed, 우울감, 불행, 슬픔, sorrow, 울음, 비통, 애수, 침울, 우울장애, 우울증, 신경증적우울증, 정신증적우울증, 심한우울증, 만성우울증, 정신병적우울증, 성격적우울증, psychoticdepression, milddepression, 멜랑콜리아형우울증, 멜랑콜리아우울증, 계절성우울증, 갱년기우울증, 총선우울증, 노년우울증, 노인성우울증, 비정형우울증, atypicaldepression, 비전형우울증, 임신우울증, 임신중우울증, 산후우울증, 아증후군적우울증, subsyndromaldepression, 조울증, 양극성장애, bipolardisorder, 조울병, 양극성우울증, 기분부전장애, 감정부전증, 기분저하장애, 기분부전증, 우울증위험요인, 우울증증상, 우울증징후.

10　American Psychiatric Association(2013). Diagnostic and statistical manual of mental disorders(DSM) 5th ed. Washington, DC: American Psychiatric Association.

② DSM2: 거의 매일 일상 활동에 대해 흥미와 즐거움이 눈에 띄게 저하됨(Markedly diminished interest or pleasure in all, or almost all, activities most of the day, nearly every day).

- 문서에 포함된 단어: 기분저하, 감정이상, 무력, 무력증, 뒤숭숭, 공허함, 공허, 흥미잃음, 흥미상실, 흥미, lossofinterest, 무관심, 무감동, 재미없음, 즐거움상실, 흥미없음, apathy, 상실감, 상실.

③ DSM3: 다이어트를 하지 않았는데 체중이 감소되거나 체중증가가 나타났을 때, 또는 거의 매일 식욕이 감소 또는 증가함(Significant weight loss when not dieting or weight gain or decrease or increase in appetite nearly every day).

- 문서에 포함된 단어: 식욕감퇴, 식욕이상, 식욕폭발, 체중변화, 체중증가, 체중감소, 뚱뚱, 비대, 비후, 다육, 식욕증가, 식욕감소, 거식, 폭식, 식욕저하.

④ DSM4: 거의 매일 불면이나 과다 수면(Insomnia or hypersomnia nearly every day).

- 문서에 포함된 단어: 수면이상, 졸음증, 수면제, 수면부족, 수면과다, 불면, 과다수면, 기면증, 수면장애, 불면증.

⑤ DSM5: 거의 매일 정신운동성 초조나 지체(Psychomotor agitation or retardation nearly every day).

- 문서에 포함된 단어: 경조증, 기억상실, 정신과적증상, 환청, 망상, 정신적증상, 정신이상, 불안, anxiety, 불안감, 공포, 초조함, 초조, 흥분, psychomotoragitation, 조마조마, 걱정, 지체, psychomotorretardation, 불안장애, anxietydisorder, 신경증, 공포증, 공황장애, 범불안장애, panicdisorder, 강박장애.

⑥ DSM6: 거의 매일 피곤하거나 활력 상실(Fatigue or loss of energy nearly every day)

- 문서에 포함된 단어: 어지러움, 어지럼증, 현기증, 무기력, 피곤, 피로, fatigue.

⑦ DSM7: 거의 매일 무가치함 또는 죄책감을 느낌(Feelings of worthlessness or excessive or inappropriate guilt).

- 문서에 포함된 단어: 무가치함, worthlessness, 죄책감, inappropriateguilt, 죄악감, 죄장감, 죄의식, guilt, 자책감, 자책.

⑧ DSM8: 거의 매일 사고력 또는 집중력이 저하되거나 우유부단함(Diminished ability to think or concentrate, or indecisiveness, nearly every day).

- 문서에 포함된 단어: 의존, 의존적, 의존적성격, 복종적성격, 복종적, 복종, 집중력저하, 우유부단, 두뇌활동저하, 뇌기능저하, ADHD, 주의력결핍과다행동장애, 주의력결핍과잉행동장애, 과잉행동장애, 주의력결핍.

⑨ DSM9: 반복적으로 죽음에 대해 생각, 자살생각, 자살시도, 자살 계획을 세움 (Recurrent thoughts of death, recurrent suicidal ideation without a specific plan, or a suicide attempt or a specific plan for committing suicide).

- 문서에 포함된 단어: 자살성향증가, 자살, 자살충동, 자살사고, 자살사이트, 자살관련행동, 베르테르효과.

본 연구의 청소년 우울증상 미래신호 예측에 사용된 청소년 우울 증상은 텍스트 문서의 주제분석을 통하여 다음과 같이 31개 증상으로 분류되었다.

소화장애(설사·복통·소화불량·위장장애·위장관계부작용·체함·소화이상), 호흡기장애(비염·부비동염·기관지질환·호흡기질환·호흡기이상·기관지염), 혼란(혼란감·혼란·혼돈·어지러움·어지럼증·현기증), 경련(근육경련·akathisia·발작·지연성발작), 불안(불안·anxiety·불안감), 공포, 초조(초조함·초조·조마조마·걱정·경조증·좌불안석·좌불안석증), 충동(충동성·충동), 집중력(집중력저하), 무기력(무기력·무력·무력증), 자존감저하, 소외감(소외감·소외), 외로움(외로움·고독·고독함·대화거부·대인관계저하), 무관심(흥미상실·lossofinterest·무관심·무감동·재미없음·즐거움상실·흥미없음·apathy), 무가치(무가치함·worthlessness), 분노(흥분·psychomotoragitation·분노·과민성·짜증·불평·소리지름·예민·과민·고함), 통증(통증·머리통증·팔통증·다리통증·복부통증·두통·근육통), 체중(체중증가·체중감소·뚱뚱·비대·비후·다육), 피로(피곤·피로·fatigue), 수면(잠·졸음·수면·수면부족·수면과다·불면·과다수면·수면이상·졸음증), 식욕(식욕증가·식욕감소·거식·폭식·식욕저하·식욕감퇴·식욕이상·식욕폭발), 죄책감(죄책감·inappropriateguilt·죄악감·죄장감·죄의식· guilt·자책감·자책), 슬픔(불행·슬픔·sorrow·울음·비통·애수), 적대(적대감·적개심·적대심·공격적임·공격적·반항적), 지체(지체·psychomotorretardation), 상실(상실감·상실), 중독(게임중독·티비중독·TV중독), 더러움(더러움·더티함·드러움), 학업스트레스(스트레스·학습저하·등교거부), 퉁명(퉁명·무뚝뚝·퉁명스러움), 자살(자기비판적사고·죽음에대한생각·자살생각·자상·selfharm·자살성향증가·자살·자살충동)에 대한 청소년 우울증상은 통계분석을 위하여 해당 우울증상이 있을 경우 n(문서 내 해당 우울증상 출현빈도), 없는 경우 0으로 코드화하였다.

(2) 보텀업 방법

소셜 빅데이터를 수집 분류하기 위해서는 '21세기 세종계획'과 같은 범용사전이 있지만 대부분 분석목적에 맞게 사용자가 설계한 사전을 사용한다. 예를 들어 보건복지정책 미래신호 예측을 위하여 소셜 빅데이터를 수집한다면 웹크롤러의 수집 조건은 '보건, 복지,

보건복지'가 되며 온라인 문서의 잡음을 제거하기 위한 불용어는 '보건선생님, 복지로' 등이 된다. 수집 가능한 채널[보건복지 키워드의 수집 가능 채널은 149개의 온라인 뉴스사이트, 4개의 블로그, 2개의 카페, 1개의 SNS(트위터), 15개의 게시판 등 총 171개의 온라인 채널]에서 수집한 보건복지 온라인 문서는 범용사전이나 사용자 사전을 이용하여 [표 1-9]와 같이 유목화(범주화)한 후, 해당 키워드의 출현 유무를 확인하여 정형화 빅데이터로 변환해야 한다.

[표 1-9] 보건복지정책 분류(범주화, 유목화) 체계

대상	민간기관	분야	항목	감정/태도	2013 복지 정책	2014 복지 정책	2015 복지 정책	2016 복지 정책
가족	경로당	가정	개인정보	가능	보육지원	노후생활	맞춤형복지	바이오헬스
공무원	기업	경제	건강	강화	임신출산지원	기초연금	사회안전망확충	세계적브랜드화
국민	대기업	공공서비스	결혼	개선	취약아동보호	치매대책	복지로	외국인환자유치
군인	대학	교육	공과금	거짓말	반조세경제도	번곤탈출	복지지원확대	한국의료해외진출
근로자	대한의사협회	노동	과잉진료	걱정	고부가가치사회서비스	생활보장	129센터	디지털건강관리해외진출
기초생활수급자	동물자유연대	다문화	국민행복지수	계획	맞춤형급여	맞춤형급여	지역복지안전망	원격의료확산
노동자	병원	문화	담배	관심	보건산업육성	출산과양육지원	복지와일자리통합제공	진료정보교류활성화
노숙자	보건약국	보건위생	등록금	규제	행복한노후	시간제보육	총출한노후	의료기기산업육성
노약자	보건의료노조	보건의료	범죄	기부	국가책임제확대	맞벌이지원	어린이집CCTV설치	의료법개정
노인	보건의료단체	보육	성폭행	노력	든든한노후	건강한살보장	정보공시의무화	제약산업육성
노인들	복지공동체	사회복지	세금	논란	소득보장체계	의료비경감	안전인증제도입	제약산업육성
대학생	복지시설	서비스산업	소득	눈물	노후생활지원	보건복지일자리창출	활동지원서비스	재생의료산업활성
모녀	사회복지시설	상생	양극화	다양	대상자별맞춤형복지	보육교사자격요건강화	농어촌복지인프라	정밀의료산업활성
부자	삼성	안보	연봉	도움	사각지대해소	규제개혁	국제품질대확산	첨단의료기기개발
비정규직	시민단체	주거복지	위안부	도입	맞춤형복지급여	사회서비스	이민자녀보호	맞춤형복지확산
빈곤층	아동복지시설	주거안정	의료비	무시	일하는복지	선택진료개선	복지재정관리강화	4대중증질환의료보장
서민	약사회	통일	일자리	문제	복지전달체계개편	지매특별등급	익명신고시설	맞춤형보육개편
소외계층	어린이집	환경	자살	반대	장애인의행복한삶	요양서비스	건강한삶	요양지원확대
아동	요양병원	고용	청구직	발표	보건의료체계혁신	지매가족휴가제	의료비부담경감	장기요양지원
아이	의료기관	근로	중증질환	방문	의료보장성강화	간병개선	4대중증질환	구석구석복지안내
어르신	의사협회	노인복지	진료	복지잔치	예방적건강관리	국제공감대확산	3D빈민급여	복지안내강화
여성	인증요양병원	빈곤	학자금	부담	보건의료체계개편	상담별실개선	원격의료도입	복지문화대응
예술인	장애인복지단체	사회재정	행복지수	부족	보건복지산업육성	기본생활보장	생애주기별의료	ICT융합
외국인	중소기업	소득보장	취업	비판	보육료지원	맞춤형근로복지	예방적건강증진	
의사	학교		지료	사용	4대중증질환강화	경력단절상담	담배경고그림도입	
의원	회사		학자금	소중	기초연금도입	취업알선	금연구역확대	
장애인	사회복지법인		행복지수	시행	복지제도재고	4대중증질환	자궁경부암검진대상자확대	
저소득층	전문병원		미소금융	신속	가처귀분유지원시범사업	임신출산지원확대	간염고위험군대상검진진대화	
종교인			보험급여	신청	보건복지일자리	영유아무료예방접종	보건의료세계화	
중산층			비급여	실시	해외환자유치	생애주기별의료	해외환자유치확대	
청년			실업급여	실현	한국의료해외진출	보건복지일자리	의료기기수출지원	
청소년			양육비	여러움	산업육성	맞춤연금	의약품수출지원	
최상위			의료급여	역할		이민자녀보호	노후생활안정	
취약계층			장애연금	예정		한국의료해외진출	활기찬노년	
피해자			휴가급여	외면			얼클런트보험적용	
학생				운영			틈니보험적용	
할머니				이용			독감무료접종	
환자				저지			치매예방강화	
노년				정의			치매전문시설확대	
독거노인				주장			간병비부담감	
사각지대				준비			독거노인돌봄강화	
세터민				중요			노후소득보장	
영유아				증가				
위기가구				지원				
위기아동				지적				
중장년				진행				
취약가구				참여				
학대아동				최고				
한부모								

2) 청소년 우울 소셜 빅데이터 감성분석

수집한 소셜 빅데이터의 분류 및 변환(정형 빅데이터 변환)을 완료한 후, 분류 키워드에 대해 감성분석(opinion mining)을 실시하여 요인을 추출(변수 축약)해야 한다. 감성분석에는 사용자가 감성어 사전을 개발하여 해당 문서의 감성을 분석하는 방법과 감정단어를 활용하여 요인분석과 주제분석을 통해 감성을 분석하는 방법이 있다.

(1) 감성어 사전을 활용한 감성분석 방법

청소년 우울의 감성분석을 위해서는 [표 1-10]과 같이 감성어 사전을 개발하여 각각의 문서에 대한 감정을 분석해야 한다. 개발된 감성어 사전을 감성로봇에 설치하여 청소년 우울과 관련한 해당 문서의 감정을 긍정(스트레스 받지 않다, 스트레스 해소하다, 우울증 퇴치하다, 행복 넘치다, 대화 해결하다, 운동 효과 있다, 가족 화목하다, 성격 활발하다, 감정풍부하다, 성적 좋다, 학교폭력 방지하다 등), 보통(한국인 우울하다, 청소년 우울하다, 가족 필요하다, 선배 우울하다, 학생 우울증 걸리다, 다이어트약 복용하다, 갈등 시작되다, 우울한 기분이다, 감정 조절하다, 갈등 견디다 등), 부정(가족 죽다, 친구 자살하다, 스트레스 심각하다, 학교폭력 심각하다, 걱정 심각하다, 고통 심각하다, 공포 극심하다, 불면증 심각하다, 성적 부족하다, 가정불화 심각하다, 우울증 심하다 등)으로 자동으로 파악하여 감성분석을 실시해야 한다.

여기서 청소년 우울의 긍정적 감정은 '스트레스 받지 않아 행복하다는 의미'이며, 보통의 감정은 '우리나라 청소년은 우울하여 나도 우울한 것 같다는 의미'이고, 부정적 감정은 '스트레스가 심각하여 우울하다는 의미'를 나타낸다. 청소년 우울의 감정은 통계분석을 위하여 긍정의 감정을 가진 문서는 1, 보통의 감정을 가진 문서는 2, 부정의 감정을 가진 문서는 3으로 코드화해야 한다.

[표 1-10] 청소년 우울 감성어 사전

속성	매우긍정	속성	긍정	속성	보통	속성	부정	속성	매우부정
대상(일반)	가족 화목하다	대상(일반)	환자 생각하다	대상(일반)	나이 먹다	대상(일반)	내가 아니다	대상(일반)	가족 죽다
대상(일반)	환자 없다[X]	대상(일반)	누나 좋다	대상(일반)	누나 좋다	대상(일반)	나잇이다	대상(일반)	본인 늙다
대상(일반)	가족 죽다[X]	대상(일반)	가족들 생각하다	대상(일반)	나이 무슨하다	대상(일반)	가족 없다	대상(일반)	나이 죽다
대상(일반)	웃다운 나이다	대상(일반)	웃다운 나이	대상(일반)	나는 아니다	대상(일반)	나이 들어 보이다	대상(일반)	가족들 미안하다
대상(일반)	본인 즐겁다	대상(일반)	본인 생각하다	대상(일반)	나이 많다	대상(일반)	나이 멀어지다	대상(일반)	나이 늙다
대상(일반)	한장 나이다	대상(일반)	나이 젊다	대상(일반)	가족들 많다	대상(일반)	나잇이다	대상(일반)	본인 죽다
대상(일반)	누나 예쁘다	대상(일반)	가족 참혹하다	대상(일반)	나이 없다	대상(일반)	환자 없다	대상(일반)	나이 사랑 하다
대상(일반)	누나 멋지다	대상(일반)	환자 좋다	대상(일반)	나이 어리다	대상(일반)	가족이 아니다	대상(일반)	형 죽다
대상(일반)	환자 죽다[X]	대상(일반)	가족들 원쾌하다	대상(일반)	나이 들어서다	대상(일반)	본인이 아니다	대상(일반)	가족들 죽다
대상(일반)	누나 죽다[X]	대상(일반)	본인 좋다	대상(일반)	나이 들어가다	대상(일반)	환자 아니다	대상(일반)	본인 병신같다
대상(일반)	가족들 예쁘다	대상(일반)	나이 좋다	대상(일반)	환자 보다	대상(일반)	가족 미안하다	대상(일반)	환자 죽다
대상(일반)	삼촌 죽다[X]	대상(일반)	가족 좋다	대상(일반)	환자 낳다	대상(일반)	가족 싫다	대상(일반)	나이 치책다
대상(일반)	가족들 아끼다	대상(일반)	환자 이해하다	대상(일반)	환자 높다	대상(일반)	가족들 없다	대상(일반)	누나 죽다
대상(일반)	웃다운 나다	대상(일반)	가족 즐겁다	대상(일반)	나이 먹어 가다	대상(일반)	환자 나쁘다	대상(일반)	본인 미치다
대상(일반)	형 예쁘다	대상(일반)	누나 좋다	대상(일반)	나이 없다	대상(일반)	교사 힘들다	대상(일반)	본인맛이다
대상(일반)	본인 대단하다	대상(일반)	나이 부럽다	대상(일반)	본인 아니다	대상(일반)	가족 가 없다	대상(일반)	사회 전체 걸리다
대상(일반)	형 이쁘다	대상(일반)	선배 좋다	대상(일반)	본인 없다	대상(일반)	가족들과 떨어지다	대상(일반)	본인 들어 보이다
대상(일반)	나이 아름답다	대상(일반)	본인 원명하다	대상(일반)	가족 아니다	대상(일반)	교사 상대다	대상(일반)	나이 안타깝다
대상(일반)	삼촌 자랑스럽다	대상(일반)	본인 자연스럽다	대상(일반)	누나 무슨하다	대상(일반)	형제 없다	대상(일반)	환자 병명하다
대상(일반)	가족 없다	대상(일반)	환자 즐기다	대상(일반)	이모다	대상(일반)	나이 먹게 되다	대상(일반)	형 사망 하다
대상(일반)	선배 걸다[X]	대상(일반)	가족 소중하다	대상(일반)	누나 해야하다	대상(일반)	환자 늘어가다	대상(일반)	나이 아깝다
대상(청소년)	청소년 좋다	대상(일반)	나이 예쁘다	대상(일반)	나이 결혼하다	대상(일반)	가족을 싸우다	대상(일반)	아이 나이 먹다
대상(청소년)	4살 좋다	대상(일반)	본인 알 수 있다	대상(일반)	본인 모르다	대상(일반)	본인 아프다	대상(일반)	나이 꽉차다
스크리닝	인터뷰 완벽하다	대상(일반)	가족들 없다[X]	대상(일반)	후배 얘기하다	대상(일반)	나이 발병하다	대상(일반)	남동생 싸우다
억양(성별)	억 효과 좋다	대상(일반)	본인 아끼다	대상(일반)	나이 많지다	대상(일반)	가족 좋다	대상(일반)	너무 늙은 나이다
예방(활동)	스트레스 받지 않다	대상(일반)	가족들 좋다	대상(일반)	환자 되다	대상(일반)	나이 걸리다	대상(일반)	형제 늙다
예방(활동)	스트레스 해소되다	대상(일반)	나이 멋지다	대상(일반)	환자 나타나다	대상(일반)	선배 안되다	대상(일반)	여동생 고생하다
예방(활동)	햇볕 쐬다	대상(일반)	나이 즐겁다	대상(일반)	환자 좋다[X]	대상(일반)	환자 좋다[X]	대상(일반)	오빠 나이 먹다
예방(활동)	스트레스 관리하다	대상(일반)	이모 좋다	대상(일반)	어린나이다	대상(일반)	본인 힘들다	대상(일반)	이모 싫다
예방(활동)	스트레스 해소할 수 있다	대상(일반)	좋은 나다	대상(일반)	나이 아프다	대상(일반)	가족 아프다	대상(일반)	이모 이상하다
예방(활동)	햇볕 쬐이다	대상(일반)	형 좋다	대상(일반)	환자 아니다	대상(일반)	가족 싸우다	대상(일반)	남매 안타깝다
예방(활동)	햇볕 충분하다	대상(일반)	가족 많다[X]	대상(일반)	본인 우울하다	대상(일반)	형 걸리다	대상(일반)	가족 이해하다[X]
예방(활동)	스트레스 줄다[XX]	대상(일반)	환자 비싼 하다[X]	대상(일반)	환자 늘어나다	대상(일반)	환자 맞지 않다	대상(일반)	선배 죽다
예방(활동)	스트레스 크다[X]	대상(일반)	누나 생각하다	대상(일반)	본인 불문하다	대상(일반)	본인 싫다	대상(일반)	이모 죽다
예방(활동)	햇볕 너무 좋다	대상(일반)	가족 적절하다	대상(일반)	가족 되다	대상(일반)	가족들 아프다	대상(일반)	여동생 사망 하다
예방(활동)	스트레스 생기다[X]	대상(일반)	누나 이쁘다	대상(일반)	나이 보다	대상(일반)	형 없다	대상(일반)	자매 없다
예방(활동)	햇볕 따스하다	대상(일반)	내가 아니다[X]	대상(일반)	가족 없다	대상(일반)	환자 안타깝다	대상(일반)	가족들 고생하다
예방(활동)	스트레스 심각하다[X]	대상(일반)	가족들 즐겁다	대상(일반)	나이 아니다	대상(일반)	가족 숨기다	대상(일반)	한국인 죽다
예방(활동)	햇빛 너무 좋다	대상(일반)	본인 즐기다	대상(일반)	나이 생각하다	대상(일반)	본인 나이 먹다	대상(일반)	본인 아름답다[X]

(2) 감정 단어를 활용한 감성분석 방법

보건복지정책의 미래신호를 예측하기 위해서는 해당 문서에 대해 '찬성, 반대'를 정의하는 감성분석을 실시해야 한다. 따라서 감정/태도로 분류된 57개(가능, 강화, 개선, 거짓말, 계획, 관심, 규제, 기부, 노력, 논란, 눈물, 다양, 도움, 도입, 마련, 무시, 문제, 반대, 발표, 방문, 부담, 부족, 비판, 사용, 소중, 시행, 신속, 신청, 실시, 실현, 어려움, 억울, 예정, 외면, 운영, 이용, 저지, 정의, 주장, 준비, 중요, 증가, 지원, 지적, 진행, 참여, 최고, 최우선, 추진, 추천, 축소, 폐지, 필요, 행복, 혜택, 확대, 확인)의 감정 키워드에 대해 요인분석을 통하여 변수축약을 실시해야 한다.

1차 요인분석 결과 27개 요인으로 축약되고, 그것에 대한 2차 요인분석 결과 13개 요인으로 축약되었다. 2차 요인분석 결과 13개 요인으로 결정된 주제어의 의미를 파악하여 '찬성, 반대'로 감성분석을 실시한 결과 찬성요인(계획, 예정, 추진, 강화, 실시, 운영, 지원, 확대, 개선, 도움, 관심, 다양, 중요, 참여, 어려움, 필요, 진행, 노력, 확인, 사용, 가능, 이용, 발표, 혜택, 부담, 시행, 신청, 실현, 행복, 정의, 최우선, 소중, 최고, 부족)과 반대요인(지적, 논란, 주장, 비판, 문제, 외면, 축소, 저지, 폐지, 반대, 무시, 걱정, 거짓말, 준비, 억울, 눈물)으로 분류하였다.

3) 소셜 빅데이터 연계방법

빅데이터 연계방법[big data linkage(matching)]으로는 정확 매칭(exact matching)과 통계적 매칭(statistical matching)이 있다. 정확 매칭은 고유식별 정보가 존재할 때 사용하며, 통계적 매칭은 고유식별 정보가 존재하지 않기 때문에 유사한 개체를 찾아 상호 데이터를 결합시킬 때 사용한다. 소셜 빅데이터와 공공 빅데이터의 연계는 시간 변수와 지역 변수 등을 고유식별 정보로 하여 상호 매칭하는 정확 매칭 방법을 활용할 수 있다[표 1-11].

[표 1-11] 빅데이터 분석 기반의 위기청소년 예측 및 적시대응 기술개발 연계 사례

소셜 빅데이터	1388 정형 빅데이터	최종 연계 빅데이터
일자	일자	일자
성적	가출	성적
성	가정폭력	성
우울	학업중단	우울
경제	학교폭력	경제
질병	성	질병
외모	흡연음주	외모
자살위험	자살	자살위험
	인터넷중독	가출
	은둔형	가정폭력
	비행	학업중단
		학교폭력
		성
		흡연음주
		자살
		인터넷중독
		은둔형
		비행

3 소셜 빅데이터 기반 미래신호 예측방법론

오늘날 미래의 환경 변화를 감지하기 위한 다양한 연구가 시도되고 있으며, 여러 연구 중에서 가장 많은 주목을 받고 있는 것은 미래의 변화를 예감할 수 있는 약신호(weak signal)를 탐지하는 것이다(Yoon, 2012; 박찬국·김현제, 2015). 약신호는 '미래에 가능한 변화의 징후(Ansoff, 1975)'로 시간이 흐르면서 강신호(strong signal)로, 강신호는 다시 트렌드(trend)나 메가트렌드(mega trend)로 발전할 수 있다.

Hiltunen(2008)은 약신호를 미래신호(future sign)라는 개념을 이용하여 신호(signal), 이슈(issue), 이해(interpretation)와 같이 3차원의 미래신호 공간으로 설명하였다. Yoon(2012)은 웹 뉴스의 문서를 수집하여 텍스트마이닝 분석을 통해 생성된 단어빈도와 문서빈도를 Hiltunen(2008)의 신호와 이슈로 각각 연계하였다. Yoon(2012)은 단어빈도, 문서빈도, 발생빈도 증가율을 이용하여 KEM(Keyword Emergence Map)과 KIM(Keyword Issue Map)의 키워드 포트폴리오를 작성하고 이를 이용하여 약신호를 선별하였다. KEM은 가시성을 보여주는 것으로 DoV(Degree of Visibility)를 산출하고, KIM은 확산 정도를 보여주는 것으로 DoD(Degree of Diffusion)를 산출할 수 있다.

$$DoV_{ij} = (\frac{TF_{ij}}{NN_j}) \times \{1 - tw \times (n - j)\}$$

$$DoD_{ij} = (\frac{DF_{ij}}{NN_j}) \times \{1 - tw \times (n - j)\}$$

여기서 NN은 전체 문서 수를 의미하고, TF는 단어빈도, DF는 문서빈도, tw는 시간가중치[11](본 연구에서 시간 가중치는 Yoon(2012)이 적용한 0.05를 사용), n은 전체 시간구간, j는 시점을 의미한다. 박찬국·김현제(2015)는 Hiltunen(2008)과 Yoon(2012)의 연구방법을 토대로 에너지 부문의 사물인터넷 소식에서 발견할 수 있는 미래신호를 [그림 1-6]과 같은 방식으로 도출하였다.

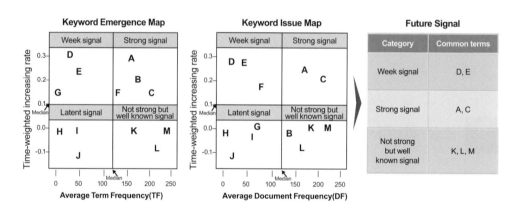

[그림 1-6] 미래신호 도출과정
자료: 박찬국·김현제(2015). 사물인터넷을 통한 에너지 신산업 발전방향 연구. p.49

청소년 우울에 대한 미래신호를 예측하기 위해서는 [그림 1-7]과 같이 소셜 빅데이터 (SNS, 온라인 뉴스 사이트, 블로그, 카페, 게시판)를 수집하여 분석해야 한다. 그 방법을 단계별로 살펴보면 다음과 같다.

• 첫째, 소셜 빅데이터에서 해당 키워드가 포함된 문서를 수집하기 위해 원하는 특정 정

---

11 $\{1 - tw \times (n-j)\}$는 시간이 멀어질수록 그 영향력을 약하게 만드는 기능(박찬국·김현제, 2015: p.48)으로 tw에 따라 시간 가중치의 규모를 결정할 수 있다.

보를 검색할 수 있도록 설계된 크롤러(crawler)라는 로봇을 이용한다.

- 둘째, 수집된 정보는 텍스트 형태의 비정형 데이터이기 때문에 자연어처리 기술을 이용하여 유용한 정보를 추출하기 위한 텍스트마이닝(text mining) 기술과 온라인 문서 속에 담긴 감정(긍정,보통,부정)을 분석하기 위한 감성분석(opinion mining) 기술이 필요하다. 그리고 텍스트 형태의 키워드 분석을 실시한다.

- 셋째, 문서에서 분류된 텍스트 형태의 키워드를 통계분석과 데이터마이닝 분석을 위해 숫자 형태로 코딩하여 정형 데이터로 변환해야 한다.

- 넷째, 미래신호(미래에 청소년 우울에 변화를 주는 요인)를 탐색하고 예측하는 단계로, 미래신호를 탐색하기 위해 단어빈도(TF), 문서빈도(DF), TF-IDF(단어의 중요도 지수)를 분석하고 키워드의 중요도(KEM)와 확산도(KIM)를 분석하여 미래신호를 탐색한다.

- 다섯째, 미래신호를 예측하는 단계로, 머신러닝의 랜덤포레스트(random forest) 분석기술을 이용하여 탐색된 미래신호를 중심으로 청소년 우울감정과 중요한 연관관계가 있는 미래신호를 찾아낸다. 그리고 로지스틱 회귀분석과 데이터마이닝 등을 통하여 청소년 우울에 영향을 미치는 요인을 분석하고, 미래신호 간 연관관계와 시각화(데이터 시각화, 소셜 네트워크 분석)를 통하여 미래신호를 예측한다.

- 마지막으로 정형 빅데이터(공공데이터, 통계청 통계자료, 건강보험자료, 기상청 자료, 패널조사 자료 등)와 연계하여 요인 간 인과관계를 분석할 수 있는 구조방정식모형이나 시간별 변화 궤적을 분석할 수 있는 잠재성장곡선모형을 모델링하고, 시간별(시간/일/월/년)·지역별 사회현상과 관련된 요인과의 관계를 분석할 수 있는 다층모형 분석을 실시한다.

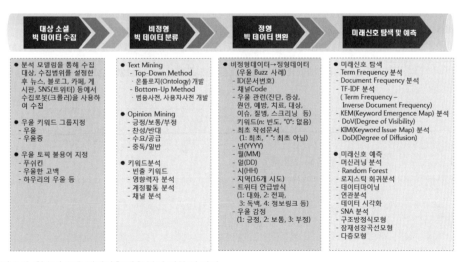

[그림 1-7] 청소년 우울 미래신호 예측 분석 절차 및 방법

1) 연구대상 및 연구방법

본 연구의 청소년 우울 관련 온라인 문서의 수집 및 분류 절차는 [그림 1-8]과 같다. 청소년 우울과 관련한 소셜 빅데이터 수집에는 웹크롤러를 사용하였으며 우울 토픽(topic)은 모든 관련 문서를 수집하기 위해 '우울'과 '우울증' 용어를 사용하였다. 그리고 온라인 문서의 잡음(noisy)을 제거하기 위한 불용어(stop word)는 '푸쉬킨, 우울한 고백, 하우리의 우울' 등을 사용하였다.

청소년 우울 소셜 빅데이터의 수집은 2012년 1월 1일부터 2014년 12월 31일까지 해당 채널에서 요일, 주말, 휴일을 고려하지 않고 매 시간 단위로 이루어졌다(수집기간 중 한국어 트위터 문서는 약 31억 건이다). 수집된 총 370만 3,135건의 텍스트 문서 중 청소년(문서 내용에서 19세 이하, 초등학생, 중학생, 고등학생 언급 문서)으로 판단되는 16만 1,581건의 문서를 본 연구의 분석에 포함하였다. 청소년 대상의 문서 중 우울감정(긍정, 보통, 부정)을 표현한 문서는 8만 6,957건으로 나타났다.

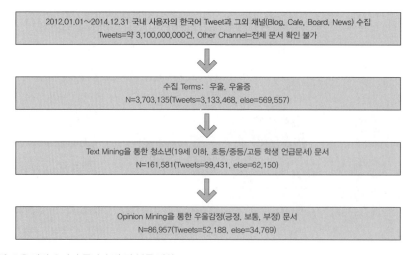

[그림 1-8] 우울 관련 온라인 문서 수집 및 분류 절차

(1) 연구도구

본 연구에 사용된 연구도구는 감성분석(opinion mining)과 주제분석(text mining) 과정을 거쳐 다음과 같이 정형화 데이터로 코드화하여 사용하였다.

① 청소년 우울 관련 감정

청소년 우울 관련 감정은 감성어 사전을 개발하여 긍정(스트레스 받지 않다, 우울증 퇴치하다, 행복 넘치다 등), 보통(한국인 우울하다, 청소년 우울하다 등), 부정(친구 자살하다, 스트레스 심각하다, 왕따 심각하다 등)으로 구분하여 감성분석을 실시하였다. 그리고 청소년 우울의 감정은 통계분석을 위하여 긍정의 감정을 가진 문서는 1, 보통의 감정을 가진 문서는 2, 부정의 감정을 가진 문서는 3으로 코드화하였다.

② 청소년 우울 관련 증상

청소년 우울 관련 증상은 주제분석 과정을 거쳐 DSM-5에서 제시한 9개 증상으로 분류하였다. 그리고 청소년 우울 미래신호 예측을 위한 우울증상은 주제분석 과정을 거쳐 31개 증상으로 분류하였고 해당 증상이 있는 경우는 n(문서 내 해당 우울증상 출현빈도), 없는 경우는 0으로 코드화하였다.

(2) 연구방법

본 연구의 의사결정나무 형성을 위한 분석 알고리즘은 CHAID(Chi-squared Automatic Interaction Detection)를 사용하였다. 그리고 본 연구의 기술분석, 다중반응분석, 로지스틱 회귀분석, 의사결정나무분석은 IBM SPSS 23.0을 사용하였고 랜덤포레스트 분석, 연관규칙, 시각화는 R 3.3.1을 사용하였다.

2) 청소년 우울 온라인 문서 현황

[표 1-12]와 같이 청소년의 우울 관련 부정적인 감정(위험)을 나타내는 온라인 문서는 2012년 25.2%, 2013년 27.9%, 2014년 24.5%로 부정 감정의 경우 청소년건강행태 온라인조사의 우울감 경험률 추이와 비슷하게 나타났다.

[표 1-12] 연도별 청소년 우울감정 (단위: %)

연도	긍정	보통	부정	
			소셜 빅데이터[1]	교육부 외[2]
2012년	4,294(16.8)	14,794(57.9)	6,441(25.2)	30.5
2013년	4,694(15.9)	16,527(56.1)	8,232(27.9)	30.9
2014년	4,463(14.0)	19,666(61.5)	7,846(24.5)	26.7
계	13,451(15.5)	50,987(58.6)	22,519(25.9)	29.4

[1] 소셜 빅데이터의 청소년 우울에 대한 부정(위험) 감정
[2] 교육과학기술부, 보건복지부, 질병관리본부(2014). 제10차 청소년 건강행태 온라인조사 통계

[표 1-13]과 같이 연도별 청소년 우울증상은 학업스트레스, 자살, 분노, 불안, 초조 등의 순으로 높게 나타났다.

[표 1-13] 청소년 우울증상

증상	N(%)	증상	N(%)
소화장애	1,621(1.9)	통증	3,495(4.2)
호흡기장애	359(0.4)	체중	1,203(1.4)
혼란	1,718(2.0)	피로	4,086(4.9)
경련	282(0.3)	수면	3,142(3.7)
불안	7,469(8.9)	식욕	1,407(1.7)
공포	1,022(1.2)	죄책감	3,093(3.7)
초조	7,186(8.6)	슬픔	4,773(5.7)
충동	902(1.1)	적대	1,102(1.3)
집중력	683(0.8)	지체	448(0.5)
무기력	2,073(1.1)	상실	2,600(3.1)
자존감저하	40(0.0)	중독	290(0.3)
소외감	925(1.1)	더러움	16(0.0)
외로움	1,992(2.4)	학업스트레스	11,365(13.5)
무관심	2,910(3.0)	퉁명	103(0.1)
무가치	184(0.2)	자살	9,553(11.4)
분노	7,919(9.4)		
계		83,961	

2012년	2013년	2014년	전체

3) 단어 및 문서 빈도 분석

온라인 채널에서 수집된 텍스트 형태의 문서를 분석하기 위해서는 문서 내에서 출현하는 단어 빈도(Term Frequency, TF)와 문서 빈도(Document Frequency, DF)를 텍스트마이닝을 통해 우선적으로 산출해야 한다. 단어 빈도는 각 문서에서 단어별 출현빈도를 산출한 후, 문서별 출현빈도를 합산하여 산출할 수 있다. 문서 빈도는 특정 단어가 출현하는 문서의 수를 나타낸다.

텍스트마이닝에서는 중요한 정보를 추출하기 위해 TF-IDF(Term Frequency - Inverse Document Frequency) 방법을 사용한다. TF-IDF는 여러 문서로 이루어진 문서군이 있을 때 어떤 단어가 특정 문서에 얼마나 중요한 것인지를 나타내는 통계적 수치다(정근하, 2010).

Spärck(1972)는 희귀한 단어일수록 더 높은 가중치를 부여하기 위해서 역문서 빈도(Inverse Document Frequency, $IDF_j = \log_{10}(\frac{N}{DF_j})$)를 제안하였다. 따라서 단어 빈도 분석에 희귀한 단어일수록 더 높은 가중치를 부여할 필요가 있다면, 단어 빈도와 역문서 빈도를 결합하여 'TF-IDF$=TF_{ij} \times IDF_j$'를 산출하여 가중치(단어의 중요도 지수)를 적용한다.

상기 분석방법론에 따라 단어 빈도, 문서 빈도, 단어의 중요도 지수를 고려한 문서의 빈도(TF-IDF) 분석을 통하여 청소년 우울 관련 증상에 대한 키워드의 변화를 살펴보았다 [표 1-14]. 그 결과 단어 빈도와 문서 빈도에서는 학업스트레스, 자살, 분노, 불안, 초조 등의 증상이 우선인 것으로 나타났으나, 중요도 지수를 고려한 단어 빈도에서는 분노, 학업스트레스, 자살, 불안, 초조 등의 증상이 우선으로 나타났다. 이를 통해 분노 증상이 청소년 우울에서 매우 중요한 위치를 차지한다는 것을 알 수 있다.

한편 키워드의 연도별 순위 변화는 [표 1-15]와 같이 학업스트레스, 자살, 분노 증상이 번갈아 강조되고 있는 것으로 나타났다.

[표 1-14] 온라인 채널의 청소년 우울증상에 대한 키워드 분석

순위	TF		DF		TF – IDF	
	키워드	빈도	키워드	빈도	키워드	빈도
1	학업스트레스	3807	학업스트레스	3788	분노	10497
2	자살	3475	자살	3184	학업스트레스	9920
3	분노	3412	분노	2640	자살	9841
4	불안	2779	불안	2490	불안	8760
5	초조	2671	초조	2395	초조	8555
6	슬픔	1769	슬픔	1591	슬픔	6607
7	피로	1517	피로	1362	피로	6004
8	통증	1450	통증	1165	통증	5976
9	수면	1351	수면	1047	수면	5783
10	죄책감	1202	죄책감	1031	죄책감	5171
11	무관심	1068	무관심	970	무관심	4678
12	상실	950	상실	867	상실	4299
13	외로움	738	무기력	691	외로움	3599
14	무기력	704	외로움	664	무기력	3397
15	혼란	654	혼란	573	혼란	3314
16	소화장애	616	소화장애	540	소화장애	3168
17	식욕	534	식욕	469	식욕	2843
18	체중	494	체중	401	체중	2734
19	적대	393	적대	367	적대	2217
20	공포	341	공포	341	공포	1957
21	소외감	329	소외감	308	소외감	1934
22	충동	318	충동	301	충동	1880
23	집중력	228	집중력	228	집중력	1427
24	지체	150	지체	149	지체	1021
25	호흡기장애	144	호흡기장애	120	호흡기장애	1020
26	중독	97	중독	97	중독	714
27	경련	95	경련	94	경련	708
28	무가치	61	무가치	61	무가치	489
29	퉁명	34	퉁명	34	퉁명	300
30	자존감저하	13	자존감저하	13	자존감저하	133
31	더러움	5	더러움	5	더러움	60
합계		31900	합계	27986	합계	119006

[표 1-15] 온라인 채널의 청소년 우울증상에 대한 연도별 키워드 순위 변화(TF기준)

순위	2012년	2013년	2014년
1	자살	학업스트레스	학업스트레스
2	학업스트레스	분노	자살
3	분노	불안	분노
4	초조	자살	불안
5	불안	초조	초조
6	슬픔	피로	슬픔
7	피로	수면	통증
8	통증	통증	피로
9	수면	슬픔	수면
10	죄책감	무관심	죄책감
11	무관심	죄책감	무관심
12	상실	상실	외로움
13	혼란	무기력	상실
14	외로움	혼란	무기력
15	무기력	외로움	소화장애
16	소화장애	소화장애	혼란
17	체중	식욕	식욕
18	식욕	체중	적대
19	공포	적대	체중
20	소외감	충동	소외감
21	충동	소외감	공포
22	적대	공포	집중력
23	집중력	집중력	충동
24	지체	지체	지체
25	호흡기장애	호흡기장애	호흡기장애
26	중독	중독	경련
27	경련	경련	무가치
28	무가치	무가치	중독
29	퉁명	퉁명	퉁명
30	자존감저하	자존감저하	자존감저하
31	더러움	더러움	더러움

상기 미래신호 탐지방법론에 따라 분석한 결과는 [표 1-16]과 같다. 청소년 우울증상 키워드에 대한 DoV 증가율과 평균단어 빈도를 산출한 결과 DoV의 증가율의 중앙값은 0.025로 청소년 우울증상은 평균적으로 증가하고 있는 것으로 나타났다. 학업스트레스, 자살, 불안은 높은 빈도를 보이며 DoV 증가율은 중앙값보다 높게 나타나 시간이 갈수록 신호가 강해지는 것으로 나타났다. 분노, 피로, 무관심, 상실의 평균단어 빈도는 높게 나타났

으며, DoV 증가율은 중앙값보다 낮게 나타나 시간이 갈수록 신호가 약해지는 것으로 나타났다[표 1-16].

[표 1-16] 청소년 우울증상의 DoV 평균증가율과 평균단어빈도

키워드	DoV			평균증가율	평균단어빈도
	2012년	2013년	2014년		
학업스트레스	0.103	0.111	0.134	0.142	3807
자살	0.105	0.092	0.119	0.083	3475
분노	0.098	0.109	0.102	0.024	3412
불안	0.073	0.097	0.082	0.088	2779
초조	0.077	0.083	0.082	0.037	2671
슬픔	0.045	0.040	0.078	0.418	1769
피로	0.045	0.048	0.044	-0.007	1517
통증	0.042	0.042	0.048	0.077	1450
수면	0.040	0.043	0.039	-0.013	1351
죄책감	0.036	0.035	0.038	0.026	1202
무관심	0.033	0.035	0.028	-0.076	1068
상실	0.030	0.029	0.026	-0.076	950
외로움	0.020	0.020	0.027	0.155	738
무기력	0.019	0.022	0.024	0.129	704
혼란	0.021	0.020	0.018	-0.077	654
소화장애	0.019	0.019	0.018	-0.019	616
식욕	0.015	0.018	0.016	0.064	534
체중	0.015	0.017	0.013	-0.056	494
적대	0.009	0.013	0.015	0.316	393
공포	0.012	0.009	0.010	-0.090	341
소외감	0.011	0.010	0.010	-0.041	329
충동	0.010	0.011	0.007	-0.135	318
집중력	0.005	0.008	0.008	0.246	228
지체	0.004	0.005	0.005	0.042	150
호흡기장애	0.004	0.004	0.004	0.025	144
중독	0.004	0.003	0.002	-0.321	97
경련	0.003	0.003	0.003	-0.021	95
무가치	0.001	0.002	0.002	0.324	61
통명	0.001	0.001	0.001	0.008	34
자존감저하	0.000	0.000	0.000	0.218	13
더러움	0.000	0.000	0.000	-0.014	5
중앙값				0.025	616

[표 1-17]과 같이 DoD는 DoV와 비슷한 추이를 보였다. 그러나 DoD 증가율의 중앙값은 0.03으로 청소년 우울증상은 평균적으로 증가하고 있는 것으로 나타났으며, DoV 증가율의 중앙값보다 높아 청소년 우울증상의 확산속도는 빠른 것으로 나타났다. 그리고 분노의 DoV 증가율은 DoV의 중앙값보다 낮게 나타났으나, 분노의 DoD 증가율은 DoD의 중앙값보다 높아 분노에 대한 신호가 강하게 확산되는 것으로 나타났다.

앞에서 제시한 미래신호 탐색절차와 같이 DoV의 평균단어빈도와 DoD의 평균문서빈도를 X축으로 설정하고 DoV와 DoD의 평균증가율을 Y축으로 설정한 후 각 값의 중앙값을 사분면으로 나누면, 2사분면에 해당하는 영역의 키워드는 약신호가 되고 1사분면에 해당하는 키워드는 강신호가 된다. 빈도수 측면에서는 상위 10위에 DoV와 DoD 모두 학업스트레스, 자살, 분노, 불안, 초조, 슬픔, 피로, 통증, 수면, 죄책감 순으로 포함되었다.

[표 1-17] 청소년 우울증상의 DoD 평균증가율과 평균문서빈도

키워드	DoD			평균증가율	평균문서빈도
	2012년	2013년	2014년		
학업스트레스	0.116	0.125	0.146	0.125	3788
자살	0.106	0.095	0.124	0.098	3184
분노	0.085	0.094	0.090	0.033	2640
불안	0.074	0.098	0.082	0.083	2490
초조	0.076	0.085	0.083	0.050	2395
슬픔	0.045	0.039	0.079	0.448	1591
피로	0.046	0.049	0.044	-0.019	1362
통증	0.038	0.038	0.043	0.073	1165
수면	0.035	0.037	0.034	-0.014	1047
죄책감	0.034	0.033	0.037	0.043	1031
무관심	0.034	0.036	0.028	-0.086	970
상실	0.032	0.030	0.027	-0.084	867
무기력	0.021	0.024	0.026	0.120	691
외로움	0.021	0.021	0.025	0.086	664
혼란	0.021	0.020	0.017	-0.105	573
소화장애	0.018	0.020	0.017	-0.008	540
식욕	0.015	0.017	0.015	0.013	469
체중	0.014	0.015	0.012	-0.054	401
적대	0.009	0.013	0.016	0.354	367
공포	0.013	0.010	0.011	-0.106	341
소외감	0.011	0.010	0.010	-0.049	308
충동	0.011	0.012	0.008	-0.120	301
집중력	0.006	0.009	0.008	0.230	228

지체	0.005	0.005	0.005	0.030	149
호흡기장애	0.004	0.004	0.004	0.068	120
중독	0.004	0.003	0.002	-0.331	97
경련	0.004	0.003	0.003	-0.056	94
무가치	0.001	0.003	0.002	0.310	61
통명	0.001	0.001	0.001	-0.006	34
자존감저하	0.000	0.001	0.000	0.203	13
더러움	0.000	0.000	0.000	-0.030	5
중앙값				0.03	540

[그림 1-9], [그림 1-10], [표 1-18]과 같이 청소년 우울증상 관련 주요 키워드에서 분노 증상은 KEM에서는 강하지는 않지만 잘 알려진 신호로 나타난 반면 KIM에서는 강신호로 나타났다. 이는 청소년의 분노 증상은 강신호로 빠르게 확산된다는 것을 보여준다.

KEM과 KIM에 공통적으로 나타나는 강신호(1사분면)에는 학업스트레스, 자살, 불안, 초조, 슬픔, 통증, 죄책감, 외로움, 무기력 증상이 포함되고, 약신호(2사분면)에는 적대, 집중력, 무가치, 자존감저하 증상이 포함되었다. KIM의 4사분면에만 나타난 강하지는 않지만 잘 알려진 신호는 피로, 수면, 무관심, 상실, 혼란 증상이고, KIM의 3사분면에만 나타난 잠재신호는 소화장애, 체중, 공포, 소외감, 충동, 경련, 중독, 통명, 더러움 증상이었다. 특히 약신호인 2사분면에는 적대, 무가치, 집중력, 자존감저하 증상이 높은 증가율을 보여 이들 키워드가 시간이 지나면 강신호로 발전할 수 있기 때문에 이에 대한 대응책을 적극적으로 마련해야 할 것으로 보인다.

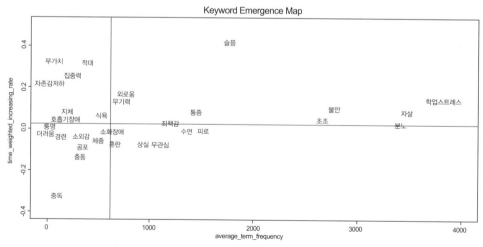

[그림 1-9] 청소년 우울증상의 KEM

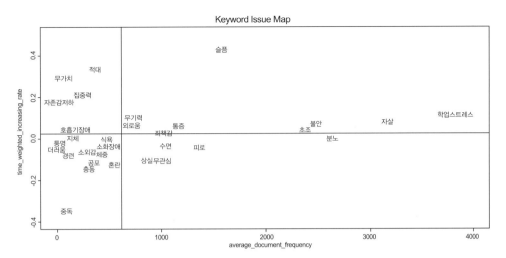

[그림 1-10] 청소년 우울증상의 KIM

[표 1-18] 청소년 우울증상 키워드의 미래신호

구분	잠재신호 (Latent signal)	약신호 (Weak signal)	강신호 (Strong signal)	강하지는 않지만 잘 알려진 신호 (Not strong but well known signal)
KEM	소화장애, 체중, 소외감, 공포, 충동, 호흡기장애, 경련, 중독, 통명, 더러움	식욕, 적대, 집중력, 지체, 무가치, 자존감저하	학업스트레스, 자살, 불안, 초조, 슬픔, 통증, 죄책감, 외로움, 무기력	분노, 피로, 수면, 무관심, 상실, 혼란
KIM	소화장애, 식욕, 체중, 공포, 소외감, 충동, 지체, 경련, 중독, 통명, 더러움	적대, 집중력, 호흡기장애, 무가치, 자존감저하	학업스트레스, 자살, 분노, 불안, 초조, 슬픔, 통증, 죄책감, 무기력, 외로움	피로, 수면, 무관심, 상실, 혼란
주요 신호	소화장애, 체중, 공포, 소외감, 충동, 경련, 중독, 통명, 더러움	적대, 집중력, 무가치, 자존감저하	학업스트레스, 자살, 불안, 초조, 슬픔, 통증, 죄책감, 외로움, 무기력	피로, 수면, 무관심, 상실, 혼란

1) 랜덤포레스트 분석을 통한 청소년 우울증상 예측

본 연구의 랜덤포레스트 분석을 활용하여 청소년 우울증상의 감정(긍정, 보통, 부정)에 영향을 주는 증상은 [그림 1-11]과 같다. 랜덤포레스트의 중요도(IncNodePurity) 그림을 살펴보면 청소년 우울증상의 감정에 가장 큰 영향을 미치는(연관성이 높은) 증상은 '자살'로 나타났다. 그다음으로는 불안, 적대, 분노, 초조, 학업스트레스, 피로, 통증, 무관심 증상 등의 순으로 나타났다.

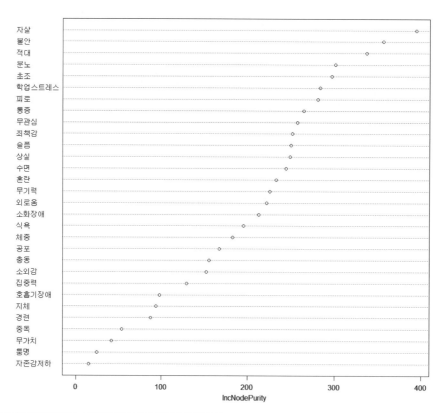

[그림 1-11] 랜덤포레스트 모델의 청소년 우울증상의 중요도

랜덤포레스트의 중요도로 나타난 우울증상 요인들이 청소년의 우울감정에 미치는 영향을 로지스틱 회귀분석을 통해 살펴본 결과 공포, 초조, 충동, 무기력, 자존감저하, 죄책

감, 슬픔, 적대, 학업스트레스, 자살 증상은 긍정 감정보다 부정 감정의 확률이 높았다. 그리고 경련, 불안, 공포, 초조, 충동, 무기력, 소외감, 외로움, 무관심, 분노, 통증, 체중, 피로, 수면, 죄책감, 슬픔, 적대, 학업스트레스, 자살 증상은 보통 감정보다 부정 감정의 확률이 높게 나타났다[표 1-19].

[표 1-19] 청소년 우울 감정에 영향을 주는 증상 요인

증상	긍정^{주)}			보통^{주)}		
	b^1	OR^2	P	b^1	OR^2	P
소화장애	.440	1.553	.000	.107	1.113	.253
호흡기장애	.770	2.161	.000	-.306	.736	.075
혼란	.078	1.081	.221	-.068	.934	.383
경련	.184	1.202	.185	-.698	.498	.001
불안	.374	1.453	.000	-.763	.466	.000
공포	-.216	.806	.007	-.408	.665	.000
초조	-.113	.893	.001	-.751	.472	.000
충동	-.254	.776	.004	-.344	.709	.002
집중력	.004	1.004	.964	.458	1.580	.001
무기력	-.391	.677	.000	-1.050	.350	.000
자존감저하	-.866	.420	.047	-.496	.609	.378
소외감	-.084	.919	.314	-.636	.529	.000
외로움	.259	1.296	.000	-.365	.694	.000
무관심	.159	1.172	.004	-.201	.818	.002
무가치	-.008	.992	.963	1.063	2.894	.000
분노	-.054	.947	.123	-.623	.536	.000
통증	.138	1.148	.005	-.686	.503	.000
체중	.099	1.104	.219	-.443	.642	.000
피로	.271	1.311	.000	-.324	.723	.000
수면	.395	1.484	.000	-.132	.877	.049
식욕	-.084	.920	.262	.128	1.137	.179
죄책감	-.169	.845	.002	-.352	.704	.000
슬픔	-.256	.774	.000	-.701	.496	.000
적대	-1.114	.328	.000	-2.289	.101	.000
지체	.035	1.036	.780	.814	2.257	.000
상실	.324	1.383	.000	.151	1.163	.030
중독	-.079	.924	.615	.053	1.055	.736
학업스트레스	-.115	.891	.000	-1.533	.216	.000
통명	-.463	.630	.113	-.147	.864	.547
자살	-.579	.561	.000	-.862	.423	.000

주: 기준범주는 부정, ¹Standardized coefficients, ²odds ratio

2) 의사결정나무분석을 통한 청소년 우울증상 예측

청소년 우울증상의 예측모형[12]에 대한 의사결정나무는 [그림 1-12]와 같다. 나무 구조의 최상위에 있는 뿌리나무는 예측변수(독립변수)가 투입되지 않은 종속변수의 빈도를 나타낸다. 뿌리마디의 청소년 우울에 대한 감정의 비율을 보면 우울에 대해 긍정의 감정은 15.5%, 보통의 감정은 58.6%, 부정의 감정은 25.9%로 나타났다. 뿌리마디 하단의 가장 상위에 위치하는 우울증상 요인이 종속변수에 영향력이 가장 높은 요인(관련성이 깊은)이므로 '학업스트레스' 요인의 영향력이 가장 큰 것으로 나타났다. 즉 온라인 문서에 학업스트레스 요인이 있는 경우 긍정은 이전의 15.5%에서 30.6%로 증가하고, 부정은 이전의 25.9%에서 51.2%로 증가한 반면, 보통은 이전의 58.6%에서 18.2%로 크게 감소하였다.

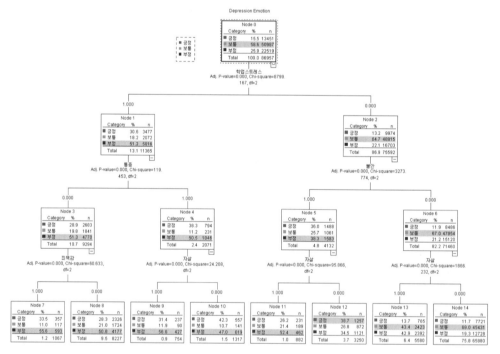

[그림 1-12] 청소년 우울증상의 예측모형

---

12 의사결정나무분석은 청소년 우울증상 키워드의 미래신호 예측에서 강신호(학업스트레스, 자살, 불안, 초조, 슬픔, 통증, 죄책감, 외로움, 무기력)와 약신호(적대, 집중력, 무가치, 자존감저하)의 주요 신호를 선택하여 실시할 수 있다.

[표 1-20]의 청소년 우울증상 요인의 예측모형에 대한 이익도표를 보면, 우울감정의 긍정에 영향력이 가장 높은 경우는 '학업스트레스가 있고 통증이 있고 자살이 없는' 조합으로 나타났다. 즉 10번 노드의 지수(index)가 273.4%로 뿌리마디와 비교했을 때 10번 노드의 조건을 가진 집단이 우울에 긍정적인 감정을 가질 확률이 2.73배로 나타났다. 우울감정의 보통에 영향력이 가장 높은 경우는 '학업스트레스가 없고 불안이 없고 자살이 없는' 조합으로 나타났다. 즉 14번 노드의 지수가 117.6%로 뿌리마디와 비교했을 때 14번 노드의 조건을 가진 집단이 우울에 보통의 감정을 가질 확률이 1.18배로 나타났다. 우울감정의 부정에 영향력이 가장 높은 경우는 '학업스트레스가 있고 통증이 있고 자살이 있는' 조합으로 나타났다. 즉 9번 노드의 지수가 218.7%로 뿌리마디와 비교했을 때 9번 노드의 조건을 가진 집단이 우울에 부정적인 감정을 가질 확률이 2.19배로 나타났다.

[표 1-20] 청소년 우울증상 예측모형에 대한 이익도표

구분	노드	이익지수				누적지수			
		노드(n)	노드(%)	이익(%)	지수(%)	노드(n)	노드(%)	이익(%)	지수(%)
긍정	10	1317	1.5	4.1	273.4	1317	1.5	4.1	273.4
	12	3250	3.7	9.3	250.0	4567	5.3	13.5	256.8
	7	1067	1.2	2.7	216.3	5634	6.5	16.1	249.1
	9	754	.9	1.8	203.2	6388	7.3	17.9	243.7
	8	8227	9.5	17.3	182.8	14615	16.8	35.2	209.4
	11	882	1.0	1.7	169.3	15497	17.8	36.9	207.1
	13	5580	6.4	5.7	88.6	21077	24.2	42.6	175.8
	14	65880	75.8	57.4	75.8	86957	100.0	100.0	100.0
보통	14	65880	75.8	89.1	117.6	65880	75.8	89.1	117.6
	13	5580	6.4	4.8	74.1	71460	82.2	93.9	114.2
	12	3250	3.7	1.7	45.8	74710	85.9	95.6	111.2
	11	882	1.0	.4	36.5	75592	86.9	95.9	110.4
	8	8227	9.5	3.4	35.7	83819	96.4	99.3	103.0
	9	754	.9	.2	20.4	84573	97.3	99.5	102.3
	7	1067	1.2	.2	18.7	85640	98.5	99.7	101.3
	10	1317	1.5	.3	18.3	86957	100.0	100.0	100.0
부정	9	754	.9	1.9	218.7	754	.9	1.9	218.7
	7	1067	1.2	2.6	214.6	1821	2.1	4.5	216.3
	11	882	1.0	2.1	202.3	2703	3.1	6.6	211.7
	8	8227	9.5	18.5	196.1	10930	12.6	25.1	199.9
	10	1317	1.5	2.7	181.5	12247	14.1	27.9	197.9
	13	5580	6.4	10.6	165.5	17827	20.5	38.5	187.8
	12	3250	3.7	5.0	133.2	21077	24.2	43.5	179.4
	14	65880	75.8	56.5	74.6	86957	100.0	100.0	100.0

3) 연관분석을 통한 청소년 우울증상 예측

소셜 빅데이터 분석에서 연관분석은 하나의 온라인 문서에 포함된 둘 이상의 단어들에 대한 상호관련성을 발견하는 것이다. 본 연구에서는 [표 1-21]과 같이 하나의 문서에 나타난 우울증상의 감정(긍정, 보통, 부정)에 대해 연관규칙을 분석하였다. 그 결과 {외로움, 무관심, 수면, 상실, 자살} => {부정} 여섯 개 변인의 연관성은 지지도 0.001, 신뢰도는 0.757, 향상도는 2.92로 나타났다. 이는 온라인 문서에서 '외로움, 무관심, 수면, 상실, 자살' 증상 요인이 언급되면 부정적 감정을 가질 확률이 75.7%이며, '외로움, 무관심, 수면, 상실, 자살' 증상이 언급되지 않은 문서보다 부정적 감정을 가질 확률이 약 2.92배 높아지는 것을 나타낸다.

[표 1-21] 청소년 우울증상의 연관규칙

규칙	지지도	신뢰도	향상도
{외로움,무관심,수면,상실,자살} => {부정}	0.001000494	0.7565217	2.921305
{외로움,무관심,슬픔,상실,자살} => {부정}	0.001023494	0.7542373	2.912483
{초조,외로움,무관심,상실,자살} => {부정}	0.001057994	0.7540984	2.911947
{외로움,무관심,분노,수면,자살} => {부정}	0.001115494	0.7519380	2.903605
{외로움,무관심,분노,상실,자살} => {부정}	0.001195993	0.7482014	2.889176
{외로움,피로,슬픔,자살} => {부정}	0.001023494	0.7478992	2.888009
{초조,외로움,무관심,분노,슬픔} => {부정}	0.001115494	0.7461538	2.881269
{소화장애,분노,통증,피로,슬픔,자살} => {부정}	0.001655991	0.7461140	2.881115
{외로움,무관심,분노,수면,상실} => {부정}	0.001034994	0.7438017	2.872186
{외로움,분노,수면,슬픔,자살} => {부정}	0.001057994	0.7419355	2.864980
{초조,외로움,무관심,죄책감,슬픔} => {부정}	0.001023494	0.7416667	2.863942
{소화장애,분노,통증,피로,죄책감,슬픔,자살} => {부정}	0.001471992	0.7398844	2.857060
{초조,외로움,무관심,분노,상실} => {부정}	0.001011994	0.7394958	2.855559
{외로움,무관심,분노,죄책감,상실,자살} => {부정}	0.001034994	0.7377049	2.848644
{초조,외로움,무관심,상실} => {부정}	0.001161494	0.7372263	2.846795
{초조,외로움,무관심,슬픔} => {부정}	0.001218993	0.7361111	2.842489
{외로움,무관심,분노,슬픔,학업스트레스} => {부정}	0.001057994	0.7360000	2.842060
{소화장애,초조,분노,통증,피로,슬픔,자살} => {부정}	0.001437492	0.7352941	2.839334
{분노,피로,적대,학업스트레스,자살} => {부정}	0.001241993	0.7346939	2.837017
{외로움,분노,수면,자살} => {부정}	0.001448992	0.7325581	2.828769

연관규칙에 대한 소셜 네트워크 분석(Social Network Analysis, SNA) 결과 [그림 1-13]과 같이 청소년 우울증상은 학업스트레스에 분노, 수면, 상실, 자살, 피로 등이 상호 연결되어 있으며, 자살에는 학업스트레스, 불안, 수면, 피로, 상실 등이 상호 연결되어 있고, 분노에는 초조, 무관심, 피로, 불안 등이 상호 연결되어 있는 것으로 나타났다.

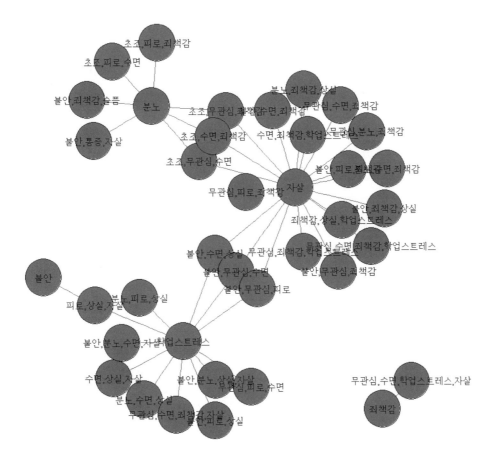

[그림 1-13] 청소년 우울증상 연관규칙의 SNA

4 소셜 빅데이터 활용방안 및 제언

본 연구는 2012년 1월 1일부터 2014년 12월 31일까지 3년간 소셜 빅데이터에서 청소년 우울 관련 정보를 수집하여 청소년 우울에 대한 미래신호를 예측하였다. 본 연구의 결과를 살펴보면 다음과 같다.

- 첫째, 청소년 우울의 미래신호 분석에서 우울에 대해 부정적 감정(위험)을 나타내는 문서는 2014년 24.5%로 청소년건강행태온라인조사(교육부 등, 2014)의 우울증상 경험률(26.7%)과 비슷한 결과를 보였다.
- 둘째, 청소년 우울증상의 키워드에 대한 단어빈도(TF)와 문서빈도(DF)는 학업스트레스, 자살, 분노, 불안, 초조 등의 증상이 우선인 것으로 나타났다. 그리고 중요도 지수를 고려한 단어 빈도(TF-IDF)에서는 분노, 학업스트레스, 자살, 불안, 초조 등의 증상이 우선인 것으로 나타났다. 이를 통해 분노 증상이 청소년 우울에서 매우 중요한 위치를 차지한다는 것을 알 수 있다.
- 셋째, 청소년 우울증상에 대한 DoV 증가율과 평균단어 빈도를 분석한 결과 학업스트레스, 자살, 불안은 높은 빈도를 보이고 증가율도 중앙값보다 높아 시간이 갈수록 신호가 강해지는 것으로 나타났다. DoD는 DoV와 비슷한 추이를 보이나 DoV보다 우울증상이 평균적으로 증가하고 있는 것으로 나타났다. 이는 청소년 우울증상의 확산 속도가 빠르다는 것을 나타내므로 이를 완화시킬 수 있는 방안을 마련해야 할 것으로 본다.
- 넷째, 청소년 우울증상에 대한 강신호에는 학업스트레스, 자살, 불안, 초조, 슬픔, 통증, 죄책감, 외로움, 무기력 증상이 포함되고, 약신호에는 적대, 집중력, 무가치, 자존감 저하 증상이 포함된 것으로 나타났다. 특히 약신호에서는 적대, 무가치, 집중력, 자존감 저하 증상이 높은 증가율을 보였는데, 시간이 지나면 이들 키워드가 강신호로 발전할 수 있기 때문에 이에 대한 적극적인 대응책을 마련해야 할 것으로 본다. 한편, 학업스트레스와 자살은 강신호이면서 높은 증가율을 보였다. 그러므로 청소년이 과중한 학업 때문에 고민하지 않도록 학업프로그램을 개선하고, 자살 등 부정적 감정을 긍정적 감정으로 중재하기 위한 국가적 차원의 예방 전략이 필요해 보인다.
- 다섯째, 청소년 우울증상의 신호는 '생리적 신호→심리적 신호→행동적 신호'로 변하는 것으로 나타났다.

- 여섯째, 청소년 우울증상의 감정에 가장 큰 영향을 미치는 증상은 자살로 나타났다. 그러므로 청소년 자살에 대한 예측 및 적시대응 체계를 정부 차원에서 마련해야 할 것으로 본다.
- 일곱째, 청소년 우울증상은 학업스트레스와 분노에 자살, 피로, 불안, 수면 등이 상호 연결되어 있는 것으로 나타났다. 그러므로 청소년들의 학업스트레스로 인한 분노를 조절할 수 있는 학교 차원의 노력이 필요해 보인다.

위의 연구결과를 바탕으로 정책을 제언하면 다음과 같다.

- 첫째, 청소년은 온라인상에서 자살 생각과 같은 우울한 담론을 주고받으며, 이러한 언급이 실제로 자살과 관련된 심리적·행동적 특성으로 노출될 수 있다. 그러므로 온라인상에서 청소년 우울의 위험징후가 예측되면 실시간으로 개입할 수 있는 정부 차원의 우울관리 모니터링 체계를 구축하여야 한다.
- 둘째, 청소년은 우울감정 노출이 학기 중에 높게 나타나므로 이 시기에 정기적으로 스트레스를 해소할 수 있는 정신건강 관련 교육을 실시하여야 한다.
- 셋째, 사이버상에서 우울감정을 주고받는 위기 청소년에 대응하기 위하여 학부모와 교사를 대상으로 그들에 대한 위기관리 정보를 제공하고, 관련 교육프로그램도 운영하여야 한다.

소셜 빅데이터는 다양한 분야에서 활용할 수 있다.

- 첫째, 조사를 통한 기존의 정보수집 체계의 한계를 보완할 수 있는 새로운 자료수집 방법으로 활용할 수 있다. 통일에 대한 국민인식 조사, 정부의 금연정책(가격정책·비가격정책 등) 실시 이후 흡연 실태 조사, 스마트폰 및 인터넷 중독 실태 조사 등 여러 분야의 조사에 활용할 수 있다.
- 둘째, 보건복지정책 수요를 예측할 수 있다(저출산정책 수요예측 등). 건강보험보장성 강화에 대한 국민의 요구가 커지고 인구고령화와 저출산이 사회적 문제로 대두됨에 따라 대상자별·분야별로 다양한 보건복지정책이 요구되고 있다. 이러한 변화에 대응하기 위해 오프라인 보건복지 욕구 조사와 더불어 소셜미디어에 남긴 다양한 정책 의제를 분석하여 수요를 파악해야 한다.

- 셋째, 사회적 위기상황에 대한 모니터링과 예측을 통해 위험에 대한 사전 대응체계를 구축할 수 있다. 예를 들면 청소년 자살과 사이버폭력 대응체계 구축, 질병에 대한 위험 예측, 식품안전 모니터링 등에 활용할 수 있다.

- 넷째, 새로운 기술의 미래신호를 사전에 예측하여 대비할 수 있다. 빅데이터, 사물인터넷, 머신러닝(인공지능) 등과 같은 새로운 기술에 대해 수요자와 공급자가 요구하는 기술 동향 등에 대한 미래신호를 탐색하여 예측할 수 있다.

- 끝으로 정부와 공공기관이 보유·관리하고 있는 빅데이터는 통합 방안보다는 각각의 빅데이터의 집단별 특성을 분석하여 위험(또는 수요) 집단 간 연계를 통한 예측(위험 예측 또는 질병 예측 등) 서비스를 제공하여야 할 것이다. 즉 빅데이터 분석을 통한 개인별 맞춤형 서비스는 프라이버시를 침해할 수 있기 때문에 위험 집단별 연계를 통한 맞춤형 서비스를 제공하여야 한다(송태민·송주영, 2015). 또한 빅데이터를 분석하여 인과성을 발견하고 미래를 예측하기 위해 정부 차원의 데이터 사이언티스트 양성 노력이 필요하다.

참고문헌

1. 민기영·김훈태·지용구(2014). "철강산업 트렌드 분석을 위한 텍스트 마이닝 도입 연구: P社 사례를 중심으로". The Journal of Society for e-Business Studies, 제19권 제3호, 51-64.

2. 박찬국·김현제(2015). 사물인터넷을 통한 에너지 신산업 발전방향 연구 – 텍스트마이닝을 이용한 미래 신호 탐색. 에너지경제연구원.

3. 송영조(2012). 빅데이터 시대! SNS의 진화와 공공정책. 한국정보화진흥원

4. 송주영·송태민(2014). 소셜 빅데이터를 활용한 북한 관련 위협인식 요인 예측. 국제문제연구, 가을, 209-243.

5. 송태민(2012). "보건복지 빅데이터 효율적 활용방안". 보건복지포럼, 통권 제193호, 68-76.

6. 송태민·송주영(2016). R을 활용한 소셜 빅데이터 연구방법론. 한나래아카데미.

7. 송태민·진달래(2015). 2015년 소셜 빅데이터 기반 보건복지 이슈 동향분석. 한국보건사회연구원.

8. 송태민·송주영(2015). 빅데이터 연구 한 권으로 끝내기. 한나래아카데미.

9. 정근하(2010). 텍스트마이닝과 네트워크분석을 활용한 미래예측 방법 연구. 한국과학기술기획평가원.

10. 주재욱 외(2016). 데이터 기반 디지털 경제 미래예측 방법론 연구. 정보통신정책연구원.

11. Ansoff, H. I. (1975). Managing strategic surprise by response to weak signals. *Californian Management Review*, 18(2), 21-33.

12. BIS(2011). Horizon Scanning Centre. <http://www.bis.gov.uk/foresight/our-work/horizon-scanning-centre>.

13. Fergusson, D. M., Boden, J. M., & Horwood, L. J. (2007). Recurrence of major depression in adolescence and early adulthood, and later mental health, educational and economic outcomes. *Br J Psychiatry*, 191, 335-342.

14. Gartner(2012). www.gartner.com/newsroom/id/2124315, 2015.8.5.

15. Gatner(2011). 'Hype Cycle for Emerging Technologies. 2011'. http://www.gartner.com/newsroom/id/2124315

16. Georghiou, L. et al. (2008). *The Handbook of Technology Foresight*. Edward Edgar Publishing Limited. USA.

17. Hiltunen, E. (2008). "The future sign and its three dimensions". Futures 40, 247-260.

18. http://www.rahs.gov.sg/public/www/home.aspx, 2015.8.5.

19. https://www.gov.uk/government/groups/horizon-scanning-centre, 2015.8.5.

20. Kim HY·Park HA·Min YH·Jeon E (2013). Development of an obesity management ontology based on the nursing process for the mobile-device domain. *J Med Internet Res*, 15(6), e130.

doi: 10.2196/jmir.2512.

21. KISTI(2013. 4). 빅데이터 산업의 현황과 전망. KISTI MARKET REPORT

22. McKinsey Global Institute(2011). Big data: The next frontier for innovation, competition, and productivity, 2015.8.5.

23. Ministry of Education of Korea, Ministry of Health and Welface of Korea & Korea Centers. for Disease Control and Prevention(2015). The statistics of 2015 Korea Youth Health Risk Behavior Online survey.

24. Ministry of Health and Welface of Korea & Korea Centers for Disease Control and Prevention(2015). Korea Health Statistics 2014: Korea National Health and Nutrition Examination Survey (KNHANES VI–2).

25. No.SG, Framework about ontology development. Korea Intelligent Information Systems Society. 2009.11, 141–148.

26. OECD, 15TH MEETING OF THE WORKING PARTY ON INDICATORS FOR THE INFORMATION SOCIETY, 7–8 June 2011.

27. Ogburn, K. M., Sanches, M., Williamson, D. E., Caetano, S. C., Olvera, R. L., Pliszka, S., Hatch, J. P., Soares, J. C. (2010). Family environment and pediatric major depressive disorder. *Psychopathology*, 43(5), 312–318. doi: 10.1159/000319400.

28. Pete Warden(2011). *Big Data Glossary*. O'Reilly Media.

29. Renaud, J., Berlim, M. T., McGirr, A., Tousignant, M., & Turecki, G. (2008). Current psychiatric morbidity, aggression/impulsivity, and personality dimensions in child and adolescent suicide: a case–control study. *J Affect Disord*, 105(1–3), 221–228.

30. Rotermann, M. (2007). Marital breakdown and subsequent depression. *Health Rep*, 18(2), 33–44.

31. Silverstein, B. (2002). Gender differences in the prevalence of somatic versus pure depression: A replication. *Am J Psychiatry*, 159, 1051–1052.

32. Spärck Jones, K. (1972). "A Statistical Interpretation of Term Specificity and Its Application in Retrieval". *Journal of Documentation,* 28, 11–21. doi:10.1108/eb026526.

33. TrendWiki(2011). TrendWiki Homepage. <http://www.trendwiki.fi/en/>.

34. World health Organization(2008). The global burden of disease: 2004 update (NLM classification: W74). Retrived from http://www.who.int/healthinfo/global_burden_disease/GBD_report_2004update_full.pdf?ua=1

35. World health Organization(2012). Depression is a common illness and people suffering from depression need support and treatment. Retrieved from http://www.who.int/mediacentre/news/notes/2012/mental_health_day_20121009/en/

36. World health Organization(2014). 10 Facts on the state of global health. Retrived from www.who.

int/features/factfiles/global_burden/en

37. World health Organization(2014). Preventing suicide: A global imperative. (NLM classification: HV6545). Retrived from http://apps.who.int/iris/bitstream/10665/131056/1/9789241564779_eng.pdf?ua=1&ua=1

38. Yoo, S.-H., Park, H.-W., & Kim, K.-H. (2009). A study on exploring weak signals of technology innovation using informetrics. *Journal of Technology Innovation*, 17(2), 109–130.

39. Yoon, J. (2012). "Detecting weak signals for long-term business opportunities using text mining of Web news," *Journal Expert Systems with Applications*, 39(16), 12543–125

2장

소셜 빅데이터 미래신호 분석방법론[1]

1 R의 개념 및 설치와 활용

R 프로그램(이하 R)은 통계분석과 시각화 등을 위해 개발된 오픈소스 프로그램(소스코드를 공개해 누구나 무료로 이용하고 수정·재배포할 수 있는 소프트웨어)이다. R은 1976년 벨연구소에서 개발한 S언어에서 파생된 오픈소스 언어로, 뉴질랜드 오클랜드대학교의 로버트 젠틀맨(Robert Gentleman)과 로스 이하카(Ross Ihaka)에 의해 1995년에 소스가 공개된 이후 현재까지 'R development core team'에 의해 지속적으로 개선되고 있다. 대화방식(interactive) 모드로 실행되기 때문에 실행 결과를 바로 확인할 수 있으며, 분석에 사용한 명령어(script)를 다른 분석에 재사용할 수 있는 오브젝트 기반 객체지향적(object-oriented) 언어다.

R은 특정 기능을 달성하는 명령문의 집합인 패키지와 함수를 개발하는 데 용이하여 통계학자들 사이에서 통계소프트웨어 개발과 자료 분석 도구로 널리 쓰이고 있다. 오늘날 많은 전문가들이 CRAN(Comprehensive R Archive Network)을 통하여 개발한 패키지와 함수를 공개함으로써 그 활용 가능성을 지속적으로 높이고 있다.

---

1   본 장의 일부 내용은 '송태민·송주영(2016). R을 활용한 소셜 빅데이터 연구방법론'에서 발췌한 내용임을 밝힌다.

1 -1 R 설치

R프로젝트의 홈페이지(http://www.r-project.org)에서 다운로드 받으면 누구나 R을 설치해 사용할 수 있다. 특히 R의 그래프나 시각화를 이용하려면 현재 윈도 운영체제(OS)에 적합한(32비트 혹은 64비트) 자바 프로그램을 설치하여야 한다.

　R과 자바의 설치 절차는 다음과 같다.

① R프로젝트의 홈페이지에서 다운로드한 R 프로그램(본서의 'R_설치_미래신호' 폴더에서 R-3.3.1-win.exe)을 실행시킨다(더블클릭).

② 설치 언어로 '한국어'를 선택한 후 [확인] 버튼을 누른다.

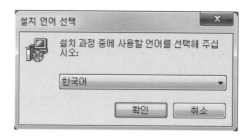

③ [다음]을 선택한 후 설치를 시작한다. 설치 정보가 나타나면 계속 [다음]을 누른다.

 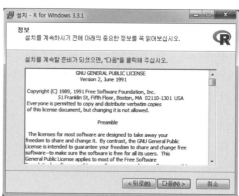

④ R 프로그램을 설치할 위치를 설정한다. 기본으로 설정된 폴더를 이용할 경우 [다음]을
선택한다. 설치할 해당 PC의 운영체제에 맞는 구성요소를 설치한 후 [다음]을 누른다.

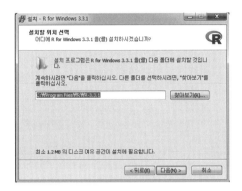 

⑤ 스타트업 옵션은 'No(기본값 사용)'를 선택하고 [다음]을 누른다. R의 시작메뉴 폴더를
선택한 후 [다음]을 누른다.

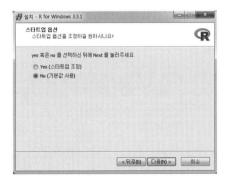 

⑥ 설치 추가사항을 지정하고(기본값 사용) [다음]을 누른다. 설치 중 화면이 나타난 후, 설
치 완료 화면이 나타나면 [완료]를 누른다.

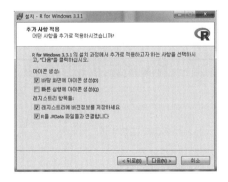 

⑦ 구글에서 자바 프로그램(jdk se development)을 검색한 후, 다운로드 홈페이지에서 해당 PC에 맞는 jdk파일을 다운로드한다. 본서의 'R_설치_미래신호' 폴더에서 jdk-8u40-windows-x64를 실행시킨다.

⑧ 자바 설치 화면이 나타나면 [Next]를 누른다. 설치 구성요소를 선택한 후(기본항목 선택) [Next]를 누른다.

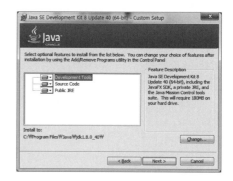

⑨ 자바 프로그램의 설치가 완료된 후 [Close]를 선택하여 설치를 종료한다.

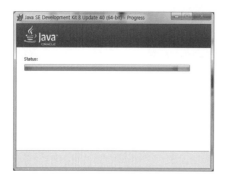

설치를 마친 후 윈도에서 [시작]→[모든 프로그램]→[R]을 클릭하거나 바탕화면에서 R 아이콘을 클릭하면 프로그램이 실행된다. 프로그램을 종료할 때는 화면의 종료(×)나 'q()' 를 입력한다.

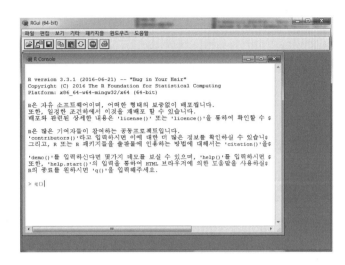

1 −2 R 활용

R은 명령어(script) 입력 방식(command based)의 소프트웨어로, 분석에 필요한 다양한 패키지(package)를 설치(install)한 후 로딩(library)하여 사용한다.

1) 값의 할당 및 연산

① R은 윈도의 바탕화면에 설치된 R을 실행시킨 후, 초기 화면에 나타난 기호(prompt) ' > ' 다음 열(column)에 명령어를 입력한 후 (Enter)키를 선택하면 실행된다.
② R에서 실행한 결과(값)를 객체 혹은 변수에 저장하는 것을 할당이라고 하며, R에서 값의 할당은 '='(본서에서 사용) 또는 '< -'를 사용한다.
③ R 명령어가 길 때 다음 행의 연결은 '+'를 사용한다.
④ 여러 개 명령어의 연결은 ';'을 사용한다.

⑤ R에서 변수를 사용할 때 아래와 같은 규칙이 있다.

- 대소문자를 구분하여 변수를 지정해야 한다.
- 변수명은 영문자, 숫자, 마침표(.), 언더바(_)를 사용할 수 있지만 첫글자는 숫자나 언더
  바를 사용할 수 없다(숫자가 변수로 사용될 경우 자동으로 첫 글자에 'x'가 추가된다).
- R 시스템에서 사용하는 예약어(if, else, NULL, NA, in 등)는 변수명으로 사용할 수 없다.

⑥ 함수(function)는 인수 형태의 값을 입력하고 계산된 결과값을 리턴하는 명령어의 집합
  으로 R은 함수를 이용하여 프로그램을 간결하게 작성할 수 있다.

⑦ R에서는 연산자[+, −, *, /, %%(나머지), ^(거듭제곱) 등]나 R의 내장함수[sin(), exp(), log(),
  sqrt(), mean(), sd() 등]를 사용하여 연산할 수 있다.

■ **연산자를 이용한 수식의 저장**

> pie=3.1415: pie에 3.1415를 할당한다.

> x=100: x에 100을 할당한다.

> y=2*pie+x: y에 2×pie+x를 할당한다.

> y: y의 값을 화면에 인쇄한다.

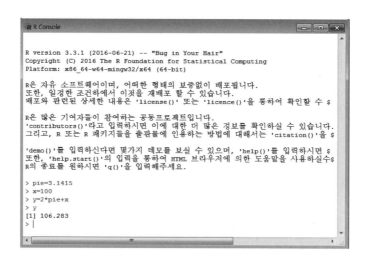

■ **내장함수를 이용한 수식의 저장**

> x=c(75, 80, 73, 65, 75, 83, 73, 82, 75, 72): x에 10개의 벡터값(체중)을 할당한다.

> mean(x): x의 평균을 화면에 인쇄한다.

> sd(x): x의 표준편차를 화면에 인쇄한다.

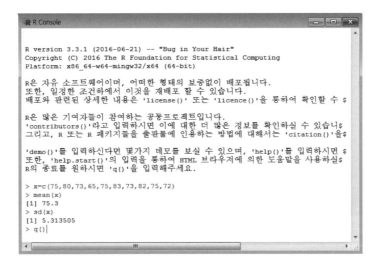

```
R Console
R version 3.3.1 (2016-06-21) -- "Bug in Your Hair"
Copyright (C) 2016 The R Foundation for Statistical Computing
Platform: x86_64-w64-mingw32/x64 (64-bit)

R은 자유 소프트웨어이며, 어떠한 형태의 보증없이 배포됩니다.
또한, 일정한 조건하에서 이것을 재배포 할 수 있습니다.
배포와 관련된 상세한 내용은 'license()' 또는 'licence()'을 통하여 확인할 수 $

R은 많은 기여자들이 참여하는 공동프로젝트입니다.
'contributors()'라고 입력하시면 이에 대한 더 많은 정보를 확인하실 수 있습니$
그리고, R 또는 R 패키지들을 출판물에 인용하는 방법에 대해서는 'citation()'을$

'demo()'를 입력하신다면 몇가지 데모를 보실 수 있으며, 'help()'를 입력하시면 $
또한, 'help.start()'의 입력을 통하여 HTML 브라우저에 의한 도움말을 사용하실$
R의 종료를 원하시면 'q()'을 입력해주세요.

> x=c(75,80,73,65,75,83,73,82,75,72)
> mean(x)
[1] 75.3
> sd(x)
[1] 5.313505
> q()|
```

⑧ R에서 이전에 수행했던 작업을 다시 실행하기 위해서는 위 방향키를 사용하면 된다.

⑨ R 프로그램의 종료는 화면의 종료(X)나 'q()'를 입력한다.

2) R의 기본 데이터형

① R에서 사용하는 모든 객체(함수, 데이터 등)를 저장할 디렉터리를 지정한 후[예: >setwd("c:/미래신호_1부2장")] 진행한다.

② R에서 사용하는 기본 데이터형은 다음과 같다.

- 숫자형: 산술 연산자[+, −, *, /, %%(나머지), ^(거듭제곱) 등]를 사용해 결과를 산출한다.

  [예: > x=sqrt(50*(100^2))]

- 문자형: 문자열 형태로 홑따옴표(' ')나 쌍따옴표(" ")로 묶어 사용한다.

  [예: > v_name='R 사용하기']

- NA형: 값이 결정되지 않아 값이 정해지지 않을 경우 사용한다.

  [예: > x=mean(c(75, 80, 73, 65, 75, 83, 73, 82, 75, NA))]

- Factor형: 문자 형태의 데이터를 숫자 형태로 변환할 때 사용한다.

  [예: > x=c('a', 'b', 'c', 'd'); x_f=factor(x)]

- 날짜와 시간형: 특정 기간과 특정 시간을 분석할 때 사용한다.

  [예: > x=(as.Date('2016-08-09')-as.Date('2015-08-09'))]

```
R R Console

R version 3.3.1 (2016-06-21) -- "Bug in Your Hair"
Copyright (C) 2016 The R Foundation for Statistical Computing
Platform: x86_64-w64-mingw32/x64 (64-bit)

R은 자유 소프트웨어이며, 어떠한 형태의 보증없이 배포됩니다.
또한, 일정한 조건하에서 이것을 재배포 할 수 있습니다.
배포와 관련된 상세한 내용은 'license()' 또는 'licence()'을 통하여 확인할 수 $

R은 많은 기여자들이 참여하는 공동프로젝트입니다.
'contributors()'라고 입력하시면 이에 대한 더 많은 정보를 확인하실 수 있습니$
그리고, R 또는 R 패키지들을 출판물에 인용하는 방법에 대해서는 'citation()'을$

'demo()'를 입력하신다면 몇가지 데모를 보실 수 있으며, 'help()'를 입력하시면 $
또한, 'help.start()'의 입력을 통하여 HTML 브라우저에 의한 도움말을 사용하실$
R의 종료를 원하시면 'q()'을 입력해주세요.

> setwd("c:/미래신호_1부2장")
> x=sqrt(50*(100^2))
> x
[1] 707.1068
> v_name='R 사용하기'
> v_name
[1] "R 사용하기"
> x=mean(c(75,80,73,65,75,83,73,82,75,NA))
> x
[1] NA
> x=c('a', 'b', 'c', 'd')
> x_f=factor(x)
> x_f
[1] a b c d
Levels: a b c d
> x=(as.Date('2016-08-09')-as.Date('2015-08-09'))
> x
Time difference of 366 days
> |
```

3) R의 자료구조

R에서는 벡터, 행렬, 배열, 리스트 형태의 자료구조로 데이터를 관리하고 있다.

(1) 벡터(vector)

벡터는 R에서 기본이 되는 자료구조로 여러 개의 데이터를 모아 함께 저장하는 데이터 객체를 의미한다. R에서의 벡터는 c()함수를 사용한다.

> > x=c(75, 80, 73, 65, 75, 83, 73, 82, 75, 72): 10명의 체중을 벡터로 변수 x에 할당한다.

> > y=c(5, 2, 3, 2, 5, 3, 2, 5, 7, 4): 10명의 체중 감소량을 벡터로 변수 y에 할당한다.

> > d=x - y: 벡터 x에서 벡터 y를 뺀 후, 벡터 d에 할당한다.

> > d: 벡터 d의 값을 화면에 출력한다.

> > e= x[4] - y[4]: 벡터 x의 네 번째 요소 값(65)에서 벡터 y의 네 번째 요소 값(2)을 뺀 후, 변수 e에 할당한다.

> > e: 변수 e의 값을 화면에 출력한다.

```
R Console                                                    [_][口][X]
> x=c(75,80,73,65,75,83,73,82,75,72)
> y=c(5,2,3,2,5,3,2,5,7,4)
> d=x - y
> d
 [1]  70 78 70 63 70 80 71 77 68 68
> e= x[4]-y[4]
> e
[1] 63
>|
```

- **벡터 데이터 관리**

• 문자형 벡터 데이터 관리

> x=c('Confusing', 'Anxious', 'Fear', 'Suicide'): x 객체에 문자 데이터를 할당한다.

> x[4]: x 벡터의 네 번째 요소 값을 화면에 인쇄한다.

```
R Console                                                    [_][口][X]
> x=c('Confusing','Anxious','Fear', 'Suicide')
> x[4]
[1] "Suicide"
>|
```

• 벡터에 연속적 데이터 할당: seq()함수나 ':' 사용

> x=seq(10, 100, 10): 10부터 100까지 수를 출력하되 10씩 증가하여 벡터 x에 할당한다.

> x=30:45: 30에서 45의 수를 벡터 x에 할당한다.

```
R Console                                                    [_][口][X]
> x=seq(10, 100, 10)
> x
 [1]  10  20  30  40  50  60  70  80  90 100
> x=30:45
> x
 [1] 30 31 32 33 34 35 36 37 38 39 40 41 42 43 44 45
>|
```

(2) 행렬(matrix)

행렬은 이차원 자료구조인 행과 열을 추가적으로 가지는 벡터로, 데이터 관리를 위해 matrix()함수를 사용한다.

> x_matrix=matrix(c(75, 80, 73, 65, 75, 83, 73, 82, 75, 72, 77, 76), nrow=4, ncol=3): 12명의 체중을 4행과 3열의 matrix 형태로 x_matrix에 할당한다.

> x_matrix: x_matrix의 값을 화면에 출력한다.

> x_matrix[2,1]: x_matrix의 2행 1열의 요소 값을 화면에 인쇄한다.

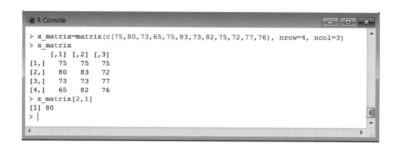

(3) 배열(array)

배열은 3차원 이상의 차원을 가지며 행렬을 다차원으로 확장한 자료구조로, 데이터 관리를 위해 array()함수를 사용한다.

> x=c(75, 80, 73, 65, 75, 83, 73, 82, 75, 72, 77, 76): 12명의 체중을 벡터 x에 할당한다.

> x_array=array(x, dim=c(3, 3, 3)): 벡터 x를 3차원 구조로 x_array 변수로 할당한다.

> x_array: array 변수인 x_array의 값을 화면에 출력한다.

> x_array[2,2,1]: x_array의 [2,2,1] 요소 값을 화면에 인쇄한다.

```
R Console

> x=c(75,80,73,65,75,83,73,82,75,72,77,76)
> x_array=array(x, dim=c(3,3,3))
> x_array
, , 1

     [,1] [,2] [,3]
[1,]   75   65   73
[2,]   80   75   82
[3,]   73   83   75

, , 2

     [,1] [,2] [,3]
[1,]   72   75   65
[2,]   77   80   75
[3,]   76   73   83

, , 3

     [,1] [,2] [,3]
[1,]   73   72   75
[2,]   82   77   80
[3,]   75   76   73

> x_array[2,2,1]
[1] 75
> |
```

(4) 리스트(list)

리스트는 (주소, 값) 형태로 데이터 형을 지정할 수 있는 행렬이나 배열의 일종이다.

> x_address=list(name='Pennsylvania State University Schuylkill, Criminal Justice',
address='200 University Drive, Schuylkill Haven, PA 17972', homepage='http://www.sl.psu.
edu/'): 주소를 list형의 x_address 변수에 할당한다.

> x_address: x_address 변수의 값을 화면에 출력한다.

> x_address=list(name='한국보건사회연구원', address='세종특별자치시 시청대로 370',
homepage='www.kihasa.re.kr')

> x_address

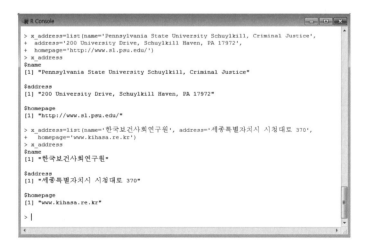

```
R Console

> x_address=list(name='Pennsylvania State University Schuylkill, Criminal Justice',
+ address='200 University Drive, Schuylkill Haven, PA 17972',
+ homepage='http://www.sl.psu.edu/')
> x_address
$name
[1] "Pennsylvania State University Schuylkill, Criminal Justice"

$address
[1] "200 University Drive, Schuylkill Haven, PA 17972"

$homepage
[1] "http://www.sl.psu.edu/"

> x_address=list(name='한국보건사회연구원', address='세종특별자치시 시청대로 370',
+ homepage='www.kihasa.re.kr')
> x_address
$name
[1] "한국보건사회연구원"

$address
[1] "세종특별자치시 시청대로 370"

$homepage
[1] "www.kihasa.re.kr"

> |
```

4) R의 함수 사용

R에서 제공하는 함수를 사용할 수 있지만 사용자는 function()을 사용하여 새로운 함수를 생성할 수 있다. R에서는 다음과 같은 기본적 형식으로 사용자가 원하는 함수를 정의하여 사용할 수 있다.

```
함수명  = function(인수, 인수, ...) {
        계산식 또는 실행 프로그램
        return(계산 결과 또는 반환 값)
                                }
```

예제 1 신뢰수준과 표본오차를 이용하여 표본의 크기 구하기
- 공식: $n=(\pm Z)^2 \times P(1-P)/(SE)^2$
청소년 우울 현황을 분석하기 위하여 $p=.5$ 수준을 가진 신뢰수준 95%($Z=1.96$)에서 표본오차 3%로 전화조사를 실시할 경우 적당한 표본의 크기를 구하는 함수(SZ)를 작성하라.

```
R Console

> SZ=function(p, z, s) {
+  n=z^2*p*(1-p)/s^2
+  return(n)
+                        }
>
> SZ(0.5, 1.96, 0.03)
[1] 1067.111
>
```

예제 2 표준점수 구하기
표준점수는 관측값이 평균으로부터 떨어진 정도를 나타내는 측도로, 이를 통해 자료의 상대적 위치를 찾을 수 있다(관측 값의 표준점수 합계는 0이다).
- 공식: $z_i=(x_i-\bar{x})/s_x$
10명의 체중을 측정한 후 표준점수를 구하는 함수(ZC)를 작성하라.

```
R Console                                                    [_][□][X]

> ZC=function(d) {
+   m=mean(d)
+   s=sd(d)
+   z=(d-m)/s
+   return(z)
+                    }
>
> d=c(72, 65, 77, 80, 73, 75, 64, 85, 70, 77)
>
> ZC(d)
 [1] -0.2778931 -1.3585885  0.4940322  0.9571874 -0.1235080  0.1852621
 [7] -1.5129736  1.7291126 -0.5866632  0.4940322
> ZC_sum=sum(ZC(d))
> ZC_sum
[1] 4.551914e-15
> |
```

예제 3 모집단의 분산 구하기

> install.packages('foreign'): SPSS의 데이터파일을 읽어들이는 패키지를 설치한다.

> library(foreign): foreign 패키지를 로딩한다.

> setwd("c:/미래신호_1부2장"): 작업용 디렉터리를 지정한다.

> data_spss=read.spss(file='Adolescents_depression_20161105.sav', use.value.labels=T, use.missings=T, to.data.frame=T): SPSS 데이터를 불러와서 data_spss에 할당한다.

> attach(data_spss): data_spss를 실행 데이터로 고정한다.

> VAR=function(x) var(x)*(length(x)-1)/length(x)

- 'function(인수 또는 입력값) 계산식'으로 새로운 함수를 만든다.

- length(x): VAR 함수의 인수로 전달되는 x변수의 표본수를 산출한다.

- x변수에 대한 모집단의 분산을 구하는 함수(VAR)를 생성한다.

> VAR(Onespread): VAR 함수를 불러와서 Onespread의 모집단 분산을 산출한다.

> VAR(Twospread): VAR 함수를 불러와서 Twospread의 모집단 분산을 산출한다.

```
R Console                                                    [_][□][X]

> library(foreign)
> setwd("c:/미래신호_1부2장")
> data_spss=read.spss(file='Adolescents_depression_20161105.sav', use.value.labels=T,
+ use.missings=T,to.data.frame=T)
경고메시지(들):
In read.spss(file = "Adolescents_depression_20161105.sav", use.value.labels = T,  :
  Adolescents_depression_20161105.sav: Unrecognized record type 7, subtype 18 encounte$
> attach(data_spss)
The following objects are masked from data_spss (pos = 3):

    Account, Attitude, Channel, DSM_S, DSM1, DSM2, DSM3, DSM4, DSM5, DSM6,
    DSM7, DSM8, DSM9, L_Onespread, Nattitude, Onespread, Symptom_N,
    Twospread, Type

> VAR=function(x) var(x)*(length(x)-1)/length(x)
>
> VAR(Onespread)
[1] 24419.06
> VAR(Twospread)
[1] 71.5306
> |
```

5) R 기본 프로그램(조건문과 반복문)

R에서는 실행의 흐름을 선택하는 조건문과 같은 문장을 여러 번 반복하는 반복문이 있다.

- 조건문의 사용 형식은 다음과 같다.

  연산자[같다(==), 다르다(!=), 크거나 같다(>=), 크다(>), 작거나 같다(<=), 작다(<)]를 사용하
  여 조건식을 작성한다.

```
if(조건식) {
〈조건이 참일 때 실행되는 계산식〉
          }
else {
〈조건이 거짓일 때 실행되는 계산식〉
    }
```

예제 4 조건문 사용
10명의 키를 저장한 벡터 x에 대해 '1'일 경우 평균을 출력하고, '1'이 아닐 경우 표준편차를 출력하는 함수
(F)를 작성하라.

```
> x=c(75, 78, 80, 67, 72, 86, 62, 90, 84, 70)
> F=function(a){
+   if(a==1) { m=mean(x)
+             return(m)
+           }
+   else {
+              m=sd(x)
+              return(m)
+        }
+        }
> F(1)
[1] 76.4
> F(3)
[1] 8.871928
>
```

- 반복문의 사용 형식은 다음과 같다.

  for반복문에 사용되는 '횟수'는 '벡터 데이터'나 ' n: 반복횟수'를 나타낸다.

```
for(루프변수 in 횟수) {
   실행문
                }
```

예제 5 반복문 사용

1에서 정해진 숫자까지의 합을 구하는 함수(F)를 작성하라.

```
R Console

> F=function(a){
+    y=0
+    for(i in 1:a){
+    y=y+i            }
+    return(y)        }
>
> F(100)
[1] 5050
> F(125)
[1] 7875
> F(1981)
[1] 1963171
> |
```

6) R 데이터 프레임 작성

R에서는 다양한 형태의 데이터 프레임을 작성할 수 있다. R에서 가장 많이 사용되는 데이터 프레임은 행과 열이 있는 이차원의 행렬(matrix) 구조이다. 데이터 프레임은 데이터셋으로 부르기도 하며 열은 변수, 행은 레코드로 명명하기도 한다.

(1) 벡터로부터 데이터 프레임 작성

data.frame() 함수를 사용한다.

> D1=c(4, 7, 16, 12, 8, 11, 14, 9, 4, 8): 10개의 수치를 D1벡터에 할당한다.

> D2=c(3, 5, 11, 11, 6, 6, 13, 4, 3, 7): 10개의 수치를 D2벡터에 할당한다.

> D3=c(2, 5, 12, 17, 9, 6, 15, 6, 3, 9): 10개의 수치를 D3벡터에 할당한다.

> D4=c(0, 0, 4, 0, 0, 0, 4, 1, 0, 1): 10개의 수치를 D4벡터에 할당한다.

> D5=c(3, 2, 5, 3, 1, 2, 6, 2, 1, 4): 10개의 수치를 D5벡터에 할당한다.

> my_data=data.frame(DSM1=D1,DSM2=D2,DSM3=D3,DSM4=D4,DSM5=D5)

– 5개의 우울요인 벡터를 my_data 데이터 프레임 객체에 할당한다.

> my_data: my_data 데이터 프레임의 값을 화면에 인쇄한다.

```
R Console                                                    [_][□][X]

> D1=c(4, 7, 16, 12, 8, 11, 14, 9, 4, 8)
> D2=c(3, 5, 11, 11, 6, 6, 13, 4, 3, 7)
> D3=c(2, 5, 12, 17, 9, 6, 15, 6, 3, 9)
> D4=c(0, 0, 4, 0, 0, 0, 4, 1, 0, 1)
> D5=c(3, 2, 5, 3, 1, 2, 6, 2, 1, 4)
> my_data=data.frame(DSM1=D1, DSM2=D2, DSM3=D3, DSM4=D4, DSM5=D5)
> my_data
    DSM1 DSM2 DSM3 DSM4 DSM5
1      4    3    2    0    3
2      7    5    5    0    2
3     16   11   12    4    5
4     12   11   17    0    3
5      8    6    9    0    1
6     11    6    6    0    2
7     14   13   15    4    6
8      9    4    6    1    2
9      4    3    3    0    1
10     8    7    9    1    4
> |
```

(2) 텍스트 파일로부터 데이터 프레임 작성

read.table() 함수를 사용한다.

> setwd("c:/미래신호_1부2장"): 작업용 디렉터리를 지정한다.

> my_data1=read.table(file="my_data.txt", header=T): my_data1 객체에 'my_data.txt' 파일
  을 데이터 프레임으로 할당한다.

> my_data1: my_data1 객체의 값을 화면에 인쇄한다.

```
R Console                                                    [_][□][X]

> setwd("c:/미래신호_1부2장")
> my_data1=read.table(file="my_data.txt",header=T)
> my_data1
    D1 D2 D3 D4 D5
1    4  3  2  0  3
2    7  5  5  0  2
3   16 11 12  4  5
4   12 11 17  0  3
5    8  6  9  0  1
6   11  6  6  0  2
7   14 13 15  4  6
8    9  4  6  1  2
9    4  3  3  0  1
10   8  7  9  1  4
> |
```

(3) CSV(쉼표) 파일로부터 데이터 프레임 작성

read.table() 함수를 사용한다.

> setwd("c:/미래신호_1부2장"): 작업용 디렉터리를 지정한다.

> my_data=read.table(file="depression_dataframe.csv", header=T): my_data 객체에
　'depression_dataframe.csv'를 데이터 프레임으로 할당한다.

> my_data: my_data 객체의 값을 화면에 인쇄한다.

```
R Console
> setwd("c:/미래신호_1부2장")
> my_data=read.table(file="depression_dataframe.csv",header=T)
> my_data
   D1.D2.D3.D4.D5
1        4,3,2,0,3
2        7,5,5,0,2
3      16,11,12,4,5
4      12,11,17,0,3
5        8,6,9,0,1
6       11,6,6,0,2
7      14,13,15,4,6
8        9,4,6,1,2
9        4,3,3,0,1
10       8,7,9,1,4
> |
```

(4) SPSS 파일로부터 데이터 프레임 작성

read.spss() 함수를 사용한다.

> install.packages('foreign'): SPSS나 SAS 등 R 이외의 통계소프트웨어에서 작성한 외부
　데이터를 읽어들이는 패키지를 설치한다.

> library(foreign): foreign 패키지를 로딩한다.

> setwd("c:/미래신호_1부2장"): 작업용 디렉터리를 지정한다.

> my_data=read.spss(file='depression_dataframe.sav', use.value.labels=T,use.missings=T,to.
　data.frame=T): my_data 객체에 'depression_dataframe.sav'를 데이터 프레임으로 할당
　한다.

－ file=' ': 데이터를 읽어들일 외부의 데이터파일을 정의한다.

－ use.value.labels=T: 외부 데이터의 변수값에 정의된 레이블(label)을 R의 데이터 프레
　임의 변수 레이블로 정의한다.

－ use.missings=T: 외부 데이터 변수에 사용된 결측치의 포함 여부를 정의한다.

－ to.data.frame=T: 데이터 프레임으로 생성 여부를 정의한다.

> my_data: my_data 객체의 값을 화면에 인쇄한다.

```
R Console                                                              [ - ][ □ ][ X ]
> install.packages('foreign')
경고: 패키지 'foreign'가 사용중이므로 설치되지 않을 것입니다
> library(foreign)
> setwd("c:/미래신호_1부2장")
> my_data=read.spss(file='depression_dataframe.sav',
+  use.value.labels=T,use.missings=T,to.data.frame=T)
경고메시지(들):
In read.spss(file = "depression_dataframe.sav", use.value.labels = T,  :
  depression_dataframe.sav: Unrecognized record type 7, subtype 18 encountered in system file
> my_data
    DSM1 DSM2 DSM3 DSM4 DSM5
1      4    3    2    0    3
2      7    5    5    0    2
3     16   11   12    4    5
4     12   11   17    0    3
5      8    6    9    0    1
6     11    6    6    0    2
7     14   13   15    4    6
8      9    4    6    1    2
9      4    3    3    0    1
10     8    7    9    1    4
> |
```

(5) 텍스트 파일로부터 데이터 프레임 출력하기

write.matrix() 함수를 사용한다.

> setwd("c:/미래신호_1부2장"): 작업용 디렉터리를 지정한다.

> my_data1=read.table(file="my_data.txt",header=T): my_data1 객체에 'my_data.txt'를 데
이터 프레임으로 할당한다.

> my_data1: my_data1 객체의 값을 화면에 출력한다.

> library(MASS): write.matrix() 함수를 사용하기 위한 패키지를 로딩한다.

> write.matrix(my_data1, "my_data_w.txt"): my_data1 객체를 'my_data_w.txt' 파일에 출
력한다.

> my_data2= read.table('my_data_w.txt', header=T): 'my_data_w.txt' 파일을 읽어와서
my_data2 객체에 저장한다.

> my_data2: my_data2 객체의 값을 화면에 출력한다.

```
R Console                                                      _ □ X
> setwd("c:/미래신호_1부2장")
> my_data1=read.table(file="my_data.txt",header=T)
> my_data1
   D1 D2 D3 D4 D5
1   4  3  2  0  3
2   7  5  5  0  2
3  16 11 12  4  5
4  12 11 17  0  3
5   8  6  9  0  1
6  11  6  6  0  2
7  14 13 15  4  6
8   9  4  6  1  2
9   4  3  3  0  1
10  8  7  9  1  4
> library(MASS)
> write.matrix(my_data1, "my_data_w.txt")
> my_data2= read.table('my_data_w.txt',header=T)
> my_data2
   D1 D2 D3 D4 D5
1   4  3  2  0  3
2   7  5  5  0  2
3  16 11 12  4  5
4  12 11 17  0  3
5   8  6  9  0  1
6  11  6  6  0  2
7  14 13 15  4  6
8   9  4  6  1  2
9   4  3  3  0  1
10  8  7  9  1  4
> |
```

(6) 파일 합치기

write.matrix()와 cbind() 함수를 사용한다.

> library(MASS): write.matrix( ) 함수를 사용하기 위한 패키지를 로딩한다.

> setwd("c:/미래신호_1부2장"): 작업용 디렉터리를 지정한다.

> my_data1=read.table(file="my_data.txt", header=T): my_data1 객체에 'my_data.txt'를 데 이터 프레임으로 할당한다.

> my_data2=read.table(file="dsm_1.txt", header=T): my_data2 객체에 'dsm_1.txt'를 데이 터 프레임으로 할당한다.

> my_data1: my_data1 객체의 값을 화면에 출력한다.

> my_data2: my_data2 객체의 값을 화면에 출력한다.

> my_data3=cbind(my_data1,my_data2$DSM1,my_data2$DSM3): my_data1과 my_data2의 정해진 변수(DSM1, DSM3)를 합쳐 my_data3에 저장한다.

> my_data3: my_data3 객체의 값을 화면에 출력한다.

> my_data4=cbind(my_data1, my_data2): my_data1과 my_data2의 전체 변수(DSM1 ~ DSM5)를 합쳐 my_data4에 저장한다.

> write.matrix(my_data4, "c:/미래신호_1부2장/my_data_merge.txt"): my_data4 객체를 'my_data_merge.txt' 파일에 출력한다.

```
R R Console
> library(MASS)
> setwd("c:/미래신호_1부2장")
> my_data1=read.table(file="my_data.txt",header=T)
> my_data2=read.table(file="dsm_1.txt",header=T)
> my_data1
   D1 D2 D3 D4 D5
1   4  3  2  0  3
2   7  5  5  0  2
3  16 11 12  4  5
4  12 11 17  0  3
5   8  6  9  0  1
6  11  6  6  0  2
7  14 13 15  4  6
8   9  4  6  1  2
9   4  3  3  0  1
10  8  7  9  1  4
> my_data2
   DSM1 DSM2 DSM3 DSM4 DSM5
1     4    3    2    0    3
2     7    5    5    0    2
3    16   11   12    4    5
4    12   11   17    0    3
5     8    6    9    0    1
6    11    6    6    0    2
7    14   13   15    4    6
8     9    4    6    1    2
9     4    3    3    0    1
10    8    7    9    1    4
> my_data3=cbind(my_data1,my_data2$DSM1,my_data2$DSM3)  # 정해진 변수만 합치기
> my_data3
   D1 D2 D3 D4 D5 my_data2$DSM1 my_data2$DSM3
1   4  3  2  0  3             4             2
2   7  5  5  0  2             7             5
3  16 11 12  4  5            16            12
4  12 11 17  0  3            12            17
5   8  6  9  0  1             8             9
6  11  6  6  0  2            11             6
7  14 13 15  4  6            14            15
8   9  4  6  1  2             9             6
9   4  3  3  0  1             4             3
10  8  7  9  1  4             8             9
> my_data4=cbind(my_data1,my_data2)  # 전체 변수 합치기
> write.matrix(my_data4, "c:/미래신호_1부2장/my_data_merge.txt")
> |
```

(7) 변수 및 관찰치 선택하기

데이터 객체에서 특정 변수나 관찰치를 선택하는 방법은 '데이터$변수' 등을 사용한다.

■ 변수의 선택

> library(MASS): write.matrix() 함수를 사용하기 위한 패키지를 로딩한다.

> setwd("c:/미래신호_1부2장"): 작업용 디렉터리를 지정한다.

> my_data1=read.table(file="my_data.txt", header=T)

> my_data1: my_data1 객체의 값을 화면에 출력한다.

> attach(my_data1): my_data1을 실행 데이터로 고정한다.

> my_data_v=data.frame(D2, D3, D5) # 변수의 선택 : my_data1에서 정해진 변수(D2, D3, D5)만 선택하여 my_data_v에 저장한다.

> my_data_v: my_data_v 객체의 값을 화면에 출력한다.

> write.matrix(my_data_v, "my_data_vw.txt"): my_data_v 객체를 'my_data_vw.txt' 파일에 출력한다.

```
R Console
> library(MASS)
> setwd("c:/미래신호_1부2장")
> my_data1=read.table(file="my_data.txt",header=T)
> my_data1
   D1 D2 D3 D4 D5
1    4  3  2  0  3
2    7  5  5  0  2
3   16 11 12  4  5
4   12 11 17  0  3
5    8  6  9  0  1
6   11  6  6  0  2
7   14 13 15  4  6
8    9  4  6  1  2
9    4  3  3  0  1
10   8  7  9  1  4
> attach(my_data1)
The following objects are masked from my_data1 (pos = 3):

    D1, D2, D3, D4, D5

The following objects are masked from my_data1 (pos = 5):

    D1, D2, D3, D4, D5

> my_data_v=data.frame(D2,D3,D5) # 변수의 선택
> my_data_v
   D2 D3 D5
1   3  2  3
2   5  5  2
3  11 12  5
4  11 17  3
5   6  9  1
6   6  6  2
7  13 15  6
8   4  6  2
9   3  3  1
10  7  9  4
> write.matrix(my_data_v, "my_data_vw.txt")
> |
```

- **관찰치의 선택**

> library(MASS): write.matrix() 함수를 사용하기 위한 패키지를 로딩한다.

> setwd("c:/미래신호_1부2장"): 작업용 디렉터리를 지정한다.

> my_data1=read.table(file="my_data.txt", header=T)

> my_data1: my_data1 객체의 값을 화면에 출력한다.

> attach(my_data1): my_data1을 실행 데이터로 고정한다.

> my_data_c=my_data1[my_data1$D1!=4,] # 관찰치의 선택 : my_data1의 D1변수의 값
이 4가 아닌 행만 선택하여 my_data_c에 저장한다.

> my_data_c: my_data_c 객체의 값을 화면에 출력한다.

> write.matrix(my_data_c, "my_data_cw.txt"): my_data_c 객체를 'my_data_cw.txt' 파일에
출력한다.

```
R Console                                                          [ - ][ □ ][ X ]

> library(MASS)
> setwd("c:/미래신호_1부2장")
> my_data1=read.table(file="my_data.txt",header=T)
> my_data1
   D1 D2 D3 D4 D5
1   4  3  2  0  3
2   7  5  5  0  2
3  16 11 12  4  5
4  12 11 17  0  3
5   8  6  9  0  1
6  11  6  6  0  2
7  14 13 15  4  6
8   9  4  6  1  2
9   4  3  3  0  1
10  8  7  9  1  4
> attach(my_data1)
The following objects are masked from my_data1 (pos = 3):

    D1, D2, D3, D4, D5

The following objects are masked from my_data1 (pos = 4):

    D1, D2, D3, D4, D5

The following objects are masked from my_data1 (pos = 6):

    D1, D2, D3, D4, D5

> my_data_c=my_data1[my_data1$D1!=4,] # 관찰치의 선택
> my_data_c
   D1 D2 D3 D4 D5
2   7  5  5  0  2
3  16 11 12  4  5
4  12 11 17  0  3
5   8  6  9  0  1
6  11  6  6  0  2
7  14 13 15  4  6
8   9  4  6  1  2
10  8  7  9  1  4
> write.matrix(my_data_c, "my_data_cw.txt")
> |
```

7) R 데이터 프레임의 변수 이용방법

R에서 통계분석을 위한 변수 이용방법은 다음과 같다.

(1) '데이터$변수'의 활용

> setwd("c:/미래신호_1부2장"): 작업용 디렉터리를 지정한다.

> my_data=read.spss(file='Adolescents_depression_20161105.sav', use.value.labels=T, use.missings=T, to.data.frame=T): my_data에 'Adolescents_depression_20161105.sav'를 할당한다.

> my_data1=read.spss(file='Adolescents_depression_20161105_a.sav', use.value.labels=T, use.missings=T, to.data.frame=T): my_data1에 'Adolescents_depression_20161105_a.sav'를 할당한다.

> sd(my_data$Onespread)/mean(my_data$Onespread): my_data 데이터 프레임의 Onespread 변수를 이용하여 변이계수를 구한다.

(2) attach(데이터) 함수의 활용

> attach(my_data1): attach 함수는 실행 데이터를 '데이터' 인수로 고정시킨다.

> sd(Onespread)/mean(Onespread): '데이터$변수'의 활용과 달리 attach 실행 후 변수만 이용하여 변이계수를 구할 수 있다.

(3) with(데이터, 명령어) 함수의 활용

> with(my_data, sd(Onespread)/mean(Onespread)): attach 함수를 사용하지 않고 with() 함수로 해당 데이터 프레임의 변수를 이용하여 명령어를 실행할 수 있다.

```
R Console

> setwd("c:/미래신호_1부2장")
> my_data=read.spss(file='Adolescents_depression_20161105.sav',
+ use.value.labels=T,use.missings=T,to.data.frame=T)
경고메시지(들):
In read.spss(file = "Adolescents_depression_20161105.sav", use.value.labels = T,  :
  Adolescents_depression_20161105.sav: Unrecognized record type 7, subtype 18 encountered in system file
> my_data1=read.spss(file='Adolescents_depression_20161105_a.sav',
+ use.value.labels=T,use.missings=T,to.data.frame=T)
경고메시지(들):
In read.spss(file = "Adolescents_depression_20161105_a.sav", use.value.labels = T,  :
  Adolescents_depression_20161105_a.sav: Unrecognized record type 7, subtype 18 encountered in system file
> sd(my_data$Onespread)/mean(my_data$Onespread)
[1] 3.839465
> attach(my_data1)
> sd(Onespread)/mean(Onespread)
[1] 3.839465
> with(my_data,sd(Onespread)/mean(Onespread))
[1] 3.839465
> |
```

8) 패키지 설치 및 로딩

R은 오픈소스이기 때문에 배포에 제한이 없다. R을 이용해 자산화를 한다든지 새로운 솔루션을 제작해 제공하는 등의 행위에 제한을 받지 않는다. R은 분석방법(통계분석, 머신러닝, 시각화 등)에 따라 다양한 패키지를 설치하고 로딩할 수 있다. 패키지는 CRAN(www.r-project.org) 사이트에서 자유롭게 내려 받아 설치할 수 있다. R 자체에서 제공하는 기본 패키지가 있고 CRAN에서 제공하는 9,400여 개(2016. 10. 27. 현재 9,401개 등록)의 추가 패키지(패키지를 추가로 설치할 때 반드시 인터넷이 연결되어 있어야 한다)가 있다.

R에서 install.packages( ) 함수나 메뉴바에서 패키지 설치하기를 이용하면 홈페이지의 CRAN 미러로부터 패키지를 설치할 수 있다. 미러 사이트(mirrors site)는 한 사이트에 많은 트래픽이 몰리는 것을 방지하기 위해 똑같은 내용을 복사해 여러 곳에 분산시킨 사이트를 일컫는다.[2] 2016년 10월 27일 현재 '0-Cloud'를 포함하여 49개국에 146개 미러 사이트가 운영 중이다. 한국은 3개의 미러 사이트를 할당받아 사용할 수 있다.

(1) script 예(청소년 우울증상에 대한 워드클라우드 작성)

> setwd("c:/미래신호_1부2장"): 작업용 디렉터리를 지정한다.

> install.packages("wordcloud"): 워드클라우드를 처리하는 패키지를 설치한다.

> library(wordcloud): 워드클라우드 처리 패키지를 로딩한다.

---

2 http://www.etnews.com/201205040084

> key=c('소화장애', '호흡기장애', '혼란', '경련', '불안', '공포', '초조', '충동', '집중력', '무기력', '자존감저하', '소외감', '외로움', '무관심', '무가치', '분노', '통증', '체중', '피로', '수면', '식욕', '죄책감', '슬픔', '적대', '지체', '상실', '중독', '더러움', '학업스트레스', '통명', '자살'): 청소년 우울증상 키워드를 key벡터에 할당한다.

> freq=c(1621, 359, 1718, 282, 7469, 1022, 7186, 902, 683, 2073, 40, 925, 1992, 2910, 184, 7919, 3495, 1203, 4086, 3142, 1407, 3093, 4773, 1102, 448, 2600, 290, 16, 11365, 103, 9553): 청소년 우울증상 키워드의 빈도를 freq벡터에 할당한다.

> library(RColorBrewer): 컬러를 출력하는 패키지를 로딩한다.

> palete=brewer.pal(9, "Set1"): RColorBrewer의 9가지 글자 색상을 palete 변수에 할당한다.

>wordcloud(key, freq, scale=c(4,1), rot.per=.12, min.freq=1, random.order=F, random.color=T, colors=palete): 워드클라우드를 출력한다.

> savePlot("우울_전체_워드클라우드.png", type="png"): 결과를 그림 파일로 저장한다.

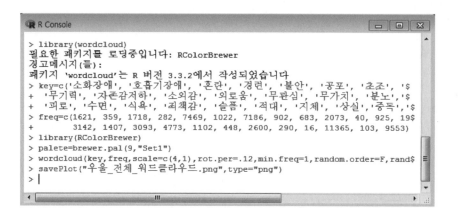

9) R의 주요 GUI(Graphic User Interface) 메뉴 활용

(1) 새 스크립트 작성: [파일 – 새 스크립트]

스크립트는 R-편집기에서 작성한 후 필요한 스크립트를 R-Console 화면으로 가져와 실행할 수 있다.

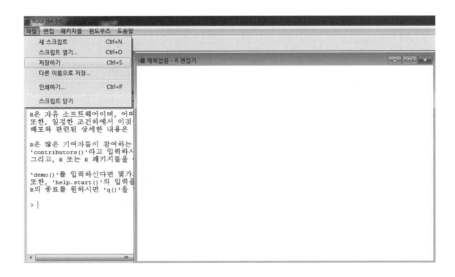

(2) 새 스크립트 저장: [파일 – 다른 이름으로 저장]

※ 본 장에 사용된 모든 스크립트는 '미래신호_1부_2장_script.R'에 저장된다.

(3) 새 스크립트 불러오기: [파일 – 스크립트 열기]

(4) 스크립트의 실행

스크립트 편집기에서 실행을 원하는 명령어를 선택한 후 'Ctrl +R'로 실행한다.

(5) 패키지 설치하기: [패키지들 – 패키지(들) 설치하기]

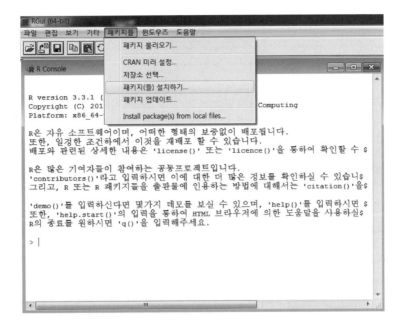

(6) R의 도움말 사용: [도움말 – R함수들(텍스트)]

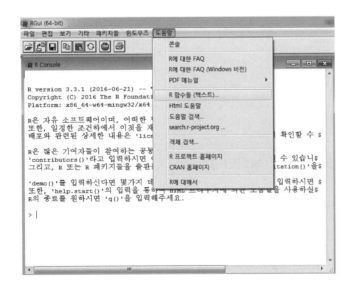

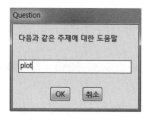

- plot( ) 함수에 대한 도움말을 입력하면 plot 함수와 사용 인수에 대해 자세한 도움말 정보를 얻을 수 있다.

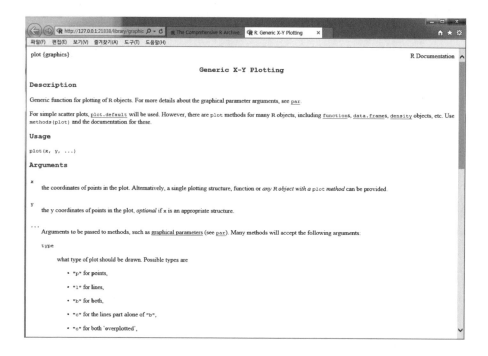

SPSS의 개념 및 설치와 활용

SPSS(Statistical Package for the Social Science)는 컴퓨터를 이용하여 복잡한 자료를 편리하고 쉽게 처리·분석할 수 있도록 만들어진 통계분석 전용 소프트웨어다. 1965년 스탠퍼드대학교에서 개발되었으며 1970년 시카고대학교에서 통계분석용 프로그램으로 활용된 이후 상품화되었다. 1993년에 윈도용 프로그램인 SPSS for windows 5.0이 출시되었으며 최근에는 IBM SPSS Statistics for Windows24(64bit)가 개발되었다.

2 -1 SPSS 설치

SPSS 프로그램은 데이타솔루션 홈페이지(http://spss.datasolution.kr/trial/trial.asp)에서 회원 가입 후 평가판 프로그램을 설치할 수 있다.

2 -2 SPSS 활용

SPSS는 윈도 화면의 [시작] → [프로그램] → [IBM SPSS Statistics 23]을 선택하거나 윈도 화면에서 단축아이콘을 클릭해 실행한다.

1) SPSS의 기본 구성

SPSS는 기본적으로 다음과 같은 7개의 창으로 구성되어 있다.

① 데이터편집기: 데이터파일을 열고 통계 절차를 수행할 수 있다.
② 출력항해사: 출력 결과를 확인할 수 있다.
③ 피벗테이블: 출력 결과의 피벗테이블(pivot table)을 수정 또는 편집할 수 있다.
④ 도표편집기: 각종 차트나 그림을 수정할 수 있다.
⑤ 텍스트 출력 결과 편집기: 텍스트 출력 결과를 수정할 수 있다.

⑥ 명령문편집기: SPSS 수행 시 선택된 내용에 대한 명령문을 보관할 수 있다.

⑦ 스크립트편집기: 스크립트(script)와 OLE(Object Linking and Embedding) 기능을 수행한다.

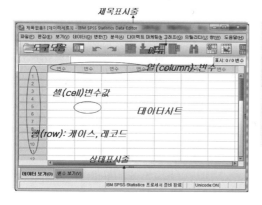

- 제목표시줄: 새로운 데이터파일 작성 시 [제목없음]이 표시됨, 기존 파일 열기 시 [파일명]이 표시됨
- 메뉴: 데이터편집기에서 사용할 수 있는 여러 기능
- 도구모음: 자주 사용하는 메뉴 기능을 등록한 도구 단추
- 데이터시트: 실제 데이터의 내용이 표시되는 부분
- 상태표시줄: SPSS가 동작되는 각종 상태가 표시됨

2) SPSS의 자료 입력

SPSS에서는 데이터편집기를 사용하여 자료를 입력할 수 있다. 데이터편집기는 SPSS 실행 시 자동적으로 열리는 스프레드시트 형태의 창으로, 새로운 데이터를 추가할 수 있으며 기존 데이터를 읽어들여 수정·삭제·추가할 수도 있다. 데이터편집기창은 1개만 열 수 있으며 엑셀과 달리 셀 자체에 수식 등을 입력할 수 없다.

(1) 자료 입력

청소년 우울 소셜 빅데이터를 SPSS에서 직접 입력하려면 다음과 같이 변수를 정의해야 한다.

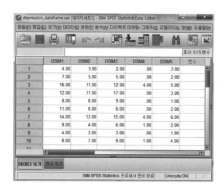
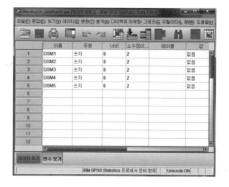

변수정의(define variable)는 창 하단의 변수보기(variable view)를 선택하거나 데이터시트의
변수이름(name)을 더블클릭해 행한다.

– 변수이름을 지정하지 않으면 'VAR'+5자리의 숫자가 초기 지정된다.

– SPSS의 예약어(reserved keywords)는 변수이름으로 사용할 수 없다.

예: ALL, NE, EQ, TO, LE, LT, BY, OR, AND, GT, WITH 등

(2) SPSS로 자료 불러오기

각각의 자료를 다음과 같은 순서로 불러온다.

① 텍스트 자료 불러오기

[파일]→[텍스트 데이터 읽기](파일: depression_dataframe_txt.txt)→[텍스트 가져오기 마법
사]를 차례로 실행한 후 [마침]을 선택한다.

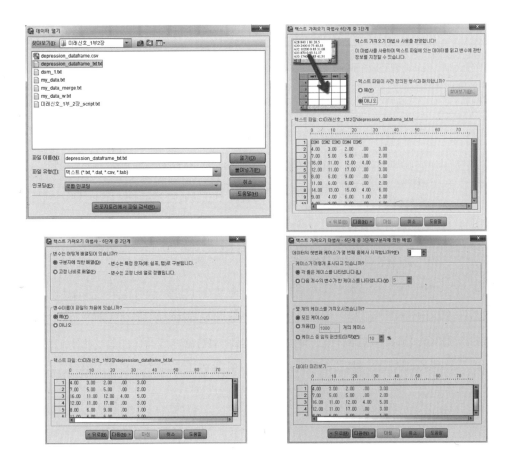

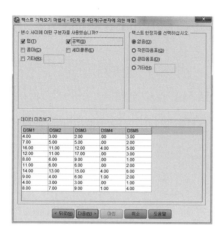
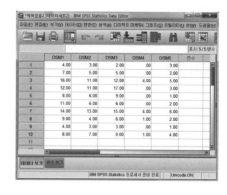

② 엑셀 자료 불러오기

[파일]→[열기]→[데이터](파일: depression_dataframe_1.xlsx)→[Excel 데이터 소스 열기]→[확인]을 선택한다.

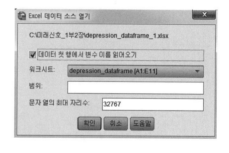

③ 케이스 선택(select cases)

조건에 맞는 케이스만 분석하고 나머지 케이스는 분석하지 않을 목적으로 사용한다.

- [파일]→[열기]→[데이터](파일: Adolescents_depression_20161105.sav)를 선택한다.
- [케이스 선택]→[조건을 만족하는 케이스 - 조건]을 선택한다.
- [선택하지 않은 케이스 - 필터]: 선택하지 않은 케이스 번호에 대각선이 표시된다.
- [선택하지 않은 케이스 - 삭제]: 파일에서 완전 삭제한다.

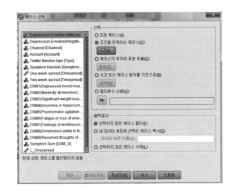
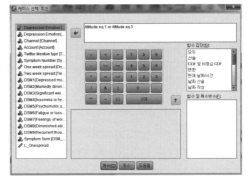

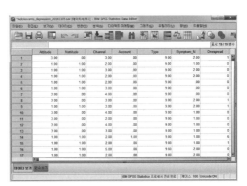

④ 빈도변수의 생성(count)

하나의 온라인 문서에서 발생할 수 있는 키워드(단어) 리스트에서 특정한 값 또는 특정한 범위의 값을 가지는 키워드의 빈도수를 변수 값으로 하는 새로운 변수를 만들 목적으로 사용한다.

- [파일]→[열기]→[데이터](파일: Adolescents_depression_20161105.sav)를 선택한다.
- [변환]→[케이스 내의 값 빈도]를 선택한다.
- [케이스 내의 값 빈도 - 값(I)]→[추가]→[계속]을 선택한다.

3 과학적 연구설계[3]

빅데이터를 분석하여 다양한 사회현상을 탐색·기술하고 인과성을 발견하여 미래를 예측하기 위해서는 과학적 연구방법이 필요하다. 따라서 연구자는 수많은 온오프라인 빅데이터에서 새로운 가치를 찾기 위해 과학적 탐구과정을 끊임없이 거쳐야 한다. 본 장에서는 빅데이터를 분석하기 위해 데이터 사이언티스트가 습득해야 할 기본적인 과학적 연구방법에 관해 소개한다.

과학(science)은 사물의 구조·성질·법칙 등을 관찰·탐구하는 인간의 인식활동 및 그것의 산물로서의 체계적·이론적 지식을 말한다. 자연과학은 인간에 의해 나타나지 않은 모든 자연현상을 다루고 사회과학은 인간의 행동과 그들이 이루는 사회를 과학적 방법으로 연구한다(위키백과, 2016. 11. 06).

과학적 지식을 습득하려면 현상에 대한 문제를 개념화하고 가설화하여 검정하는 단계를 거쳐야 한다. 즉 과학적 사고를 통하여 문제를 해결하기 위해서는 논리적인 설득력을 지니고 경험적 검정을 통하여 추론해야 한다. 과학적인 추론방법으로는 연역법과 귀납법이 있다.

과학적 연구설계를 하기 위해서는 사회현상에 대해 문제를 제기하고, 연구목적과 연구

---

3 본 절의 일부내용은 '송태민·송주영(2016). R을 활용한 소셜 빅데이터 연구방법론. pp. 71-188' 부분에서 발췌한 것임을 밝힌다.

주제를 설정한 후, 문헌고찰을 통해 연구모형과 가설을 도출해야 한다. 그리고 조사설계 단계를 통해 측정도구를 개발하여 표본을 추출한 후, 자료 수집 및 분석 과정을 거쳐 결론에 도달해야 한다.

[표 2-1] 연역법과 귀납법

과학적 추론방법	정의 및 특징
연역법	• 일반적인 사실이나 기존 이론에 근거하여 특수한 사실을 추론하는 방법이다. • 이론→가설→사실의 과정을 거친다. • 이론적 결과를 추론하는 확인적 요인분석의 개념이다. • 예: 모든 사람은 죽는다→소크라테스는 사람이다→그러므로 소크라테스는 죽는다
귀납법	• 연구자가 관찰한 사실이나 특수한 경우를 통해 일반적인 사실을 추론하는 방법이다. • 사실→탐색→이론의 과정을 거친다. • 잠재요인에 대한 기존의 가설이나 이론이 없는 경우 연구의 방향을 파악하기 위한 탐색적 요인분석의 개념이다. • 예: 소크라테스도 죽고 공자도 죽고 ○○○ 등도 죽었다→이들은 모두 사람이다 　→그러므로 사람은 죽는다

3 -1 연구의 개념

개념은 어떤 현상을 나타내는 추상적 생각으로, 과학적 연구모형의 구성개념(construct)으로 사용되며 연구방법론상의 개념적 정의와 조작적 정의로 파악될 수 있다.

[표 2-2] 연구의 개념

구분	정의 및 특징
개념적 정의 (conceptual definition)	• 연구하고자 하는 개념에 대한 추상적인 언어적 표현으로 사전에 동의된 개념이다. • 예: 자아존중감
조작적 정의 (operational definition)	• 개념적 정의를 실제 관찰(측정) 가능한 현상과 연결시켜 구체화시킨 진술이다. • 예[자아존중감: 로젠버그의 자아존중감 척도(Rosenberg Self Esteem Scales)] 　나는 내가 다른 사람들처럼 가치 있는 사람이라고 생각한다. 　나는 좋은 성품을 가졌다고 생각한다. 　나는 대체적으로 실패한 사람이라는 느낌이 든다. 　나는 대부분의 다른 사람들과 같이 일을 잘할 수가 있다. 　나는 자랑할 것이 별로 없다. 　나는 내 자신에 대하여 긍정적인 태도를 가지고 있다. 　나는 내 자신에 대하여 대체로 만족한다. 　나는 내 자신이 좀 더 존경할 수 있었으면 좋겠다. 　나는 가끔 내 자신이 쓸모없는 사람이라는 느낌이 든다. 　나는 때때로 내가 좋지 않은 사람이라고 생각한다.

3 -2 변수 측정

과학적 연구를 위해서는 적절한 자료를 수집하고 그 자료가 통계분석에 적합한지를 파악해야 한다. 측정(measurement)은 경험적으로 관찰한 사물과 현상의 특성에 대해 규칙에 따라 기술적으로 수치를 부여하는 것을 말한다. 측정규칙, 즉 척도는 일정한 규칙을 가지고 관찰대상이 지닌 속성의 질적 상태에 따라 값(수치나 수)을 부여하는 것이다(김계수, 2013: p. 119). 변수(variable)는 측정한 사물이나 현상에 대한 속성 또는 특성으로서, 경험적 개념을 조작적으로 정의하는 데 사용할 수 있는 하위 개념을 말한다.

1) 척도

척도(scale)는 변수의 속성을 구체화하기 위한 측정단위로 [표 2-3]과 같이 측정의 정밀성에 따라 크게 명목척도, 서열척도, 등간척도, 비율(비)척도로 분류한다. 또한 속성에 따라 [그림 2-1]과 같이 정성적 데이터와 정량적 데이터로 구분하기도 한다.

[표 2-3] 측정의 정밀성에 따른 척도 분류

구분	정의 및 특징
명목척도 (nominal scale)	• 변수를 범주로 구분하거나 이름을 부여하는 것으로, 변수의 속성을 양이 아니라 종류나 질에 따라 나눈다. • 예: 주거지역, 혼인상태, 종교, 질환 등
서열척도 (ordinal scale)	• 변수의 등위를 나타내기 위해 사용되는 척도로, 변수가 지닌 속성에 따라 순위가 결정된다. • 예: 학력, 사회적 지위, 공부 등수, 서비스 선호 순서 등
등간척도 (interval scale)	• 자료가 가지는 특성의 양에 따라 순위를 매길 수 있다. • 동일 간격에 대한 동일 단위를 부여함으로써 등간성이 있고 임의의 영점과 임의의 단위를 지니며 덧셈법칙은 성립하나 곱셈법칙은 성립하지 않는다(성태제, 2008: p. 22) • 예: 온도, IQ점수, 주가지수 등
비율(비)척도 (ratio scale)	• 등간척도의 특수성에 비율개념이 포함된 것으로, 절대영점과 임의의 단위를 지니고 있으며 덧셈법칙과 곱셈법칙 모두 적용된다. • 예: 몸무게, 키, 나이, 소득, 매출액 등

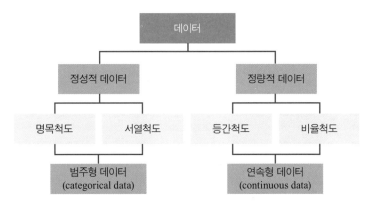

[그림 2-1] 척도의 속성에 따른 데이터 분류

사회과학에서는 다양한 변수들이 여러 차원으로 구성되기 때문에 측정을 위한 도구인 척도를 단일 문항으로 측정하기 어렵다. 사회과학분야에서 많이 사용되는 측정방법으로는 리커트 척도(Likert scale), 보가더스의 사회적 거리 척도(Bogardus social distance scale), 어의차이척도(semantic differential scale), 서스톤 척도(Thurstone scale), 거트만 척도(Guttman scale) 등이 있다.

[표 2-4] 척도의 구성 유형

구분	정의 및 특징							
리커트 척도	• 문항끼리의 내적 일관성을 파악하기 위한 척도로, 찬성이나 반대의 상대적인 강도를 판단할 수 있다. • 유헬스 기기의 서비스 질 평가를 위한 측정사례							
	유헬스를 이용한 건강관리서비스를 통해 느낀 서비스의 질에 관한 질문이다.	전혀 그렇지 않음	…	…	…			매우 그러함
		①	②	③	④	⑤	⑥	⑦
	1. 유헬스는 적당한 건강관리서비스를 해준다.							
	2. 유헬스는 건강관리에 많은 콘텐츠를 제공한다.							
	3. 유헬스 기기의 측정값은 신뢰할 수 있다.							
보가더스 사회적 거리 척도	• 사회관계에서 다른 유형의 사람들과 친밀한 사회적 관계를 측정하는 척도이다. • 에볼라 바이러스 감염 나라에 대한 보가더스 사회적 거리 측정사례 1. 귀하는 귀하의 나라에 에볼라 바이러스 감염 나라의 사람이 방문하는 것을 허용하겠습니까? 2. 귀하는 귀하의 나라에 에볼라 바이러스 감염 나라의 사람이 사는 것을 허용하겠습니까? 3. 귀하는 같은 직장에 에볼라 바이러스 감염 나라의 사람이 일하는 것을 허용하겠습니까? 4. 귀하는 이웃에 에볼라 바이러스 감염 나라의 사람이 사는 것을 허용하겠습니까?							

어의차이척도	• 척도의 양극점에 서로 상반되는 형용사나 표현을 제시하여 측정하는 방법이다.
	• 현재 사용하고 있는 유헬스 기기의 품질 평가를 위한 측정사례

어의차이척도	귀하가 이용 중인 유헬스 기기의 품질을 평가해주시기 바랍니다.

		+3	+2	+1	0	−1	−2	−3	
어의차이척도	① 경제적이다.	---	---	---	---	---	---	---	경제적이지 않다.
	② 믿을 만하다.	---	---	---	---	---	---	---	믿지 못한다.
	③ 정확하다.	---	---	---	---	---	---	---	정확하지 않다.
	④ 편리하다.	---	---	---	---	---	---	---	불편하다.

서스톤 척도	• 측정변수를 나타내는 지표들 사이에 경험적 구조를 발견하려는 측정방법이다.
	• 일련의 자극에 대하여 피험자의 주관적인 양적 판단에 의존하는 방법이다(김은정, 2007: p. 305).
	• 서스톤 척도의 측정값은 응답자(평가자)가 찬성하는 모든 문항의 가중치를 합하여 평균을 계산한다.
	• 개인주의 가치에 대한 서스톤 척도의 측정사례(김은정, 2007: p. 306)
	가중치 문항
	(1.1) 사회의 의사를 받아들이기 위해 개인의 의사를 억압하는 것은 자신의 숭고한 목적을 성취하는 일이다.
	(8.9) 타인의 요구를 흔쾌히 수용하면 자기 개성을 희생시키게 된다.
	(10.4) 능력의 한계까지 자기발전을 이루려고 하는 것은 인간 존재의 주된 목적이다.

거트만 척도	• 어떤 태도나 개념을 측정할 수 있는 질문들을, 질문의 강도에 따라 순서대로 나열할 수 있는 경우에 적용되며 누적척도법(cumulative scale)이라고 부른다.
	• 가장 강도가 강한 질문에 긍정적인 응답을 하였다면, 나머지 응답에도 긍정적인 대답을 하였다고 본다.
	• 거트만 척도는 해당 연구에 대한 경험적 관찰을 통하여 구성되며 척도구성의 정확도는 재생계수(coefficient of reproduction)로 산출한다.
	1. 당신은 담배를 피우십니까?
	2. 당신은 하루에 담배를 반 갑 이상 피우십니까?
	3. 당신은 하루에 담배를 한 갑 이상 피우십니까?

2) 변수

변수(variable)는 상이한 조건에 따라 변하는 모든 수를 말하며 최소한 두 개 이상의 값 (value)을 가진다. 변수와 상반되는 개념인 상수(constant)는 변하지 않는 고정된 수를 말한 다. 변수는 변수 간 인과관계에 따라 독립변수, 종속변수, 매개변수, 조절변수로 구분하며 속성에 따라 질적 변수와 양적 변수로 구분한다.

- 독립변수(independent variable): 다른 변수에 영향을 주는 변수이며 예측변수(predictor variable), 설명변수(explanatory variable), 원인변수(cause variable), 공변량 변수(covariates variable)라고 부르기도 한다.
- 종속변수(dependent variable): 독립변수에 영향을 받는 변수로, 반응변수(response variable) 또는 결과변수(effect variable)를 말한다.
- 매개변수(mediator variable): 독립변수와 종속변수 사이에서 독립변수의 결과인 동시에

종속변수의 원인이 되는 변수로, 연구에서 통제되어야 할 변수를 말한다. 따라서 매개효과는 독립변수와 종속변수 사이에 제3의 매개변수가 개입될 때 발생한다(Baron & Kenny, 1986).

- 조절변수(moderation variable): 변수의 관계를 변화시키는 제3의 변수가 있는 경우로, 변수 간(예: 독립변수와 종속변수 간) 관계의 방향이나 강도에 영향을 줄 수 있는 변수이다.
- 질적 변수(qualitative variable): 분류를 위하여 용어로 정의되는 변수이다.
- 양적 변수(quantitative variable): 양의 크기를 나타내기 위하여 수량으로 표시되는 변수를 말한다(성태제, 2008: p. 26).

예를 들어 스트레스가 우울로 가는 경로에 자아존중감이 영향을 미치고 있다면 독립변수는 스트레스, 종속변수는 우울, 매개변수는 자아존중감이 된다. 스트레스에서 우울로 가는 경로에서 남녀 집단 간 차이가 있다면 스트레스는 독립변수, 우울은 종속변수, 성별은 조절변수가 된다.

3 −3 분석 단위

분석단위는 분석수준이라고 부르며 연구자가 분석을 위하여 직접적인 조사대상인 관찰단위를 더욱 세분화하여 하위단위로 나누거나 상위단위로 합산하여 실제 분석에 이용하는 단위로, 자료 분석의 기초단위가 된다(박정선, 2003: p. 286). 분석단위는 표본추출이 되는 모집단의 최소단위로 개인, 집단 혹은 특정 조직이 될 수 있다(김은정, 2007: p. 46).

연구를 수행하는 과정에서 분석단위를 잘못 선정하거나 조사결과를 잘못 해석하거나 조사결과에서 그릇된 결론을 내리는 오류를 범할 수 있다(이주열 외 2013: p. 79). 분석단위에 대한 잘못된 추론으로는 생태학적 오류(ecological fallacy), 개인주의적 오류(individualistic fallacy), 환원주의적 오류(reductionism fallacy) 등이 있다.

- 생태학적 오류: 집단 내 집단의 특성에 근거하여 그 집단에 속한 개인의 특성을 추정할 때 범할 수 있는 오류이다(예: 천주교 집단의 특성을 분석한 다음 그 결과를 토대로 천주교도 개개인의 특성을 해석할 경우).
- 개인주의적 오류: 생태학적 오류와 반대로 개인을 분석한 결과를 바탕으로 개인이 속한

집단의 특성을 추정할 때 범할 수 있는 오류이다(예: 어느 사회 개인들의 질서의식이 높은 것으로 나타났다고 해서 바로 그 사회가 질서 있는 사회라고 해석하는 경우).

- 환원주의적 오류: 개인주의적 오류가 포함된 개념으로, 광범위한 사회현상을 이해하기 위해 개념이나 변수들을 지나치게 한정하거나 환원하여 설명하는 경향을 말한다(예: 심리학자가 사회현상을 진단하는 경우 심리변수는 물론 경제변수나 정치변수 등을 다각적으로 분석해야 하는데 심리변수만으로 사회현상을 진단하는 경우). 즉 개인주의적 오류는 분석단위에서 오는 오류이고, 환원주의적 오류는 변수 선정에서 오는 오류이다.[4]

3 −4 표본추출과 가설검정

1) 조사설계

광범위한 대상 집단(모집단)에서 특정 정보를 과학적인 방법으로 알아내는 것이 통계조사다. 통계조사를 위해서는 조사목적, 조사대상, 조사방법, 조사일정, 조사예산 등을 사전에 계획해야 한다. 즉 조사계획서에는 조사의 필요성과 목적을 기술하고, 조사목적과 조사예산, 그리고 조사일정에 따라 모집단을 선정한 후 전수조사인가 표본조사인가를 결정해야 한다. 그리고 조사목적을 달성할 수 있는 조사방법(면접조사, 우편조사, 전화조사, 집단조사, 인터넷 조사 등)을 결정하고 상세한 조사일정과 조사에 필요한 소요예산을 기술해야 한다. 일반적인 통계조사는 '조사계획→설문지 개발→표본추출→사전조사→본 조사→자료입력 및 수정→통계분석→보고서 작성'의 과정을 거쳐야 한다.

사회과학 연구에서는 조사도구로 설문지(questionnaire)를 많이 사용한다. 설문지는 조사대상자로부터 필요한 정보를 얻기 위해 작성된 양식으로, 조사표 또는 질문지라고 한다. 설문지에는 조사배경, 본 조사항목, 응답자 인적사항 등이 포함되어야 한다. 조사배경에는 조사주관자의 신원과 조사가 통계적인 목적으로만 활용된다는 점을 명시하고, 개인정보 이용 시 개인정보 활용 동의에 대한 내용을 자세히 기술하여야 한다. 응답자의 인적사항은 인구통계학적 배경으로 성별, 나이, 주거지, 교육수준, 직업, 소득수준, 문화적 성향 등이 포함되어야 한다. 인구통계학적 변인에 따라 본 조사항목에 대한 반응을 분석할 수

---

4 http://cafe.naver.com/south88/1008. 2014/09/20

있고, 조사한 표본이 모집단을 대표할 수 있는지 검토할 수 있다. 인구통계학적 배경의 조사항목은 되도록 조사의 마지막 부분에 위치하는 것이 좋다.

연구자는 윤리적 고려를 위하여 사전에 생명윤리위원회(IRB: Institutional Review Board)의 승인을 얻은 후 연구나 조사를 진행하여야 한다. 특히 연구대상자료가 소셜 빅데이터일 경우, 수집문서에서 개인정보를 인식할 수 없더라도 IRB의 승인을 받아서 연구를 수행해야 한다.[5]

설문지는 응답내용이 한정되어 응답자가 그중 하나를 선택하는 폐쇄형 설문과 응답자들이 질문에 대해 자유롭게 응답하도록 하는 개방형 설문이 있다. 설문지 개발 시에는 한쪽으로 편향되는 설문(예: 대다수의 일반 시민을 위하여 지하철 노조의 파업은 법적으로 금지되어야 한다고 생각하십니까?)과 쌍렬식 질문[이중질문(예: 스트레스에 음주나 흡연이 어느 정도 영향을 미친다고 생각하십니까?)]은 넣지 않도록 주의해야 한다.

설문지가 개발된 후에는 본 조사를 하기 전에 설문지 예비테스트와 조사원 훈련을 위해 시험조사(pilot survey)를 실시하여야 한다. 조사원 훈련은 연구책임자가 주관하여 조사의 목적, 표집 및 면접 방법, 코딩방법 등을 교육하고 면접자와 피면접자로서 조사원 간 역할학습(role paly)을 실시하며, 조사지도원의 경험담 교육 등이 이루어져야 한다. 특히 본 조사에서 첫인사는 매우 중요하기 때문에 소속과 신원, 조사명, 응답자 선정경위, 조사 소요시간, 응답에 대한 답례품 등을 상세히 설명해야 한다.

2) 표본추출

과학적 조사연구 과정에서 측정도구를 구성한 후에는 연구대상 전체를 대상(전수조사)으로 할 것인지, 일부만 대상(표본조사)으로 할 것인지 자료수집의 범위를 결정해야 한다.

모집단은 연구자의 연구대상이 되는 집단 전체를 의미하며, 과학적 연구가 추구하는 목적은 모집단의 성격을 기술하거나 추론하는 것이다(박용치 외, 2009: p. 245). 모집단 전체를 조사하는 것은 비용 과다(경제성), 시간 부족(시간성)과 같은 문제점이 발생할 수 있기 때문에 모집단에 대한 지식이나 정보를 얻고자 할 때는 모집단의 일부인 표본을 추출하여 모

---

5   소셜 빅데이터 기반 청소년 우울 위험 예측 연구의 IRB 승인에 대한 논문표기 예시: 연구에 대한 윤리적 고려를 위하여 한국보건사회연구원 생명윤리위원회(IRB)의 승인(No. 2014-23)을 얻은 후 연구를 진행하였다. 연구대상 자료는 한국보건사회연구원과 SKT가 2014년 10월에 수집한 2차 자료를 활용하였으며, 수집된 소셜 빅데이터는 개인정보를 인식할 수 없는 데이터로 대상자의 익명성과 기밀성이 보장되도록 하였다.

집단을 추론한다.

　[그림 2–2]와 같이 모수(parameter)는 모집단(population)의 특성값을 나타내는 것으로 모평균(μ), 표준편차(σ), 상관계수(ρ) 등을 말한다. 통계량(statistics)은 표본(sample)에서 구하는 표본의 특성값으로 표본의 평균($\bar{x}$), 표본의 표준편차(s), 표본의 상관계수(r) 등이 있다.

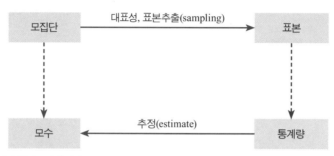

[그림 2-2] 전수조사와 표본조사의 관계

모집단에서 표본을 추출하기 위해서는 표본의 대표성을 유지하기 위하여 표본의 크기를 결정해야 한다. 표본의 크기는 모집단의 성격, 연구목적, 시간과 비용 등에 따라 결정하며, 일반적으로 여론조사에서는 신뢰수준과 표본오차(각 표본이 추출될 때 모집단의 차이로 기대되는 오차)로 표본의 크기를 구할 수 있다. 표준오차(각 표본들의 평균이 전체 평균과 얼마나 떨어져 있는지를 알려주는 것으로, 표본분포의 표준편차를 말한다. 표본의 크기가 크면 표준오차는 작아지고, 표본의 크기가 작으면 표준오차는 커진다)로 표본의 크기를 구할 수도 있다.[6]

※ 신뢰수준과 표본오차를 이용하여 표본의 크기 구하기

$$SE = \pm Z_{\frac{\alpha}{2}} \sqrt{\frac{P(1-P)}{n}}$$

SE: 표본오차, n: 표본의 크기
Z: 신뢰수준의 표준점수(95%=1.96, 99%=2.58)
P=모집단에서 표본의 비율이 틀릴 확률
　(95%: P=0.5, 99%: P=0.1)

예제
청소년 우울 현황을 분석하기 위하여 P=0.5 수준을 가진 신뢰수준 95%에서 표본오차를 3%로 전화조사를 실시할 경우 적당한 표본의 크기는?

$$n = (\pm Z)^2 \times P(1-P)/(SE)^2 = (\pm 1.96)^2 \times 0.5 \times (1-0.5)/(0.03)^2 \fallingdotseq 1{,}067명$$

6　공식: n(표본의 크기) $\geq [1/d$(표준오차)$]^2$. 예: 표준오차가 2.5%일 경우 표본의 크기는 $n \geq (1/0.025)^2 = 1{,}600$이 된다.

표본을 추출하는 방법은 크게 확률표본추출과 비확률표본추출로 나눌 수 있다. 확률표본추출(probability sampling)은 모집단의 모든 구성요소가 표본으로 추출될 확률이 알려져 있는 조건하에서 표본을 추출하는 방법으로 단순무작위표본추출, 체계적 표본추출, 층화표본추출, 집락표본추출 등이 있다.

- 단순무작위표본추출(simple random sampling): 모집단의 모든 표본단위가 선택될 확률을 동일하게 부여하여 표본을 추출하는 방법이다.
- 체계적 표본추출(systematic sampling): 모집단의 구성요소에 일련번호를 부여한 후 매번 K번째 요소를 표본으로 선정하는 방법으로, 계통적 표본추출이라고 한다(이주열 외, 2013: p. 163).
- 층화표본추출(stratified sampling): 모집단을 일정한 기준에 따라 2개 이상의 동질적인 계층으로 구분하고, 각 계층별로 단순무작위추출법을 적용하여 표본을 추출하는 방법이다(전보협, 2009: p. 78).
- 집락표본추출(cluster sampling): 표본들을 군집으로 묶어 이들 집단을 선택하고, 다시 선택된 집단 안에서 표본을 추출하는 방법이다(전보협, 2009: p. 79).
- 층화집락무작위표본추출: 층화표본추출, 집락표본추출, 단순무작위표본추출을 모두 사용하여 표본을 추출하는 방법이다. [예: 서울시민 의식 실태조사 시 서울시를 25개 구(층)로 나누고, 구에서 일부 동을 추출(집락: 1차 추출단위)하고, 동에서 일부 통을 추출(집락: 2차 추출단위)하고, 통 내 가구대장에서 가구를 무작위로 추출한다.]

비확률표본추출(nonprobability sampling)은 모집단의 모든 구성요소들이 표본으로 추출될 확률이 알려져 있지 않은 상태에서 표본을 추출하는 방법으로 편의표본추출, 판단표본추출, 할당표본추출, 눈덩이표본추출 등이 있다.

- 편의표본추출(convenience sampling): 연구자의 편의에 따라 표본을 추출하는 방법으로, 임의표본추출(accidental sampling)이라고도 한다.
- 판단표본추출(judgement sampling): 모집단의 의견이 반영될 수 있을 것으로 판단되는 특정 집단을 표본으로 선정하는 방법으로, 목적표본추출(purposive sampling)이라고도 한다.
- 할당표본추출(quota sampling): 미리 정해진 기준에 따라 전체 표본으로 나눈 다음, 각 집

단별로 모집단이 차지하는 구성비에 맞추어 표본을 추출하는 방법이다.

- 눈덩이표본추출(snowball sampling): 처음에는 모집단의 일부 구성원을 표본으로 추출하여 조사한 다음, 그 구성원의 추천을 받아 다른 표본을 선정하여 조사과정을 반복하는 방법이다.

표본추출 후 자료수집의 타당도를 확보하기 위해서는 인터뷰 시 나타날 수 있는 효과를 최소화하기 위해 노력해야 한다. 인터뷰 시 나타날 수 있는 대표적인 효과로는 동조효과, 후광효과, 겸양효과, 호손효과, 무관심효과 등이 있다.

- 동조효과(conformity effect): 다수의 생각에 동조하여 응답하는 것이다.
- 후광효과(halo effect): 평소 생각해본 적이 없는 내용인데 면접자의 질문을 받고서 없던 생각을 새로이 만들어서 응답하는 것이다.
- 겸양효과(Si, senor effect): 면접자의 비위를 맞추려고 응답하는 것이다.
- 호손효과(hawthorne effect): 연구대상자들이 실험에서 사용되는 변수나 처치보다는 실험하고 있다는 상황 자체에 영향을 받는 경우이다.
- 무관심효과(bystander effect): 면접을 빨리 끝내려고 내용을 보지 않고 응답하는 경우이다.

① 무작위추출방법

1,000명의 조사응답자 중 20명을 무작위 추첨하여 답례품을 증정할 경우 1,000명 중 20명을 무작위로 추출해야 한다.

가 R 프로그램 활용

R에서 sample() 함수를 사용한다. 즉 길이가 n인 주어진 벡터의 요소로부터 길이가 seq인 부분 벡터를 랜덤하게 추출하는 것이다.

> n=1000 ; seq=20: n에 1000, seq에 20을 할당한다.

> id=1:n: 1에서 1000의 수를 벡터 id에 할당한다.

> id1=sample(id, seq, replace=F) 벡터 id에서 20명을 랜덤 추출하여 벡터 id1에 할당한다.

– replace=F(비복원 추출), replace=T(복원추출: 같은 요소도 반복 추출)

> sort(id1): 랜덤 추출된 벡터 id1을 오름차순으로 정렬한다.

> sort(id1, decreasing = T): 랜덤 추출된 벡터 id1을 내림차순으로 정렬한다.

```
R Console
> n=1000 ; seq=20
> id=1:n
> id1=sample(id, seq, replace=F)
> sort(id1)
 [1]  13  15 218 318 423 440 476 484 518 582 662 663 790 804 843 891 939 960
[19] 964 974
> sort(id1, decreasing = T)
 [1] 974 964 960 939 891 843 804 790 663 662 582 518 484 476 440 423 318 218
[19]  15  13
> |
```

나 SPSS 프로그램 활용

1단계: 변수 2개(seq, id)를 만든다(파일명: Random_sample.sav).

2단계: 변수 seq에 1~20의 일련번호를 입력한다.

3단계: SPSS 실행 후 [변환]→[변수계산]→[대상변수(id)]를 지정한다.

– 숫자식 표현[RND(RV.UNIFORM(1,1000))]: 1~1000을 사용하여 균일분포 확률값을
산출하여 반올림한 값을 반환한다.

4단계: [데이터]→[케이스 정렬]→[정렬기준: id(A), 정렬 순서: 오름차순]을 선택한다.

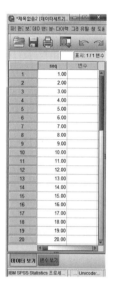
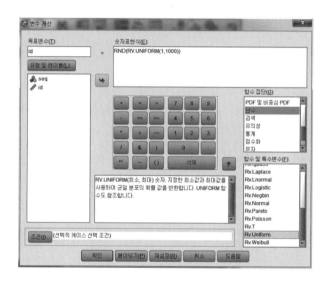

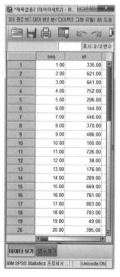

3) 가설검정[7]

연구자는 과학적 연구를 하기 위해서 연구대상에 대해 문제의식을 가지고 많은 논문과 보고서를 통해 개념 간에 인과적인 개연성을 확보해야 한다. 그리고 기존의 이론과 연구자의 경험을 바탕으로 연구모형을 구축하고, 그 모형에 기초하여 가설을 설정하고 검정하여야 한다.

가설(hypothesis)은 연구와 관련한 잠정적인 진술이다. 표본에서 얻은 통계량을 근거로 모집단의 모수를 추정하기 위해서는 가설검정을 실시한다. 가설검정은 연구자가 통계량과 모수 사이에서 발생하는 표본오차(sampling error)의 기각 정도를 결정하여 추론할 수 있다. 따라서 모수의 추정값은 일치하지 않기 때문에 신뢰구간(interval estimation)을 설정하여 가설의 채택 여부를 결정한다. 신뢰구간은 표본에서 얻은 통계량을 가지고 모집단의 모수를 추정하기 위하여 모수가 놓여 있으리라고 예상하는 값의 구간을 의미한다.

가설은 크게 귀무가설[또는 영가설, (H_0)]과 대립가설[또는 연구가설, (H_1)]로 나뉜다. 귀무가설은 '모수가 특정한 값이다' 또는 '두 모수의 값은 동일하다(차이가 없다)'로 선택하며, 대립가설은 '모수가 특정한 값이 아니다' 또는 '한 모수의 값은 다른 모수의 값과 다르다(크거나 작다)'로 선택하는 가설이다. 즉 귀무가설은 기존의 일반적인 사실과 차이가 없다는 것이며, 대립가설은 연구자가 새로운 사실을 발견하게 되어 기존의 일반적인 사실과 차이가 있다는 것이다. 따라서 가설검정은 표본의 추정값에 유의한 차이가 있다는 점을 검정하는 것이다.

가설은 이론적으로 완벽하게 검정된 것이 아니기 때문에 두 가지 오류가 발생한다. 1종오류(α)는 H_0가 참인데도 불구하고 H_0를 기각하는 것이고(즉 실제로 효과가 없는데 효과가 있다고 나타내는 것), 2종오류(β)는 H_0가 거짓인데도 불구하고 H_0를 채택하는 경우이다(즉 실제로 효과가 있는데 효과가 없다고 나타내는 것).

가설검정은 유의확률(p-value)과 유의수준(significance)을 비교하여 귀무가설이나 대립가설의 기각 여부를 결정한다. 유의확률은 표본에서 산출되는 통계량으로 귀무가설이 틀렸다고 기각하는 확률을 말한다. 유의수준은 유의확률인 p-값이 어느 정도일 때 귀무가설을 기각하고 대립가설을 채택할 것인가에 대한 수준을 나타낸 것으로 'α'로 표시한다.

---

7 가설검정의 일부 내용은 '송태민·송주영(2015). 빅데이터 연구 한 권으로 끝내기. pp. 72-73' 부분에서 발췌한 것임을 밝힌다.

유의수준은 연구자가 결정하며 일반적으로 '.01, .05, .1'로 나타낸다.

　가설검정에서 '$p < \alpha$'이면 귀무가설을 기각하게 된다. 즉 가설검정이 '$p < .05$'이면 1종오류가 발생할 확률을 5% 미만으로 허용한다는 의미이며, 가설이 맞을 확률이 95% 이상으로 매우 신뢰할 만하다고 간주하는 것이다. 따라서 통계적 추정은 표본의 특성을 분석하여 모집단의 특성을 추정하는 것으로, 가설검정을 통하여 판단할 수 있다.

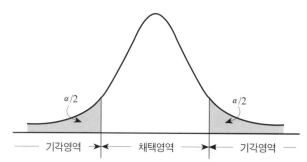

[그림 2-3] 귀무가설 채택/기각 영역

3 －5 통계분석

통계분석은 수집된 자료를 이해하기 쉬운 수치로 요약하는 기술통계(descriptive statistics)와 모집단을 대표하는 표본을 추출하여 표본의 특성값으로 모집단의 모수를 추정하는 추리통계(stochastic statistics)가 있다. 수집된 자료를 분석하기 위한 통계 프로그램은 많이 있으나 본 장에서는 R과 SPSS를 사용한다.

1) 기술통계분석

각종 통계분석에 앞서 측정된 변수들이 지닌 분포의 특성을 파악해야 한다. 기술통계는 수집된 자료를 요약·정리하여 자료의 특성을 파악하기 위한 것으로, 이를 통해 자료의 중심위치(대푯값), 산포도, 왜도, 첨도 등 분포의 특징을 파악할 수 있다.

(1) 중심위치(대푯값)

중심위치란 자료가 어떤 위치에 집중되어 있는가를 나타내며, 한 집단의 분포를 기술하는 대표적 수치라는 의미로 대푯값이라고도 한다.

대푯값	설명
산술평균(mean)	평균(average, mean)이라고 하며, 중심위치 측도 중 가장 많이 사용되는 방법이다. 모집단의 평균 $(\mu) = \dfrac{1}{N}(X_1 + X_2 + \cdots X_n) = \dfrac{1}{N}\sum X_i$ 표본의 평균 $(\bar{x}) = \dfrac{1}{n}(X_1 + X_2 + \cdots X_n) = \dfrac{1}{n}\sum X_i$
중앙값(median)	측정값들을 크기순으로 배열하였을 경우, 중앙에 위치한 측정값이다. n이 홀수 개이면 $\dfrac{n+1}{2}$ 번째 n이 짝수 개이면 $\dfrac{n}{2}$ 번째와 $\dfrac{n+1}{2}$ 번째 측정값의 산술평균
최빈값(mode)	자료의 분포에서 빈도가 가장 높은 관찰값을 말한다.
4분위수(quartiles)	자료를 크기순으로 나열한 경우 전체의 1/4(1.4분위수), 2/4(2.4분위수), 3/4(3.4분위수)에 위치한 측정값을 말한다.
백분위수 (percentiles)	자료를 크기 순서대로 배열한 자료에서 100등분한 후 위치해 있는 값으로, 중앙값은 제50분위수가 된다.

(2) 산포도(dispersion)

중심위치 측정은 자료의 분포를 파악하는데 충분하지 못하다. 산포도는 자료의 퍼짐 정도와 분포 모형을 통하여 분포의 특성을 살펴보는 것이다.

산포도	설명
범위(range)	자료를 크기순으로 나열한 경우 가장 큰 값과 가장 작은 값의 차이를 말한다.
평균편차 (mean deviation)	편차는 측정값들이 평균으로부터 떨어져 있는 거리(distance)이고, 평균편차는 편차합의 절대값 평균을 말한다. $$MD = \dfrac{1}{n}\sum \left| X_i - \bar{X} \right|$$
분산(variance)과 표준편차 (standard deviation)	산포도의 정도를 나타내는 데 가장 많이 쓰이며, 통계분석에서 매우 중요한 개념이다. • 모집단의 분산: $\sigma^2 = \dfrac{1}{N}\sum (X_i - \mu)^2$ • 모집단의 표준편차: $\sigma = \sqrt{\dfrac{1}{N}\sum (X_i - \mu)^2}$ • 표본의 분산: $s^2 = \dfrac{1}{n-1}\sum (X_i - \bar{X})^2$ • 표본의 표준편차: $s = \sqrt{\dfrac{1}{n-1}\sum (X_i - \bar{X})^2}$ N: 관찰치수, X: 관찰값, μ: 모집단의 평균, $\bar{X}$: 표본의 평균

변이계수 (coefficient of variance)	상대적인 산포도의 크기를 쉽게 파악할 때 사용된다. • 변이계수$(CV) = \dfrac{s}{\bar{x}}$ 또는 $\dfrac{s}{\bar{x}} \times 100$ s: 표준편차, $\bar{x}$: 평균
왜도(skewness)와 첨도(kurtosis)	• 왜도는 분포의 모양이 중앙 위치에서 왼쪽이나 오른쪽으로 치우쳐 있는 정도를 나타내며, 분포의 중앙 위치가 왼쪽이면 '+' 값, 오른쪽이면 '−' 값을 가진다. • 첨도는 평균값을 중심으로 뾰족한 정도를 나타낸다. '0'이면 정규분포에 가깝고, '+'이면 정규분포보다 뾰족하고, '−'이면 정규분포보다 완만하다.

■ **주요 연구데이터 설명(청소년 우울 소셜 빅데이터)**

- 데이터파일: Adolescents_depression_20161105.sav
- 데이터파일: Depression_Regression_20160724_2012year.sav
- 데이터파일: depression_Symptom_factor_20161018.sav

- 본 연구의 기술통계, 추리통계, 머신러닝, 시각화 분석 등에 사용된 연구데이터는 2012 년 1월 1일부터 2014년 12월 31일까지 최근 3년 동안 블로그, 카페, 게시판 및 주요 커뮤 니티, SNS(트위터), 인터넷 뉴스 및 미디어 사이트 채널 등에서 '우울', '우울증' 키워드로 수집된 총 370만 3,135건의 텍스트 문서 중 청소년으로 판단되는 8만 6,957건의 소셜 빅 데이터를 사용하였다.

- 텍스트 형태로 수집된 소셜 빅데이터는 전처리, 파싱, 필터링 등의 데이터 핸들링 작업 [(데이터 멍잉: data munging)(전희원, 2014: p. 52)]을 거쳐 통계분석이 가능한 코드 형태의 정 형화 데이터로 변환하여야 한다.

- 본 연구의 청소년 우울 관련 키워드 수집·분류를 위한 주제분석(text mining)은 해당 토 픽에 대한 이론적 배경 등을 분석하여 온톨로지를 개발한 후, 온톨로지의 키워드를 수 집하여 분류하는 톱다운 방식을 사용하였으며, 감성분석(opinion mining)은 사용자가 감 성어 사전을 개발하여 해당 문서의 감성을 분석하는 방법을 사용하였다.

- 청소년 우울 소셜 빅데이터의 주제분석과 감성분석의 자세한 설명은 본서의 '소셜 빅데 이터 분석방법' 부분(p. 28-35)을 참조한다.

- 본 연구에 사용된 주요 항목은 다음과 같다.

데이터파일(Adolescents_depression_20161105.sav)의 주요 항목

항목	변수명	내용
우울감정	Attitude	1: Positive, 2: Neutral, 3: Negative
	Nattitude	0(Neutral+Negative): Negative, 1: Positive
채널구분	Channel	1: Twitter, 2: Blog, 3: Cafe, 4: Board, 5: News
순계정	Account	0: First, 1: Spread
트위터 언급 형태	Type	1: interactive, 2: propagation, 3: monologue, 4: reply, 5: link
우울증상 빈도	Symptom_N	1: 1개 2: 2개 이상
1주 확산수	Onespread	실수
2주 확산수	Twospread	실수
	DSM1	우울한 기분(0: 없음, 1: 있음)
	DSM2	흥미와 즐거움 저하(0: 없음, 1: 있음)
	DSM3	식욕 감소 또는 증가(0: 없음, 1: 있음)
	DSM4	불면이나 과다 수면(0: 없음, 1: 있음)
우울증상	DSM5	초조나 지체(0: 없음, 1: 있음)
	DSM6	피곤하거나 활력 상실(0: 없음, 1: 있음)
	DSM7	무가치함 또는 죄책감(0: 없음, 1: 있음)
	DSM8	집중력이 저하(0: 없음, 1: 있음)
	DSM9	자살생각이나 자살시도(0: 없음, 1: 있음)

데이터파일(Depression_Regression_20160724_2012year.sav)의 주요 항목

항목	변수명	내용
우울감정	Depression	2012년 1일 청소년 우울 부정감정 빈도
	DSM1	2012년 1일 청소년 DSM1 증상 빈도
	DSM2	2012년 1일 청소년 DSM2 증상 빈도
	DSM3	2012년 1일 청소년 DSM3 증상 빈도
	DSM4	2012년 1일 청소년 DSM4 증상 빈도
우울증상	DSM5	2012년 1일 청소년 DSM5 증상 빈도
	DSM6	2012년 1일 청소년 DSM6 증상 빈도
	DSM7	2012년 1일 청소년 DSM7 증상 빈도
	DSM8	2012년 1일 청소년 DSM8 증상 빈도
	DSM9	2012년 1일 청소년 DSM9 증상 빈도

데이터파일(depression_Symptom_factor_20161018.sav)의 주요 항목

항목	변수명	내용
우울감정	Attitude	0(Neutral+Negative): Negative, 1: Positive
우울증상 미래신호	Digestive	소화장애(0: 없음, 1: 있음)
	Respiratory	호흡기장애(0: 없음, 1: 있음)
	Confusing	혼란(0: 없음, 1: 있음)
	Eclampsia	경련(0: 없음, 1: 있음)
	Anxious	불안(0: 없음, 1: 있음)
	Fear	공포(0: 없음, 1: 있음)
	Anxiousness	초조(0: 없음, 1: 있음)
	Impulse	충동(0: 없음, 1: 있음)
	Concentration	집중력(0: 없음, 1: 있음)
	Lethargy	무기력(0: 없음, 1: 있음)
	Lowered	자존감저하(0: 없음, 1: 있음)
	Neglected	소외감(0: 없음, 1: 있음)
	Loneliness	외로움(0: 없음, 1: 있음)
	Indifference	무관심(0: 없음, 1: 있음)
	Worthless	무가치(0: 없음, 1: 있음)
	Anger	분노(0: 없음, 1: 있음)
	Pain	통증(0: 없음, 1: 있음)
	Weight	체중(0: 없음, 1: 있음)
	Fatigue	피로(0: 없음, 1: 있음)
	Sleep	수면(0: 없음, 1: 있음)
	Appetite	식욕(0: 없음, 1: 있음)
	Guilty	죄책감(0: 없음, 1: 있음)
	Sadness	슬픔(0: 없음, 1: 있음)
	Hostility	적대(0: 없음, 1: 있음)
	Retardation	지체(0: 없음, 1: 있음)
	Deprivation	상실(0: 없음, 1: 있음)
	Addicted	중독(0: 없음, 1: 있음)
	Taint	더러움(0: 없음, 1: 있음)
	Academic	학업스트레스(0: 없음, 1: 있음)
	Blunt	퉁명(0: 없음, 1: 있음)
	Suicide	자살(0: 없음, 1: 있음)

1 중심위치와 산포도 분석

가 R 프로그램 활용

1단계: 중심위치와 산포도 분석에 필요한 패키지를 설치한다.

> install.packages('foreign'): SPSS의 '.sav' 파일과 같은 외부 데이터를 읽어들이는 패키지를 설치한다.

> library(foreign): foreign 패키지를 로딩한다.

> install.packages('Rcmdr'): R 그래픽 사용환경(GUI)을 지원하는 R Commander 패키지를 설치한다.

> library(Rcmdr): Rcmdr 패키지를 로딩한다.

2단계: 중심위치와 산포도 분석을 실시한다.

> setwd("c:/미래신호_1부2장"): 작업용 디렉터리를 지정한다.

> data_spss=read.spss(file='Depression_Regression_20160724_2012year.sav', use.value. labels=T, use.missings=T, to.data.frame=T): SPSS 데이터파일을 불러와서 data_spss에 할당한다.

> attach(data_spss): 실행 데이터를 data_spss 데이터 프레임으로 고정한다.

> length(DSM1): DSM1 증상의 표본수를 산출한다.

> mean(DSM1): DSM1 증상의 1일 평균을 산출한다.

> var(DSM1): DSM1 증상의 1일 분산을 산출한다.

> var(DSM1)*(length(DSM1)−1)/length(DSM1): 모집단의 분산[표본분산*[(n-1)/n]을 산출한다.

> sd(DSM1): DSM1 증상의 표준편차를 산출한다.

> sd(DSM1)*(length(DSM1)−1)/length(DSM1): 모집단의 표준편차[표본표준편차*[(n-1)/n]을 산출한다.

> sd(DSM1)/sqrt(length(DSM1)): DSM1 증상의 표준오차를 산출한다.

– 표본분포의 표준편차인 표준오차(표준편차/$\sqrt{n}$)를 산출한다.

> sd(DSM1)/mean(DSM1): DSM1 증상의 변이계수(CV)를 산출한다.

> sd(DSM2)/mean(DSM2): DSM2 증상의 변이계수(CV)를 산출한다.

> quantile(DSM1): DSM1 증상의 사분위수를 산출한다.

> quantile(DSM2): DSM2 증상의 사분위수를 산출한다.

```
R Console                                               ▢ ▣ ✕

> length(DSM1)    # 표본수 산출
[1] 366
> mean(DSM1)
[1] 32.45082
> var(DSM1)
[1] 642.7743
> var(DSM1)*(length(DSM1)-1)/length(DSM1)    # 모집단의 분산
[1] 641.0181
> sd(DSM1)
[1] 25.35299
> sd(DSM1)*(length(DSM1)-1)/length(DSM1)  # 모집단의 표준편차
[1] 25.28372
> sd(DSM1)/sqrt(length(DSM1)) # 표준오차 산출
[1] 1.325222
> sd(DSM1)/mean(DSM1) # 변이계수 산출
[1] 0.7812744
> sd(DSM2)/mean(DSM2) # 변이계수 산출
[1] 0.5870201
> quantile(DSM1) # 사분위수 산출
  0%  25%  50%  75% 100%
   5   21   28   37  339
> quantile(DSM2) # 사분위수 산출
  0%  25%  50%  75% 100%
   0    3    4    6   24
> |
```

> numSummary(data_spss[,"DSM1"], statistics=c("skewness", "kurtosis"): DSM1 증상의 정 규성을 검정한다.

> numSummary(data_spss[,"DSM2"], statistics=c("skewness", "kurtosis"))

> numSummary(data_spss[,"DSM3"], statistics=c("skewness", "kurtosis"))

> numSummary(data_spss[,"DSM4"], statistics=c("skewness", "kurtosis"))

> numSummary(data_spss[,"DSM5"], statistics=c("skewness", "kurtosis"))

> numSummary(data_spss[,"DSM6"], statistics=c("skewness", "kurtosis"))

> numSummary(data_spss[,"DSM7"], statistics=c("skewness", "kurtosis"))

> numSummary(data_spss[,"DSM8"], statistics=c("skewness", "kurtosis"))

> numSummary(data_spss[,"DSM9"], statistics=c("skewness", "kurtosis"))

```
R Console                                                            [_][□][X]

> numSummary(data_spss[,"DSM1"], statistics=c("skewness", "kurtosis"))
 skewness kurtosis    n
 6.730038 67.70768 366
> numSummary(data_spss[,"DSM2"], statistics=c("skewness", "kurtosis"))
 skewness kurtosis    n
 1.336707 5.080444 366
> numSummary(data_spss[,"DSM3"], statistics=c("skewness", "kurtosis"))
 skewness kurtosis    n
 1.087093 1.380568 366
> numSummary(data_spss[,"DSM4"], statistics=c("skewness", "kurtosis"))
 skewness kurtosis    n
 1.131075 3.717086 366
> numSummary(data_spss[,"DSM5"], statistics=c("skewness", "kurtosis"))
 skewness kurtosis    n
 0.577334 0.2815278 366
> numSummary(data_spss[,"DSM6"], statistics=c("skewness", "kurtosis"))
 skewness kurtosis    n
 0.523496 0.6717306 366
> numSummary(data_spss[,"DSM7"], statistics=c("skewness", "kurtosis"))
 skewness kurtosis    n
 4.780953 43.60187 366
> numSummary(data_spss[,"DSM8"], statistics=c("skewness", "kurtosis"))
  skewness  kurtosis    n
 0.8468366 0.6068626 366
> numSummary(data_spss[,"DSM9"], statistics=c("skewness", "kurtosis"))
 skewness kurtosis    n
 4.394113 29.63625 366
> |
```

해석

DSM1, DSM7, DSM9 증상은 정규성 가정에 위배된 것으로 나타나 모든 요인에 대해 다음과 같이 상용로 그로 치환하여 정규성 검정을 실시한다.

> numSummary(log(DSM1+1), statistics=c("skewness", "kurtosis")): DSM1 증상을 로그치환한 후 정규성을 검정한다.

– '+1': 부정[log(0)] 값의 산출을 방지하기 위한 로그치환 방법

> numSummary(log(DSM2+1), statistics=c("skewness", "kurtosis"))

> numSummary(log(DSM3+1), statistics=c("skewness", "kurtosis"))

> numSummary(log(DSM4+1), statistics=c("skewness", "kurtosis"))

> numSummary(log(DSM5+1), statistics=c("skewness", "kurtosis"))

> numSummary(log(DSM6+1), statistics=c("skewness", "kurtosis"))

> numSummary(log(DSM7+1), statistics=c("skewness", "kurtosis"))

> numSummary(log(DSM8+1), statistics=c("skewness", "kurtosis"))

> numSummary(log(DSM9+1), statistics=c("skewness", "kurtosis"))

```
R Console                                                          [ - ] [ □ ] [ X ]

> numSummary(log(DSM1+1), statistics=c("skewness", "kurtosis"))
 skewness kurtosis   n
 0.6835478 2.869873 366
> numSummary(log(DSM2+1), statistics=c("skewness", "kurtosis"))
  skewness kurtosis   n
 -0.6304279 0.940445 366
> numSummary(log(DSM3+1), statistics=c("skewness", "kurtosis"))
 skewness  kurtosis   n
 -0.226588 -0.6467954 366
> numSummary(log(DSM4+1), statistics=c("skewness", "kurtosis"))
  skewness kurtosis   n
 -0.8395644  1.20457 366
> numSummary(log(DSM5+1), statistics=c("skewness", "kurtosis"))
 skewness kurtosis   n
 -1.010017 3.990142 366
> numSummary(log(DSM6+1), statistics=c("skewness", "kurtosis"))
  skewness kurtosis   n
 -0.9402815 1.526025 366
> numSummary(log(DSM7+1), statistics=c("skewness", "kurtosis"))
 skewness  kurtosis   n
 -0.2957677 0.5853323 366
> numSummary(log(DSM8+1), statistics=c("skewness", "kurtosis"))
  skewness  kurtosis   n
 -0.5140118 -0.1395854 366
> numSummary(log(DSM9+1), statistics=c("skewness", "kurtosis"))
  skewness kurtosis   n
 -0.04170423 2.298515 366
> |
```

- 연속형 변수의 시각화(boxplot, histogram, line)

    > boxplot(DSM1, col='blue', main='Box Plot')

    > boxplot(log(DSM1+1), col='blue', main='Box Plot(log)'): 로그치환 DSM1 증상의
    boxplot(변수가 정규화되어 Outliers가 거의 없다.)

```
R Console                                                          [ - ] [ □ ] [ X ]

> boxplot(DSM1, col='blue', main='Box Plot')
> boxplot(log(DSM1+1), col='blue', main='Box Plot(log)')|
```

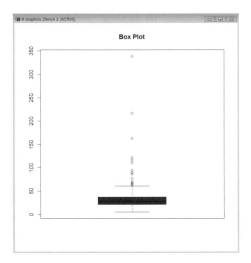

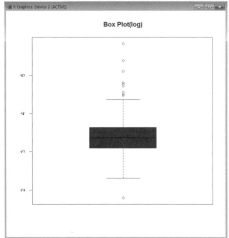

> hist(DSM1, prob=T, main='Histogram'): DSM1 증상의 Histogram

> lines(density(DSM1), col='blue'): Histogram에 추정분포선을 추가한다.

> hist(log(DSM1+1), prob=T, main='Histogram(log)'): 로그치환 Histogram

> lines(density(log(DSM1+.1)), col='blue'): Histogram에 추정분포선을 추가한다.

– 로그치환한 DSM1 변수는 정규분포를 보인다.

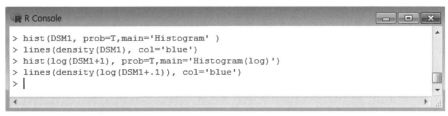

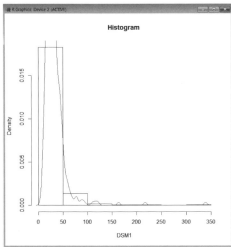

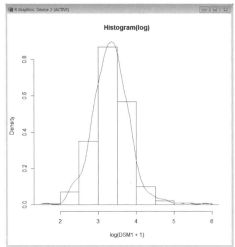

> boxplot(data_spss): data_spss 프레임의 모든 요인에 대한 boxplot을 작성한다.

> boxplot(log(DSM1+1), log(DSM2+1), log(DSM3+1), log(DSM4+1), log(DSM5+1), log(DSM6+1), log(DSM7+1), log(DSM8+1), log(DSM9+1)): 로그치환한 모든 요인에 대한 boxplot을 작성한다.

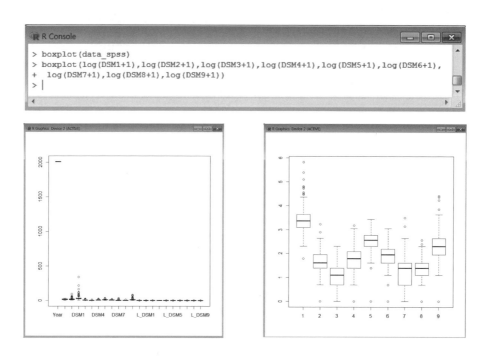

나 SPSS 프로그램 활용

1단계: 데이터파일을 불러온다
　- 분석파일: Depression_Regression_20160724_2012year.sav
2단계: [분석]→[기술통계량]→[기술통계]→[대상변수(DSM1~DSM9)]를 지정한다.
3단계: [옵션]→[평균, 합계, 표준편차, 분산, 범위, 첨도, 왜도 등]을 선택한다.
4단계: 결과를 확인한다.

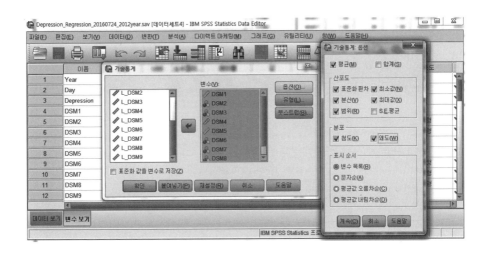

기술통계량

	N	범위	최소값	최대값	평균	표준편차	분산	왜도		첨도	
	통계량	통계량	통계량	통계량	통계량	통계량	통계량	통계량	표준오차	통계량	표준오차
DSM1	366	334.00	5.00	339.00	32.4508	25.35299	642.774	6.730	.128	67.708	.254
DSM2	366	24.00	.00	24.00	4.9098	2.88217	8.307	1.337	.128	5.080	.254
DSM3	366	9.00	.00	9.00	2.0601	1.70790	2.917	1.087	.128	1.381	.254
DSM4	366	23.00	.00	23.00	5.4754	3.06785	9.412	1.131	.128	3.717	.254
DSM5	366	30.00	.00	30.00	12.4809	4.94001	24.404	.577	.128	.282	.254
DSM6	366	20.00	.00	20.00	6.1721	3.00509	9.031	.523	.128	.672	.254
DSM7	366	32.00	.00	32.00	2.9863	2.68069	7.186	4.781	.128	43.602	.254
DSM8	366	12.00	.00	12.00	3.1175	2.20208	4.849	.847	.128	.607	.254
DSM9	366	81.00	.00	81.00	10.9344	8.36798	70.023	4.394	.128	29.636	.254
유효 N (목록별)	366										

해석

DSM1의 표본수는 366개이며, 평균 32.45, 표준편차는 25.35, 왜도는 6.73, 첨도는 67.71로 나타나 정규성 가정을 벗어난다.

DSM1, DSM7, DSM9 증상은 정규성 가정에 위배되어 모든 증상에 대해 상용로그로 치환하여 기술통계량을 분석할 수 있다.

1단계: SPSS 명령문을 사용하여 변수변환을 실시한다. 상용로그(LG10) 함수의 인수를 0 이상의 값으로 변경한 후 로그치환을 실시한다.

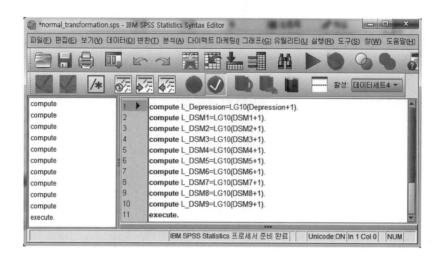

2단계: [분석]→[기술통계량]→[기술통계]→[대상변수(L_DSM1~L_DSM9)]를 지정한다.

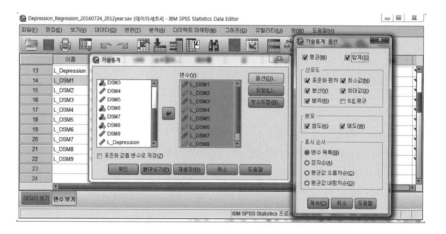

기술통계량

	N	범위	최소값	최대값	합계	평균	표준편차	분산	왜도		첨도	
	통계량	통계량	통계량	통계량	통계량	통계량	통계량	통계량	통계량	표준오차	통계량	표준오차
L_DSM1	366	1.75	.78	2.53	536.43	1.4657	.20814	.043	.684	.128	2.870	.254
L_DSM2	366	1.40	.00	1.40	263.02	.7186	.22502	.051	-.630	.128	.940	.254
L_DSM3	366	1.00	.00	1.00	152.79	.4175	.25102	.063	-.227	.128	-.647	.254
L_DSM4	366	1.38	.00	1.38	277.50	.7582	.22926	.053	-.840	.128	1.205	.254
L_DSM5	366	1.49	.00	1.49	401.93	1.0982	.17458	.030	-1.010	.128	3.990	.254
L_DSM6	366	1.32	.00	1.32	297.07	.8117	.20926	.044	-.940	.128	1.526	.254
L_DSM7	366	1.52	.00	1.52	193.75	.5294	.25284	.064	-.296	.128	.585	.254
L_DSM8	366	1.11	.00	1.11	200.21	.5470	.25574	.065	-.514	.128	-.140	.254
L_DSM9	366	1.91	.00	1.91	369.58	1.0098	.23617	.056	-.042	.128	2.299	.254
유효 N(목록별)	366											

다변량 정규성 검정에서 벗어난 DSM1 증상은 상용로그 치환 결과 왜도는 절대값 3 미만, 첨도는 절대값 10 미만으로 정규성 가정을 충족하는 것으로 나타났다.

2 범주형 변수의 빈도분석

범주형 변수는 평균과 표준편차의 개념이 없기 때문에 변수값의 빈도와 비율을 계산해야 한다. 따라서 범주형 변수는 빈도, 중위수, 최빈값, 범위, 백분위수 등 분포의 특징을 살펴보는 데 의미가 있다.

가 R 프로그램 활용

1단계: R의 기술통계 분석에 필요한 패키지를 설치한다.

> install.packages('foreign'): SPSS의 '.sav' 파일과 같은 외부 데이터를 읽어들이는 패키지를 설치한다.

> library(foreign): foreign 패키지를 로딩한다.

> install.packages('Rcmdr'): R 그래픽 사용환경(GUI)을 지원하는 R Commander 패키지를 설치한다.

> library(Rcmdr): Rcmdr 패키지를 로딩한다. 본고에서는 R Commander 함수만 사용하기 때문에 R Commander의 메뉴를 이용하여 통계분석을 실시하지 않는다. 따라서 생성된 R Commander 화면의 최소화 버튼을 클릭하여 윈도의 작업표시줄로 옮긴다.

> install.packages('catspec'): 이원분할표(교차분석)를 지원하는 패키지를 설치한다.

> library(catspec): catspec 패키지를 로딩한다.

2단계: 범주형 변수의 빈도분석을 실시한다.

> setwd("c:/미래신호_1부2장"): 작업용 디렉터리를 지정한다.

> data_spss=read.spss(file='Adolescents_depression_20161105.sav', use.value.labels=T, use.
missings=T, to.data.frame=T): SPSS 데이터파일을 불러와서 data_spss에 할당한다.

> attach(data_spss): 실행 데이터를 'data_spss'로 고정시킨다.

> t1=ftable(data_spss[c('Attitude')]): 'Attitude'의 빈도분석을 실시한 후 t1에 할당한다.

> ctab(t1,type=c('n', 'r')): 'Attitude'의 빈도와 빈도에 대한 퍼센트를 화면에 인쇄한다.

> length(Attitude): 'Attitude'의 Total 빈도를 화면에 인쇄한다.

해석

전체 8만 6,957건의 온라인 문서 중 긍정적인 우울증상은 15.47%(1만 3,451건), 보통의 우울증상은 58.63%(5만 987건), 부정적인 우울증상은 25.90%(2만 2,519건)으로 나타났다.

1단계: 데이터파일을 불러온다(분석파일: Adolescents_depression_20161105.sav).

2단계: [분석]→[기술통계량]→[빈도분석]→[대상변수(Attitude)]를 지정한다.

3단계: [통계량]→[사분위수, 중위수, 최빈값, 범위]를 선택한다.

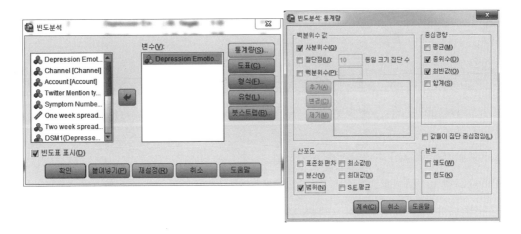

4단계: 결과를 확인한다.

통계량

Depression Emotion

N	유효	86957
	결측	0
중위수		2.0000
최빈값		2.00
범위		2.00
백분위수	25	2.0000
	50	2.0000
	75	3.0000

Depression Emotion

		빈도	퍼센트	유효 퍼센트	누적 퍼센트
유효	Positive	13451	15.5	15.5	15.5
	Neutral	50987	58.6	58.6	74.1
	Negative	22519	25.9	25.9	100.0
	전체	86957	100.0	100.0	

③ 연속형 변수의 빈도분석

연속형 변수는 평균과 분산으로 변수의 퍼짐 정도를 파악하고, 왜도와 첨도로 정규분포를 파악한다. 왜도는 절대값 3 미만, 첨도는 절대값 10 미만이면 정규성 가정을 충족한다 (Kline, 2010).

가 R 프로그램 활용

1단계: install.packages('foreign'), install.packages('Rcmdr'), install.packages('catspec') 패키지를 차례로 설치한다. 본 연구에서는 범주형 빈도분석에서 이미 설치되었기 때문에 추가 설치는 필요 없다.

2단계: 연속형 변수의 빈도분석을 실시한다.

> setwd("c:/미래신호_1부2장"): 작업용 디렉터리를 지정한다.

> data_spss=read.spss(file='Adolescents_depression_20161105.sav', use.value.labels=T, use.missings=T, to.data.frame=T): SPSS 데이터파일을 불러와서 data_spss에 할당한다.

> attach(data_spss): 실행 데이터를 'data_spss'로 고정시킨다.

> numSummary(data_spss[,"Onespread"], statistics=c("mean", "sd", "IQR", "quantiles", "skewness", "kurtosis")): 'Onespread'의 기술통계분석을 실시한다.

> numSummary(log10(Onespread+1), statistics=c("mean", "sd", "IQR", "quantiles", "skewness", "kurtosis")): 'Onespread'를 로그치환한 후 기술통계분석을 실시한다.

```
> setwd("c:/미래신호_1부2장")
> data_spss=read.spss(file='Adolescents_depression_20161105.sav',
+ use.value.labels=T,use.missings=T,to.data.frame=T)
read.spss(file = "Adolescents_depression_20161105.sav", use.value.labels = T, 에서 경$
  Adolescents_depression_20161105.sav: Unrecognized record type 7, subtype 18 encount$
> attach(data_spss)
The following objects are masked from data_spss (pos = 3):

    Account, Attitude, Channel, DSM1, DSM2, DSM3, DSM4,
    DSM5, DSM6, DSM7, DSM8, DSM9, Nattitude, Onespread,
    Symptom_N, Twospread, Type

> numSummary(data_spss[,"Onespread"], statistics=c("mean", "sd", "IQR",
+ "quantiles","skewness", "kurtosis"))
     mean        sd IQR skewness kurtosis 0% 25% 50% 75% 100%     n
 40.70017 156.2669   7 8.498691 94.82974  0   0   0   7 2381 86957
> numSummary(log10(Onespread+1), statistics=c("mean", "sd", "IQR",
+ "quantiles","skewness", "kurtosis"))
      mean        sd      IQR skewness  kurtosis 0% 25% 50%      75%
 0.5576983 0.8194007 0.90309 1.358059 0.6150159  0   0   0 0.90309
     100%       n
 3.376942 86957
> |
```

해석

표본수 8만 6,957건의 버즈를 분석한 1주확산수(Onespread)의 평균은 40.70, 표준편차(평균으로부터 떨어진 거리의 평균)는 156.27로 분포의 중앙위치가 왼쪽(왜도: 8.50)으로 치우쳐 있으며, 정규분포보다 뾰족한 분포 (첨도: 94.83)를 나타내고 있다. Onespread는 정규성 가정에 위배된 것으로 나타나 상용로그로 치환하여 정규성 검정을 실시한다. Onespread의 상용로그 치환 결과 왜도는 절대값 3 미만(1.36), 첨도는 절대값 10 미만(0.62)으로 정규성 가정을 충족하는 것으로 나타났다.

> boxplot(Onespread~Attitude, col='red', main='Box Plot'): Attitude별 Onespread의 boxplot을 작성(모든 감정이 비정규성)한다.

> boxplot(log10(Onespread+1)~Attitude, col='red', main='Box Plot(log)'): Attitude별 로그치환 Onespread의 boxplot을 작성(모든 감정이 정규성)한다.

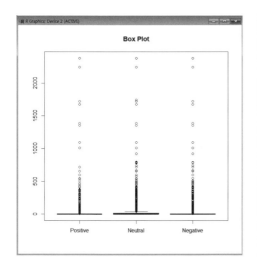

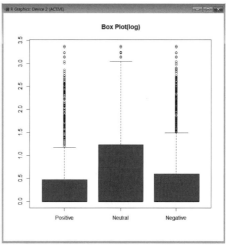

나 SPSS 프로그램 활용

1단계: 데이터파일을 불러온다(분석파일: Adolescents_depression_20161105.sav).

2단계: [분석]→[기술통계량]→[기술통계]→[대상변수(Onespread)]를 지정한다.

3단계: [옵션]→[평균, 표준편차, 분산, 최소값, 최대값, 첨도, 왜도]를 선택한다.

4단계: 결과를 확인한다.

기술통계량

	N	최소값	최대값	평균	표준편차	왜도		첨도	
	통계량	통계량	통계량	통계량	통계량	통계량	표준오차	통계량	표준오차
One week spread	86957	0	2381	40.70	156.267	8.499	.008	94.830	.017
유효 N(목록별)	86957								

> **해석**
> 표본수 8만 6,957 버즈를 분석한 1주확산수의 평균은 40.70, 표준편차는 156.27로 분포의 중앙위치가 정규분포보다 왼쪽(왜도: 8.50)으로 치우쳐 있으며, 정규분포보다 뾰족한 분포(첨도: 94.83)를 나타낸다. Onespread는 정규성 가정에 위배된 것으로 나타나 다음과 같이 상용로그로 치환하여 정규성 검정을 실시한다.

1단계: 데이터파일을 불러온다(분석파일: Adolescents_depression_20161105.sav).

2단계: [변환]→[변수계산]을 선택한다.

3단계: [목표변수: L_Onespread], [숫자표현식: LG10(Onespread+1)]을 지정한다.

4단계: 결과를 확인한다.

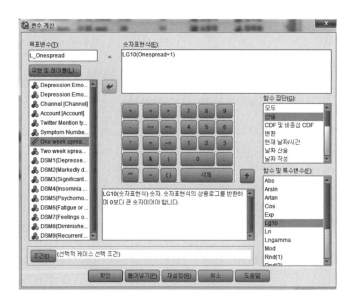

기술통계량

	N	최소값	최대값	평균	표준편차	왜도		첨도	
	통계량	통계량	통계량	통계량	통계량	통계량	표준오차	통계량	표준오차
L_Onespread	86957	.00	3.38	.5577	.81940	1.358	.008	.615	.017
유효 N(목록별)	86957								

해석

Onespread의 상용로그 치환 결과 왜도는 절대값 3 미만(1.36), 첨도는 절대값 10 미만(0.62)으로 정규성 가정을 충족하는 것으로 나타났다.

2) 추리통계분석

추리통계는 표본의 연구결과를 모집단에 일반화할 수 있는지를 판단하기 위하여 표본의 통계량으로 모집단의 모수를 추정하는 통계방법이다. 추리통계는 가설검정을 통하여 표본의 통계량으로 모집단의 모수를 추정한다. 추리통계에서는 모집단의 평균을 추정하기 위해 평균분석을 실시하고, 변수 간 상호 의존성을 파악하기 위해 교차분석·상관분석·요인분석·군집분석 등을 실시하며, 변수 간 종속성을 분석하기 위해 회귀분석과 로지스틱 회귀분석 등을 실시해야 한다.

④ 교차분석

빈도분석은 단일 변수에 대한 통계의 특성을 분석하는 기술통계이지만, 교차분석은 두 가지 이상의 변수 사이에 상관관계를 분석하기 위해 사용하는 추리통계다. 빈도분석은 한 변수의 빈도분석표를 작성하는 데 반해 교차분석은 2개 이상의 행(row)과 열(column)이 있는 교차표(crosstabs)를 작성하여 관련성을 검정한다. 즉 조사한 자료들은 항상 모집단(population)에서 추출한 표본이고, 통상 모집단의 특성을 나타내는 모수(parameter)는 알려져 있지 않기 때문에 관찰 가능한 표본의 통계량(statistics)을 가지고 모집단의 모수를 추정한다.

이러한 점에서 χ^2-test는 분할표(contingency table)에서 행과 열을 구성하고, 두 변수 간에 독립성(independence)과 동질성(homogeneity)을 검정해주는 통계량을 가지고 우리가 조사한 표본에서 나타난 두 변수 간의 관계를 모집단에서도 동일하다고 판단할 수 있는가에 대한 유의성을 검정해주는 것이다.

- 독립성 검정: 모집단에서 추출한 표본에서 관찰대상을 사전에 결정하지 않고 검정을 실시하는 것으로, 대부분의 통계조사가 이에 해당한다.
- 동질성 검정: 모집단에서 추출한 표본에서 관찰대상을 사전에 결정한 후 두 변수 간에 검정을 실시하는 것으로, 주로 임상실험 결과를 분석할 때 이용한다(예: 비타민 C를 투여한 임상군과 투여하지 않은 대조군과의 관계).

- χ^2-test 순서

  1단계: 가설을 설정한다[귀무가설(H_0): 두 변수가 서로 독립적이다].

  2단계: 유의수준(α)을 결정한다(통상 0.01이나 0.05를 많이 사용한다).

  3단계: 표본의 통계량에서 유의확률(p)을 산출한다.

  4단계: $p < \alpha$의 경우, 귀무가설을 기각하고 대립가설을 채택한다.

- 연관성 측도(measures of association)
  - χ^2-test에서 H_0를 기각할 경우 두 변수가 얼마나 연관되어 있는가를 나타낸다.
  - 분할계수(contingency coefficient): R(행)×C(열)의 크기가 같을 때 사용한다. ($0 \leq C \leq 1$)
  - Cramer's V: R×C의 크기가 같지 않을 때도 사용이 가능하다. ($0 \leq V \leq 1$)

- Kendall's τ(타우): 행과 열의 수가 같거나(τ_b) 다른(τ_c) 순서형 자료(ordinal data)에 사용한다.
- Somer's D: 순서형 자료에서 두 변수 간에 인과관계가 정해져 있을 때 사용한다(예: 전공과목, 졸업 후 직업). ($-1 \leq D \leq 1$)
- η(이타): 범주형 자료(categorical data)와 연속형 자료(continuous data) 간에 연관측도를 나타낸다. ($0 \leq \eta \leq 1$, 1에 가까울수록 연관관계가 높다.)
- Pearson's R: 피어슨 상관계수로, 구간 자료(interval data) 간에 선형적 연관성을 나타낸다. ($-1 \leq R \leq 1$)

가 R 프로그램 활용

1단계: install.packages('foreign'), install.packages('Rcmdr'), install.packages('catspec') 패키지를 차례로 사전에 설치한다.

2단계: 교차분석을 실시한다.

> setwd("c:/미래신호_1부2장"): 작업용 디렉터리를 지정한다.

> data_spss=read.table(file='Adolescents_depression_20161105.txt', header=T): 데이터파일을 불러와서 data_spss에 할당한다.

> attach(data_spss): 실행 데이터를 'data_spss'로 고정시킨다.

> t1=ftable(data_spss[c('Symptom_N', 'Attitude')]): 이원분할표('Symptom_N' by 'Attitude') 값을 t1 변수에 할당한다.

> ctab(t1,type=c('n', 'r', 'c', 't')): 이원분할표의 빈도, 행(row), 열(column), 전체(total) %를 화면에 인쇄한다.

> chisq.test(t1): 이원분할표의 카이제곱 검정 통계량을 화면에 인쇄한다.

```
R R Console

> setwd("c:/미래신호_1부2장")
> data_spss=read.table(file='Adolescents_depression_20161105.txt', header=T)
> attach(data_spss)
The following objects are masked from data_spss (pos = 3):

    Account, Attitude, Channel, DSM_S, DSM1, DSM2, DSM3, DSM4, DSM5, DSM6, DSM7,
    DSM8, DSM9, L_Onespread, Nattitude, Onespread, Symptom_N, Twospread, Type

> t1=ftable(data_spss[c('Symptom_N','Attitude')])
> ctab(t1,type=c('n','r','c','t'))
                Attitude         1         2         3
Symptom_N
1            Count          3998.00  12259.00   7524.00
             Row %            16.81     51.55     31.64
             Column %         38.27     69.61     44.63
             Total %           8.90     27.29     16.75
2            Count          6448.00   5352.00   9336.00
             Row %            30.51     25.32     44.17
             Column %         61.73     30.39     55.37
             Total %          14.36     11.92     20.79
> chisq.test(t1)

        Pearson's Chi-squared test

data:  t1
X-squared = 3334.1, df = 2, p-value < 2.2e-16

> |
```

해석

청소년 우울증상(Symptom_N)이 1개만 있는 경우 보통(Neutral)의 우울감정이 51.5%(1만 2,259건)로 가장 많으며, 청소년 우울증상이 2개 이상 있는 경우 부정(Negative)의 우울감정이 44.2%(9,336건)로 가장 많이 나타났다. 카이제곱 검정 결과 두 변수 간에 유의한 차이(χ^2=3334.1, p(2.2×10^{-16})<.001)가 있는 것으로 나타났다.

> with(data_spss, cor.test(Symptom_N, Attitude, method='pearson')): 피어슨 상관계수의 연관성 측도를 산출한다.

> with(data_spss, cor.test(Symptom_N, Attitude, method='kendall')): Kendall's τ(타우)의 연관성 측도를 산출한다.

> cv.test = function(x, y){

  CV = sqrt(chisq.test(x, y, correct=FALSE)$statistic /

  (length(x) * (min(length(unique(x)), length(unique(y))) - 1)))

  print.noquote("Cramer V / Phi:")

  return(as.numeric(CV))

  }: Cramer's V의 연관성 측도를 산출하는 함수(cv.test)를 작성한다.

> data_spss=read.table(file='Adolescents_depression_20161105.txt', header=T): 데이터파일을 불러와서 data_spss에 할당한다.

> with(data_spss, cv.test(Symptom_N, Attitude)): Cramer's V의 연관성 측도를 산출한다.

```
> with(data_spss, cor.test(Symptom_N,Attitude,method='pearson'))

        Pearson's product-moment correlation

data:  Symptom_N and Attitude
t = -1.6051, df = 44915, p-value = 0.1085
alternative hypothesis: true correlation is not equal to 0
95 percent confidence interval:
 -0.016820440  0.001674372
sample estimates:
        cor
-0.007573682

> with(data_spss, cor.test(Symptom_N,Attitude,method='kendall'))

        Kendall's rank correlation tau

data:  Symptom_N and Attitude
z = 2.0832, p-value = 0.03724
alternative hypothesis: true tau is not equal to 0
sample estimates:
        tau
0.009298396

> cv.test = function(x,y) {
+    CV = sqrt(chisq.test(x, y, correct=FALSE)$statistic /
+      (length(x) * (min(length(unique(x)),length(unique(y))) - 1)))
+    print.noquote("Cramer V / Phi:")
+    return(as.numeric(CV))
+ }
> data_spss=read.table(file='Adolescents_depression_20161105.txt', header=T)
> with(data_spss, cv.test(Symptom_N, Attitude))
[1] Cramer V / Phi:
[1] 0.2724475
> |
```

해석

Symptom_N과 Attitude의 교차표는 R×C가 다르므로 Cramer의 연관척도를 사용하면 0.272로 나타났다.

> t1=ftable(data_spss[c('Symptom_N', 'Account', 'Attitude')]): 삼원분할표의 값을 t1 변수에
  할당한다.
> ctab(t1, type=c('n', 'r', 'c', 't')): 삼원분할표의 빈도, 행(row), 열(column), 전체(total) %
  를 화면에 인쇄한다.
> chisq.test(t1): 삼원분할표의 카이제곱 검정 통계량을 화면에 인쇄한다.

```
R Console                                                          ─ □ ✕

> t1=ftable(data_spss[c('Symptom_N','Account', 'Attitude')])
> ctab(t1,type=c('n','r','c','t'))
                        Attitude        1        2        3
Symptom_N Account
1         0       Count             2683.00  6764.00  4614.00
                  Row %               19.08    48.10    32.81
                  Column %            67.11    55.18    61.32
                  Total %             11.28    28.44    19.40
          1       Count             1315.00  5495.00  2910.00
                  Row %               13.53    56.53    29.94
                  Column %            32.89    44.82    38.68
                  Total %              5.53    23.11    12.24
2         0       Count             4296.00  3433.00  6386.00
                  Row %               30.44    24.32    45.24
                  Column %            66.63    64.14    68.40
                  Total %             20.33    16.24    30.21
          1       Count             2152.00  1919.00  2950.00
                  Row %               30.65    27.33    42.02
                  Column %            33.37    35.86    31.60
                  Total %             10.18     9.08    13.96
> chisq.test(t1)

        Pearson's Chi-squared test

data:  t1
X-squared = 3551, df = 6, p-value < 2.2e-16

> |
```

나 SPSS 프로그램 활용

1단계: 데이터파일을 불러온다(분석파일: Adolescents_depression_20161105.sav).

2단계: [분석]→[기술통계량]→[교차분석]→[행: Symptom_N, 열: Attitude]를 선택한다.

3단계: [셀 표시]→[관측빈도, 행, 열]을 선택한다.

4단계: [통계량]→[카이제곱, 분할계수, 파이 등]을 선택한다.

5단계: 결과를 확인한다.

Symptom Number * Depression Emotion 교차표

			Depression Emotion			전체
			Positive	Neutral	Negative	
Symptom Number	one	빈도	3998	12259	7524	23781
		Symptom Number 중 %	16.8%	51.5%	31.6%	100.0%
		Depression Emotion 중 %	38.3%	69.6%	44.6%	52.9%
		전체 중 %	8.9%	27.3%	16.8%	52.9%
	two over	빈도	6448	5352	9336	21136
		Symptom Number 중 %	30.5%	25.3%	44.2%	100.0%
		Depression Emotion 중 %	61.7%	30.4%	55.4%	47.1%
		전체 중 %	14.4%	11.9%	20.8%	47.1%
전체		빈도	10446	17611	16860	44917
		Symptom Number 중 %	23.3%	39.2%	37.5%	100.0%
		Depression Emotion 중 %	100.0%	100.0%	100.0%	100.0%
		전체 중 %	23.3%	39.2%	37.5%	100.0%

카이제곱 검정

	값	자유도	근사 유의확률 (양측검정)
Pearson 카이제곱	3334.082[a]	2	.000
우도비	3402.305	2	.000
선형 대 선형결합	2.576	1	.108
유효 케이스 수	44917		

a. 0 셀 (0.0%)은(는) 5보다 작은 기대 빈도를 가지는 셀입니다. 최소 기대빈도는 4915.44입니다.

대칭적 측도

		값	점근 표준오차[a]	근사 T값[b]	근사 유의확률
명목척도 대 명목척도	파이	.272			.000
	Cramer의 V	.272			.000
순서척도 대 순서척도	Kendall의 타우-b	.009	.005	2.010	.044
	Spearman 상관	.010	.005	2.083	.037[c]
구간 대 구간	Pearson의 R	-.008	.005	-1.605	.108[c]
유효 케이스 수		44917			

a. 영가설을 가정하지 않음.
b. 영가설을 가정하는 점근 표준오차 사용
c. 정규 근사값 기초

해석

우울증상이 1개만 있는 경우 보통의 우울감정이 51.5%(1만 2,259건)로 가장 많으며, 청소년 우울증상이 2개 이상 있는 경우 부정의 우울감정이 44.2%(9,336건)로 가장 많이 나타났다. 카이제곱 검정결과 두 변수 간에 유의한 차이(χ^2=3334.1, $p<.001$)가 나타났다. R×C가 다르므로 Cramer의 연관척도를 사용하면 0.272로 유의한 연관관계($p<.001$)가 있는 것으로 나타났다.

5 평균의 검정(일표본 T검정)

일표본 T검정은 모집단의 평균을 알고 있을 때 모집단과 단일표본 평균의 차이를 검정하는 방법이다.

가 R 프로그램 활용

연구가설 (H_0: μ_1=100, H_1: μ_1≠100). 즉 청소년 우울 온라인 문서 8만 6,957건의 1주차 평균 확산수가 모집단의 1주차 평균 확산수인 100회와 차이가 있는지를 검증한다.

1단계: install.packages('foreign'), install.packages('Rcmdr'), install.packages('catspec'), 패키지를 차례로 설치한다.

2단계: 일표본 T검정 분석을 실시한다.

> setwd("c:/미래신호_1부2장"): 작업용 디렉터리를 지정한다.

> data_spss=read.spss(file='Adolescents_depression_20161105.sav', use.value.labels=T, use.missings=T, to.data.frame=T): SPSS 데이터파일을 불러와서 data_spss에 할당한다.

> t.test(data_spss[c('Onespread')], mu=100): 변수(Onespread)에 대한 일표본 T검정 분석을 실시한다.

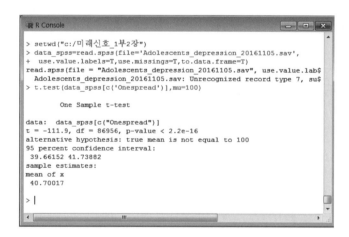

해석

8만 6,957건의 온라인 문서(버즈)를 대상으로 측정한 1주차 확산수의 평균은 40.7로 1주차 확산수의 평균값은 1주차 확산수의 검정값 100회보다 유의하게 낮다고 볼 수 있다(t=-111.9, p=.000<.001). 따라서 대립가설(H_1: $\mu_1 \neq 100$)이 채택되고, 95% 신뢰구간은 39.66~41.74로 이 신뢰구간이 0을 포함하지 않으므로 대립가설을 지지하는 것으로 나타났다.

나 SPSS 프로그램 활용

1단계: 데이터파일을 불러온다(분석파일: Adolescents_depression_20161105.sav).

2단계: [분석]→[평균비교]→[일표본 T검정]을 선택한다.

3단계: [검정 변수: 1주 확산수]→[검정값: 100(모집단의 평균값)]을 지정한다.

4단계: 결과를 확인한다.

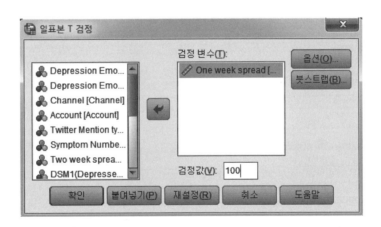

일표본 통계량

	N	평균	표준편차	평균의 표준오차
One week spread	86957	40.70	156.267	.530

일표본 검정

	검정값 = 100					
	t	자유도	유의확률 (양측)	평균차이	차이의 95% 신뢰구간	
					하한	상한
One week spread	-111.902	86956	.000	-59.300	-60.34	-58.26

6 평균의 검정(독립표본 T검정)

독립표본 T검정은 두 개의 모집단에서 각각의 크기 n1, n2의 표본을 추출하여 모집단 간 평균의 차이를 검정하는 방법이다.

가 R 프로그램 활용

독립표본 T검정은 등분산 검정 후, 평균의 차이 검정을 실시한다. 등분산일 경우 합동분산(pooled variance)을 이용하여 T검정을 실시하며, 등분산이 아닌 경우 Welch의 T검정을 실시한다.

연구가설

청소년 우울감정(Nattitude) 두 집단(Negative, Positive) 간 1주 확산수의 평균 차이는 없다.

1단계: install.packages('foreign'), install.packages('Rcmdr'), install.packages('catspec') 패키지를 차례로 설치한다.

2단계: 독립표본 T검정 분석을 실시한다.

> rm(list=ls()): 모든 변수를 초기화한다.

> setwd("c:/미래신호_1부2장"): 작업용 디렉터리를 지정한다.

> data_spss=read.spss(file='Adolescents_depression_20161105.sav', use.value.labels=T, use.missings=T, to.data.frame=T): SPSS 데이터파일을 불러와서 data_spss에 할당한다.

> var.test(Onespread~Nattitude, data_spss): 등분산 검정 분석을 실시한다.

– 본 분석에서는 (F=1.659, p<.001)로 등분산 가정이 기각되었다.

> t.test(Onespread~Nattitude, data_spss): 분산이 다른 경우 T검정을 실시한다.

– 본 분석에서는 등분산 가정이 기각되어 Welch의 T검정을 실시하였다.

> t.test(Onespread~Nattitude, var.equal=T, data_spss): 분산이 같은 경우 T검정을 실시한다.

– 등분산 가정이 채택되었다면 합동분산을 이용하여 T검정을 실시한다.

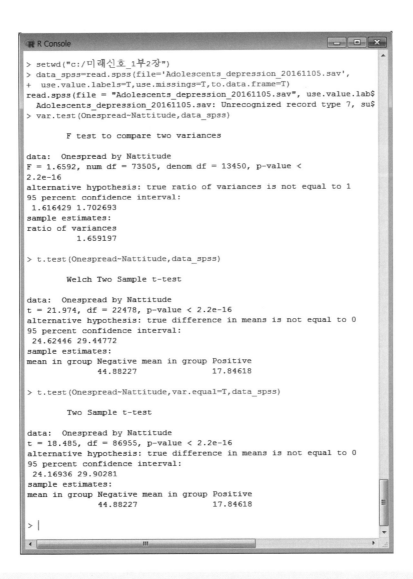

독립표본 T검정을 하기 전에 두 집단에 대해 분산의 동질성을 검정해야 한다. 1주 확산수는 등분산 검정 결과 F=1.6592(등분산을 위한 F 통계량), 'p=.000<.001'로 등분산 가정이 성립되지 않은 것으로 나타났으며, 청소년 우울감정(Attitude) 두 집단(Negative, Positive)의 평균 차이는 유의하게[t= 21.974(p<.001)] 나타났다.
※ 만약 등분산 가정이 성립된다면 [t=18.485(p<.001)]로 평균의 차이가 유의하다.

나 SPSS 프로그램 활용

1단계: 데이터파일을 불러온다(분석파일: Adolescents_depression_20161105.sav).
2단계: [분석]→[평균비교]→[독립표본 T검정]을 선택한다.
3단계: 평균을 구하고자 하는 연속변수(One spread)를 검정변수로, 집단변수(Nattitude)를
독립변수로 이동하여 집단을 정의한다(0, 1).

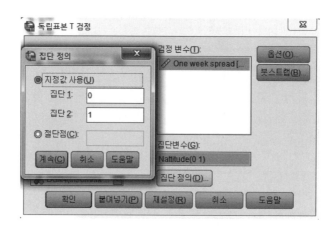

4단계: 결과를 확인한다.

집단통계량

	Depression Emotion (Negative, Positive)	N	평균	표준편차	평균의 표준오차
One week spread	Negative	73506	44.88	160.987	.594
	Positive	13451	17.85	124.980	1.078

독립표본 검정

		Levene의 등분산 검정		평균의 등일성에 대한 T 검정					차이의 95% 신뢰구간	
		F	유의확률	t	자유도	유의확률 (양측)	평균차이	차이의 표준오차	하한	상한
One week spread	등분산을 가정함	867.455	.000	18.485	86955	.000	27.036	1.463	24.169	29.903
	등분산을 가정하지 않음			21.974	22478.089	.000	27.036	1.230	24.624	29.448

☞ 등분산 검정(H_0: $\sigma_1^2 = \sigma_2^2$) 후 평균의 차이 검정(H_0: $\mu_1 = \mu_2$)을 실시한다. 즉 등분산 검정에서 $p > .01$이면 99% 신뢰구간에서 등분산이 성립되어 평균의 차이 검정을 위한 t값은 '등분산이 가정됨'을 확인한 후 해석해야 한다.

해석
1주 확산수는 등분산 검정 결과 F=867.455(등분산을 위한 F 통계량), 'p=.000<.001'로 등분산 가정이 성립되지 않은 것으로 나타났으며, 청소년 우울감정(Attitude) 두 집단(Negative, Positive)의 평균 차이는 유의하게 [t= 21.974(p<.001)] 나타났다.

대응표본 T검정은 동일한 모집단에서 각각의 크기 n1, n2의 표본을 추출하여 평균 간의 차이를 검정하는 방법이다.

가 R 프로그램 활용

대응표본 T검정은 자료가 정규분포를 가정한다. 자료가 정규성(H_0:정규분포)일 경우 Students's paired t-test를 실시하며, 정규성이 아닐 경우 wilcox test를 실시한다.

> **연구가설**
> 청소년 비만환자 20명을 대상으로 다이어트 약의 복용 전과 후의 체중을 측정하여 체중감량에 효과가 있었는지를 검정한다($H_0: \mu_1 = \mu_2$, $H_1: \mu_1 \neq \mu_2$).

1단계: install.packages('foreign'), install.packages('Rcmdr'), install.packages('catspec'), 패키지를 차례로 설치한다.

2단계: 대응표본 T검정 분석을 실시한다.

> rm(list=ls()): 모든 변수를 초기화한다.

> setwd("c:/미래신호_1부2장"): 작업용 디렉터리를 지정한다.

> data_spss=read.table(file="paired_test.txt", header=T): 데이터파일을 불러와서 data_spss에 할당한다.

> with(data_spss, shapiro.test(diet_b-diet_a)): 정규성 검정을 실시한다.

– 본 연구에서 p=.4994로 p>.05이므로 Students's paired t-test를 실시한다.

> with(data_spss, t.test(diet_b-diet_a)): Students's paired t-test

– 대응표본 T검정 분석(정규분포일 경우: p>.05)

> with(data_spss, wilcox.test(diet_b-diet_a)): wilcox test

– 대응표본 T검정 분석(정규분포가 아닐 경우: p<.05)

```
R R Console                                          [ - ] [ □ ] [ X ]

> rm(list=ls())
> setwd("c:/미래신호_1부2장")
> data_spss=read.table(file="paired_test.txt",header=T)
> with(data_spss,shapiro.test(diet_b-diet_a))

        Shapiro-Wilk normality test

data:  diet_b - diet_a
W = 0.95772, p-value = 0.4994

> with(data_spss,t.test(diet_b-diet_a))

        One Sample t-test

data:  diet_b - diet_a
t = 14.013, df = 19, p-value = 1.812e-11
alternative hypothesis: true mean is not equal to 0
95 percent confidence interval:
 6.252146 8.447854
sample estimates:
mean of x
     7.35

> with(data_spss,wilcox.test(diet_b-diet_a))
wilcox.test.default(diet_b - diet_a)에서 경고가 발생했습니다 :
  cannot compute exact p-value with ties

        Wilcoxon signed rank test with continuity correction

data:  diet_b - diet_a
V = 210, p-value = 9.251e-05
alternative hypothesis: true location is not equal to 0

> |
```

해석

두 변수의 정규성 검정 결과 (W=0.958, p=0.499>.01)로 정규분포로 나타나 Students's paired t-test을 실시해야 한다. 다이어트 전과 후 체중의 평균 차이가(7.35) 있는 것으로 검정되어(t=14.013, p<.001) 귀무가설을 기각하고 대립가설을 채택한다.

나 SPSS 프로그램 활용

1단계: 데이터파일을 불러온다(분석파일: paired_test.sav).

2단계: [분석]→[평균비교]→[대응표본 T검정]을 선택한다.

3단계: [대응 변수: diet_b↔diet_a]를 지정한다.

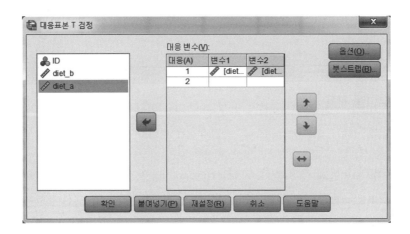

4단계: 결과를 확인한다.

대응표본 통계량

		평균	N	표준편차	평균의 표준오차
대응 1	diet_b	136.7500	20	18.37583	4.10896
	diet_a	129.4000	20	18.45735	4.12719

대응표본 상관계수

		N	상관관계	유의확률
대응 1	diet_b & diet_a	20	.992	.000

대응표본 검정

		대응차					t	자유도	유의확률 (양측)
		평균	표준편차	평균의 표준오차	차이의 95% 신뢰구간 하한	차이의 95% 신뢰구간 상한			
대응 1	diet_b - diet_a	7.35000	2.34577	.52453	6.25215	8.44785	14.013	19	.000

해석

다이어트 전과 후 체중의 평균 차이는 7.35±2.35로 나타났으며, 통계량에는 유의한 차이가 있는 것으로 검정되어($t=14.013$, $p<.001$) 귀무가설을 기각하는 것으로 나타났다.

T검정이 2개의 집단에 대한 평균값을 검정하기 위한 분석이라면, 3개 이상의 집단에 대한 평균값의 비교분석에는 분산분석(ANOVA, analysis of variance)을 사용할 수 있다. 종속변수는 구간척도나 정량적인 연속형 척도로, 종속변수가 2개 이상일 경우 다변량 분산분석(MANOVA)을 사용한다. 특히, 독립변수(요인)가 하나 이상의 범주형 척도로서 요인이 1개이면 일원배치 분산분석(one-way ANOVA), 요인이 2개이면 이원배치 분산분석(two-way ANOVA)이라고 한다.

가 R 프로그램 활용

분산분석에서 $H_0(\sigma_1^2 - \sigma_2^2 - \cdots \sigma_k^2 = 0)$가 기각될 경우(집단 간 분산이 다를 경우), 요인수준들이 평균 차이를 보이는지 사후분석(multiple comparisons)을 실시해야 한다. 사후분석(다중비교)에는 통상 Tukey(작은 평균 차이에 대한 유의성 발견 시 용이함), Scheffe(큰 평균 차이에 대한 유의성 발견 시 용이함)의 다중비교를 실시한다. 등분산이 가정되지 않을 경우는 Dunnett의 다중비교를 실시한다.

> **연구가설**: (H_0: $\mu_1 - \mu_2 - \ldots \mu_k = 0$, H_1: $\mu_1 - \mu_2 - \ldots \mu_k \neq 0$)
> 즉 H_0는 채널별 평균 버즈 1주 확산수(Onespread)에 유의한 차이가 없다(같다).
> H_1은 채널별 확산수에 유의한 차이가 있다(다르다).

1단계: install.packages('foreign'), install.packages('Rcmdr'), install.packages('catspec'): 패키지를 차례로 설치한다.

2단계: 일원배치 분산분석을 실시한다.

> rm(list=ls()): 모든 변수를 초기화한다.

> setwd("c:/미래신호_1부2장"): 작업용 디렉터리를 지정한다.

> data_spss=read.spss(file='Adolescents_depression_20161105.sav', use.value.labels=T, use.missings=T, to.data.frame=T): 데이터파일을 data_spss에 할당한다.

> attach(data_spss): 실행 데이터를 'data_spss'로 고정시킨다.

> tapply(Onespread, Channel, mean): tapply() 함수는 각 그룹의 평균과 표준편차 등을 산

출한다.

> tapply(Onespread, Channel, sd): 각 그룹의 표준편차를 산출한다.

> sel=aov(Onespread~Channel, data=data_spss): 분산분석표를 sel 변수에 할당한다.

> summary(sel): 분산분석표를 화면에 출력한다.

> bartlett.test(Onespread~Channel, data=data_spss): 등분산 검정을 실시한다.

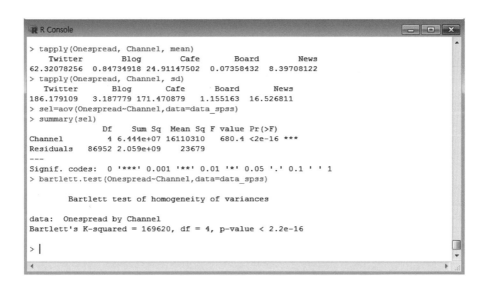

해석

채널 1(Twitter)의 평균 버즈 1주 확산수는 62.32로 가장 높게 나타났으며 채널 간 평균의 차이가 있는 것으로 나타났다(F=680.4, *p*<.001). 등분산 검정(bartlett test) 결과 (B=169620, *p*<.001)로 나타나 귀무가설이 기각되어 채널 간 분산이 다르게 나타났다.

3단계: 다중비교(사후분석)를 실시한다.

> install.packages('multcomp'): 다중비교 패키지를 설치한다.

> library(multcomp): 다중비교 패키지를 로딩한다.

> sel=aov(Onespread~Channel, data=data_spss): 회귀분석 결과를 sel 변수에 할당한다.

> windows(height=5.5, width=5): 출력 화면의 크기를 지정한다.

> dunnett=glht(sel, linfct=mcp(Channel='Dunnett')): Dunnett 다중비교 검정을 실시한다.

> summary(dunnett): Dunnett 다중비교 분석결과를 화면에 인쇄한다.

> plot(dunnett): Dunnett plot을 작성한다.

```
R Console                                                          _ □ ✕

> install.packages('multcomp')
경고: 패키지 'multcomp'가 사용중이므로 설치되지 않을 것입니다
> library(multcomp)
> sel=aov(Onespread~Channel,data=data_spss)
> windows(height=5.5, width=5) ## 윈도 크기 조정
> dunnett=glht(sel,linfct=mcp(Channel='Dunnett'))
> summary(dunnett)

         Simultaneous Tests for General Linear Hypotheses

Multiple Comparisons of Means: Dunnett Contrasts


Fit: aov(formula = Onespread ~ Channel, data = data_spss)

Linear Hypotheses:
                  Estimate Std. Error t value Pr(>|t|)
Blog - Twitter == 0  -61.473      1.556  -39.51   <2e-16 ***
Cafe - Twitter == 0  -37.409      1.807  -20.71   <2e-16 ***
Board - Twitter == 0 -62.247      2.034  -30.60   <2e-16 ***
News - Twitter == 0  -53.924      1.860  -29.00   <2e-16 ***
---
Signif. codes:  0 '***' 0.001 '**' 0.01 '*' 0.05 '.' 0.1 ' ' 1
(Adjusted p values reported -- single-step method)

> plot(dunnett)
> |
```

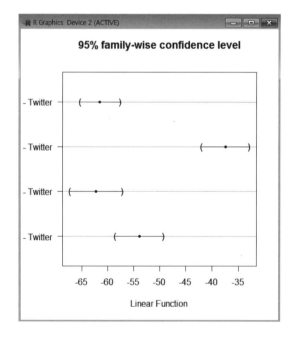

해석

Dunnett의 다중비교 검정을 실시한 결과 Twitter와 다른 모든 채널 간의 평균에 유의한 차이가 있는 것으로
나타났다($p<.01$).

> tukey=glht(sel, linfct = mcp(Channel='Tukey')): Tukey 다중비교 검정을 실시한다.

> summary(tukey): Tukey 다중비교 검정 분석결과를 화면에 인쇄한다.

> plot(tukey): Tukey plot을 작성한다.

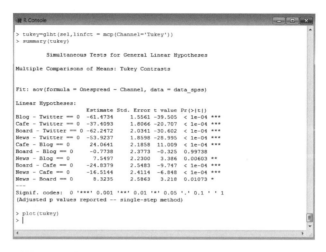

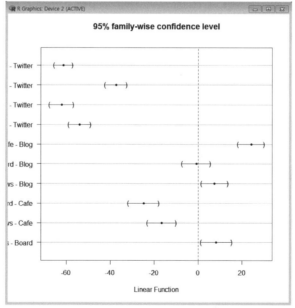

해석

Tukey의 다중비교 검정을 실시한 결과 Board와 Blog는 동일한 채널로 나타났으며((B=-0.774, *p*=.997>.05), 다른 채널 간 평균의 차이가 있는 것으로 나타났다. 따라서 Twitter, Cafe, News, (Board, Blog) 순으로 1주 확산수의 평균이 큰 것으로 나타났다.

4단계 : 평균도표를 그린다.

> install.packages('gplots'): gplots 패키지를 설치한다.

> library(gplots): gplots 패키지를 로딩한다.

> rm(list=ls())

> setwd("c:/미래신호_1부2장")

> data_spss=read.spss(file='Adolescents_depression_20161105.sav', use.value.labels=T, use.missings=T, to.data.frame=T)

> plotmeans(Onespread~Channel, data=data_spss, xlab='Channel', ylab='Mean of Onespread', main='Mean Plot'): 평균도표를 그린다.

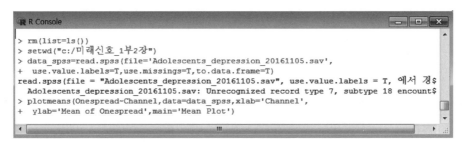

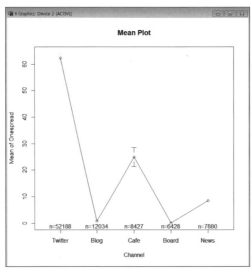

해석

등분산 가정이 성립되지 않기 때문에 동일 집단군에 대한 확인은 평균도표를 분석하여 확인할 수 있다. 평균도표에서 청소년 우울의 1주 확산수는 4개의 집단[Twitter, News, Cafe, (Board, Blog)]으로 확인할 수 있다.

1단계: 데이터파일을 불러온다(분석파일: Adolescents_depression_20161105.sav).

2단계: [분석]→[평균비교]→[일원배치 분산분석]→[종속변수: Onespread, 요인: Channel]
을 지정한다.

3단계: [옵션]→[기술통계, 분산 동질성 검정, 평균 도표]를 선택한다.

4단계: [사후분석]을 선택한다.

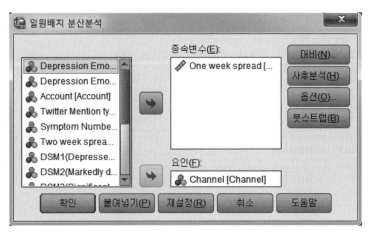

5단계: 결과를 확인한다.

기술통계

One week spread

	N	평균	표준편차	표준오차	평균에 대한 95% 신뢰구간		최소값	최대값
					하한	상한		
Twitter	52188	62.32	186.179	.815	60.72	63.92	0	2381
Blog	12034	.85	3.188	.029	.79	.90	0	105
Cafe	8427	24.91	171.471	1.868	21.25	28.57	0	1386
Board	6428	.07	1.155	.014	.05	.10	0	43
News	7880	8.40	16.527	.186	8.03	8.76	0	112
전체	86957	40.70	156.267	.530	39.66	41.74	0	2381

분산의 등질성 검정

One week spread

Levene 통계량	자유도1	자유도2	유의확률
1743.663	4	86952	.000

ANOVA

One week spread

	제곱합	자유도	평균제곱	F	유의확률
집단-간	64441238.88	4	16110309.72	680.353	.000
집단-내	2058966624	86952	23679.348		
전체	2123407863	86956			

사후검정

다중비교

종속변수: One week spread

	(I) Channel	(J) Channel	평균차이(I-J)	표준오차	유의확률	95% 신뢰구간	
						하한	상한
Tukey HSD	Twitter	Blog	61.473*	1.556	.000	57.23	65.72
		Cafe	37.409*	1.807	.000	32.48	42.34
		Board	62.247*	2.034	.000	56.70	67.80
		News	53.924*	1.860	.000	48.85	59.00
	Blog	Twitter	-61.473*	1.556	.000	-65.72	-57.23
		Cafe	-24.064*	2.186	.000	-30.03	-18.10
		Board	.774	2.377	.998	-5.71	7.26
		News	-7.550*	2.230	.006	-13.63	-1.47
	Cafe	Twitter	-37.409*	1.807	.000	-42.34	-32.48
		Blog	24.064*	2.186	.000	18.10	30.03
		Board	24.838*	2.548	.000	17.89	31.79
		News	16.514*	2.411	.000	9.94	23.09
	Board	Twitter	-62.247*	2.034	.000	-67.80	-56.70
		Blog	-.774	2.377	.998	-7.26	5.71
		Cafe	-24.838*	2.548	.000	-31.79	-17.89
		News	-8.323*	2.586	.011	-15.38	-1.27
	News	Twitter	-53.924*	1.860	.000	-59.00	-48.85
		Blog	7.550*	2.230	.006	1.47	13.63
		Cafe	-16.514*	2.411	.000	-23.09	-9.94
		Board	8.323*	2.586	.011	1.27	15.38

동질적 부분집합

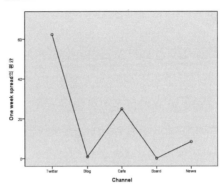

평균 도표

One week spread

	Channel	N	유의수준 = 0.05에 대한 부분집합			
			1	2	3	4
Tukey HSD[a,b]	Board	6428	.07			
	Blog	12034	.85			
	News	7880		8.40		
	Cafe	8427			24.91	
	Twitter	52188				62.32
	유의확률		.997	1.000	1.000	1.000
Tukey B[a,b]	Board	6428	.07			
	Blog	12034	.85			
	News	7880		8.40		
	Cafe	8427			24.91	
	Twitter	52188				62.32

해석

채널 1(Twitter)의 평균 버즈 1주 확산수는 62.32로 가장 높게 나타났으며, 채널 4(Board)의 평균 버즈 확산수는 0.07로 가장 낮게 나타났다. 분산의 동질성 검정 결과 귀무가설이 기각되어 채널 간 분산이 다르게 나타났다(p=.00<.001). 분산분석에서 F=680.35(p=.00<.001)로 채널별 확산수의 평균에 차이가 있는 것으로 나타났다.

5개의 채널 간 평균의 차이를 검정하는 사후분석에서 tukey의 검정 결과(본 연구에서 등분산이 기각되어 Dunnett의 T3를 확인해야 하나 SNS와 다른 채널 간 평균의 차이가 크게 나타나 tukey의 사후검정을 확인함), Board와 Blog는 동일한 채널로 나타났으며((B=-0.774, p=.998>.05), 다른 채널 간 평균의 차이가 있는 것으로 나타났다. 따라서 Twitter, Cafe, News, (Board, Blog) 순으로 1주 확산수의 평균이 큰 것으로 나타났다. 등분산 가정이 성립되지 않기 때문에 동일 집단군에 대한 확인은 평균도표를 분석하여 확인할 수 있다. 평균도표에서 청소년 우울의 1주 확산수는 4개의 집단[Twitter, News, Cafe, (Board, Blog)]으로 확인할 수 있다.

평균의 검정(이원배치 분산분석)

이원배치 분산분석은 독립변수(요인)가 2개인 경우 집단 간 평균비교를 하기 위한 분석방법이다. 두 요인에 대한 상호작용이 존재하는지를 우선적으로 점검하고, 상호작용이 존재하지 않으면 각각의 요인의 효과를 따로 분리하여 분석할 수 있다. 상호작용효과는 종속변수에 대한 독립변수들의 결합효과로서, 종속변수에 대한 독립변수의 효과가 다른 독립변수의 각 수준에서 동일하지 않다는 것을 의미한다(성태제, 2008: p. 162).

이원배치 분산분석은 일원배치 분산분석과 같이 집단 간 모집단의 분산이 같은지 검정하여야 한다(등분산 검정).

가 R 프로그램 활용

연구문제
Account(First, Spread)와 Channel(Twitter, Blog, Cafe, Board, News)에 따라 Onespread(종속변수)에 차이가 있는가? 그리고 Account와 Channel의 상호작용 효과는 있는가?

1단계: install.packages('foreign'), install.packages('Rcmdr'), install.packages('catspec') 패키지를 차례로 설치한다.

2단계: 이원배치 분산분석을 실시한다.

> rm(list=ls()): 모든 변수를 초기화한다.

> setwd("c:/미래신호_1부2장"): 작업용 디렉터리를 지정한다.

> data_spss=read.spss(file='Adolescents_depression_20161105.sav', use.value.labels=T, use.missings=T, to.data.frame=T): SPSS 데이터파일을 data_spss에 할당한다.

> attach(data_spss): 실행 데이터를 'data_spss'로 고정시킨다.

> tapply(Onespread, Channel, mean): 채널별 1주 확산수의 평균을 산출한다.

> tapply(Onespread, Channel, sd): 채널별 1주 확산수의 표준편차를 산출한다.

> tapply(Onespread, Account, mean): 순계정별 1주 확산수의 평균을 산출한다.

> tapply(Onespread, Account, sd): 순계정별 1주 확산수의 표준편차를 산출한다.

> tapply(Onespread, list(Channel, Account), mean): 채널과 순계정별 1주 확산수의 평균을 산출한다.

> tapply(Onespread, list(Channel, Account), sd): 채널과 순계정별 1주 확산수의 표준편차를
산출한다.

> sel=lm(Onespread~Channel+Account+Channel*Account, data=data_spss): 회귀분석을 실시
한다.

> anova(sel): 개체 간 효과 검정을 실시한다.

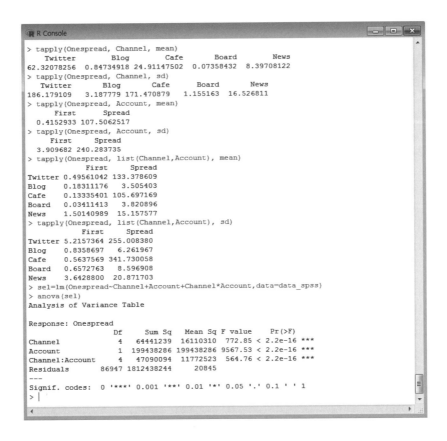

```
> tapply(Onespread, Channel, mean)
     Twitter        Blog        Cafe       Board        News
62.32078256  0.84734918 24.91147502  0.07358432  8.39708122
> tapply(Onespread, Channel, sd)
     Twitter        Blog        Cafe       Board        News
186.179109    3.187779 171.470879    1.155163  16.526811
> tapply(Onespread, Account, mean)
      First       Spread
  0.4152933 107.5062517
> tapply(Onespread, Account, sd)
      First       Spread
   3.909682 240.283735
> tapply(Onespread, list(Channel,Account), mean)
              First       Spread
Twitter  0.49561042 133.378609
Blog     0.18311176   3.505403
Cafe     0.13335401 105.697169
Board    0.03411413   3.820896
News     1.50140989  15.157577
> tapply(Onespread, list(Channel,Account), sd)
              First       Spread
Twitter  5.2157364 255.008380
Blog     0.8358697   6.261967
Cafe     0.5637569 341.730058
Board    0.6572763   8.596908
News     3.6428800  20.871703
> sel=lm(Onespread~Channel+Account+Channel*Account,data=data_spss)
> anova(sel)
Analysis of Variance Table

Response: Onespread
                   Df       Sum Sq    Mean Sq F value     Pr(>F)
Channel             4     64441239   16110310  772.85 < 2.2e-16 ***
Account             1    199438286  199438286 9567.53 < 2.2e-16 ***
Channel:Account     4     47090094   11772523  564.76 < 2.2e-16 ***
Residuals       86947   1812438244      20845
---
Signif. codes:  0 '***' 0.001 '**' 0.01 '*' 0.05 '.' 0.1 ' ' 1
> |
```

해석

1주 확산수(Onespread)에 대한 순계정(Account)과 채널(Channel)의 효과는 Channel(F=772.85, $p<.001$)과
Account(F=9567.53, $p<.001$)에서 유의한 차이가 있으며, Channel과 Account의 상호작용효과가 있는 것으
로 나타나(F=564.76, $p<.001$), 모든 채널에 대해 최초문서(First)보다 확산문서(Spread)의 1주 확산수가 많았
다.

> data_spss=read.spss(file='Adolescents_depression_20161105.sav', use.value.labels=T, use. missings=T, to.data.frame=T): SPSS 데이터파일을 data_spss에 할당한다.

> interaction.plot(Account, Channel, Onespread, bty='l', main='interaction plot'): Channel과 Account의 프로파일 도표를 작성한다.

– bty(box plot type)는 플롯 영역을 둘러싼 상자의 모양을 나타내는 것으로 (c, n, o, 7, u, l) 을 사용한다.

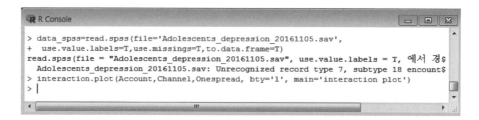

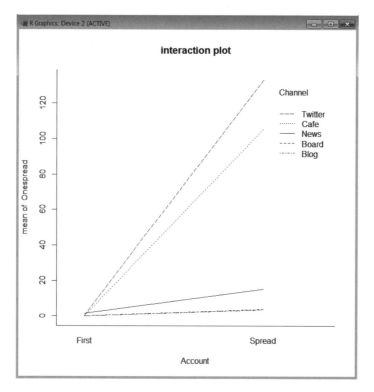

1단계: 데이터파일을 불러온다(분석파일: Adolescents_depression_20161105.sav).

2단계: [분석]→[일반선형모형]→[일변량 분석]→[종속변수: 1주 확산수(Onespread), 고정요
   인: 채널(Channel), 순계정(Account)]을 선택한다.

3단계: [옵션]→[기술통계량, 동질성 검정]을 선택한다.

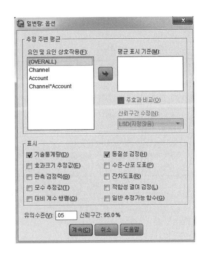

4단계: [도표]→[수평축 변수: Account, 선구분 변수: Channel]을 선택한 후 [추가]를 누른다.
   – Channel별로 구분하여 Account에 따른 Onespread를 구분하여 도표로 제시한다.

5단계: 사후분석을 실시한다. 사후분석은 이원분산분석을 실행한 결과 집단 간에 차이가
   있는 것으로 나타날 경우, 어떤 집단 간에 차이가 있는지 알아보고자 하는 것이다
   (Channel은 5개 수준이므로 사후비교분석을 실시할 수 있다).

6단계: 결과를 확인한다.

기술통계량

종속변수: One week spread

Channel	Account	평균	표준편차	N
Twitter	First	.50	5.216	27907
	Spread	133.38	255.008	24281
	전체	62.32	186.179	52188
Blog	First	.18	.836	9628
	Spread	3.51	6.262	2406
	전체	.85	3.188	12034
Cafe	First	.13	.564	6449
	Spread	105.70	341.730	1978
	전체	24.91	171.471	8427
Board	First	.03	.657	6361
	Spread	3.82	8.597	67
	전체	.07	1.155	6428
News	First	1.50	3.643	3901
	Spread	15.16	20.872	3979
	전체	8.40	16.527	7880
전체	First	.42	3.910	54246
	Spread	107.51	240.284	32711
	전체	40.70	156.267	86957

오차 분산의 등일성에 대한 Levene의 검정[a]

종속변수: One week spread

F	자유도1	자유도2	유의확률
2969.961	9	86947	.000

여러 집단에서 종속변수의 오차 분산이 등일한
영가설을 검정합니다.

a. Design: 절편 + Channel + Account +
Channel * Account

개체-간 효과 검정

종속변수: One week spread

소스	제 III 유형 제곱합	자유도	평균제곱	F	유의확률
수정된 모형	310969619[a]	9	34552179.87	1657.551	.000
절편	4133998.657	1	4133998.657	198.318	.000
Channel	46634822.70	4	11658705.68	559.296	.000
Account	3988210.394	1	3988210.394	191.324	.000
Channel * Account	47090093.84	4	11772523.46	564.756	.000
오차	1812438244	86947	20845.322		
전체	2267452493	86957			
수정된 합계	2123407863	86956			

a. R 제곱 = .146 (수정된 R 제곱 = .146)

동질적 부분집합

One week spread

Tukey B[a,b,c]

Channel	N	부분집합			
		1	2	3	4
Board	6428	.07			
Blog	12034	.85			
News	7880		8.40		
Cafe	8427			24.91	
Twitter	52188				62.32

프로파일 도표

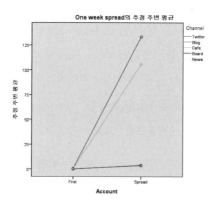

해석

1주 확산수에 대한 순계정(Account)과 채널(Channel)의 효과는 Channel(F=559.296, p<.001)과 Account(F=191.324, p<.001)에서 유의한 차이가 있으며, Channel과 Account의 상호작용효과가 있는 것으로 나타나(F=564.756, p<.001), 모든 채널에 대해 최초문서(First)보다 확산문서(Spread)의 1주 확산수가 많았다.

Tukey의 사후분석 결과 채널은 4개의 집단[Twitter, News, Cafe, (Board, Blog)]으로 구분되며, 프로파일 도표에서 Twitter와 그 외의 채널은 교차되고, Board와 Blog는 교차되지 않는 것으로 나타나 동일한 집단인 것을 확인할 수 있다.

⑩ 산점도

두 연속형 변수 간의 선형적 관계를 알아보고자 할 때 가장 먼저 실시한다. 두 변수에 대한 데이터 산점도(scatter diagram)를 그리고, 직선관계식을 나타내는 단순회귀분석을 실시한다.

가 R 프로그램 활용

1단계: install.packages('foreign'), library(foreign)을 설치한다.

2단계: 산점도를 그린다.

> rm(list=ls()): 모든 변수를 초기화한다.

> setwd("c:/미래신호_1부2장"): 작업용 디렉터리를 지정한다.

> data_spss=read.spss(file='Depression_Regression_20160724_2012year.sav', use.value.labels=T, use.missings=T, to.data.frame=T): SPSS 데이터파일을 data_spss에 할당한다.

> attach(data_spss): 실행 데이터를 'data_spss'로 고정시킨다.

> windows(height=5.5, width=5): 출력 화면의 크기를 지정한다.

> z1=lm(Depression~DSM1, data=data_spss): Depression과 DSM1의 회귀분석을 실시하여 z1 객체에 할당한다.

> z2=lm(Depression~DSM5, data=data_spss): Depression과 DSM5의 회귀분석을 실시하여 z2 객체에 할당한다.

> plot(Depression, DSM1, xlim=c(0,150), ylim=c(0,100), col='blue', xlab='DSM1', ylab='Depression', main='Scatter diagram of DSM1 and Depression'): Depression과 DSM1의 산점도를 그린다.

> abline(z1$coef, lty=2, col='red'): z1의 회귀계수에 대한 직선을 그린다.

- abline()은 직교좌표에 직선을 그리는 함수이다.

> plot(Depression, DSM5, xlim=c(0,50), ylim=c(0,40), col='blue', xlab='DSM5', ylab='Depression', main='Scatter diagram of DSM5 and Depression')

- Depression과 DSM5의 산점도를 그린다.

> abline(z2$coef, lty=2, col='red'): z2의 회귀계수에 대한 직선을 그린다.

```
R R Console                                                    [ - ] [ □ ] [ x ]
> windows(height=5.5, width=5)
> z1=lm(Depression~DSM1,data=data_spss)
> z2=lm(Depression~DSM5,data=data_spss)
> plot(Depression,DSM1,xlim=c(0,150), ylim=c(0,100), col='blue',xlab='DSM1',
+ ylab='Depression', main='Scatter diagram of DSM1 and Depression')
> abline(z1$coef, lty=2, col='red')
> plot(Depression,DSM5,xlim=c(0,50), ylim=c(0,40), col='blue',xlab='DSM5',
+ ylab='Depression', main='Scatter diagram of DSM5 and Depression')
> abline(z2$coef, lty=2, col='red')
> |
```

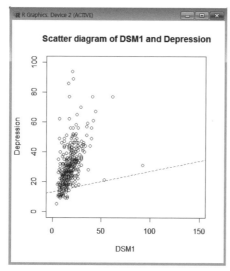

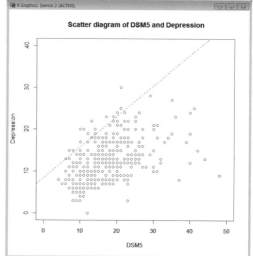

해석

[우울한 기분(DSM1), 초조나 지체(DSM5)]와 부정적 우울감정(Depression)의 산점도는 두 변수가 양(+)의 선형관계(positive linear relationship)를 보여 DSM1과 DSM5가 많을수록 우울감정이 높아지는 것을 알 수 있다.

나 SPSS 프로그램 활용

1단계: 데이터파일을 불러온다(Depression_Regression_20160724_2012year.sav).

2단계: [그래프]→[레거시 대화상자]→[산점도]→[단순 산점도]→[정의]를 선택한다.

3단계: [Y축: 부정적 우울감정(Depression), X축: 우울한 기분(DSM1), 초조나 지체(DSM5)]를
　　　지정한다.

4단계: [제목: Scatter diagram of DSM1 and Depression]을 입력한다.

5단계: 결과를 확인한다.

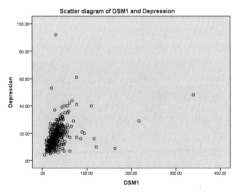

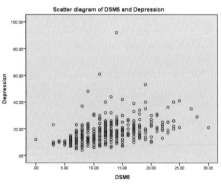

해석

[우울한 기분(DSM1), 초조나 지체(DSM5)]와 부정적 우울감정(Depression)의 산점도는 두 변수가 양의 선형관계를 보여 DSM1과 DSM5가 많을수록 우울감정이 높아지는 것을 알 수 있다.

11 상관분석

상관분석(correlation analysis)은 정량적인 두 변수 간에 선형관계가 존재하는지를 파악하고 상관관계의 정도를 측정하는 분석방법으로, 이를 통해 두 변수 간의 관계가 어느 정도 밀접한지를 측정할 수 있다.

상관계수의 범위는 −1에서 1의 값을 가지며, 크기는 관련성 정도를 나타낸다. 상관계수의 절댓값이 크면 두 변수는 밀접한 관계이며, +는 양의 상관관계, −는 음의 상관관계를 나타내고, 0은 두 변수 간에 상관관계가 없음을 나타낸다. 따라서 상관관계는 인과관계를 의미하는 것은 아니고 관련성 정도를 검정하는 것이다.

상관분석은 조사된 자료의 수에 따라 모수적 방법과 비모수적 방법이 있다. 일반적으로 표본수가 30이 넘는 경우는 모수적 방법을 사용한다. 모수적 방법에는 상관계수로 피어슨(Pearson)을 선택하고, 비모수적 방법에는 상관계수로 스피어만(Spearman)이나 켄달(Kendall)의 타우를 선택한다.

가   R 프로그램 활용

1단계: install.packages('foreign'), library(foreign)을 설치한다.
2단계: 상관분석을 실시한다.

> rm(list=ls()): 모든 변수를 초기화한다.

> setwd("c:/미래신호_1부2장"): 작업용 디렉터리를 지정한다.

> data_spss=read.spss(file='Depression_Regression_20160724_2012year.sav', use.value.labels=T, use.missings=T, to.data.frame=T): SPSS 데이터파일을 data_spss에 할당한다.

> attach(data_spss): 실행 데이터를 'data_spss'로 고정시킨다.

> with(data_spss, cor.test(DSM1, DSM5)): DSM1과 DSM5의 상관계수와 유의확률을 산출한다.

> with(data_spss, cor.test(DSM1, DSM9))

> with(data_spss, cor.test(DSM5, DSM9))

> with(data_spss, cor.test(Depression, DSM1)): Depression과 DSM1의 상관계수와 유의확률을 산출한다.

> with(data_spss, cor.test(Depression, DSM5))

> with(data_spss, cor.test(Depression, DSM9))

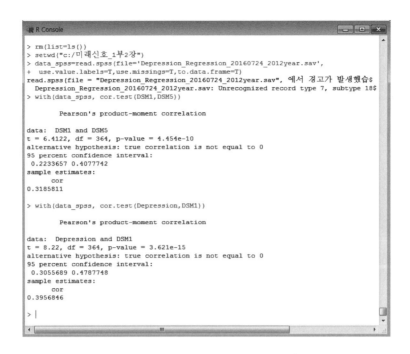

해석

DSM1과 DSM5는 강한 양(+)의 상관관계(.318, *p*<.001)를 보이는 것으로 나타났다. Depression과 DSM1도 강한 양의 상관관계(.395, *p*<.001)를 보이는 것으로 나타났다.

- corrplot 패키지를 이용하여 상관관계 plot을 작성할 수 있다.

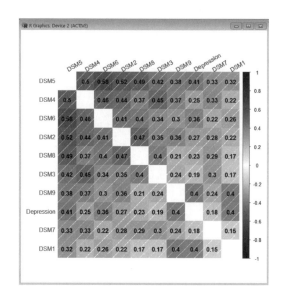

모든 요인은 상호 간에 강한 양(+)의 상관관계를 보이며, DSM5와 DSM6의 상관관계가 가장 높은 것으로
나타났다.

나 SPSS 프로그램 활용

1단계: 데이터파일을 불러온다(분석파일: Depression_Regression_20160724_2012year.sav).
2단계: [분석]→[상관분석]→[이변량 상관계수]→[변수(Depression~DSM9)]를 지정한다.
3단계: 결과를 확인한다.

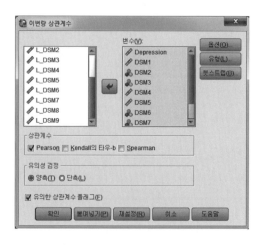

		Depression	DSM1	DSM2	DSM3	DSM4	DSM5	DSM6	DSM7	DSM8	DSM9
Depression	Pearson 상관	1	.396**	.268**	.185**	.250**	.408**	.361**	.176**	.227**	.403**
	유의확률 (양측)		.000	.000	.000	.000	.000	.000	.001	.000	.000
	N	366	366	366	366	366	366	366	366	366	366
DSM1	Pearson 상관	.396**	1	.224**	.167**	.217**	.319**	.263**	.148**	.170**	.403**
	유의확률 (양측)	.000		.000	.001	.000	.000	.000	.005	.001	.000
	N	366	366	366	366	366	366	366	366	366	366
DSM2	Pearson 상관	.268**	.224**	1	.345**	.443**	.517**	.412**	.277**	.465**	.357**
	유의확률 (양측)	.000	.000		.000	.000	.000	.000	.000	.000	.000
	N	366	366	366	366	366	366	366	366	366	366
DSM3	Pearson 상관	.185**	.167**	.345**	1	.453**	.415**	.339**	.304**	.397**	.238**
	유의확률 (양측)	.000	.001	.000		.000	.000	.000	.000	.000	.000
	N	366	366	366	366	366	366	366	366	366	366
DSM4	Pearson 상관	.250**	.217**	.443**	.453**	1	.501**	.459**	.330**	.366**	.367**
	유의확률 (양측)	.000	.000	.000	.000		.000	.000	.000	.000	.000
	N	366	366	366	366	366	366	366	366	366	366
DSM5	Pearson 상관	.408**	.319**	.517**	.415**	.501**	1	.575**	.326**	.488**	.381**
	유의확률 (양측)	.000	.000	.000	.000	.000		.000	.000	.000	.000
	N	366	366	366	366	366	366	366	366	366	366
DSM6	Pearson 상관	.361**	.263**	.412**	.339**	.459**	.575**	1	.224**	.403**	.298**
	유의확률 (양측)	.000	.000	.000	.000	.000	.000		.000	.000	.000
	N	366	366	366	366	366	366	366	366	366	366
DSM7	Pearson 상관	.176**	.148**	.277**	.304**	.330**	.326**	.224**	1	.291**	.240**
	유의확률 (양측)	.001	.005	.000	.000	.000	.000	.000		.000	.000
	N	366	366	366	366	366	366	366	366	366	366
DSM8	Pearson 상관	.227**	.170**	.465**	.397**	.366**	.488**	.403**	.291**	1	.215**
	유의확률 (양측)	.000	.001	.000	.000	.000	.000	.000	.000		.000
	N	366	366	366	366	366	366	366	366	366	366
DSM9	Pearson 상관	.403**	.403**	.357**	.238**	.367**	.381**	.298**	.240**	.215**	1
	유의확률 (양측)	.000	.000	.000	.000	.000	.000	.000	.000	.000	
	N	366	366	366	366	366	366	366	366	366	366

**. 상관관계가 0.01 수준에서 유의합니다(양측).

해석

모든 요인은 상호 간에 강한 양(+)의 상관관계를 보이며, DSM5와 DSM6은 강한 양의 상관관계(.575, $p<.01$) 를 보이는 것으로 나타났다. Depression은 DSM5와 강한 양의 상관관계(.408, $p<.001$)를 보이는 것으로 나 타났다.

12 편상관분석

부분상관분석(편상관분석, partial correlation analysis)은 두 변수 간의 상관관계를 분석한다는 점에서는 단순상관분석과 같으나 두 변수에 영향을 미치는 특정 변수를 통제하고 분석한다는 점에서 차이가 있다.

예를 들면 Depression과 DSM1 간의 피어슨 상관계수를 구했을 때, DSM2의 영향을 받게 되어 상관계수가 높게 나타난다. 따라서 Depression과 DSM1 간의 순수한 상관관계를 알고자 하는 경우 DSM2를 통제하여 편상관분석을 실시한다.

가 R 프로그램 활용

연구문제
Depression과 DSM1 간에 순수한 상관관계는?

> install.packages('foreign')

> library(foreign)

> rm(list=ls())

> setwd("c:/미래신호_1부2장")

> data_spss=read.spss(file='Depression_Regression_20160724_2012year.sav', use.value.
  labels=T, use.missings=T, to.data.frame=T)

> attach(data_spss)

> cor.test(Depression, DSM1): Depression과 DSM1의 상관분석을 실시한다.

• 편상관분석 함수(pcor.test)를 작성한다.

```
pcor.test <- function(x,y,z,use="mat",method="p",na.rm=T){
        # The partial correlation coefficient between x and y given z
        #
        # pcor.test is free and comes with ABSOLUTELY NO WARRANTY.
        #
        # x and y should be vectors
        #
        # z can be either a vector or a matrix
        #
        # use: There are two methods to calculate the partial correlation coefficient.
        #         One is by using variance-covariance matrix ("mat") and the other is by using
recursive formula ("rec").
        #         Default is "mat".
        #
        # method: There are three ways to calculate the correlation coefficient,
        #         which are Pearson's ("p"), Spearman's ("s"), and Kendall's ("k") methods.
        #         The last two methods which are Spearman's and Kendall's coefficient are
based on the non-parametric analysis.
        #         Default is "p".
        #
        # na.rm: If na.rm is T, then all the missing samples are deleted from the whole dataset,
which is (x,y,z).
        #         If not, the missing samples will be removed just when the correlation coefficient is
calculated.
        #         However, the number of samples for the p-value is the number of samples
after removing
        #         all the missing samples from the whole dataset.
        #         Default is "T".
        x <- c(x)
        y <- c(y)
        z <- as.data.frame(z)
        if(use == "mat"){
                p.use <- "Var-Cov matrix"
                pcor = pcor.mat(x,y,z,method=method,na.rm=na.rm)
        }else if(use == "rec"){
                p.use <- "Recursive formula"
                pcor = pcor.rec(x,y,z,method=method,na.rm=na.rm)
        }else{
                stop("\'use\' should be either \"rec\" or \"mat\" !\n" )
        }
        # print the method
        if(gregexpr("p",method)[[1]][1] == 1){
                p.method <- "Pearson"
        }else if(gregexpr("s",method)[[1]][1] == 1){
                p.method <- "Spearman"
        }else if(gregexpr("k",method)[[1]][1] == 1){
                p.method <- "Kendall"
        }else{
                stop("\'method\' should be \"pearson\" or \"spearman\" or \"kendall₩" !\n" )
        }
```

```r
        # sample number
        n <- dim(na.omit(data.frame(x,y,z)))[1]

        # given variables' number
        gn <- dim(z)[2]

        # p-value
        if(p.method == "Kendall"){
                statistic <- pcor/sqrt(2*(2*(n-gn)+5)/(9*(n-gn)*(n-1-gn)))
                p.value <- 2*pnorm(-abs(statistic))
        }else{
                statistic <- pcor*sqrt((n-2-gn)/(1-pcor^2))
                p.value <- 2*pnorm(-abs(statistic))
        }
data.frame(estimate=pcor,p.value=p.value,statistic=statistic,n=n,gn=gn,Method=p.method,Use=p.use)
}

# By using var-cov matrix
pcor.mat <- function(x,y,z,method="p",na.rm=T){
        x <- c(x)
        y <- c(y)
        z <- as.data.frame(z)
        if(dim(z)[2] == 0){
                stop("There should be given data\n")
        }
        data <- data.frame(x,y,z)
        if(na.rm == T){
                data = na.omit(data)
        }
        xdata <- na.omit(data.frame(data[,c(1,2)]))
        Sxx <- cov(xdata,xdata,m=method)
        xzdata <- na.omit(data)
        xdata <- data.frame(xzdata[,c(1,2)])
        zdata <- data.frame(xzdata[,-c(1,2)])
        Sxz <- cov(xdata,zdata,m=method)
        zdata <- na.omit(data.frame(data[,-c(1,2)]))
        Szz <- cov(zdata,zdata,m=method)
        # is Szz positive definite?
        zz.ev <- eigen(Szz)$values
        if(min(zz.ev)[1]<0){
                stop("\'Szz\' is not positive definite!\n")
        }
        # partial correlation
        Sxx.z <- Sxx - Sxz %*% solve(Szz) %*% t(Sxz)
        rxx.z <- cov2cor(Sxx.z)[1,2]
        rxx.z
}
```

> pcor.test(Depression, DSM1, DSM2): DSM2를 통제하여 편상관분석을 실시한다.

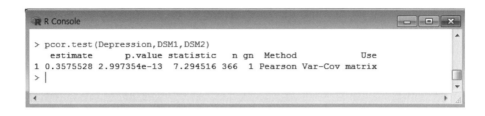

해석

DSM2를 통제한 상태에서 Depression과 DSM1의 편상관계수는 '.358(*p*<.01)'로 앞에서 분석한 단순상관분석의 피어슨 상관계수 '.396'보다 낮게 나타났다.

나 SPSS 프로그램 활용

1단계: 데이터파일을 불러온다(분석파일: Depression_Regression_20160724_2012year.sav).

2단계: [분석] → [상관분석] → [편상관계수] → [변수(Depression, DSM1), 제어변수(DSM2)]를 지정한다.

3단계: 결과를 확인한다.

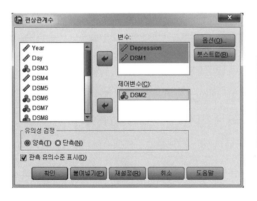

편상관계수

상관관계

대조변수			Depression	DSM1
DSM2	Depression	상관관계	1.000	.358
		유의확률(양측)	.	.000
		자유도	0	363
	DSM1	상관관계	.358	1.000
		유의확률(양측)	.000	.
		자유도	363	0

해석

DSM2를 통제한 상태에서 Depression과 DSM1의 편상관계수는 '.358(*p*<.01)'로 앞에서 분석한 단순상관분석의 피어슨 상관계수 '.396'보다 낮게 나타났다.

13 단순회귀분석

회귀분석(regression)은 상관분석과 분산분석의 확장된 개념으로, 연속변수로 측정된 두 변수 간의 관계를 수학적 공식으로 함수화하는 통계적 분석기법($Y=aX+b$)이다. 회귀분석은 종속변수와 독립변수 간의 관계를 함수식으로 분석하는 것으로, 회귀분석은 독립변수의 수와 종속변수의 척도에 따라 다음과 같이 구분한다.

- 단순회귀분석(simple regression analysis): 연속형 독립변수 1개, 연속형 종속변수 1개
- 다중회귀분석(multiple regression analysis): 연속형 독립변수 2개 이상, 연속형 종속변수 1개
- 이분형(binary) 로지스틱 회귀분석: 연속형 독립변수 1개 이상, 이분형 종속변수 1개
- 다항(multinomial) 로지스틱 회귀분석: 연속형 독립변수 1개 이상, 다항 종속변수 1개

가 R 프로그램 활용

연구문제
우울증상(DSM1)은 청소년의 부정적 우울감정(Depression)에 영향을 미치는가?

1단계: install.packages('foreign'), install.packages('Rcmdr')을 설치한다.
2단계: 단순회귀분석을 실시한다.

> rm(list=ls()): 모든 변수를 초기화한다.

> setwd("c:/미래신호_1부2장"): 작업용 디렉터리를 지정한다.

> data_spss=read.spss(file='Depression_Regression_20160724_2012year.sav', use.value.
labels=T, use.missings=T, to.data.frame=T): SPSS 데이터파일을 data_spss에 할당한다.

> attach(data_spss): 실행 데이터를 'data_spss'로 고정시킨다.

> summary(lm(Depression~DSM1, data=data_spss)): 단순회귀분석을 실시한다.

  – lm(): 회귀분석에 사용되는 함수

> install.packages('lm.beta'): 표준화 회귀계수 산출 패키지(lm.beta)를 설치한다.

> library(lm.beta) 표준화 회귀계수 산출 패키지를 로딩한다.

> lm1=lm(Depression~DSM1, data=data_spss): 단순회귀분석을 실시하여 lm1 객체에 할당한다.

> lm.beta(lm1): lm1 객체의 표준화 회귀계수를 산출하여 화면에 인쇄한다.

해석

결정계수 R^2은 총변동 중에서 회귀선에 의해 설명되는 비율을 의미하며, 청소년의 부정적 우울감정 (Depression)의 변동 중에서 15.7%가 우울증상(DSM1)에 의해 설명된다는 것을 의미한다. 따라서 $0 \leq R^2 \leq 1$ 의 범위를 가지고 1에 가까울수록 회귀선이 표본을 설명하는 데 유의하다.

F통계량은 회귀식이 유의한가를 검정하는 것으로 F통계량 67.57에 대한 유의 확률이 $p=.000<.001$로 회귀식 은 매우 유의하다고 할 수 있다. 따라서 회귀식은 Depression=13.11+0.138DSM1으로 회귀식의 상수값과 회 귀계수는 통계적으로 매우 유의하다($p<.001$).

표준화 회귀계수(standardized regression coefficient)는 회귀계수의 크기를 비교하기 위하여 회귀분석에 사 용한 모든 변수를 표준화한 회귀계수를 뜻한다. 표준화 회귀계수가 크다는 것은 종속변수에 미치는 영향이 크다는 것이다. 본 연구의 표준화 회귀선은 Depression=0.396DSM1이 된다. 즉 DSM1이 한 단위 증가하면 Depression이 .396씩 증가하는 것을 의미한다.

> anova(lm(Depression~DSM1, data=data_spss))

```
R Console
> anova(lm(Depression~DSM1,data=data_spss))
Analysis of Variance Table

Response: Depression
           Df  Sum Sq Mean Sq F value    Pr(>F)
DSM1        1  4494.7  4494.7  67.569 3.621e-15 ***
Residuals 364 24213.3    66.5
---
Signif. codes:  0 '***' 0.001 '**' 0.01 '*' 0.05 '.' 0.1 ' ' 1
> |
```

분산분석표는 회귀식에 포함된 개별 변수가 통계적으로 유의한가를 검정하는 것으로, 단순회귀분석에서는
F통계량(67.57)과 같다.

> sel=lm(Depression~DSM1, data=data_spss): 단순회귀분석을 실시하여 sel 객체에 할당한다.

> plot(data_spss$DSM1, data_spss$Depression): 산점도를 그린다.

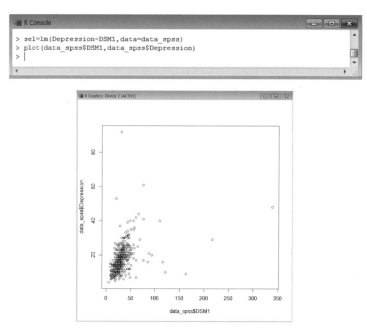

> par(mfrow=c(2, 2))

  - par() 함수는 그래픽 인수를 조회하거나 설정하는 데 사용한다.

  - mfrow=c(2, 2): 한 화면에 4개의(2*2) 플롯을 그리는 그래픽 환경을 설정한다.

> plot(sel): sel 잔차의 분포를 그린다.

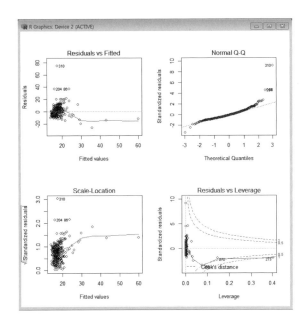

■ 우울증상(DSM1)에 대한 추정값 얻기

> dsm1_data=seq(100, 700, 100): 100부터 700까지 100씩 증가한 값을 dsm1_data 객체에 할당한다.

> sp_data=predict(sel, newdata=data.frame(DSM1=dsm1_data)): 새로운 DSM1 값에 대한 Depression의 추정값을 산출하여 sp_data 객체에 할당한다.

> sp_data: Depression의 추정값을 화면에 인쇄한다.

– DSM1이 100일 때 Depression의 추정값은 26.948을 나타낸다.

– DSM1이 700일 때 Depression의 추정값은 109.995를 나타낸다.

```
> dsm1_data=seq(100, 700, 100)
> sp_data=predict(sel, newdata=data.frame(DSM1=dsm1_data))
> sp_data
        1         2         3         4         5         6         7
 26.94800  40.78923  54.63046  68.47169  82.31292  96.15415 109.99537
>
```

나 SPSS 프로그램 활용

1단계: 데이터파일을 불러온다(분석파일: Depression_Regression_20160724_2012year.sav).

2단계: [분석]→[회귀분석]→[선형]→[종속변수(Depression), 독립변수(DSM1)]를 지정한다.

3단계: [통계량]→[추정값, 모형 적합]을 선택한다.

4단계: 결과를 확인한다.

모형 요약

모형	R	R 제곱	수정된 R 제곱	추정값의 표준오차
1	.396ª	.157	.154	8.15598

a. 예측자: (상수), DSM1

ANOVAª

모형		제곱합	자유도	평균제곱	F	유의확률
1	회귀	4494.700	1	4494.700	67.569	.000ᵇ
	잔차	24213.259	364	66.520		
	전체	28707.959	365			

a. 종속변수: Depression
b. 예측자: (상수), DSM1

계수ª

모형		비표준화 계수		표준화 계수		
		B	표준오차	베타	t	유의확률
1	(상수)	13.107	.693		18.912	.000
	DSM1	.138	.017	.396	8.220	.000

a. 종속변수: Depression

해석

결정계수 R^2은 총변동 중에서 회귀선에 의해 설명되는 비율을 의미하며, 청소년의 부정적 우울감정(Depression)의 변동 중에서 15.7%가 우울증상(DSM1)에 의해 설명된다는 것을 의미한다. 따라서 $0 \leq R^2 \leq 1$의 범위를 가지고 1에 가까울수록 회귀선이 표본을 설명하는 데 유의하다.

F통계량은 회귀식이 유의한가를 검정하는 것으로 F통계량 67.57에 대한 유의확률이 $p=.000<.001$로 회귀식은 매우 유의하다고 할 수 있다. 따라서 회귀식은 Depression=13.11+0.138DSM1로 회귀식의 상수값과 회귀계수는 통계적으로 매우 유의하다($p<.001$). 표준화 회귀계수는 베타로 확인할 수 있으며, 표준화 회귀식은 Depression=0.396DSM으로 DSM1이 한 단위 증가하면 Depression이 .396씩 증가한다.

14 다중회귀분석

다중회귀분석(multiple regression analysis)은 두 개 이상의 독립변수가 종속변수에 미치는 영향을 분석하는 방법이다. 다중회귀분석에서 고려해야 할 사항은 다음과 같다.

- 독립변수 간의 상관관계, 즉 다중공선성(multicollinearity) 진단에서 다중공선성이 높은 변수(공차한계가 낮은 변수)는 제외하여야 한다.
  - 다중공선성: 회귀분석에서 독립변수 중 서로 상관이 높은 변수가 포함되어 있을 때는 분산·공분산 행렬의 행렬식이 0에 가까운 값이 되어 회귀계수의 추정정밀도가 매우 나빠지는 현상을 말한다.
  - VIF(Variance Inflation Factor, 분산팽창지수)는 OLS(Ordinary Least Square, 보통최소자승법) 회귀분석에서 다중공선성의 정도를 검정하기 위해 사용되며, 일반적으로 독립변수가 다른 변수로부터 독립적이기 위해서는 VIF가 5나 10보다 작아야 한다(Montgomery & Runger, 2003: p. 461).
- 잔차항 간의 자기상관(autocorrelation)이 없어야 한다. 즉 상호 독립적이어야 한다[더빈-왓슨(Durbin-Watson)의 통계량이 0에 가까우면 양의 상관, 4에 가까우면 음의 상관, 2에 가까우면(더빈-왓슨 통계량의 기준값은 2로 정상분포곡선을 나타낸다) 상호 독립적이라고 할 수 있다(성태제, 2008: p. 266)].
- 편회귀잔차도표를 이용하여 종속변수와 독립변수의 등분산성을 확인해야 한다.
- 다중회귀분석에서 독립변수를 투입하는 방식은 크게 두 가지가 있다.
  - 입력방법: 독립변수를 동시에 투입하는 방법으로 다중회귀모형을 한 번에 구성할 수 있다.
  - 단계선택법: 독립변수의 통계적 유의성을 검정하여 회귀모형을 구성하는 방법으로, 유의도가 낮은 독립변수는 단계적으로 제외하고 적합한 변수만으로 다중회귀모형을 구성한다.

R 프로그램 활용

청소년의 부정적 우울감정(Depression)에 영향을 미치는 독립변수(DSM1~DSM9)는 무엇인가?

① 입력(동시 투입)방법에 의한 다중회귀분석

1단계: install.packages('foreign'), install.packages('Rcmdr')를 설치한다.
2단계: 다중회귀분석을 실시한다.

> rm(list=ls()): 모든 변수를 초기화한다.

> setwd("c:/미래신호_1부2장"): 작업용 디렉터리를 지정한다.

> data_spss=read.spss(file='Depression_Regression_20160724_2012year.sav', use.value.
labels=T, use.missings=T, to.data.frame=T): SPSS 데이터파일을 data_spss에 할당한다.

> attach(data_spss): 실행 데이터를 'data_spss'로 고정시킨다.

> summary(lm(Depression~DSM1+DSM2+DSM3+DSM4+DSM5+DSM6+DSM7+
DSM8+DSM9, data=data_spss)): 모든 독립변수에 대해 다중회귀분석을 실시한다.

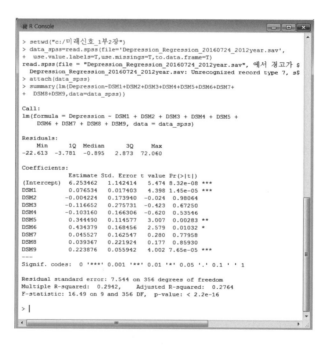

Intercept(B=6.25, *p*<.001), DSM1(B=0.077, *p*<.001), DSM5(B=0.344, *p*<.01), DSM6(B=0.434, *p*<.05), DSM9(B=0.224, *p*<.001)는 Depression에 양(+)의 영향을 미치는 것으로 나타났다. 그러나 DSM2(B= -0.004, *p*=.980>.05), DSM3, DSM4, DSM7, DSM8은 Depression에 영향을 미치지 않는 것으로 나타났다. 회귀식의 통계적 유의성을 나타내는 F값은 16.49(*p*<.001)로 매우 유의하게 나타났다.

> summary(lm(Depression~DSM1+DSM5+DSM6+DSM9, data=data_spss)): 유의한 독립변수에 대해 다중회귀분석을 실시한다.

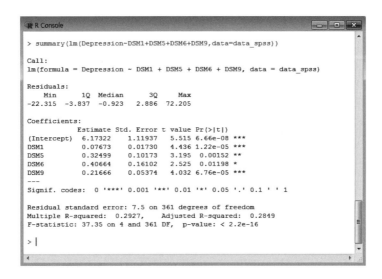

유의한 변수만 다중회귀분석을 실시한 결과 Intercept(B=6.17, *p*<.001), DSM1(B=0.077, *p*<.001), DSM5(B=0.325, *p*<.01), DSM6(B=0.407, *p*<.05), DSM9(B=0.217, *p*<.001)는 Depression에 양의 영향을 미치는 것으로 나타났다.

> install.packages('lm.beta'): 표준화 회귀계수 산출 패키지(lm.beta)를 설치한다.

> library(lm.beta): 표준화 회귀계수 산출 패키지(lm.beta)를 로딩한다.

> lm1=lm(Depression~DSM1+DSM5+DSM6+DSM9, data=data_spss): 유의한 변수만 다중 회귀분석을 실시하여 lm1 객체에 할당한다.

> lm.beta(lm1): lm1 객체의 표준화 회귀계수를 산출하여 화면에 인쇄한다.

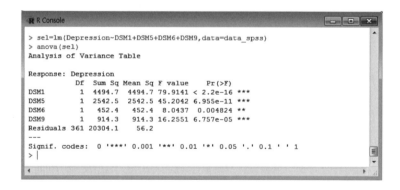

```
> install.packages('lm.beta')
URL 'http://cran.nexr.com/bin/windows/contrib/3.3/lm.beta_1.5-1.zip'을 시도$
Content type 'application/zip' length 25805 bytes (25 KB)
downloaded 25 KB

패키지 'lm.beta'를 성공적으로 압축해제하였고 MD5 sums 이 확인되었습니다

다운로드된 바이너리 패키지들은 다음의 위치에 있습니다
          C:\Users\SAMSUNG\AppData\Local\Temp\Rtmpcxj9IO\downloaded_packages
> library(lm.beta)
경고: 패키지 'lm.beta'는 R 버전 3.3.2에서 작성되었습니다
> lm1=lm(Depression~DSM1+DSM5+DSM6+DSM9,data=data_spss)
> lm.beta(lm1)

Call:
lm(formula = Depression ~ DSM1 + DSM5 + DSM6 + DSM9, data = data_spss)

Standardized Coefficients::
(Intercept)        DSM1        DSM5        DSM6        DSM9
  0.0000000   0.2193594   0.1810278   0.1377878   0.2044334

> |
```

해석

회귀계수의 크기를 비교하기 위한 표준화 회귀식은 0.219DSM1+0.181DSM5+0.138DSM6+0.204DSM9로 회귀식에 대한 독립변수의 영향력은 DSM1, DSM9, DSM6, DSM5 순으로 나타났다.

> sel=lm(Depression~DSM1+DSM5+DSM6+DSM9, data=data_spss): 회귀모형을 sel 객체에 저장한다.

> anova(sel): 회귀계수에 대한 검정(요인에 대한 분산분석 결과)을 실시한다.

```
> sel=lm(Depression~DSM1+DSM5+DSM6+DSM9,data=data_spss)
> anova(sel)
Analysis of Variance Table

Response: Depression
            Df  Sum Sq Mean Sq F value    Pr(>F)
DSM1         1  4494.7  4494.7 79.9141 < 2.2e-16 ***
DSM5         1  2542.5  2542.5 45.2042 6.955e-11 ***
DSM6         1   452.4   452.4  8.0437  0.004824 **
DSM9         1   914.3   914.3 16.2551 6.757e-05 ***
Residuals  361 20304.1    56.2
---
Signif. codes:  0 '***' 0.001 '**' 0.01 '*' 0.05 '.' 0.1 ' ' 1
> |
```

해석

회귀식에 포함된 모든 독립변수의 F통계량은 통계적으로 매우 유의한 것으로 나타났다.

> vif(sel): 독립변수의 다중공선성 검정(VIF)을 실시한다.

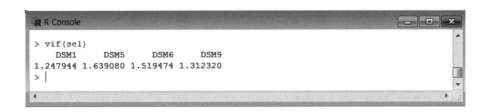

일반적으로 독립변수가 다른 변수로부터 독립적이기 위해서는 VIF가 5나 10보다 작아야 한다(Montgomery & Runger, 2003: p. 461). 따라서 모든 독립변수의 VIF가 10보다 작기 때문에 다중공선성의 문제는 없다.

> tol=c(1.247944, 1.639080, 1.519474, 1.312320): sel 객체의 독립변수에 대한 VIF의 값을 tol 벡터에 할당한다.

> tolerance = 1/tol: 독립변수의 공차한계(tolerance)를 산출한다.

> tolerance: 독립변수의 공차한계를 화면에 출력한다.

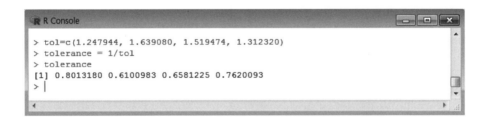

공차한계가 낮은 변수는 상대적으로 다중공선성이 높은 변수로, 본 연구의 독립변수 중에서는 DSM5의 다중공선성이 가장 높게 나타났다.

> shapiro.test(residuals(sel)): 잔차의 정규성 검정을 실시한다.

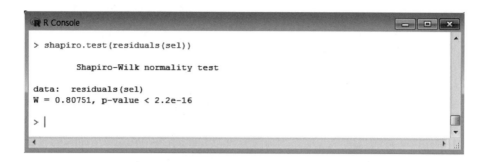

해석

shapiro-Wilks 검정 통계량(귀무가설: 잔차는 정규성이다)으로 '$p>a$'이면 정규성 가정을 만족한다. 따라서 유의수준 0.01에서 본 회귀모형(sel)은 귀무가설을 기각하여($p<.01$) 정규성을 만족하지 못한다.

> library(lmtest): dwtest() 함수를 사용하기 위한 lmtest 패키지를 로딩한다.

> dwtest(sel): 더빈-왓슨 검정을 실시한다.

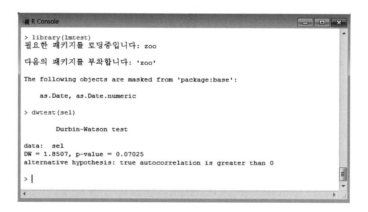

해석

귀무가설(회귀모형의 잔차는 상호독립이다)이 기각되어(D=1.85, $p>.05$) 잔차 간에 자기상관이 없는 것으로 나타났다.

> confint(sel): 회귀계수에 대한 95% CI(신뢰영역)를 분석한다.

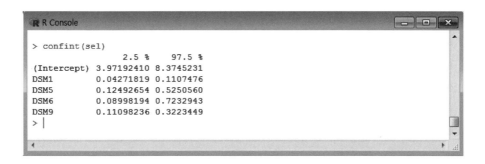

해석

모든 변수의 신뢰구간이 0을 포함하지 않으므로 대립가설(회귀계수는 유의하다)을 지지하는 것으로 나타났다.

> sel=lm(Depression~DSM1+DSM5+DSM6+DSM9, data=data_spss)

> par(mfrow=c(2,2))

- par() 함수는 그래픽 인수를 조회하거나 설정하는 데 사용한다.

- mflow=c(2, 2): 한 화면에 4개의(2*2) 플롯을 그리는 그래픽 환경을 설정한다.

> plot(sel): sel 잔차의 분포를 그린다.

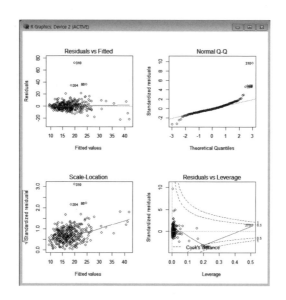

■ **모형의 비교**

설명변수 간 다중공선성이 존재하는 경우 설명변수를 제거하여 모형을 개선하고 다중공선성을 줄일 수 있다
(김재희, 2012: p. 146). 모형의 비교는 귀무가설(H_0: $Y=X_1\beta_1+\varepsilon$), 대립가설(H_1: $Y=X_1\beta_1+X_2\beta_2+\varepsilon$)을 설정하여 F
검정을 통해 분석할 수 있다.

> rm(list=ls()): 모든 변수를 초기화한다.

> data_spss=read.spss(file='Depression_Regression_20160724_2012year.sav', use.value.
labels=T, use.missings=T, to.data.frame=T): SPSS 데이터파일을 data_spss에 할당한다.

> fit_s=lm(Depression~DSM1, data=data_spss): 독립변수 1개(DSM1)인 단순회귀분석을 실
시하여 fit_s(H_0) 객체에 할당한다.

> fit_t=lm(Depression~DSM1+DSM5+DSM6+DSM9, data=data_spss): 유의한 변수만 다중
회귀분석을 실시하여 fit_t(H_1) 객체에 할당한다.

> anova(fit_s, fit_t): 모형을 비교한다.

```
R Console

> fit_s=lm(Depression~DSM1, data=data_spss)
> fit_t=lm(Depression~DSM1+DSM5+DSM6+DSM9,data=data_spss)
> anova(fit_s, fit_t)
Analysis of Variance Table

Model 1: Depression ~ DSM1
Model 2: Depression ~ DSM1 + DSM5 + DSM6 + DSM9
  Res.Df   RSS Df Sum of Sq      F    Pr(>F)
1    364 24213
2    361 20304  3    3909.1 23.168 9.751e-14 ***
---
Signif. codes:  0 '***' 0.001 '**' 0.01 '*' 0.05 '.' 0.1 ' ' 1
>
```

해석

본 모형 비교에서 귀무가설이 기각(F=23.168, p<.001)되어 fit_t를 최종 회귀모형으로 결정할 수 있다.

② 단계적 투입방법에 의한 다중회귀분석

> library(MASS): MASS 패키지를 로딩한다.

> sel=lm(Depression~DSM1+DSM2+DSM3+DSM4+DSM5+DSM6+DSM7+DSM8+DSM9, data=data_spss): 독립변수 전체에 대한 다중회귀분석을 실시하여 sel 객체에 할당한다.

> setp_sel=stepAIC(sel, direction='both'): sel 객체에 대해 단계적 회귀분석을 실시하여 setp_sel 객체에 할당한다.

```
R Console

> library(MASS)
> sel=lm(Depression~DSM1+DSM2+DSM3+DSM4+DSM5+DSM6+DSM7+
+ DSM8+ DSM9,data=data_spss)
> setp_sel=stepAIC(sel, direction='both')
Start:  AIC=1489.05
Depression ~ DSM1 + DSM2 + DSM3 + DSM4 + DSM5 + DSM6 + DSM7 +
    DSM8 + DSM9

       Df Sum of Sq   RSS    AIC
- DSM2  1      0.03 20261 1487.0
- DSM8  1      1.79 20263 1487.1
- DSM7  1      4.46 20265 1487.1
- DSM3  1     10.19 20271 1487.2
- DSM4  1     21.90 20283 1487.5
<none>              20261 1489.0
- DSM6  1    378.42 20639 1493.8
- DSM5  1    514.47 20775 1496.2
- DSM9  1    911.46 21172 1503.2
- DSM1  1   1100.70 21361 1506.4

Step:  AIC=1487.05
Depression ~ DSM1 + DSM3 + DSM4 + DSM5 + DSM6 + DSM7 + DSM8 +
    DSM9

       Df Sum of Sq   RSS    AIC
- DSM8  1      1.77 20263 1485.1
- DSM7  1      4.44 20265 1485.1
- DSM3  1     10.24 20271 1485.2
- DSM4  1     22.57 20283 1485.5
<none>              20261 1487.0
+ DSM2  1      0.03 20261 1489.0
- DSM6  1    379.78 20641 1491.8
- DSM5  1    532.76 20794 1494.5
- DSM9  1    929.35 21190 1501.5
- DSM1  1   1100.68 21361 1504.4

Step:  AIC=1485.08
```

> setp_sel$anova: 모형 평가를 실시한다.

```
R Console
> setp_sel$anova
Stepwise Model Path
Analysis of Deviance Table

Initial Model:
Depression ~ DSM1 + DSM2 + DSM3 + DSM4 + DSM5 + DSM6 + DSM7 +
    DSM8 + DSM9

Final Model:
Depression ~ DSM1 + DSM5 + DSM6 + DSM9


      Step Df   Deviance Resid. Df Resid. Dev      AIC
1                             356   20260.68 1489.052
2 - DSM2  1  0.0335595       357   20260.71 1487.053
3 - DSM8  1  1.7741896       358   20262.48 1485.085
4 - DSM7  1  5.1362362       359   20267.62 1483.178
5 - DSM3  1  7.3567367       360   20274.98 1481.310
6 - DSM4  1 29.1491245       361   20304.13 1479.836
> |
```

해석

회귀모형의 간명성을 나타내는 AIC(Akaike Information Criteria) 지수가 DSM4를 제거했을 경우 1481.310에서 1479.836으로 낮아져 DSM2부터 DSM4를 차례로 제거한 모형 6이 회귀모형에 적합한 것으로 나타났다.

> summary(setp_sel): 최종 모형을 화면에 인쇄한다.

```
R Console
> summary(setp_sel)

Call:
lm(formula = Depression ~ DSM1 + DSM5 + DSM6 + DSM9, data = data_spss)

Residuals:
    Min     1Q  Median     3Q     Max
-22.315  -3.837  -0.923   2.886  72.205

Coefficients:
            Estimate Std. Error t value Pr(>|t|)
(Intercept)  6.17322    1.11937   5.515 6.66e-08 ***
DSM1         0.07673    0.01730   4.436 1.22e-05 ***
DSM5         0.32499    0.10173   3.195  0.00152 **
DSM6         0.40664    0.16102   2.525  0.01198 *
DSM9         0.21666    0.05374   4.032 6.76e-05 ***
---
Signif. codes:  0 '***' 0.001 '**' 0.01 '*' 0.05 '.' 0.1 ' ' 1

Residual standard error: 7.5 on 361 degrees of freedom
Multiple R-squared:  0.2927,     Adjusted R-squared:  0.2849
F-statistic: 37.35 on 4 and 361 DF,  p-value: < 2.2e-16

> |
```

나 SPSS 프로그램 활용

① 입력(동시 투입)방법에 의한 다중회귀분석

1단계: 데이터파일을 불러온다(분석파일: Depression_Regression_20160724_2012year.sav).

2단계: [분석]→[회귀분석]→[선형 회귀분석]→[종속변수(Depression), 독립변수(DSM1 ~ DSM9)] 지정→[방법: 입력]을 선택한다.

3단계: [통계량]→[추정값, 모형 적합, R제곱 변화량, 공선성 진단, Durbin-Watson]을 선택한다.

 - 다중회귀분석에서는 회귀모형이 지닌 가정을 검토해야 한다. 회귀모형의 가정은 변수와 잔차에 관한 것으로 다중공선성, 잔차의 독립성에 관한 것이다.

4단계: [도표]를 선택한다(잔차의 정규분포성과 분산의 동질성을 검정한다).

 - Y축[ZPRED(종속변수의 표준화 예측값)], X축[ZRESID(독립변수의 표준화 예측값)]을 지정한다.

5단계: [옵션]을 선택한다.

 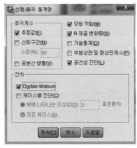 

6단계: 결과를 확인한다.

모형 요약b

모형	R	R 제곱	수정된 R 제곱	추정값의 표준 오차	통계량 변화량					Durbin-Watson
					R 제곱 변화량	F 변화량	자유도1	자유도2	유의확률 F 변화량	
1	.542a	.294	.276	7.54400	.294	16.492	9	356	.000	1.848

a. 예측자: (삼수), DSM9, DSM8, DSM7, DSM1, DSM3, DSM6, DSM2, DSM4, DSM5

b. 종속변수: Depression

ANOVAa

모형		제곱합	자유도	평균제곱	F	유의확률
1	회귀	8447.283	9	938.587	16.492	.000b
	잔차	20260.676	356	56.912		
	전체	28707.959	365			

a. 종속변수: Depression

b. 예측자: (삼수), DSM9, DSM8, DSM7, DSM1, DSM3, DSM6, DSM2, DSM4, DSM5

해석

독립변수들과 종속변수의 상관관계는 .542이며, 독립변수들은 종속변수를 29.4%(R^2=.294) 설명한다. 수정된 R^2(.276)은 다중회귀분석에서 독립변수가 추가되면 결정계수(R^2)가 커지는 것(다중공선성의 문제 발생)을 수정하기 위해 무선오차의 영향을 고려한 것이다[즉, 사례 수가 많지 않을 경우 수정된 R^2으로 해석하는 것이 더 정확하다(성태제, 2008: p. 272)].

더빈-왓슨 검정을 실시한 결과 (독립변수 수: 5개, 관찰치 수: n > 30)에서 임계치는 '1.07≤DW≤1.83'으로 'DW<1.07'이면 자기상관이 있고, 'DW>1.83'이면 자기상관이 없다. 따라서 본 분석결과에서의 'DW=1.848>1.83'으로 '회귀모형의 잔차는 상호독립이다'라는 귀무가설이 유의수준 0.05에서 채택되어 잔차 간에 자기상관이 없는 것으로 나타났다([표 2-5] 참조).

회귀식의 통계적 유의성을 나타내는 분산분석표는 F값이 16.492(p<.001)로 유의하게 나타나, 유의수준 .001에서 회귀모형이 통계적으로 유의한 것으로 나타났다.

[표 2-5] 더빈-왓슨 검정의 상한과 하한

n	k = 1		k = 2		k = 3		k = 4		k = 5	
	d_L	d_U	d_L	d_U	d_L	d_U	d_L	d_U	d_L	d_U
15	1.08	1.36	0.95	1.54	0.82	1.75	0.69	1.97	0.56	2.21
16	1.10	1.37	0.98	1.54	0.86	1.73	0.74	1.93	0.62	2.15
17	1.13	1.38	1.02	1.54	0..90	1.71	0.78	1.90	0.67	2.10
18	1.16	1.39	1.05	1.53	0.93	1.69	0.82	1.87	0.71	2.06
19	1.18	1.40	1.08	1.53	0.97	1.68	0.86	1.85	0.75	2.02
20	1.20	1.41	1.10	1.54	1.00	1.68	0.90	1.83	0.79	1.99
21	1.22	1.42	1.13	1.54	1.03	1.67	0.93	1.81	0.83	1.96
22	1.24	1.43	1.15	1.54	1.05	1.66	0.96	1.80	0.86	1.94
23	1.26	1.44	1.17	1.54	1.08	1.66	0.99	1.79	0.90	1.92
24	1.27	1.45	1.19	1.55	1.10	1.66	0.01	1.78	0.93	1.90
25	1.29	1.45	1.21	1.55	1.12	1.66	1.04	1.77	0.95	1.89
26	1.30	1.46	1.22	1.55	1.14	1.65	1.06	1.76	0.98	1.88
27	1.32	1.47	1.24	1.56	1.16	1.65	1.08	1.76	1.01	1.86
28	1.33	1.48	1.26	1.56	1.18	1.65	1.10	1.75	1.03	1.85
29	1.34	1.48	1.27	1.56	1.20	1.65	1.12	1.74	1.05	1.84
30	1.35	1.49	1.28	1.57	1.21	1.65	1.14	1.74	1.07	1.83

k = 독립변수의 수
d_L = 하한, d_U = 상한
n = 관측치 수

모형		비표준화 계수		표준화 계수	t	유의확률	공선성 통계량	
		B	표준오차	베타			공차	VIF
1	(상수)	6.253	1.142		5.474	.000		
	DSM1	.077	.017	.219	4.398	.000	.801	1.248
	DSM2	-.004	.174	-.001	-.024	.981	.620	1.612
	DSM3	-.117	.276	-.022	-.423	.673	.703	1.422
	DSM4	-.103	.166	-.036	-.620	.535	.599	1.669
	DSM5	.344	.115	.192	3.007	.003	.487	2.055
	DSM6	.434	.168	.147	2.579	.010	.608	1.644
	DSM7	.046	.163	.014	.280	.780	.821	1.218
	DSM8	.039	.222	.010	.177	.859	.653	1.532
	DSM9	.224	.056	.211	4.002	.000	.712	1.405

a. 종속변수: Depression

해석

Intercept(B=6.25, p<.001), DSM1(B=0.077, p<.001), DSM5(B=0.344, p<.01), DSM6(B=0.434, p<.05), DSM9(B=0.224, p<.001)는 Depression에 양의 영향을 미치는 것으로 나타났다. 그러나 DSM2(B=-0.004, p=.981>.05), DSM3, DSM4, DSM7, DSM8은 Depression에 영향을 미치지 않는 것으로 나타났다. 공차한 계는 모두 0.1보다 크고 분산팽창지수(VIF)가 10보다 작기 때문에 다중공선성의 문제는 없는 것으로 나타났다.

계수ᵃ

모형		비표준화 계수		표준화 계수	t	유의확률	공선성 통계량	
		B	표준오차	베타			공차	VIF
1	(상수)	6.173	1.119		5.515	.000		
	DSM1	.077	.017	.219	4.436	.000	.801	1.248
	DSM5	.325	.102	.181	3.195	.002	.610	1.639
	DSM6	.407	.161	.138	2.525	.012	.658	1.519
	DSM9	.217	.054	.204	4.032	.000	.762	1.312

a. 종속변수: Depression

해석

유의한 변수만 다중회귀분석을 실시한 결과 Intercept(B=6.17, $p<.001$), DSM1(B=0.077, $p<.001$), DSM5(B=0.325, $p<.01$), DSM6(B=0.407, $p<.05$), DSM9(B=0.217, $p<.001$)는 Depression에 양의 영향을 미치는 것으로 나타났다.

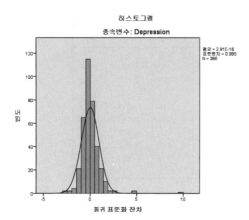

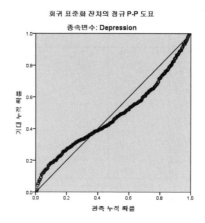

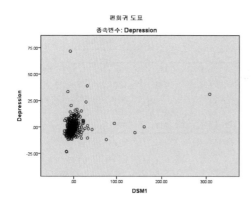

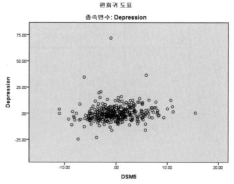

② 단계적 투입 방법에 의한 다중회귀분석

1단계: 데이터파일을 불러온다(분석파일: Depression_Regression_20160724_2012year.sav).

2단계: [분석]→[회귀분석]→[선형 회귀분석]→[종속변수(Depression), 독립변수(DSM1 ~ DSM9)] 지정→[방법: 단계 선택]을 선택한다.

3단계: [통계량]→[추정값, 모형 적합, R제곱 변화량, 공선성 진단, Durbin-Watson]을 택한다.

4단계: [도표]를 선택한다(잔차의 정규분포성과 분산의 동질성을 검정한다).

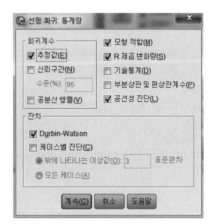

5단계: 결과를 확인한다.

모형 요약[e]

모형	R	R 제곱	수정된 R 제곱	추정값의 표준 오차	통계량 변화량					Durbin-Watson
					R 제곱 변화량	F 변화량	자유도1	자유도2	유의확률 F 변화량	
1	.408[a]	.167	.164	8.10739	.167	72.757	1	364	.000	
2	.495[b]	.245	.241	7.72652	.079	37.771	1	363	.000	
3	.529[c]	.280	.274	7.55511	.035	17.659	1	362	.000	
4	.541[d]	.293	.285	7.49961	.012	6.378	1	361	.012	1.851

a. 예측자: (상수), DSM5

b. 예측자: (상수), DSM5, DSM1

c. 예측자: (상수), DSM5, DSM1, DSM9

d. 예측자: (상수), DSM5, DSM1, DSM9, DSM6

e. 종속변수: Depression

ANOVA^a

모형		제곱합	자유도	평균제곱	F	유의확률
1	회귀	4782.296	1	4782.296	72.757	.000^b
	잔차	23925.663	364	65.730		
	전체	28707.959	365			
2	회귀	7037.171	2	3518.585	58.939	.000^c
	잔차	21670.788	363	59.699		
	전체	28707.959	365			
3	회귀	8045.134	3	2681.711	46.982	.000^d
	잔차	20662.825	362	57.080		
	전체	28707.959	365			
4	회귀	8403.833	4	2100.958	37.354	.000^e
	잔차	20304.126	361	56.244		
	전체	28707.959	365			

해석

모형 1은 DSM5가 투입된 경우로 DSM5가 Depression을 16.7%(R^2=.167) 설명하는 것으로 나타났다. 모형 2는 DSM5와 DSM1이 동시에 투입된 경우로 DSM5와 DSM1이 Depression을 24.5%(R^2=.245) 설명하고 있다. 모형 3은 DSM5, DSM1, DSM9가 동시에 투입된 경우로 DSM5, DSM1, DSM9가 Depression을 28.0%(R^2=.280) 설명하고 있다. 모형 4는 DSM5, DSM1, DSM9, DSM6이 동시에 투입된 경우로 DSM5, DSM1, DSM9, DSM6이 Depression을 29.3%(R^2=.293) 설명하고 있다.

Durbin-Watson 통계량은 1.851로 잔차항 간 자기상관이 없는(DW=1.851>1.83) 것으로 나타났다.

모형 1의 F값은 72.76(p<.001), 모형 2의 F값은 58.94(p<.00), 모형 3의 F값은 46.98(p<.001), 모형 4의 F값은 37.35(p<.001)로 유의수준 .001에서 모든 모형이 통계적으로 유의한 것으로 나타났다.

계수^a

모형		비표준화 계수		표준화 계수	t	유의확률	공선성 통계량	
		B	표준오차	베타			공차	VIF
1	(상수)	8.453	1.153		7.332	.000		
	DSM5	.733	.086	.408	8.530	.000	1.000	1.000
2	(상수)	7.208	1.117		6.451	.000		
	DSM5	.564	.086	.314	6.526	.000	.899	1.113
	DSM1	.103	.017	.296	6.146	.000	.899	1.113
3	(상수)	6.839	1.096		6.240	.000		
	DSM5	.455	.088	.254	5.159	.000	.822	1.216
	DSM1	.080	.017	.229	4.601	.000	.806	1.241
	DSM9	.227	.054	.214	4.202	.000	.766	1.305
4	(상수)	6.173	1.119		5.515	.000		
	DSM5	.325	.102	.181	3.195	.002	.610	1.639
	DSM1	.077	.017	.219	4.436	.000	.801	1.248
	DSM9	.217	.054	.204	4.032	.000	.762	1.312
	DSM6	.407	.161	.138	2.525	.012	.658	1.519

해석

모형 1은 Depression=8.453+0.733DSM5로 회귀모형이 통계적으로 유의하게 나타났다. 모형 4도 회귀식은 6.17+0.077DSM1+0.325DSM5+0.407DSM6+0.217DSM9로 회귀모형이 통계적으로 유의하게 나타났다. 다중회귀분석에서 단계적 분석방법은 독립변수를 하나씩 추가하여 이미 모형에 포함된 변수에 대한 유의성을 검정한 후 유의하지 않은 변수는 제외하는 방법을 사용한다. 본 분석의 모형 1에서 DSM5가 가장 유의하여 모형에 포함되었다. 모형 4에서는 유의성이 있는 DSM5, DSM1, DSM9, DSM6이 순차적으로 포함되었으며 유의성이 없는 변수는 제외되었다.

15 요인분석

요인분석(factor analysis)은 여러 변수들 간의 상관관계를 분석하여 상관이 높은 문항이나 변인들을 묶어서 몇 개의 요인으로 규명하고 그 요인의 의미를 부여하는 통계분석방법으로, 측정도구의 타당성을 파악하기 위해 사용한다. 또한 소셜 빅데이터 분석에서 수많은 키워드(변수)를 축약할 때도 요인분석을 사용한다.

타당성(validity)은 측정도구(설문지)를 통하여 측정한 것이 실제에 얼마나 가깝게 측정되었는가를 나타낸다. 즉 타당성은 측정하고자 하는 개념이나 속성이 정확하게 측정되었는가를 나타내는 개념으로, 탐색적 요인분석이나 확인적 요인분석을 통해 검정된다. 탐색적 요인분석(본서에서 설명하는 요인분석)은 이론상으로 체계화되거나 정립되지 않은 연구에서 연구의 방향을 파악하기 위한 탐색적 목적을 가진 분석방법으로 전통적 요인분석이라고도 한다. 확인적 요인분석은 강력한 이론적인 배경 하에 요인과 변수들의 관련성을 이미 설정해놓은 상태에서 요인과 변수들의 타당성을 평가하기 위한 목적으로 사용된다.

요인분석 절차는 다음과 같다.

- 요인 수 결정: 고유값(eigen value: 요인을 설명할 수 있는 변수들의 분산 크기)이 1보다 크면 변수 1개 이상을 설명할 수 있다는 것을 의미한다. 일반적으로 고유값이 1 이상인 경우를 기준으로 요인 수를 결정한다.
- 공통분산(communality)은 총분산 중 요인이 설명하는 분산비율로, 일반적으로 사회과학 분야에서는 총분산의 60% 정도 설명하는 요인을 선정한다.
- 요인부하량(factor loading)은 각 변수와 요인 간에 상관관계의 정도를 나타내는 것으로, 해당 변수를 설명하는 비율을 나타낸다. 일반적으로 요인부하량이 절댓값 0.4 이상이면 유의한 변수로 간주하며, 표본의 수와 변수가 증가할수록 요인부하량의 고려 수준도 낮출 수 있다(김계수, 2013: p. 401).
- 요인회전: 요인에 포함되는 변수의 분류를 명확히 하기 위해 요인축을 회전시키는 것으로, 직각회전(varimax)과 사각회전(oblique)을 많이 사용한다.

연구문제

소셜 빅데이터에서 청소년 우울증상을 측정하기 위해 수집된 31개 우울증상 미래신호[Digestive(소화장애), Respiratory(호흡기장애), Confusing(혼란), Eclampsia(경련), Anxious(불안), Fear(공포), Anxiousness(초조), Impulse(충동), Concentration(집중력저하), Lethargy(무기력), Lowered(자존감저하), Neglected(소외감), Loneliness(외로움), Indifference(무관심), Worthless(무가치), Anger(분노), Pain(통증), Weight(체중), Fatigue(피로), Sleep(수면), Appetite(식욕), Guilty(죄책감), Sadness(슬픔), Hostility(적대), Retardation(지체), Deprivation(상실), Addicted(중독), Taint(더러움), Academic(학업스트레스), Blunt(퉁명), Suicide(자살)]는 타당한가?

1단계: 1차 요인분석을 실시한다.

> rm(list=ls()): 모든 변수를 초기화한다.

> setwd("c:/미래신호_1부2장"): 작업용 디렉터리를 지정한다.

> data_spss=read.table(file="depression_Symptom_factor_txt.txt", header=T): 데이터파일을 data_spss에 할당한다.

> attach(data_spss): 실행 데이터를 'data_spss'로 고정시킨다.

> fact1=cbind(Digestive, Respiratory, Confusing, Eclampsia, Anxious, Fear, Anxiousness, Impulse, Concentration, Lethargy, Lowered, Neglected, Loneliness, Indifference, Worthless, Anger, Pain, Weight, Fatigue, Sleep, Appetite, Guilty, Sadness, Hostility, Retardation, Deprivation, Addicted, Taint, Academic, Blunt, Suicide): 31개의 요인분석 대상 변수(청소년 우울증상)를 fact1벡터로 할당한다.

> cor(fact1): fact1벡터의 상관분석을 실시한다.

> eigen(cor(fact1))$val: fact1벡터의 고유값을 산출한다(요인 수 결정).

```
 R Console
> rm(list=ls())
> setwd("c:/미래신호_1부2장")
> data_spss=read.table(file="depression_Symptom_factor_txt.txt",header=T)
> attach(data_spss)
The following objects are masked from data_spss (pos = 3):

    Academic, Addicted, Anger, Anxious, Anxiousness, Appetite, Attitude, Blunt, Concentration, Confusing, Deprivation,
    Digestive, Eclampsia, Fatigue, Fear, Guilty, Hostility, Impulse, Indifference, Lethargy, Loneliness, Lowered, Neglected,
    Pain, Respiratory, Retardation, Sadness, Sleep, Suicide, Taint, Weight, Worthless

> fact1=cbind(Digestive, Respiratory, Confusing, Eclampsia,Anxious, Fear, Anxiousness, Impulse,
+             Concentration, Lethargy, Lowered, Neglected,Loneliness,Indifference,Worthless,
+             Anger, Pain, Weight,Fatigue, Sleep, Appetite, Guilty, Sadness,Hostility, Retardation,
+             Deprivation, Addicted, Taint,Academic, Blunt, Suicide)
> # cor(fact1) # 상관계수 출력
> eigen(cor(fact1))$val
 [1] 5.2434249 1.4522894 1.3219146 1.1133882 1.0849893 1.0504295 1.0451697 0.9992197 0.9851063 0.9700469 0.9421015 0.9203666 0.9110393
[14] 0.9005733 0.8664916 0.8566114 0.8343419 0.8278771 0.7757721 0.7612002 0.7481162 0.7292110 0.7071905 0.6954494 0.6888897 0.6717577
[27] 0.6322158 0.6073341 0.5981878 0.5539691 0.5053251
> |
```

요인분석의 목적이 변수의 수를 줄이는 것이기 때문에 상기 결과에서 고유값이 1 이상인 요인은 7개 요인
(5.243~1.045)으로 나타났다.

Kaiser-Meyer-Oklin Test(KMO)와 Bartlett 구형성 검정

> install.packages("psych"): KMO 분석을 실시하는 psych 패키지를 설치한다.

> library(psych): psych 패키지를 로딩한다.

> KMO(fact1): Kaiser-Meyer-Oklin Test를 실시한다.

> bartlett.test(list(Digestive, Respiratory, Confusing, Eclampsia, Anxious, Fear, Anxiousness,
Impulse, Concentration, Lethargy, Lowered, Neglected, Loneliness, Indifference, Worthless,
Anger, Pain, Weight, Fatigue, Sleep, Appetite, Guilty, Sadness, Hostility, Retardation,
Deprivation, Addicted, Taint, Academic, Blunt, Suicide)): Bartlett 구형성 검정을 실시한다.

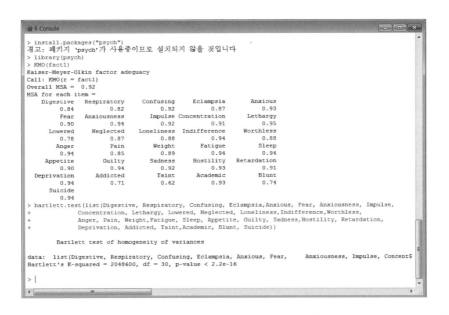

KMO 값이 1에 가깝고(0.92) 바틀렛 검정(변수들 간의 상관이 0인지를 검정) 결과 유의하여($p<.01$) 상관행렬
이 요인분석을 하기에 적합하다고 할 수 있다.

> library(graphics): graphics 패키지를 로딩한다.

> scr=princomp(fact1): 주성분분석(Principle Component Analysis)을 실시하여 scr 객체에
할당한다.

> screeplot(scr, npcs=31, type='lines', main='Scree Plot'): 스크리 도표를 작성한다.

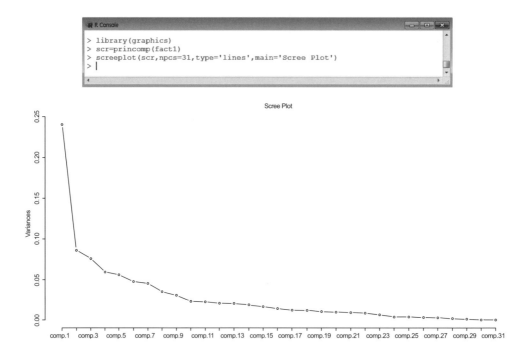

해석

고유값을 보여주는 스크리 도표로 가로축은 요인의 수, 세로축은 고유값의 분산을 나타낸다. 고유값이 요인
7부터 크게 작아지고 또 크게 꺾이는 형태를 보여 요인분석에 적합한 자료인 것으로 나타났다.

> FA1=factanal(fact1, factors=7, rotation='none'): 요인분석을 실시한다.

– factors=7(상기 eigen 함수의 결과에서 고유값 1 이상인 요인 수 결정)

– rotation: none(회전하지 않음), varimax(직각회전), promax(사각회전)

> FA1: 요인분석 결과를 화면에 인쇄한다.

```
R Console

Loadings:
              Factor1 Factor2 Factor3 Factor4 Factor5 Factor6 Factor7
Digestive      0.443   0.103  -0.438  -0.160           0.148
Respiratory    0.115          -0.162
Confusing      0.341          -0.192                           0.165
Eclampsia      0.160                                           0.161
Anxious        0.478                   0.216                   0.137
Fear           0.254                   0.178                   0.242
Anxiousness    0.393                   0.149          -0.118
Impulse        0.251   0.161
Concentration  0.346   0.170   0.135          -0.462   0.105
Lethargy       0.311
Lowered                0.128
Neglected      0.160                   0.152
Loneliness     0.203                   0.210   0.122   0.105
Indifference   0.531   0.185   0.186                   0.102  -0.110
Worthless              0.997
Anger          0.493   0.118           0.215          -0.107
Pain           0.499   0.106  -0.473  -0.145
Weight         0.496   0.149   0.241  -0.373   0.191
Fatigue        0.498   0.108                          -0.203
Sleep          0.564   0.178                  -0.107  -0.108
Appetite       0.479   0.128   0.203  -0.250
Guilty         0.507   0.199   0.153   0.110                  -0.119
Sadness        0.302   0.115           0.225
Hostility      0.219
Retardation    0.371   0.102   0.236  -0.111   0.117
Deprivation    0.526   0.181   0.160                   0.107
Addicted
Taint
Academic       0.463                   0.105          -0.201
Blunt
Suicide        0.370   0.106           0.131

              Factor1 Factor2 Factor3 Factor4 Factor5 Factor6 Factor7
SS loadings     4.130   1.380   0.788   0.607   0.343   0.271   0.209
Proportion Var  0.133   0.045   0.025   0.020   0.011   0.009   0.007
Cumulative Var  0.133   0.178   0.203   0.223   0.234   0.243   0.249

Test of the hypothesis that 7 factors are sufficient.
The chi square statistic is 8101.81 on 269 degrees of freedom.
The p-value is 0
> |
```

해석

회전하지 않은 요인분석의 결과를 보면 요인1~요인7에 포함되는 우울증상의 구분이 어렵다. 따라서 다음과 같이 요인회전을 통하여 요인 구분을 명확히 할 수 있다. 요인1의 설명력은 13.3%(Proportion Var: 0.133)이며, 요인2의 설명력은 4.5%, 요인3의 설명력은 2.5% 등으로 나타났다.

> VA1=factanal(fact1, factors=7, rotation='varimax'): 직각회전으로 요인분석을 실시한다.

> VA1: 요인분석 결과를 화면에 인쇄한다.

```
Loadings:
            Factor1 Factor2 Factor3 Factor4 Factor5 Factor6 Factor7
Digestive     0.127   0.165   0.632
Respiratory                   0.190
Confusing             0.185   0.306                           0.228
Eclampsia                     0.144                           0.194
Anxious       0.151   0.259   0.146           0.366   0.152   0.204
Fear                  0.240                   0.103           0.312
Anxiousness   0.141   0.201   0.155           0.327
Impulse       0.107   0.235           0.125                   0.109
Concentration 0.222                   0.129           0.569
Lethargy      0.184   0.164                   0.242
Lowered                               0.121
Neglected             0.245
Loneliness            0.311
Indifference  0.402   0.369                   0.158   0.186
Worthless                     0.987
Anger         0.160   0.301   0.191           0.391
Pain          0.147   0.132   0.666           0.151
Weight        0.680           0.131                           0.144
Fatigue       0.278   0.124   0.272           0.376
Sleep         0.394   0.148   0.207   0.107   0.302   0.233
Appetite      0.534           0.124           0.106   0.185
Guilty        0.336   0.378           0.119   0.204   0.182
Sadness               0.337                   0.178
Hostility     0.139   0.217
Retardation   0.439   0.175
Deprivation   0.395   0.385                   0.154
Addicted
Taint
Academic      0.167   0.135   0.231           0.408   0.122
Blunt
Suicide       0.200   0.305                   0.160   0.132

               Factor1 Factor2 Factor3 Factor4 Factor5 Factor6 Factor7
SS loadings      1.928   1.376   1.335   1.107   1.089   0.579   0.314
Proportion Var   0.062   0.044   0.043   0.036   0.035   0.019   0.010
Cumulative Var   0.062   0.107   0.150   0.185   0.220   0.239   0.249

Test of the hypothesis that 7 factors are sufficient.
The chi square statistic is 8101.81 on 269 degrees of freedom.
The p-value is 0
> |
```

해석

상기 1차 직각회전 요인분석 결과 각 요인에서 요인부하량이 0.3 미만인 변수(청소년 우울증상)는 제거한 후 2차 요인분석을 실시한다. 1차 요인분석에서는 10개의 변수(Respiratory, Eclampsia, Impulse, Lethargy, Lowered, Neglected, Hostility, Addicted, Taint, Blunt)가 제거된 것으로 나타났다.

2단계: 2차 요인분석을 실시한다.

> fact1=cbind(Digestive, Confusing, Anxious, Fear, Anxiousness, Concentration, Loneliness, Indifference, Worthless, Anger, Pain, Weight, Fatigue, Sleep, Appetite, Guilty, Sadness, Retardation, Deprivation, Academic, Suicide): 1차 요인분석에서 제거된 10개의 변수를 제외하고 21개의 요인분석 대상 변수(청소년 우울증상)를 fact1벡터로 할당한다.

> eigen(cor(fact1))$val: fact1벡터의 고유값을 산출한다(요인 수 결정).

```
> fact1=cbind(Digestive, Confusing, Anxious, Fear, Anxiousness, Concentration, Loneliness,
+             Indifference, Worthless, Anger, Pain, Weight, Fatigue, Sleep, Appetite, Guilty,
+             Sadness, Retardation, Deprivation, Academic, Suicide)
> eigen(cor(fact1))$val
 [1] 4.8973354 1.3757640 1.2442100 1.0101221 0.9921425 0.9258274 0.8797763 0.8640522 0.7934043 0.7846006 0.7768167 0.7447224
[13] 0.7217562 0.7043124 0.6932320 0.6793518 0.6391030 0.6104419 0.6004798 0.5556808 0.5068681
> |
```

상기 결과에서 고유값이 1 이상인 요인은 4개 요인(4.897~1.010)으로 나타났다.

> VA1=factanal(fact1, factors=4, rotation='varimax'): 직각회전으로 요인분석을 실시한다.

> VA1: 요인분석 결과를 화면에 인쇄한다.

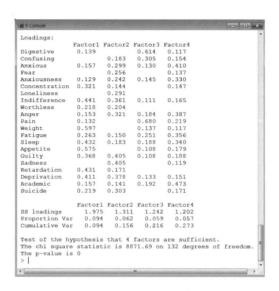

```
Loadings:
            Factor1 Factor2 Factor3 Factor4
Digestive    0.139           0.614   0.117
Confusing            0.183   0.305   0.154
Anxious      0.157   0.299   0.130   0.410
Fear                 0.256           0.137
Anxiousness  0.129   0.242   0.145   0.330
Concentration 0.321  0.144           0.147
Loneliness           0.291
Indifference 0.441   0.361   0.111   0.165
Worthless    0.218   0.204
Anger        0.153   0.321   0.184   0.387
Pain         0.132           0.680   0.219
Weight       0.597           0.137   0.117
Fatigue      0.263   0.150   0.251   0.356
Sleep        0.432   0.183   0.188   0.340
Appetite     0.575           0.108   0.179
Guilty       0.368   0.405   0.108   0.188
Sadness              0.405           0.119
Retardation  0.431   0.171
Deprivation  0.411   0.378   0.133   0.151
Academic     0.157   0.141   0.192   0.473
Suicide      0.219   0.303           0.171

               Factor1 Factor2 Factor3 Factor4
SS loadings      1.975   1.311   1.242   1.202
Proportion Var   0.094   0.062   0.059   0.057
Cumulative Var   0.094   0.156   0.216   0.273

Test of the hypothesis that 4 factors are sufficient.
The chi square statistic is 8871.69 on 132 degrees of freedom.
The p-value is 0
> |
```

상기 2차 직각회전 요인분석 결과 각 요인에서 요인부하량이 0.3 미만인 변수(청소년 우울증상)는 제거한 후 3차 요인분석을 실시한다. 2차 요인분석에서는 3개의 변수(Fear, Loneliness, Worthless)가 제거된 것으로 나타났다.

3단계: 3차 요인분석을 실시한다.

> fact1=cbind(Digestive, Confusing, Anxious, Anxiousness, Concentration, Indifference, Anger, Pain, Weight, Fatigue, Sleep, Appetite, Guilty, Sadness, Retardation, Deprivation, Academic, Suicide): 2차 요인분석에서 제거된 3개의 변수를 제외하고 18개의 요인분석 대상 변수(청소년 우울증상)를 fact1벡터로 할당한다.

> eigen(cor(fact1))$val: fact1벡터의 고유값을 산출한다(요인 수 결정).

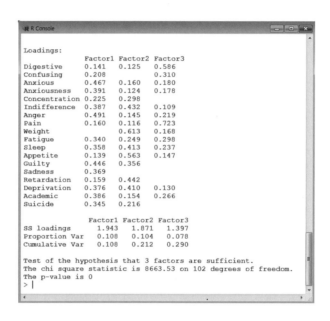

```
R Console
> fact1=cbind(Digestive, Confusing, Anxious, Anxiousness, Concentration, Indifference,
+             Anger, Pain, Weight, Fatigue, Sleep, Appetite, Guilty, Sadness,
+             Retardation, Deprivation, Academic, Suicide)
> eigen(cor(fact1))$val
 [1] 4.7075287 1.3622188 1.1398659 0.9325543 0.9199933 0.8506531 0.8014975 0.7814118 0.7528247 0.7295109 0.7077659 0.7026831 0.6855391
[14] 0.6428530 0.6144387 0.6021097 0.5593551 0.5071962
> |
```

해석

상기 결과에서 고유값이 1 이상인 요인은 3개 요인(4.707~1.139)으로 나타났다.

> VA1=factanal(fact1, factors=3, rotation='varimax'): 직각회전으로 요인분석을 실시한다.

> VA1: 요인분석 결과를 화면에 인쇄한다.

```
R Console
Loadings:
            Factor1 Factor2 Factor3
Digestive     0.141   0.125   0.586
Confusing     0.208           0.310
Anxious       0.467   0.160   0.180
Anxiousness   0.391   0.124   0.178
Concentration 0.225   0.298
Indifference  0.387   0.432   0.109
Anger         0.491   0.145   0.219
Pain          0.160   0.116   0.723
Weight                0.613   0.168
Fatigue       0.340   0.249   0.298
Sleep         0.358   0.413   0.237
Appetite      0.139   0.563   0.147
Guilty        0.446   0.356
Sadness       0.369
Retardation   0.159   0.442
Deprivation   0.376   0.410   0.130
Academic      0.386   0.154   0.266
Suicide       0.345   0.216

               Factor1 Factor2 Factor3
SS loadings      1.943   1.871   1.397
Proportion Var   0.108   0.104   0.078
Cumulative Var   0.108   0.212   0.290

Test of the hypothesis that 3 factors are sufficient.
The chi square statistic is 8663.53 on 102 degrees of freedom.
The p-value is 0
> |
```

해석

본 요인분석에서는 요인1을 '스트레스요인', 요인2를 '집중력저하요인', 요인3을 '신체적장애요인'으로 명명하였다. 요인1에는 (불안, 초조, 분노, 피로, 죄책감, 슬픔, 학업스트레스, 자살)의 8개 항목이, 요인2에는 (집중력, 무관심, 체중, 수면, 식욕, 지체, 상실)의 7개 항목이 포함되었다. 또 요인3에는(소화장애, 혼란, 통증)의 3개 항목이 포함되었다.

4단계: 요인점수(factor score)를 저장한다. 상기 3차 요인분석의 결과로 산출된 3개 요인에 대한 요인점수를 파일로 저장하여 상관분석이나 로지스틱 회귀분석 등을 실시할 수 있다.

> VA2=factanal(fact1, factors=3, rotation='varimax', scores='regression')$scores: 3차 요인분석의 결과로 산출된 3개 요인의 요인점수를 VA2 객체에 저장한다.

> library(MASS): write.matrix()함수가 포함된 MASS 패키지를 로딩한다.

> write.matrix(VA2, "c:/미래신호_1부2장/factor_score.txt"): VA2 객체에 저장된 factor score를 factor_score.txt 파일에 출력한다.

> VA4= read.table('c:/미래신호_1부2장/factor_score.txt', header=T): factor_score.txt 데이터 파일을 VA4에 할당한다.

> attach(VA4): 실행 데이터를 'VA4'로 고정시킨다.

> data_spss=cbind(data_spss, Factor1, Factor2, Factor3): data_spss의 변수에 3차 요인분석의 결과로 산출된 요인점수가 저장된 변수(Factor1, Factor2, Factor3)를 결합하여 data_spss에 할당한다.

> write.matrix(data_spss, "c:/미래신호_1부2장/regression_factor_score.txt"): data_spss 객체를 regression_factor_score.txt 파일에 출력한다.

```
R Console

> VA2=factanal(fact1, factors=3, rotation='varimax',scores='regression')$scores
> library(MASS)
> write.matrix(VA2, "c:/미래신호_1부2장/factor_score.txt")
> VA4= read.table('c:/미래신호_1부2장/factor_score.txt',header=T)
> attach(VA4)
> data_spss=cbind(data_spss,Factor1,Factor2,Factor3)
> write.matrix(data_spss, "c:/미래신호_1부2장/regression_factor_score.txt")
> |
```

5단계: 이분형 로지스틱 회귀분석을 실시한다.

> data_spss=read.table(file="c:/미래신호_1부2장/regression_factor_score.txt", header=T): regression_factor_score.txt 데이터파일을 data_spss에 할당한다.

> summary(glm(Attitude~Factor1+Factor2+Factor3, family=binomial, data=data_spss)): 이분형 로지스틱 회귀분석을 실시한다.

> exp(coef(glm(Attitude~Factor1+Factor2+Factor3, family=binomial, data=data_spss))): 오즈비를 산출한다.

> exp(confint(glm(Attitude~Factor1+Factor2+Factor3, family=binomial, data=data_spss))): 신뢰구간을 산출한다.

> install.packages('lm.beta'): 표준화 회귀계수 산출 패키지(lm.beta)를 설치한다.

> library(lm.beta): 표준화 회귀계수 산출 패키지(lm.beta)를 로딩한다.

> lm1=glm(Attitude~Factor1+Factor2+Factor3, family=binomial, data=data_spss): 이분형 로지스틱 회귀분석을 실시하여 lm1 객체에 할당한다.

> lm.beta(lm1): lm1 객체의 표준화 회귀계수를 산출하여 화면에 인쇄한다.

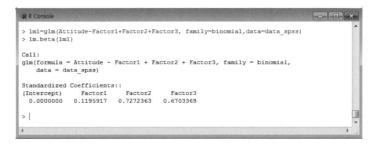

해석

집중력저하요인, 신체적장애요인, 스트레스요인 순으로 청소년 우울에 정적의 유의한 영향을 미치는 것으로 나타났다.

1단계: 데이터파일을 불러온다(분석파일: depression_Symptom_factor_20161018.sav).

2단계: [분석]→[차원감소]→[요인분석]→[변수(Digestive~Suicide)]를 선택한다.

3단계: [기술통계: 계수, KMO 검정]→[요인추출: 스크리 도표]→[요인회전: 베리멕스]를 선택한다.

4단계: [옵션]→[계수출력형식: 크기순 정렬]을 선택한다.

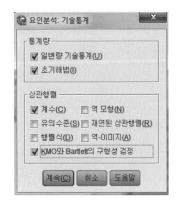

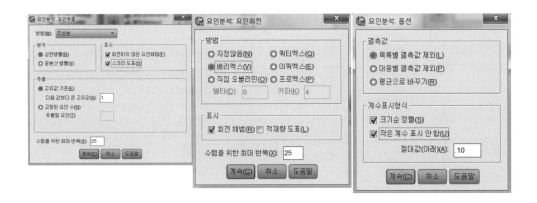

5단계: 결과를 확인한다.

공통성

	초기	추출
소화장애	1.000	.534
호흡기장애	1.000	.219
혼란	1.000	.351
경련	1.000	.413
불안	1.000	.387
공포	1.000	.404
초조	1.000	.321
충동	1.000	.398
집중력	1.000	.305
무기력	1.000	.216
자존감저하	1.000	.466
소외감	1.000	.443
외로움	1.000	.340
무관심	1.000	.427
무가치	1.000	.530
분노	1.000	.396
통증	1.000	.574
체중	1.000	.528
피로	1.000	.390
수면	1.000	.435
식욕	1.000	.476
죄책감	1.000	.406
슬픔	1.000	.336
적대	1.000	.240
지체	1.000	.468
상실	1.000	.417
중독	1.000	.639
더러움	1.000	.467
학업스트레스	1.000	.399
통명	1.000	.097
자살	1.000	.293

추출 방법: 주성분 분석.

KMO와 Bartlett의 검정

표본 적절성의 Kaiser-Meyer-Olkin 측도.		.916
Bartlett의 구형성 검정	근사 카이제곱	332165.568
	자유도	465
	유의확률	.000

해석

호흡기장애, 무기력, 적대, 통명, 자살의 공통분산이 0.3 이하로 낮게 나타나 제거하고 2차 요인분석을 실시한다(소셜 빅데이터에서 요인분석을 통한 키워드 축약 시 공통분산이 낮은 키워드는 반드시 제거한 후 요인분석을 반복해서 실시해야 한다). 표본이 적절한가를 측정하는 KMO값이 1에 가깝고(0.916), 바틀렛 검정 결과 유의하여($p<.001$) 상관행렬이 요인분석을 하기에 적합하다고 할 수 있다.

6단계: 1차 요인분석 결과 공통성이 낮은 변수를 제거하고 요인분석을 실시한다.

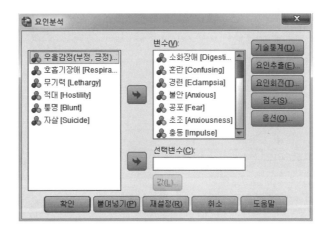

설명된 총분산

성분	초기 고유값			추출 제곱합 적재량			회전 제곱합 적재량		
	전체	% 분산	누적 %	전체	% 분산	누적 %	전체	% 분산	누적 %
1	4.904	18.860	18.860	4.904	18.860	18.860	2.759	10.610	10.610
2	1.400	5.384	24.243	1.400	5.384	24.243	2.510	9.653	20.263
3	1.284	4.940	29.184	1.284	4.940	29.184	1.797	6.911	27.174
4	1.100	4.231	33.414	1.100	4.231	33.414	1.266	4.868	32.042
5	1.058	4.068	37.482	1.058	4.068	37.482	1.226	4.715	36.758
6	1.042	4.007	41.489	1.042	4.007	41.489	1.181	4.543	41.301
7	1.033	3.974	45.463	1.033	3.974	45.463	1.082	4.163	45.463
8	.980	3.771	49.234						
9	.931	3.583	52.817						
10	.906	3.486	56.303						
11	.880	3.384	59.687						
12	.859	3.306	62.993						
13	.840	3.232	66.225						
14	.811	3.121	69.346						
15	.780	3.000	72.346						
16	.758	2.915	75.261						
17	.740	2.846	78.107						
18	.717	2.759	80.866						
19	.698	2.685	83.551						
20	.692	2.663	86.214						
21	.675	2.597	88.811						
22	.642	2.470	91.281						
23	.607	2.336	93.617						
24	.599	2.304	95.921						
25	.555	2.134	98.054						
26	.506	1.946	100.000						

추출 방법: 주성분 분석.

해석

요인분석의 목적은 변수의 수를 줄이는 것이기 때문에 상기 결과에서 요인 수는 7개로 나타났으며, 요인 1의 고유값 합계는 4.904이며 설명력은 약 18.86%이다. 요인 2의 고유값 합계는 1.40이고 설명력은 약 5.38%이다.

스크리 도표

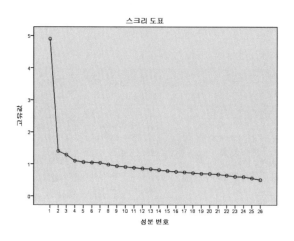

해석

위의 그림은 고유값을 보여주는 스크리 도표로 가로축은 요인 수, 세로축은 고유값을 나타낸다. 고유값이 요인 2부터 크게 작아지고 또 크게 꺾이는 형태를 보여 이 자료를 이용해 요인분석을 실시할 수 있는 것으로 나타났다.

성분행렬[a]

	성분						
	1	2	3	4	5	6	7
수면	.628	-.111	-.137				
무관심	.603	-.236					
상실	.598	-.181	.125				
죄책감	.587	-.189	.125				
분노	.552	.194	.121		-.173	-.120	
피로	.543	.116	-.191		-.166		
불안	.532	.167	.162	-.120	-.100	-.195	.112
체중	.524	-.342	-.251	.218	.111		
식욕	.522	-.346	-.245	-.102		.106	
통증	.509	.433	-.359	.102			
학업스트레스	.500	.216		-.158	-.266		.100
소화장애	.460	.397	-.371	.166		.148	
초조	.457	.173		-.124	-.239	-.137	
지체	.420	-.392		-.228	.255		
집중력	.407	-.261	-.131	.159	-.118		
혼란	.393	.361		.120	.224		-.194
슬픔	.369		.359		-.124	-.210	-.161
외로움	.253		.505			.116	-.123
무가치	.310	-.233		.616			
자존감저하	.113	-.149		.568	-.118	-.235	-.137
충동	.332		.175	.352	.201	.124	.272
경련	.181	.227		.101	.646		
공포	.292	.107	.333	-.128	.367	-.277	-.155
더러움					-.116	.646	-.227
소외감	.205		.413			.487	
중독		.115	.101				.853

회전된 성분행렬[a]

	성분						
	1	2	3	4	5	6	7
체중	.707		.164				
식욕	.670		.136				
지체	.628				.202		
무관심	.532	.309		.140		.142	.110
상실	.506	.295			.162	.170	.119
수면	.497	.342	.237	.112			
죄책감	.437	.402		.199			
집중력	.401	.162		.277	-.137		
분노	.154	.579	.176				
불안	.166	.577	.102		.149		.141
학업스트레스	.156	.557	.244				
초조	.108	.554	.131				
슬픔		.474		.225	.228	.112	
피로	.290	.436	.325				
통증	.123	.261	.717				
소화장애	.117	.174	.710				
혼란		.147	.500		.311	.139	
무가치	.193			.696		.125	
자존감저하				.643		-.146	-.101
공포		.252			.618		
경련		-.159	.332		.605		
소외감		.115				.652	.124
더러움		-.112	.142	-.102	-.181	.635	-.143
외로움		.258	-.103		.325	.420	
중독				-.111			.866
충동	.120		.170	.329	.201	.156	.423

해석

회전하기 전의 요인 특성을 보면 요인 1~요인 7에 포함되는 변수를 구분하기 어렵다. 반면 회전 후의 성분행렬은 요인 구분이 명확하다. 본 요인분석에서는 신체적요인(체중, 식욕, 지체, 무관심, 상실, 수면, 죄책감, 집중력), 분노요인(분노, 불안, 학업스트레스, 초조, 슬픔, 피로), 통증요인(통증, 소화장애, 혼란), 무가치요인(무가치, 자존감저하), 공포요인(공포, 경련), 소외감요인(소외감, 더러움, 외로움), 중독요인(중독, 충동)의 7개 요인으로 나타났다.

■ 요인분석을 이용한 회귀분석

1단계: [분석]→[요인분석]→[요인점수]→[변수로 저장]을 선택한다.

2단계: 요인분석이 끝나면 편집기창에 새로운 요인변수(FAC1_1~FAC7_1) 7개가 추가된다.

3단계: [분석]→[회귀분석]→[이분형 로지스틱]을 선택한다.

4단계: [종속변수(Attitude), 공변량(FAC1_1 ~ FAC7_1)]을 지정한다.

5단계: 결과를 확인한다.

 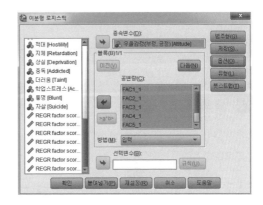

방정식의 변수

		B	S.E.	Wald	자유도	유의확률	Exp(B)
1 단계[a]	FAC1_1	.106	.008	195.109	1	.000	1.111
	FAC2_1	.360	.008	2055.152	1	.000	1.434
	FAC3_1	.209	.007	783.889	1	.000	1.232
	FAC4_1	-.053	.010	28.366	1	.000	.948
	FAC5_1	.018	.008	4.879	1	.027	1.018
	FAC6_1	.017	.009	3.696	1	.055	1.017
	FAC7_1	.032	.008	16.187	1	.000	1.032
	상수항	-1.760	.010	32261.584	1	.000	.172

해석

신체적요인(FAC1_1), 분노요인(FAC2_1), 통증요인(FAC3_1), 공포요인(FAC5_1), 중독요인(FAC7_1)은 청소년 우울에 정적의 유의한 영향을 미치며, 무가치요인(FAC4_1)은 청소년 우울에 부적의 유의한 영향을 미치는 것으로 나타났다.

16 신뢰성 분석

신뢰성(reliability)은 동일한 측정 대상(변수)에 대해 같거나 유사한 측정도구(설문지)를 사용하여 매번 반복 측정할 경우 동일하거나 비슷한 결과를 얻을 수 있는 정도를 말한다. 즉 신뢰성은 측정한 다변량 변수 사이의 일관된 정도를 의미하며, 신뢰성 정도는 동일한 개념에 대하여 반복적으로 측정했을 때 나타나는 측정값들의 분산을 의미한다. R이나 SPSS에서 크론바흐 알파계수(Cronbach Coefficient Alpha)를 이용하여 신뢰성을 구할 수 있다. 일반적으로 사회과학 분야에서는 신뢰성 지수가 0.6 이상인 경우에 신뢰성이 있다고 해석한다.

가 R 프로그램 활용

연구문제

R을 활용한 요인분석의 결과로 나타난 스트레스요인에 포함되는 8개의 변수(불안, 초조, 분노, 피로, 죄책감, 슬픔, 학업스트레스, 자살)에 대한 신뢰성을 측정하라.

> install.packages('psych'): 신뢰성 분석을 실시하는 패키지를 설치한다.

> library(psych): 신뢰성 분석을 실시하는 패키지를 로딩한다.

> rm(list=ls()): 모든 변수를 초기화한다.

> setwd("c:/미래신호_1부2장"): 작업용 디렉터리를 지정한다.

> data_spss=read.table(file="depression_Symptom_factor_txt.txt", header=T): 데이터파일을 'data_spss'에 할당한다.

> attach(data_spss): 실행 데이터를 'data_spss'로 고정시킨다.

> factor1=cbind(Anxious, Anxiousness, Anger, Fatigue, Guilty, Sadness, Academic, Suicide): 변수(Anxious~Suicide)를 결합하여 factor1에 할당한다.

> alpha(factor1): Cronbach's alpha를 산출한다.

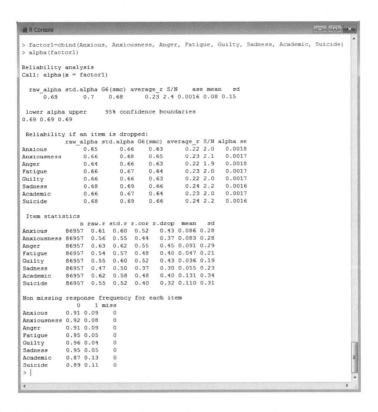

해석

스트레스요인에 포함되는 8개 변수의 신뢰도는 0.69로 나타났다.

나 SPSS 프로그램 활용

1단계: 데이터파일을 불러온다(분석파일: depression_Symptom_factor_20161018.sav).

2단계: [분석]→[척도]→[신뢰도 분석]→ [항목(불안, 초조, 분노, 피로, 죄책감, 슬픔, 학업스트레스, 자살)]을 지정한다.

3단계: [통계량]→[항목, 척도, 항목 제거 시 척도, 분산분석표]를 선택한다.

4단계: 결과를 확인한다.

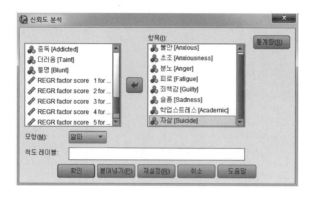 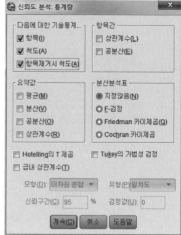

항목 총계 통계량

	항목이 삭제된 경우 척도 평균	항목이 삭제된 경우 척도 분산	수정된 항목-전체 상관계수	항목이 삭제된 경우 Cronbach 알파
불안	.5517	1.129	.432	.649
초조	.5550	1.170	.369	.664
분노	.5465	1.108	.453	.644
피로	.5906	1.233	.399	.661
죄책감	.6020	1.252	.432	.659
슬픔	.5827	1.259	.302	.678
학업스트레스	.5069	1.070	.403	.659
자살	.5277	1.150	.324	.678

신뢰도 통계량

Cronbach의 알파	항목 수
.691	8

해석

스트레스요인에 포함되는 8개 변수의 신뢰도는 0.69로 나타났다.

17 다변량 분산분석

분산분석(ANOVA, Analysis of Variance)의 이원배치 분산분석은 1개의 종속변수[1주확산수(Onespread)]와 2개의 독립변수[순계정(Account), 채널(Channel)]의 집단(그룹) 간 종속변수의 평균 차이를 검정한다. 다변량 분산분석(MANOVA, Multivariate Analysis of Variance)은 2개 이상의 종속변수와 2개 이상의 독립변수의 집단 간 종속변수들의 평균 차이를 검정한다.

가 R 프로그램 활용

연구문제
독립변수(Account, Channel) 간에 종속변수(Onespread, Twospread)의 평균 차이가 있는가?

1단계: install.packages('foreign') 패키지를 설치한다.

2단계: 다변량 분산분석을 실시한다.

> rm(list=ls()): 모든 변수를 초기화한다.

> setwd("c:/미래신호_1부2장"): 작업용 디렉터리를 지정한다.

> data_spss=read.spss(file='Adolescents_depression_20161105.sav', use.value.labels=T, use.missings=T, to.data.frame=T): SPSS 데이터파일을 'data_spss'에 할당한다.

> attach(data_spss): 실행 데이터를 'data_spss'로 고정시킨다.

> tapply(Onespread, Channel, mean): 채널별 1주 확산수의 평균을 산출한다.

> tapply(Onespread, Channel, sd): 채널별 1주 확산수의 표준편차를 산출한다.

> tapply(Onespread, Account, mean): 순계정별 1주 확산수의 평균을 산출한다.

> tapply(Onespread, Account, sd): 순계정별 1주 확산수의 표준편차를 산출한다.

> tapply(Onespread, list(Channel, Account), mean): 채널별 순계정별 1주 확산수의 평균을 산출한다.

> tapply(Onespread, list(Channel, Account), sd): 채널별 순계정별 1주 확산수의 표준편차를 산출한다.

> tapply(Twospread, Channel, mean)

> tapply(Twospread, Channel, sd)

> tapply(Twospread, Account, mean)

> tapply(Twospread, Account, sd)

> tapply(Twospread, list(Channel, Account), mean)

> tapply(Twospread, list(Channel, Account), sd)

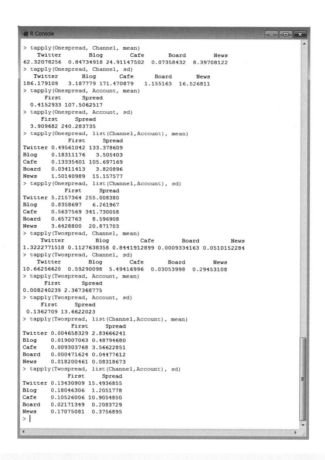

해석

상기 기술통계량에서 순계정(First, Spread)과 채널(Twitter, Blog, Cafe, Board, News)에 따른 1주 확산수
(Onespread)와 2주 확산수(Twospread)의 평균을 비교한 결과, 최초문서보다 확산문서가 Twitter의 1주 확산
수와 2주 확산수의 평균이 높은 것으로 나타났다.

> y=cbind(Onespread, Twospread): 종속변수를 y벡터로 할당한다.

> Mfit=manova(y~Account+Channel+Account:Channel): 이원다변량 분산분석(Two-Way
  MANOVA)을 실시한다.

－y: 종속변수

- Account: 독립변수(Account)의 효과 분석

- Channel: 독립변수(Channel)의 효과 분석

- Account : Channel: Account와 Channel의 상호작용효과 분석

> Mfit: 이원다변량 분산분석(Two-Way MANOVA) 결과를 화면에 인쇄한다.

> summary(Mfit, test='Wilks'): 월크스(Wilks)의 다변량 검정을 화면에 인쇄한다.

> summary(Mfit, test='Pillai'): 필라이(Pillai)의 다변량 검정을 화면에 인쇄한다.

> summary(Mfit, test='Roy'): 로이(Roys)의 다변량 검정을 화면에 인쇄한다.

> summary(Mfit, test='Hotelling'): 호텔링(Hotelling)의 다변량 검정을 화면에 인쇄한다.

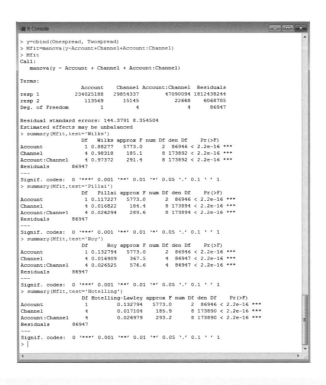

해석

상기 다변량검정에서 Account(Wilks의 람다: .883, $p<.001$)와 Channel(Wilks의 람다: .983, $p<.001$)로 Account와 Channel 집단 간 1주 확산수와 2주 확산수는 유의한 차이가 있는 것으로 나타났다.

상호작용효과 검정에서 Account*Channel의 Wilks의 람다는 .9740이며 F=291.4로 유의한 차이($p<.001$)가 나타나, '상호작용이 없다'는 귀무가설이 기각되어 Channel 중 Twitter에서의 확산문서(spread)의 1주 확산수와 2주 확산수의 평균이 가장 큰 것으로 나타났다.

(만약 귀무가설이 채택되어 Account와 Channel은 '상호작용이 없다'는 결론이 난다면 '채널 중 Twitter에서 1주 확산수와 2주 확산수의 평균이 가장 크며, 순계정 중 확산문서의 1주 확산수와 2주 확산수의 평균이 큰 것으로 나타났다'로 해석하여야 한다.)

개체-간 효과 검정

> summary.aov(Mfit)

```
> summary.aov(Mfit)
 Response Onespread :
                Df      Sum Sq    Mean Sq  F value     Pr(>F)
Account          1   234025188  234025188 11226.75 < 2.2e-16 ***
Channel          4    29854337    7463584   358.05 < 2.2e-16 ***
Account:Channel  4    47090094   11772523   564.76 < 2.2e-16 ***
Residuals    86947  1812438244      20845
---
Signif. codes:  0 '***' 0.001 '**' 0.01 '*' 0.05 '.' 0.1 ' ' 1

 Response Twospread :
                Df   Sum Sq Mean Sq  F value     Pr(>F)
Account          1   113569  113569 1627.117 < 2.2e-16 ***
Channel          4    15145    3786   54.245 < 2.2e-16 ***
Account:Channel  4    22668    5667   81.193 < 2.2e-16 ***
Residuals    86947  6068705      70
---
Signif. codes:  0 '***' 0.001 '**' 0.01 '*' 0.05 '.' 0.1 ' ' 1
> |
```

해석

상기 개체-간 효과검정에서 Account에 따른 1주 확산수(F=11226.75, $p<.001$)와 2주 확산수(F=1627.117, $p<.001$)의 평균은 유의한 차이가 있는 것으로 나타났다. Channel에 따른 1주 확산수(F=358.05, $p<.001$)와 2주 확산수(F=54.245, $p<.001$)의 평균에도 유의한 차이가 나타났다. 그리고 Account*Channel의 1주 확산수(F=564.76, $p<.001$)와 2주 확산수(F=81.193, $p<.001$)의 평균에 유의한 차이가 있는 것으로 나타났다.

나 SPSS 프로그램 활용

1단계: 데이터파일을 불러온다(분석파일: Adolescents_depression_20161105.sav).

2단계: [분석]→[일반선형모형]→[다변량]→[종속변수(One week spread, Two week spread))]
        →[고정요인(Account, Channel)]을 선택한다.

3단계: [옵션]→[기술통계량]을 선택한다.

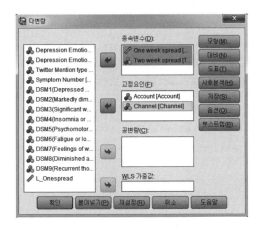

4단계: 결과를 확인한다.

기술통계량

	Account	Channel	평균	표준편차	N
One week spread	First	Twitter	.50	5.216	27907
		Blog	.18	836	9628
		Cafe	.13	564	6449
		Board	.03	657	6361
		News	1.50	3.643	3901
		전체	.42	3.910	54246
	Spread	Twitter	133.38	255.008	24281
		Blog	3.51	6.262	2406
		Cafe	105.70	341.730	1978
		Board	3.82	8.597	67
		News	15.16	20.872	3979
		전체	107.51	240.284	32711
	전체	Twitter	62.32	186.179	52188
		Blog	.85	3.188	12034
		Cafe	24.91	171.471	8427
		Board	.07	1.155	6428
		News	8.40	16.527	7880
		전체	40.70	156.267	86957
Two week spread	First	Twitter	.00	.134	27907
		Blog	.02	.180	9628
		Cafe	.01	.105	6449
		Board	.00	.022	6361
		News	.02	.171	3901
		전체	.01	.136	54246
	Spread	Twitter	2.84	15.494	24281
		Blog	.49	1.205	2406
		Cafe	3.57	10.905	1978
		Board	.04	.208	67
		News	.08	.376	3979
		전체	2.37	13.662	32711
	전체	Twitter	1.32	10.663	52188
		Blog	.11	.593	12034
		Cafe	.84	5.494	8427
		Board	.00	.031	6428
		News	.05	.295	7880
		전체	.90	8.458	86957

해석

상기 기술통계량에서 순계정(First, Spread)과 채널(Twitter, Blog, Cafe, Board, News)에 따른 1주 확산수와 2주 확산수의 평균 비교에서 최초문서보다 확산문서가 Twitter의 1주 확산수와 2주 확산수의 평균이 높은 것으로 나타났다.

다변량 검정[a]

효과		값	F	가설 자유도	오차 자유도	유의확률
절편	Pillai의 트레이스	.002	105.502[b]	2.000	86946.000	.000
	Wilks의 람다	.998	105.502[b]	2.000	86946.000	.000
	Hotelling의 트레이스	.002	105.502[b]	2.000	86946.000	.000
	Roy의 최대근	.002	105.502[b]	2.000	86946.000	.000
Account	Pillai의 트레이스	.002	101.856[b]	2.000	86946.000	.000
	Wilks의 람다	.998	101.856[b]	2.000	86946.000	.000
	Hotelling의 트레이스	.002	101.856[b]	2.000	86946.000	.000
	Roy의 최대근	.002	101.856[b]	2.000	86946.000	.000
Channel	Pillai의 트레이스	.026	286.883	8.000	173894.000	.000
	Wilks의 람다	.974	288.659[b]	8.000	173892.000	.000
	Hotelling의 트레이스	.027	290.436	8.000	173890.000	.000
	Roy의 최대근	.026	570.471[c]	4.000	86947.000	.000
Account * Channel	Pillai의 트레이스	.026	289.578	8.000	173894.000	.000
	Wilks의 람다	.974	291.397[b]	8.000	173892.000	.000
	Hotelling의 트레이스	.027	293.215	8.000	173890.000	.000
	Roy의 최대근	.027	576.572[c]	4.000	86947.000	.000

해석

상기 다변량 검정에서 Account(Wilks의 람다: .998, $p<.001$)와 Channel(Wilks의 람다: .974, $p<.001$)로 Account와 Channel 집단 간 1주 확산수와 2주 확산수는 유의한 차이가 있는 것으로 나타났다.

상호작용효과 검정에서 Account*Channel의 Wilks의 람다는 .974이며 F=291.397로 유의한 차이($p<.001$)가 있는 것으로 나타나, '상호작용이 없다'는 귀무가설이 기각되어 Channel 중 Twitter에서의 확산문서(spread)의 1주 확산수와 2주 확산수의 평균이 가장 큰 것으로 나타났다.

(만약 귀무가설이 채택되어 Account와 Channel은 '상호작용이 없다'는 결론이 난다면 '채널 중 Twitter에서 1주 확산수와 2주 확산수의 평균이 가장 크며, 순계정 중 확산문서의 1주 확산수와 2주 확산수의 평균이 큰 것으로 나타났다'로 해석하여야 한다.)

개체-간 효과 검정

소스	종속변수	제 III 유형 제곱합	자유도	평균제곱	F	유의확률
수정된 모형	One week spread	310969619[a]	9	34552179.87	1657.551	.000
	Two week spread	151382.177[b]	9	16820.242	240.985	.000
절편	One week spread	4133998.657	1	4133998.657	198.318	.000
	Two week spread	2967.295	1	2967.295	42.513	.000
Account	One week spread	3988210.394	1	3988210.394	191.324	.000
	Two week spread	2881.238	1	2881.238	41.280	.000
Channel	One week spread	46634822.70	4	11658705.68	559.296	.000
	Two week spread	22257.983	4	5564.496	79.723	.000
Account * Channel	One week spread	47090093.84	4	11772523.46	564.756	.000
	Two week spread	22668.248	4	5667.062	81.193	.000
오차	One week spread	1812438244	86947	20845.322		
	Two week spread	6068704.573	86947	69.798		
전체	One week spread	2267452493	86957			
	Two week spread	6289848.000	86957			
수정된 합계	One week spread	2123407863	86956			
	Two week spread	6220086.750	86956			

해석

상기 개체 간 효과검정에서 Account에 따른 1주 확산수(F=191.324, $p<.001$)와 2주 확산수(F=41.280, $p<.001$)의 평균에는 유의한 차이가 있는 것으로 나타났다. Channel에 따른 1주 확산수(F=559.296, $p<.001$)와 2주 확산수(F=79.723, $p<.001$)의 평균에도 유의한 차이가 나타났다. 그리고 Account*Channel의 1주 확산수(F=564.756, $p<.001$)와 2주 확산수(F=81.193, $p<.001$)의 평균에 유의한 차이가 나타났다.

18 이분형 로지스틱 회귀분석

로지스틱 회귀분석(logistic regression)은 독립변수는 양적 변수를 가지며, 종속변수는 다변량을 가지는 비선형 회귀분석을 말한다.

일반적으로 회귀분석의 적합도 검정은 잔차의 제곱합을 최소화하는 최소자승법을 사용하지만 로지스틱 회귀분석은 사건 발생 가능성을 크게 하는 확률, 즉 우도비(likelihood)를 최대화하는 최대우도추정법을 사용한다. 로지스틱 회귀분석은 독립변수(공변량)가 종속변수에 미치는 영향을 승산의 확률인 오즈비(odds ratio)로 검정한다. 예를 들어, 청소년 우울증상에 따라 우울감정(0: 부정, 1: 긍정)을 예측하기 위한 확률비율의 승산율(odds ratio)에 대한 로짓 모형은 $\ln \frac{P(Y=1|X)}{P(Y=0|X)} = \beta_0 + \beta_1 X$ 로 나타내며, 여기서 회귀계수는 승산율의 변화를 추정하는 것으로 결과값에 엔티로그를 취하여 해석한다.

이분형(binary, dichotomous) 로지스틱 회귀분석은 독립변수들이 양적 변수를 가지고 종속변수가 2개의 범주(0, 1)를 가지는 회귀모형의 분석을 말한다.

가 R 프로그램 활용

연구문제
청소년 우울감정[Attitude(Negative, Positive)]에 영향을 미치는 우울증상(DSM1~DSM9)은 무엇인가?

1단계: install.packages('foreign') 패키지를 설치한다.
2단계: 이분형 로지스틱 회귀분석을 실시한다.

> rm(list=ls()): 모든 변수를 초기화한다.

> setwd("c:/미래신호_1부2장"): 작업용 디렉터리를 지정한다.

> data_spss=read.spss(file='Adolescents_depression_logistic.sav', use.value.labels=T, use.missings=T, to.data.frame=T): SPSS 데이터파일을 data_spss에 할당한다.

> attach(data_spss): 실행 데이터를 'data_spss'로 고정시킨다.

> summary(glm(Attitude~., family=binomial, data=data_spss)): 이분형 로지스틱 회귀분석을 실시한다.

> exp(coef(glm(Attitude~., family=binomial, data=data_spss))): 오즈비를 산출한다.

> exp(confint(glm(Attitude~., family=binomial, data=data_spss))): 신뢰구간을 산출한다.

```
R R Console

> summary(glm(Attitude~., family=binomial,data=data_spss))

Call:
glm(formula = Attitude ~ ., family = binomial, data = data_spss)

Deviance Residuals:
    Min      1Q   Median      3Q      Max
-1.4052  -0.6651  -0.4064  -0.4064   2.4934

Coefficients:
             Estimate Std. Error  z value Pr(>|z|)
(Intercept) -2.45214    0.01668 -147.018  < 2e-16 ***
DSM1         1.05606    0.02202   47.969  < 2e-16 ***
DSM2         0.17169    0.03991    4.301  1.7e-05 ***
DSM3        -0.06660    0.05471   -1.217    0.224
DSM4         0.42262    0.03657   11.557  < 2e-16 ***
DSM5         0.59016    0.02524   23.379  < 2e-16 ***
DSM6         0.31541    0.03400    9.276  < 2e-16 ***
DSM7        -0.27223    0.04991   -5.455  4.9e-08 ***
DSM8         0.41737    0.04133   10.100  < 2e-16 ***
DSM9        -0.33836    0.02955  -11.451  < 2e-16 ***
---
Signif. codes:  0 '***' 0.001 '**' 0.01 '*' 0.05 '.' 0.1 ' ' 1

(Dispersion parameter for binomial family taken to be 1)

    Null deviance: 74914  on 86956  degrees of freedom
Residual deviance: 68921  on 86947  degrees of freedom
AIC: 68941

Number of Fisher Scoring iterations: 5

> exp(coef(glm(Attitude~., family=binomial,data=data_spss)))
(Intercept)       DSM1       DSM2       DSM3       DSM4       DSM5       DSM6
 0.08610893 2.87501892 1.18731162 0.93557256 1.52594846 1.80427284 1.37081487
       DSM7       DSM8       DSM9
 0.76168027 1.51796651 0.71293909
> exp(confint(glm(Attitude~., family=binomial,data=data_spss)))
Waiting for profiling to be done...
                 2.5 %      97.5 %
(Intercept) 0.08332744 0.08895768
DSM1        2.75374216 3.00194816
DSM2        1.09771740 1.28364378
DSM3        0.84009806 1.04107197
DSM4        1.42021629 1.63912492
DSM5        1.71705074 1.89564509
DSM6        1.28222733 1.46505530
DSM7        0.69039321 0.83957982
DSM8        1.39961353 1.64575666
DSM9        0.67268669 0.75529453
> |
```

해석

DSM3(p=.224>.05)을 제외한 모든 독립변수가 종속변수(청소년 우울감정)에 유의한 영향을 미치는 것으로 나타났다. DSM1, DSM2, DSM4, DSM5, DSM6, DSM8은 청소년 우울감정에 부정보다 긍정의 영향을 주며, DSM7과 DSM9는 청소년 우울감정에 긍정보다 부정의 영향을 주는 것으로 나타났다.

■ 로지스틱 회귀모형의 평가

로지스틱 회귀모형의 성능 평가는 실제집단과 분류집단의 오분류표에 의한 분류평가와 ROC(Receiver Operation Characteristic) 곡선으로 평가할 수 있다. ROC는 여러 절단값에서 민감도와 특이도의 관계를 보여주며 분류기의 성능을 그래프로 확인할 수 있다. ROC는 예측력의 비교를 위해 AUC(Area Under the Curve)를 사용하며, AUC 통계량[8]이 클수록 예측력이 우수한 분류기라고 할 수 있다.

---

8 AUC 통계량을 통한 성능평가 기준은 .90-1.0(excellent), .80-.90(good), .70-.80(fair), .60-.70(poor), .50-.60(fail)과 같다.

1단계: 'party' 패키지를 설치한다.

- party 패키지는 ctree() 함수를 사용하여 조건부 추론 트리 모델을 생성한다.

2단계: 로지스틱 회귀모형을 평가한다(분류평가).

> rm(list=ls()): 모든 변수를 초기화한다.

> setwd("c:/미래신호_1부2장"): 작업용 디렉터리를 지정한다.

> data_spss=read.spss(file='Adolescents_depression_logistic.sav', use.value.labels=T, use.missings=T, to.data.frame=T): SPSS 데이터파일을 data_spss에 할당한다.

> attach(data_spss): 실행 데이터를 'data_spss'로 고정시킨다.

> i_logistic=ctree(Attitude~., data=data_spss): Attitude를 종속변수, 그 외의 변수는 독립변수로 지정하여 분류모형을 생성하여 i_logistic 객체에 저장한다.

> ipredict=predict(i_logistic,data_spss): data_spss 데이터셋으로 모형을 예측하여 분류집단(예측자료)을 생성한다.

> table(data_spss$Attitude, ipredict): 실제집단과 분류집단에 대한 오분류표를 생성한다.

> perm_a=function(p1, p2, p3, p4) {pr_a=(p1+p4)/sum(p1, p2, p3, p4) return(pr_a)}: 정확도 산출함수를 작성한다.

> perm_a(73135, 371, 12947, 504) # 정확도: 정확도를 산출한다.

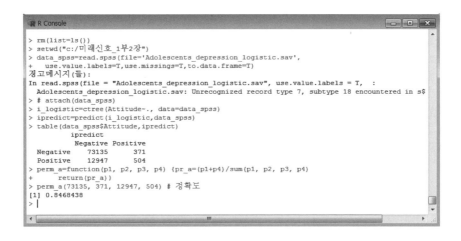

해석

정확도는 다음과 같이 산출할 수 있다.

(73135+504) / (73135+371+12947+504) = 84.68%

3단계: 로지스틱 회귀모형을 평가한다(ROC 평가).

> install.packages('ROCR'): ROC 곡선을 생성하는 패키지를 설치한다.

> model_tr=glm(Attitude~., family=binomial, data=data_spss): 이분형 로지스틱 회귀분석
을 실시하여 model_tr에 할당한다.

> p=predict(model_tr, newdata=data_spss, type="response"): data_spss 데이터셋으로 모형
을 예측한다.

> pr=prediction(p, data_spss$Attitude): 실제집단과 분류집단을 이용하여 data_spss의 추
정치를 예측한다.

> prf=performance(pr, measure='tpr', x.measure='fpr'): ROC 곡선의 tpr(true positive rate)과
fpr(false positive rate)을 생성한다.

> plot(prf, col='red', lty=1, lwd=1.5, main='ROC curve – Depression logistic regression'): ROC
곡선을 그린다.

> abline(0, 1, lty=3): ROC 곡선의 기준선을 그린다.

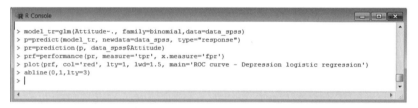

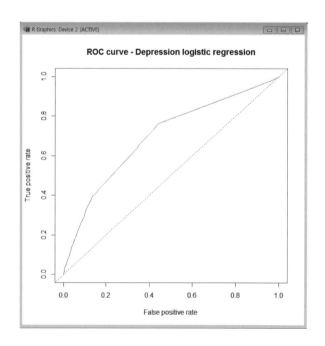

> auc=performance(pr, measure='auc'): AUC 곡선의 성능을 평가한다.

> auc=auc@y.values[[1]]: AUC 통계량을 산출한다.

> auc: AUC 통계량을 화면에 인쇄한다.

```
R Console
> auc=performance(pr, measure='auc')
> auc=auc@y.values[[1]]
> auc
[1] 0.6959487
>
```

해석
ROC 곡선의 성능은 69.59%(poor)로 나타났다.

나 SPSS 프로그램 활용

1단계: 데이터파일을 불러온다(분석파일: Adolescents_depression_logistic.sav).

2단계: [분석]→[회귀분석]→[이분형 로지스틱]→[종속변수: 청소년 우울감정(Attitude), 공
변량: DSM1~DSM9]를 지정한다.

3단계: [옵션]→[exp(B)에 대한 신뢰구간, 모형에 상수 포함]을 선택한다.

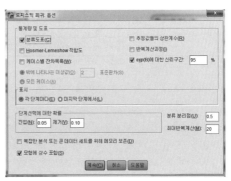

4단계: 결과를 확인한다.

분류표[a]

			예측		
			Depression Emotion		
관측됨			Negative	Positive	분류정확 %
1 단계	Depression Emotion	Negative	73139	367	99.5
		Positive	13157	294	2.2
	전체 퍼센트				84.4

분류 정확도[(73139+294) / (73139+367+13157+294)]는 84.4%로 나타났다.

방정식의 변수

		B	S.E.	Wald	자유도	유의확률	Exp(B)	EXP(B)에 대한 97.5% 신뢰구간	
								하한	상한
1 단계[a]	DSM1	1.056	.022	2301.041	1	.000	2.875	2.737	3.020
	DSM2	.172	.040	18.503	1	.000	1.187	1.086	1.298
	DSM3	-.067	.055	1.482	1	.224	.936	.828	1.058
	DSM4	.423	.037	133.559	1	.000	1.526	1.406	1.656
	DSM5	.590	.025	546.600	1	.000	1.804	1.705	1.909
	DSM6	.315	.034	86.041	1	.000	1.371	1.270	1.479
	DSM7	-.272	.050	29.756	1	.000	.762	.681	.852
	DSM8	.417	.041	102.002	1	.000	1.518	1.384	1.665
	DSM9	-.338	.030	131.134	1	.000	.713	.667	.762
	상수항	-2.452	.017	21614.321	1	.000	.086		

a. 기준범주: Attitude(0: Negative)

DSM3(p=.224>.05)을 제외한 모든 독립변수가 종속변수(청소년 우울감정)에 유의한 영향을 미치는 것으로 나타났다. DSM1, DSM2, DSM4, DSM5, DSM6, DSM8은 청소년 우울감정에 부정보다 긍정의 영향을 주며, DSM7과 DSM9는 청소년 우울감정에 긍정보다 부정의 영향을 주는 것으로 나타났다.

⑲ 다항 로지스틱 회귀분석

다항(multinomial, polychotomous) 로지스틱 회귀분석은 독립변수들이 양적 변수를 가지며, 종속변수가 3개 이상의 범주를 가지는 회귀모형을 말한다.

가 R 프로그램 활용

연구문제

청소년 우울감정[Attitude(Positive, Neutral, Negative)]에 영향을 미치는 우울증상(DSM1~DSM9)은 무엇인가?

1단계: 'nnet' 패키지를 설치한다.

> install.packages('nnet'): nnet 패키지는 multinom()함수를 사용하여 다항로지스틱 회귀분석을 실시한다.

2단계: 다항 로지스틱 회귀분석을 실시한다.

> rm(list=ls()): 모든 변수를 초기화한다.

> setwd("c:/미래신호_1부2장"): 작업용 디렉터리를 지정한다.

> data_spss=read.spss(file='Adolescents_depression_logistic_r.sav', use.value.labels=T, use.missings=T, to.data.frame=T): SPSS 데이터파일을 data_spss에 할당한다.

> attach(data_spss): 실행 데이터를 'data_spss'로 고정시킨다.

> model=multinom(formula= Attitude~., data=data_spss): 다항로지스틱 회귀분석을 실시한다.

> summary(model): 다항로지스틱 회귀분석 결과를 화면에 출력한다.

> z=summary(model)$coefficients/summary(model)$standard.errors

- multinom 함수는 p-value를 산출할 수 없으므로 z-tests(Wald tests)를 사용하여 p-value를 산출할 수 있다.

> p=(1-pnorm(abs(z), 0, 1))*2: p-value를 산출한다.

> p: p-value를 화면에 출력한다.

```
R Console                                                                    _ □ x

> install.packages('nnet')
경고: 패키지 'nnet'가 사용중이므로 설치되지 않을 것입니다
> library(nnet)
> rm(list=ls())
> setwd("c:/미래신호_1부2장")
> data_spss=read.spss(file='Adolescents_depression_logistic_r.sav',
+ use.value.labels=T,use.missings=T,to.data.frame=T)
경고메시지(들):
In read.spss(file = "Adolescents_depression_logistic_r.sav", use.value.labels = T,  :
  Adolescents_depression_logistic_r.sav: Unrecognized record type 7, subtype 18 encountered i$
> attach(data_spss)
The following objects are masked from data_spss (pos = 3):

    Attitude, DSM1, DSM2, DSM3, DSM4, DSM5, DSM6, DSM7, DSM8, DSM9

> model=multinom(formula= Attitude~.,data=data_spss)
# weights:  33 (20 variable)
initial  value 95532.028786
iter  10 value 83811.979234
iter  20 value 75739.334336
iter  30 value 73079.183984
final   value 73079.182803
converged
> summary(model)
Call:
multinom(formula = Attitude ~ ., data = data_spss)

Coefficients:
         (Intercept)       DSM1       DSM2        DSM3       DSM4       DSM5       DSM6
Positive  -0.6565529  0.2094842  0.1227525 -0.04894792  0.3022332  0.1412763  0.04939852
Neutral    1.6762353 -1.1836770 -0.2888594 -0.23036079 -0.4091785 -0.9000573 -0.76122536
               DSM7        DSM8        DSM9
Positive -0.2921123  0.41506612 -0.5586846
Neutral  -0.4086658 -0.08961403 -0.5457351

Std. Errors:
         (Intercept)       DSM1       DSM2       DSM3       DSM4       DSM5       DSM6
Positive  0.01973423 0.02523004 0.04206582 0.05670451 0.03889278 0.02724217 0.03561260
Neutral   0.01286541 0.01852879 0.04635882 0.07210014 0.04469515 0.02587986 0.03941796
               DSM7       DSM8       DSM9
Positive 0.05098948 0.04445435 0.03092932
Neutral  0.05805877 0.05416957 0.02634167

Residual Deviance: 146158.4
AIC: 146198.4
> |
```

```
R Console                                                                    _ □ x

> z=summary(model)$coefficients/summary(model)$standard.errors
> p=(1-pnorm(abs(z), 0, 1))*2
> p
         (Intercept) DSM1         DSM2        DSM3        DSM4         DSM5      DSM6
Positive           0    0 3.521659e-03 0.388021835 7.771561e-15 2.149247e-07 0.1654089
Neutral            0    0 4.636218e-10 0.001398252 0.000000e+00 0.000000e+00 0.0000000
               DSM7       DSM8 DSM9
Positive 1.010998e-08 0.00000000    0
Neutral  1.938671e-12 0.09806167    0
> exp(coef(model))
         (Intercept)     DSM1      DSM2      DSM3      DSM4      DSM5      DSM6      DSM7
Positive    0.518636 1.233042 1.1306045 0.9522307 1.3528767 1.1517429 1.0506390 0.7466847
Neutral     5.345394 0.306151 0.7491175 0.7942470 0.6641957 0.4065464 0.4670937 0.6645363
             DSM8      DSM9
Positive 1.514471 0.5719609
Neutral  0.914284 0.5794157
> |
```

해석

청소년 우울감정과 관련한 우울증상의 영향을 살펴본 결과 DSM1, DSM2, DSM4, DSM5, DSM8은 부정적 효과보다 긍정적 효과를 준 것으로 나타났다. 그러나 모든 우울증상은 보통의 효과보다 부정적 효과가 있는 것으로 나타났다. 따라서 청소년 우울감정을 긍정과 부정(보통, 부정)의 두 그룹으로 분류할 수 있다는 근거를 확보(타당성을 검증)할 수 있다.

- ■ 다항 로지스틱 회귀모형의 결정계수 산출

> install.packages('pscl') ; library(pscl) : 다항 로지스틱 회귀모형의 결정계수(R^2)를 산출하는 패키지를 설치한다.

- 결정계수는 'pscl' 패키지의 pR2 함수를 사용하여 r2CU 값으로 확인한다.

> pR2(model): 다항 로지스틱 회귀모형의 결정계수(R^2)를 산출한다.

해석

결정계수의 값(r2CU)이 0.234로 나타나 다항 로지스틱 회귀모델은 데이터셋(data_spss)의 분산의 약 23.4% 정도 설명하고 있다.

나 SPSS 프로그램 활용

1단계: 데이터파일을 불러온다(분석파일: Adolescents_depression_logistic_r_spss.sav).

- 다항 로지스틱 회귀분석의 분석파일은 연구데이터의 종속변수인 청소년 우울감정(Attitude)을 긍정(Positive), 보통(Neutral), 부정(Negative)으로 변환하여 사용하였다.

2단계: [분석]→[회귀분석]→[다항 로지스틱]→[종속변수(Attitude), 공변량(DSM1 ~ DSM9)]을 선택한다.

3단계: 결과를 확인한다.

모수 추정값

Attitude[a]		B	표준오차	Wald	자유도	유의확률	Exp(B)	Exp(B)에 대한 95% 신뢰구간 하한	상한
Positive	절편	-.657	.020	1106.941	1	.000			
	DSM1	.210	.025	68.953	1	.000	1.233	1.174	1.296
	DSM2	.123	.042	8.521	1	.004	1.131	1.041	1.228
	DSM3	-.049	.057	.746	1	.388	.952	.852	1.064
	DSM4	.302	.039	60.401	1	.000	1.353	1.254	1.460
	DSM5	.141	.027	26.885	1	.000	1.152	1.092	1.215
	DSM6	.049	.036	1.924	1	.165	1.051	.980	1.127
	DSM7	-.292	.051	32.815	1	.000	.747	.676	.825
	DSM8	.415	.044	87.187	1	.000	1.515	1.388	1.652
	DSM9	-.559	.031	326.329	1	.000	.572	.538	.608
Neutral	절편	1.676	.013	16975.391	1	.000			
	DSM1	-1.184	.019	4080.966	1	.000	.306	.295	.317
	DSM2	-.289	.046	38.828	1	.000	.749	.684	.820
	DSM3	-.230	.072	10.211	1	.001	.794	.690	.915
	DSM4	-.409	.045	83.804	1	.000	.664	.608	.725
	DSM5	-.900	.026	1209.600	1	.000	.407	.386	.428
	DSM6	-.761	.039	372.925	1	.000	.467	.432	.505
	DSM7	-.409	.058	49.533	1	.000	.665	.593	.745
	DSM8	-.090	.054	2.735	1	.098	.914	.822	1.017
	DSM9	-.546	.026	429.233	1	.000	.579	.550	.610

a. 참조 범주는\ Negative입니다.

해석

청소년 우울감정과 관련한 우울증상의 영향을 살펴본 결과 DSM1, DSM2, DSM4, DSM5, DSM8은 부정적 효과보다 긍정적 효과를 준 것으로 나타났다. 그러나 모든 우울증상은 보통의 효과보다 부정적 효과가 있는 것으로 나타났다. 따라서 청소년 우울감정을 긍정과 부정(보통, 부정)의 두 그룹으로 분류할 수 있다는 근거를 확보(타당성을 검증)할 수 있다.

20 군집분석

군집분석(cluster analysis)은 동일 집단에 속해 있는 개체들의 유사성에 기초하여 집단을 몇 개의 동질적인 군집으로 분류하는 분석기법이다. 군집분석에는 연구자가 군집의 수를 지정하는 비계층적 군집분석(K-평균 군집분석)과 가까운 대상끼리 순차적으로 군집을 묶어가는 계층적 군집분석이 있다.

K-means 군집분석은 사전에 군집의 개수인 K를 지정해야 한다. 군집의 수를 선정하는 방법에는 첫째 군집의 수를 여러 개 지정하여 K-means 군집분석을 수행한 뒤 그 결과 중에서 가장 적절한 군집의 수를 선정하는 것과, 둘째 스크리 도표를 이용하여 군집의 수를 선정하는 것이 있다. 스크리 도표는 군집 내 편차(within groups sum of squares)를 이용하여 군집의 플롯을 그리는데, 급격한 경사가 완만해지는 지점에서 군집의 수를 결정한다(유충현·홍성학, 2015: pp. 704-705).

가 R 프로그램 활용

연구문제
청소년 우울증상을 세분화하기 위해 군집분석을 실시한다.

1단계: 군집의 수를 선정한다.

> setwd("c:/미래신호_1부2장"): 작업용 디렉터리를 지정한다.

> kmean_data=read.table(file="depression_Symptom_factor_txt.txt", header=T): 데이터파일을 kmean_data에 할당한다.

> attach(kmean_data): 실행 데이터를 'kmean_data'로 고정시킨다.

> clust_data=cbind(Digestive, Respiratory, Confusing, Eclampsia, Anxious, Fear, Anxiousness, Impulse, Concentration, Lethargy, Lowered, Neglected, Loneliness, Indifference, Worthless, Anger, Pain, Weight, Fatigue, Sleep, Appetite, Guilty, Sadness, Hostility, Retardation, Deprivation, Addicted, Taint, Academic, Blunt, Suicide): 청소년 우울증상(Digestive~Suicide)을 결합하여 clust_data에 할당한다.

> noc=(nrow(clust_data)-1)*sum(apply(clust_data, 2, var))

> for (i in 2:15)

noc[i]=sum(kmeans(clust_data, center=i)$withinss): 군집 내 편차(within groups sum of squares)를 산출한다.

> plot(noc, type='b', pch=19, xlab='Number of Clusters', ylab='Within groups sum of squares'):
스크리 도표를 그린다.

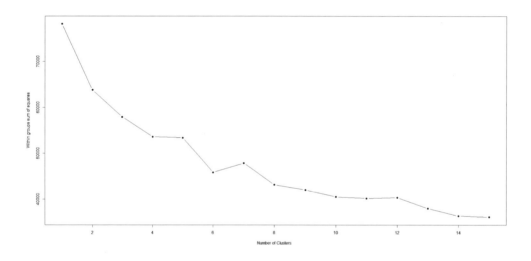

```
R Console

> kmean_data=read.table(file="depression_Symptom_factor_txt.txt",header=T)
> clust_data=cbind(Digestive, Respiratory, Confusing, Eclampsia, Anxious,
+ Fear, Anxiousness, Impulse, Concentration, Lethargy, Lowered, Neglected,
+ Loneliness,Indifference, Worthless, Anger, Pain, Weight, Fatigue, Sleep,
+ Appetite, Guilty,Sadness, Hostility, Retardation, Deprivation, Addicted,
+ Taint, Academic, Blunt, Suicide)
> noc=(nrow(clust_data)-1)*sum(apply(clust_data, 2, var))
> for (i in 2:15)
+ noc[i]=sum(kmeans(clust_data, center=i)$withinss)
> plot(noc, type='b', pch=19, xlab='Number of Clusters',
+ ylab='Within groups sum of squares')
> |
```

해석

상기 스크리 도표의 군집 8에서 급격한 경사가 완만해져 군집의 수를 7로 선정하였다.

2단계: 군집분석을 실시한다.

> fit = kmeans(m_data, 7) # 7 cluster solution: m_data 객체를 7개의 군집으로 만들어 fit
에 할당한다.

> fit: 7개의 군집(fit)을 화면에 출력한다.

```
R Console                                                                                    [_][□][x]

> clust_data=cbind(Digestive, Respiratory, Confusing, Eclampsia, Anxious,
+ Fear, Anxiousness, Impulse, Concentration, Lethargy, Lowered, Neglected,
+ Loneliness,Indifference, Worthless, Anger, Pain, Weight, Fatigue, Sleep,
+ Appetite, Guilty,Sadness, Hostility, Retardation, Deprivation, Addicted,
+ Taint, Academic, Blunt, Suicide)
> fit = kmeans(clust_data, 7) # 7 cluster solution
> fit
K-means clustering with 7 clusters of sizes 2044, 5526, 1932, 62496, 1452, 7565, 5942

Cluster means:
    Digestive Respiratory  Confusing   Eclampsia    Anxious        Fear Anxiousness     Impulse
1 0.214774951 0.014187867 0.211350294 0.0371819961 0.7460861 0.136497065  0.64041096 0.165362035
2 0.013210279 0.003438292 0.033116178 0.0054288817 0.6210641 0.040173724  0.09989142 0.020810713
3 0.428571429 0.060559006 0.241200828 0.0414078675 0.3985507 0.051242236  0.31004141 0.040372671
4 0.001232079 0.001120072 0.003872248 0.0007360471 0.0000000 0.002432156  0.00000000 0.002432156
5 0.013085399 0.009641873 0.055096419 0.0041322314 0.2479339 0.046831956  0.20316804 0.026859504
6 0.017580965 0.010707204 0.023397224 0.0026437541 0.1562459 0.015730337  0.12359551 0.014672835
7 0.008751262 0.004880512 0.023224504 0.0040390441 0.0336587 0.013968361  0.58835409 0.011612252
  Concentration    Lethargy      Lowered    Neglected Loneliness Indifference   Worthless     Anger
1   0.2040117417 0.240704501 1.174168e-03 0.108121331 0.18835616  0.665362035 0.0724070450 0.7945205
2   0.0074194716 0.001628664 1.085776e-03 0.020991676 0.05247919  0.041983351 0.0014477018 0.1022439
3   0.0408902692 0.062111801 5.175983e-04 0.027432712 0.05590062  0.082815735 0.0067287785 0.5160455
4   0.0004640297 0.000000000 3.200205e-05 0.004080261 0.01019265  0.006928443 0.0000000000 0.0000000
5   0.0234159780 1.000000000 6.266116e-03 0.030303030 0.06060606  0.092975207 0.0020661157 0.3429752
6   0.0093853272 0.000000000 5.287508e-04 0.017316590 0.03357568  0.046265697 0.0005287508 0.1259749
7   0.0020195220 0.000000000 0.000000e+00 0.017670818 0.03870751  0.040390441 0.0013463480 0.5523393
         Pain      Weight     Fatigue       Sleep    Appetite       Guilty     Sadness   Hostility
1 0.345401174 0.290117417 0.54452055 0.633561644 0.328767123 0.735322896 0.48825832 0.150195695
2 0.018096272 0.010314875 0.04114046 0.029134998 0.014477018 0.058269996 0.46796960 0.013210279
3 0.904244306 0.081262940 0.46583851 0.297101449 0.094720497 0.079710145 0.10248447 0.032091097
4 0.005664363 0.002416155 0.01027266 0.005344342 0.001792115 0.007264465 0.00000000 0.007296467
5 0.054407713 0.017217631 0.17217631 0.107438017 0.044765840 0.084022039 0.15358127 0.012396694
6 0.051421018 0.020224719 0.07296761 0.056311963 0.027627231 0.036219432 0.04758757 0.014937211
7 0.020195220 0.011275665 0.06731740 0.032985527 0.014473241 0.044429485 0.06866375 0.012285426
  Retardation Deprivation    Addicted        Taint   Academic       Blunt    Suicide
1 0.1599804305 0.599804305 0.018590998 9.784736e-04 0.76614481 0.0029354207 0.82289628
2 0.0027144408 0.041802389 0.007962360 0.000000e+00 0.02804922 0.0034382917 0.20104958
3 0.0098343685 0.117494824 0.015010352 0.000000e+00 0.67598344 0.0025879917 0.22463768
4 0.0004480287 0.004864311 0.001296083 4.800307e-05 0.00000000 0.0005120328 0.06554019
5 0.0082644628 0.092975207 0.006198347 6.887052e-04 0.33195592 0.0048209366 0.18595041
6 0.0021150033 0.039656312 0.008063450 3.965631e-04 1.00000000 0.0014540648 0.18162591
7 0.0052170986 0.029787950 0.004712218 1.178055e-03 0.04897341 0.0038707506 0.09861999

Clustering vector:
```

해석

Cluster means가 0.3 이상인 요인을 군집에 포함한다.

군집1은 2,044건(Anxious, Anxiousness, Indifference, Anger, Pain, Fatigue, Sleep, Appetite, Guilty, Sadness, Deprivation, Academic, Suicide)으로 분류할 수 있다. 군집2는 5,526건(Anxious, Sadness, Anger, Pain, Fatigue)으로 분류할 수 있다. 군집3은 1,932건(Digestive, Anxious, Academic)으로 분류할 수 있다. 군집4는 6만 2,496건으로 포함되는 요인이 없는 것으로 나타났다. 군집5는 1,452건(Lethargy, Anger, Academic)으로 분류할 수 있다. 군집6은 7,565건(Academic)으로 분류할 수 있다. 군집7은 5,942건(Anxiousness, Anger)으로 분류할 수 있다.

> kmean_data=data.frame(kmean_data, fit$cluster): kmean_data 데이터에 소속군집을 추가한다(append cluster assignment).

> library(MASS): write.matrix()함수가 포함된 MASS 패키지를 로딩한다.

> write.matrix(kmean_data, "c:/미래신호_1부2장/my_data_cluster.txt"): kmean_data 객체를 my_data_cluster.txt 파일에 출력한다.

```
R Console                                                                                    [_][□][x]

> kmean_data=data.frame(kmean_data, fit$cluster)
> library(MASS)
> write.matrix(kmean_data, "c:/미래신호_1부2장/my_data_cluster.txt")
```

■ 세분화

군집분석에서 저장된 소속군집을 이용하여 청소년 우울감정(부정, 긍정)이나 채널에 따른 세분화 분석을 할 수 있다. 군집분석에서의 세분화는 군집별로 각각의 특성을 도출하기 위해 상기 군집분석에서 분류된 7개의 군집(fit.cluster)에 대한 청소년 우울감정 [Attitude(0=Negative, 1=Positive)]의 카이제곱 검정으로 확인한다.

> install.packages('Rcmdr') ; library(Rcmdr): R 그래픽 사용환경을 지원하는 R Commander 패키지를 설치한다.

> install.packages('catspec') ; library(catspec): 이원분할표(교차분석)를 지원하는 패키지를 설치한다.

> setwd("c:/미래신호_1부2장"): 작업용 디렉터리를 지정한다.

> data_spss=read.table(file='my_data_cluster.txt', header=T): 데이터파일을 data_spss에 할당한다.

> attach(data_spss): 실행 데이터를 'data_spss'로 고정시킨다.

> data_spss=data_spss[data_spss$fit.cluster!=4,]

– 포함되는 요인이 없는 군집4는 분석에서 제외한다.

– data_spss에서 군집4(fit.cluster!=4)는 제외하고 관찰치(행)를 선택한다.

> t1=ftable(data_spss[c('fit.cluster', 'Attitude')]): 소속군집과 우울감정의 이원분할표 값을 t1 변수에 할당한다.

> ctab(t1, type=c('n', 'r', 'c', 't')): 이원분할표의 빈도, 행(row), 열(column), total 퍼센트를 화면에 인쇄한다.

> chisq.test(t1): 이원분할표의 카이제곱 검정 통계량을 화면에 인쇄한다.

```
R Console                                                    _ □ X

> data_spss=data_spss[data_spss$fit.cluster!=4,]
> t1=ftable(data_spss[c('fit.cluster','Attitude')])
> ctab(t1,type=c('n','r','c','t'))
                   Attitude       0        1
fit.cluster
1           Count              1414.00   630.00
            Row %                69.18    30.82
            Column %              8.03     9.19
            Total %              5.78     2.58
2           Count              3952.00 1574.00
            Row %                71.52    28.48
            Column %             22.45    22.96
            Total %             16.16     6.43
3           Count              1031.00   901.00
            Row %                53.36    46.64
            Column %              5.86    13.15
            Total %              4.21     3.68
5           Count              1117.00   335.00
            Row %                76.93    23.07
            Column %              6.34     4.89
            Total %              4.57     1.37
6           Count              5498.00 2067.00
            Row %                72.68    27.32
            Column %             31.23    30.16
            Total %             22.48     8.45
7           Count              4595.00 1347.00
            Row %                77.33    22.67
            Column %             26.10    19.65
            Total %             18.79     5.51
> chisq.test(t1)

        Pearson's Chi-squared test

data:  t1
X-squared = 444.3, df = 5, p-value < 2.2e-16

> |
```

해석

청소년 우울에 대한 부정 감정은 군집7(Anxiousness, Anger)이 77.33%로 가장 높게 나타났으며, 긍정 감정은 군집3(Digestive, Anxious, Academic)이 46.64%로 가장 높게 나타났다.

나 SPSS 프로그램 활용

1단계: 데이터파일을 불러온다(분석파일: depression_Symptom_factor_20161018.sav).

2단계: [분석]→[분류분석]→[K평균 군집분석]을 실행한다.

 – 본 예제는 연구자가 군집 수를 선택하는 K평균 군집분석을 적용하였다.

3단계: 필요한 변수(Digestive~Suicide)를 선택하여 우측 변수목록 상자로 이동시킨다. 그런 다음 [반복계산]을 클릭하여 반복횟수를 선택한다(기본설정: 10).

4단계: 군집 수를 결정한다(기본값은 2로 설정).

 – 군집 수를 여러 번 반복하여 결과를 확인한 후 최종 군집수를 결정한다. 군집 수를 결정할 때는 최종 군집중심에 포함될 수 있는 요인이 2개 이상 되어야 한다. 본서에서는 군집 수를 7로 결정하였다.

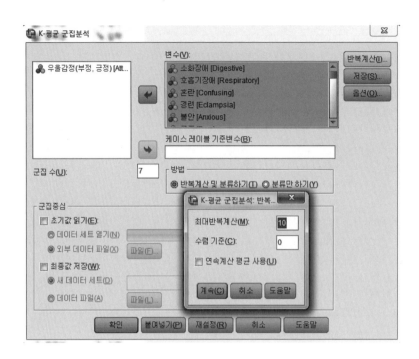

5단계: [저장]→[소속군집]을 선택하여 소속군집을 나타내는 새로운 변수(군집변수)를 생성
한다(새로운 변수명: QCL_1).

6단계: [옵션]→[군집중심초기값, 분산분석표]를 선택한다.

최종 군집중심

	군집						
	1	2	3	4	5	6	7
소화장애	.00	.14	.04	.14	.02	.01	.36
호흡기장애	.00	.02	.01	.04	.01	.00	.02
흔란	.01	.15	.04	.14	.03	.01	.26
경련	.00	.03	.00	.03	.01	.00	.04
불안	.00	.64	.13	.45	.54	.07	.76
공포	.00	.11	.01	.05	.03	.02	.16
초조	.04	.51	.14	.33	.15	.06	.72
흥등	.00	.09	.01	.04	.02	.02	.20
진정력	.00	.05	.01	.10	.00	.00	.27
무기력	.01	.17	.03	.12	.05	.02	.34
자존감저하	.00	.00	.00	.00	.00	.00	.02
소외감	.00	.08	.01	.06	.02	.02	.09
외로움	.00	.15	.03	.06	.04	.03	.19
무관심	.01	.23	.04	.16	.04	.04	.89
무가치	.00	.01	.00	.01	.00	.00	.11
분노	.00	.83	.11	.40	.58	.06	.82
통증	.01	.26	.11	.32	.04	.02	.53
체중	.00	.03	.02	.10	.01	.01	.51
피로	.01	.36	.08	.38	.06	.03	.71
수면	.00	.05	.01	.99	.01	.02	.82
식욕	.00	.07	.03	.13	.02	.01	.52
죄책감	.01	.30	.03	.18	.05	.04	.83
슬픔	.03	.39	.05	.13	.08	.11	.50
적대	.01	.08	.01	.03	.01	.01	.22
지체	.00	.02	.00	.01	.01	.00	.27
상실	.01	.25	.03	.16	.04	.03	.75
중독	.00	.03	.01	.01	.01	.01	.01
더러움	.00	.00	.00	.00	.00	.00	.00
학업스트레스	.00	.81	1.00	.62	.01	.00	.77
통명	.00	.00	.00	.00	.00	.00	.00
자살	.00	.55	.14	.29	.01	1.00	.90

각 군집의 케이스 수

군집	1	62853.000
	2	2222.000
	3	7599.000
	4	1726.000
	5	5775.000
	6	5710.000
	7	1072.000
유효		86957.000
결측		.000

해석

Cluster means가 0.3 이상인 요인을 군집에 포함한다.

군집1은 6만 2,853건으로 포함되는 요인이 없는 것으로 나타났다.

군집2는 2,222건으로 (불안 , 초조, 분노, 피로, 죄책감, 슬픔, 학업스트레스, 자살)로 분류할 수 있다. 군집3는 7,599건으로 (학업스트레스)로 분류할 수 있다. 군집4는 1,726건으로 (불안, 초조, 분노, 통증, 피로, 수면, 학업스트레스, 자살)로 분류할 수 있다. 군집5는 5,776건으로 (불안 , 분노)로 분류할 수 있다. 군집6은 5,710건으로 (자살)로 분류할 수 있다. 군집7은 1,072건으로 (소화장애, 불안, 초조, 무기력, 무관심, 분노, 통증, 체중, 피로, 수면, 식욕, 죄책감, 슬픔, 상실, 학업스트레스, 자살)로 분류할 수 있다.

■ 세분화

군집분석에서의 세분화는 군집별로 각각의 특성을 도출하기 위해 군집분석에서 분류된 7개의 군집(QCL_1)에 대한 청소년 우울감정[Attitude(0=Negative, 1=Positive)]의 카이제곱 검정으로 확인한다.

1단계: 데이터파일을 불러온다(분석파일: depression_Symptom_factor_20161018.sav).

2단계: [분석]→[기술통계량]→[교차분석]에서 통계량(카이제곱)과 셀(행, 열)을 선택한 후 결과를 확인한다. 포함되는 요인이 없는 군집 1은 분석에서 제외한다.

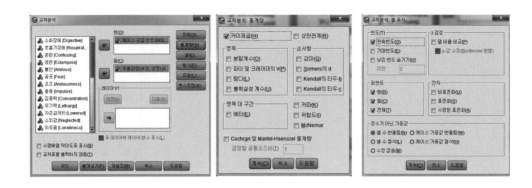

3단계: 결과를 해석한다.

케이스 군집 번호 * 우울감정(부정, 긍정) 교차표

			우울감정(부정, 긍정)		전체
			Negative	Positive	
케이스 군집 번호	2	빈도	1587	635	2222
		케이스 군집 번호 중 %	71.4%	28.6%	100.0%
		우울감정(부정, 긍정) 중 %	9.0%	9.8%	9.2%
		전체 중 %	6.6%	2.6%	9.2%
	3	빈도	5448	2151	7599
		케이스 군집 번호 중 %	71.7%	28.3%	100.0%
		우울감정(부정, 긍정) 중 %	30.9%	33.2%	31.5%
		전체 중 %	22.6%	8.9%	31.5%
	4	빈도	1010	716	1726
		케이스 군집 번호 중 %	58.5%	41.5%	100.0%
		우울감정(부정, 긍정) 중 %	5.7%	11.0%	7.2%
		전체 중 %	4.2%	3.0%	7.2%
	5	빈도	3970	1805	5775
		케이스 군집 번호 중 %	68.7%	31.3%	100.0%
		우울감정(부정, 긍정) 중 %	22.5%	27.8%	24.0%
		전체 중 %	16.5%	7.5%	24.0%
	6	빈도	4887	823	5710
		케이스 군집 번호 중 %	85.6%	14.4%	100.0%
		우울감정(부정, 긍정) 중 %	27.7%	12.7%	23.7%
		전체 중 %	20.3%	3.4%	23.7%
	7	빈도	715	357	1072
		케이스 군집 번호 중 %	66.7%	33.3%	100.0%
		우울감정(부정, 긍정) 중 %	4.1%	5.5%	4.4%
		전체 중 %	3.0%	1.5%	4.4%
전체		빈도	17617	6487	24104
		케이스 군집 번호 중 %	73.1%	26.9%	100.0%
		우울감정(부정, 긍정) 중 %	100.0%	100.0%	100.0%
		전체 중 %	73.1%	26.9%	100.0%

카이제곱 검정

	값	자유도	근사 유의확률 (양측검정)
Pearson 카이제곱	728.088[a]	5	.000
우도비	771.172	5	.000
선형 대 선형결합	129.915	1	.000
유효 케이스 수	24104		

해석

청소년 우울에 대한 부정감정은 군집6(자살)이 85.6%로 가장 높게 나타났으며, 긍정감정은 군집4(불안, 초조, 분노, 통증, 피로, 수면, 학업스트레스, 자살)가 41.5%로 가장 높게 나타났다.

참고문헌

1. 김계수(2013). 조사연구방법론. 한나래아카데미.
2. 김은정(2007). 사회조사분석사: 조사방법론. 삼성북스.
3. 김재희(2011). R 다변량 통계분석. 교우사.
4. 김재희(2012). R을 이용한 회귀분석. 자유아카데미.
5. 문건웅(2015). 의학논문 작성을 위한 R 통계와 그래프. 한나래아카데미.
6. 박용치·오승석·송재석(2009). 조사방법론. 대영문화사.
7. 박정선(2003). 다수준 접근의 범죄학적 활용에 대한 연구. 형사정책연구, 14(4), 281-314.
8. 박진표(2014). R을 이용한 자료분석. 경남대학교출판부.
9. 배현웅·문호석(2011). R과 함께하는 분산분석. 교우사.
10. 성태제(2008). 알기 쉬운 통계분석. 학지사.
11. 송태민·송주영(2013). 빅데이터 분석방법론. 한나래아카데미.
12. 안재형(2015). R을 이용한 누구나 하는 통계분석. 한나래아카데미.
13. 양경숙·김미경(2011). 기초 자료 분석을 위한 R입문. 한나래아카데미.
14. 이주열·이정환·신승배(2013). 조사방법론. 군자출판사.
15. 이태림 외(2015). 통계학개론. 한국방송통신대학교출판문화원.
16. 전국대학보건관리학교육협의회(2009). 보건교육사를 위한 조사방법론. 한미의학.
17. 정강모·김명근(2007). R 기반 다변량 분석. 교우사.
18. 프라반잔 나라야나차르 타따르 지음·허석진 옮김(2013). R 통계 프로그래밍 입문. 에이콘.
19. Baron, R. M. & Kenny, D. A. (1986). The moderator-mediator variable in social psychological research: conceptual, strategic, and statistics considerations. *Journal of Personality and Social Psychology*, 51(6), 1173-1182.
20. Kline, R. B. (2010). *Principles and Practice of Structural Equation Modeling*(3rd ed.). NY: Guilford Press.
21. Montgomery, Douglas C.&Runger, George C. (2003). *Applied Statistics and Probability for Engineers*. John Wiley & Sons, Inc.

3장

머신러닝

머신러닝(machine learning) 또는 기계학습은 인공지능의 한 분야로 컴퓨터가 학습할 수 있도록 하는 알고리즘과 기술을 개발하는 분야를 말한다(위키백과, 2016. 11. 16). 인공지능(artificial intelligence)은 인간의 지능으로 할 수 있는 사고, 학습, 자기계발 등을 컴퓨터가 할 수 있도록 하는 방법을 연구하는 컴퓨터 공학 및 정보기술의 한 분야로서, 컴퓨터가 인간의 지능적 행동을 모방할 수 있도록 하는 것을 말한다.[1]

머신러닝과 관련된 데이터마이닝(data mining)은 '대량의 데이터 집합에서 유용한 정보를 추출하는 것'으로 정의할 수 있다(Hand et al., 2011). 데이터마이닝은 데이터 분석을 통해 다음과 같이 다양한 분야에 적용하여 결과를 도출할 수 있다(위키백과, 2016. 11. 27).

- 첫째, 분류(classification)를 위한 것으로 일정한 집단에 대한 특정 정의를 통해 분류 및 구분을 추론한다(예: 경쟁자에게로 이탈한 고객).
- 둘째, 군집화(clustering)로 구체적인 특성을 공유하는 군집을 찾는다(예: 유사 행동 집단의 구분).
- 셋째, 연관성(association)을 발견하는 것으로 동시에 발생한 사건 간의 관계를 정의한다 (예: 장바구니 안에 동시에 들어가는 상품들의 관계 규명).
- 넷째, 연속성(sequencing)으로 특정 기간에 걸쳐 발생하는 관계를 규명한다(예: 슈퍼마켓과 금융상품 사용에 대한 반복 방문).
- 다섯째, 예측(forecasting)으로 대용량 데이터집합 내의 패턴을 기반으로 미래를 예측한다(예: 수요예측).

---

1 http://terms.naver.com/entry.nhn?docId=1136027&cid=40942&categoryId=32845

머신러닝의 목적은 기존의 데이터를 통해 학습시킨 후, 학습을 통해 알려진 속성을 기반으로 새로운 데이터에 대한 예측값을 찾는 것이다. 반면 데이터마이닝의 목적은 기존의 데이터에서 미처 몰랐던 속성을 발견하여 통계적 규칙이나 패턴을 찾아내는 것이다. 따라서 머신러닝과 데이터마이닝은 데이터를 기반으로 분류, 예측, 군집, 모델, 알고리즘 등의 기술을 이용하여 문제를 해결하는 관점에서 혼용되어 쓰인다. 본 장에서는 머신러닝의 핵심 분석 기술인 랜덤포레스트, 의사결정나무분석, 모형평가, 연관규칙분석에 대해 살펴본다.

1 랜덤포레스트

랜덤포레스트(random forest)는 머신러닝의 분류기법 중 하나로 Breiman(2001)에 의해 제안되었다. 랜덤포레스트는 주어진 자료에서 여러 개의 예측모형들을 만든 후, 그것을 결합하여 하나의 최종 예측모형을 만드는 머신러닝을 위한 앙상블(ensemble) 기법 중 하나다. 이 기법은 분류정확도가 우수하고 이상치에 둔감하며, 계산이 빠르다는 장점이 있다(Jin & Oh, 2013).

최초의 앙상블 알고리즘은 Breiman(1996)이 제안한 배깅(Bagging, Bootstrap Aggreating)이다. 배깅은 의사결정나무의 단점인 '첫 번째 분리변수가 바뀌면 최종 의사결정나무가 완전히 달라져 예측력의 저하를 가져오고, 그와 동시에 예측모형의 해석을 어렵게 만드는' 불안정한 학습방법을 제거함으로써 예측력을 향상시키기 위한 방법이다. 따라서 주어진 자료에 대해 여러 개의 붓스트랩(bootstrap) 자료를 생성하여 예측모형을 만든 후, 그것을 결합하여 최종 모형을 만든다.

랜덤포레스트는 훈련자료에서 n개의 자료를 이용한 붓스트랩 표본을 생성하여 입력변수들 중 일부만 무작위로 뽑아 의사결정나무를 생성하고, 그것을 선형결합하여 최종 학습기를 만든다. R의 랜덤포레스트에서는 변수에 대한 중요한 지수를 제공한다. 특정 변수에 대한 중요도 지수는 그 변수를 포함하지 않을 경우에 대하여 그 변수에 포함할 때에 예측오차가 어느 정도 줄어드는지를 보여주는 것이다(박창이 외, 2015: p. 344).

청소년 우울감정을 결정하는 주요 우울증상은 무엇인가.

청소년 우울 예측모델에서 중요도(Importance)는 특정 독립변수가 종속변수인 청소년 우울감정(Attitude)의 긍정(positive)과 부정(negative)에 대해 가지는 연관성의 크기를 나타낸다. 따라서 랜덤포레스트는 단노드(terminal node)가 있을 때 단노드의 과반수(majority)로 청소년 우울감정이 긍정인지 부정인지 판정한다.

R에서 랜덤포레스트는 randomForest 패키지를 이용할 수 있다.

> rm(list=ls()): 모든 변수를 초기화한다.

> gc()

− R은 기본적으로 모든 데이터셋을 메인메모리(main memory)에 올려놓고 작업하기 때문에 작업 성능은 뛰어나나 데이터가 커지면 메모리 크기가 한계로 작용하고, 데이터를 한꺼번에 올리지 못하는 극단적인 경우가 발생한다. 따라서 R에서는 gc(garbage collection) 함수를 이용하여 분석에 필요한 메모리 용량을 늘릴 수 있다.

> setwd("c:/미래신호_1부3장"): 작업용 디렉터리를 지정한다.

> install.packages("randomForest"): randomForest 패키지를 설치한다.

> library(randomForest): randomForest 패키지를 로딩한다.

> tdata = read.table('depression_Symptom_randomforest_korean.txt', header=T): 데이터파일을 tdata에 할당한다.

> tdata.rf = randomForest(Attitude~., data=tdata, forest=FALSE, importance=TRUE): Attribute를 종속변수로 하여 random forest 분석 결과를 tdata.rf 변수에 할당한다.

> importance(tdata.rf): random forest 분석 결과로 산출된 %IncMSE(정확도)와 IncNodePurity(중요도)를 출력한다.

> varImpPlot(tdata.rf, main='Random forest importance plot'): random forest 분석 결과에 대한 그림을 화면에 출력한다.

> savePlot("Random_depression_1.png", type="png"): 결과를 그림파일로 저장한다.

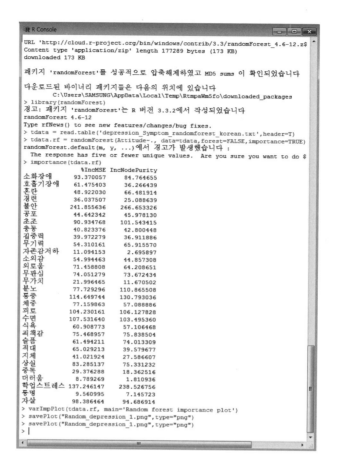

Random forest importance plot

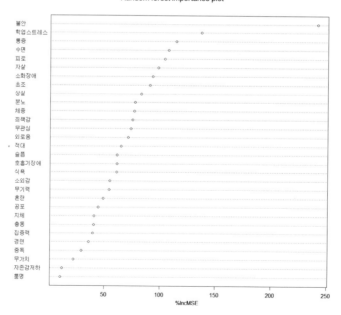

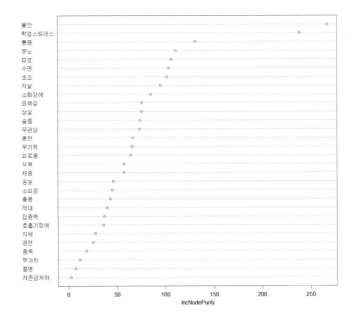

해석

Mean Decrease Accuracy(%IncMSE)는 가장 강건한 정보를 측정하는 것으로(%IncMSE is the most robust and informative measure) 정확도를 나타낸다. Mean Decrease Gini(IncNodePurity)는 최선의 분류를 위한 손실함수에 관한 것으로(IncNodePurity relates to the loss function which by best splits are chosen) 중요도를 나타낸다.

랜덤포레스트의 중요도 그림(importance plot)에서 청소년 우울감정에 가장 큰 영향을 미치는 우울증상은 불안으로 나타났으며, 그 뒤를 이어 학업스트레스, 통증, 분노, 피로, 수면부족, 초조 등의 순으로 중요한 증상으로 나타났다.

```
> rm(list=ls())

> setwd("c:/미래신호_1부3장")

> gc()

> install.packages("randomForest")

> library(randomForest)

> tdata = read.table('depression_DSM5_randomforest.txt', header=T)

> tdata.rf = randomForest(Attitude~., data=tdata, forest=FALSE, importance=TRUE)

> varImpPlot(tdata.rf, main='Random forest importance plot')

> importance(tdata.rf)

> savePlot("Random_depression_2.png.png", type="png")
```

```
> rm(list=ls())
> setwd("c:/미래신호_1부3장")
> gc()
            used  (Mb) gc trigger   (Mb)  max used   (Mb)
Ncells   1792713  95.8    3205452  171.2   2637877  140.9
Vcells  17603299 134.4  456083752 3479.7 479410753 3657.7
> install.packages("randomForest")
경고: 패키지 'randomForest'가 사용중이므로 설치되지 않을 것입니다
> library(randomForest)
> tdata = read.table('depression_DSM5_randomforest.txt',header=T)
> tdata.rf = randomForest(Attitude~., data=tdata,forest=FALSE,importance=TRUE)
randomForest.default(m, y, ...)에서 경고가 발생했습니다 :
  The response has five or fewer unique values.  Are you sure you want to do reg$
> varImpPlot(tdata.rf, main='Random forest importance plot')
> importance(tdata.rf)
        %IncMSE IncNodePurity
DSM1 113.75467     385.29323
DSM2  57.58364      42.61792
DSM3  32.35142      19.37796
DSM4  54.63150     123.89017
DSM5  97.00553     217.44975
DSM6  57.55829      72.17231
DSM7  36.84371      21.05430
DSM8  61.71791      82.65132
DSM9  88.86670      46.71061
> savePlot("Random_depression_2.png.png",type="png")
> |
```

Random forest importance plot

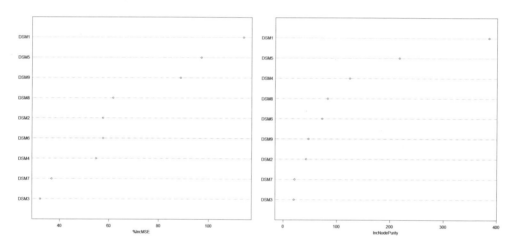

해석

청소년 우울감정에 가장 큰 영향을 미치는 DSM-5(Diagnostic and Statistical Manual of mental Disorders, 5th edition) 기준에 따른 우울증상은 DSM1로 나타났으며, 그 뒤를 이어 DSM5, DSM4, DSM8, DSM6 등의 순으로 중요한 증상으로 나타났다.

2 의사결정나무분석

데이터마이닝은 기존의 회귀분석이나 구조방정식과 달리 특별한 통계적 가정이 필요하지 않다는 장점이 있다(이주리, 2009: p. 235). 데이터마이닝의 의사결정나무분석(decision tree analysis)은 결정규칙에 따라 나무구조로 도표화하여 분류(classification)와 예측(prediction)을 수행하는 방법으로, 판별분석과 회귀분석을 조합한 마이닝 기법이다. 따라서 의사결정나무분석은 측정자료를 몇 개의 유형으로 나누는 세분화(segmentation), 결과 변인을 몇 개의 등급으로 구분하는 분류, 여러 개의 예측변인 중 결과변인에 영향력이 높은 변인을 선별하는 차원 축소 및 변수 선택(variable screening) 등의 목적으로 사용하는 데 적합하다(임희진·유재민, 2007: pp. 619-620).

본 연구는 의사결정나무분석을 통하여 청소년 우울 관련 소셜 빅데이터의 다양한 변인들 간에 상호작용 관계를 분석함으로써 청소년 우울의 위험요인을 예측·파악하고자 한다.

가 R 프로그램 활용

R에서의 의사결정나무 모형은 tree, caret, party 패키지를 사용할 수 있다. 특히, party 패키지는 ctree()함수를 사용하여 조건부 추론 트리(conditional inference trees) 모델을 생성한다(유충현·홍성학, 2015: p. 695).

> **연구문제**
> 의사결정나무 모형을 통하여 청소년 우울 위험에 영향을 미치는 우울증상 간의 상호작용 관계를 예측한다.

> install.packages('party'): party 패키지를 설치한다.
> library(party): party 패키지를 로딩한다.
> setwd("c:/미래신호_1부3장"): 작업용 디렉터리를 설정한다.
> tdata=read.table('DSM5_decisiontree_positive_negative.txt', header=T): 청소년 우울감정이 긍정과 부정인 데이터파일을 tdata에 할당한다.
> ind=sample(2, nrow(tdata), replace=T, prob=c(0.5,0.5)): tdata를 5:5 비율로 샘플링한다.
> tr_data=tdata[ind==1,]: 첫 번째 sample(50%)을 training data(tr_data)에 할당한다.

> te_data=tdata[ind==2,]: 두 번째 sample(50%)을 test data(te_data)에 할당한다.

> i_ctree=ctree(Attitude~., tr_data): Attitude를 종속변수, 그 외 변수(DSM1 ~ DSM9)를
독립변수로 지정하여 training data(tr_data)에 대한 의사결정나무분석을 실행한다.

> print(i_ctree): 의사결정나무분석 결과를 화면에 인쇄한다.

```
R Console

> print(i_ctree)

        Conditional inference tree with 15 terminal nodes

Response:  Attitude
Inputs:  DSM1, DSM2, DSM3, DSM4, DSM5, DSM6, DSM7, DSM8, DSM9
Number of observations:  17885

1) DSM8 <= 0; criterion = 1, statistic = 79.095
  2) DSM9 <= 0; criterion = 1, statistic = 73.236
    3) DSM4 <= 0; criterion = 1, statistic = 77.858
      4) DSM5 <= 0; criterion = 1, statistic = 46.946
        5) DSM2 <= 0; criterion = 0.996, statistic = 12.28
          6)*  weights = 9621
        5) DSM2 > 0
          7)*  weights = 269
      4) DSM5 > 0
        8) DSM1 <= 0; criterion = 1, statistic = 26.835
          9)*  weights = 662
        8) DSM1 > 0
          10) DSM6 <= 0; criterion = 0.988, statistic = 10.326
            11)*  weights = 1457
          10) DSM6 > 0
            12)*  weights = 326
    3) DSM4 > 0
      13) DSM1 <= 0; criterion = 0.998, statistic = 13.401
        14)*  weights = 79
      13) DSM1 > 0
        15) DSM6 <= 0; criterion = 0.998, statistic = 13.309
          16)*  weights = 545
        15) DSM6 > 0
          17)*  weights = 349
  2) DSM9 > 0
    18) DSM4 <= 0; criterion = 0.999, statistic = 14.673
      19)*  weights = 2425
    18) DSM4 > 0
      20)*  weights = 789
1) DSM8 > 0
  21) DSM9 <= 0; criterion = 1, statistic = 54.963
    22) DSM5 <= 0; criterion = 0.999, statistic = 14.377
      23) DSM7 <= 0; criterion = 0.997, statistic = 12.644
        24)*  weights = 275
      23) DSM7 > 0
        25)*  weights = 33
    22) DSM5 > 0
      26) DSM7 <= 0; criterion = 0.962, statistic = 8.143
        27)*  weights = 372
      26) DSM7 > 0
        28)*  weights = 44
  21) DSM9 > 0
    29)*  weights = 639
> |
```

훈련표본의 의사결정나무 해석

의사결정나무에 투입된 training data는 총 1만 7,885건이며, 청소년 우울 위험에 DSM8의 영향력이 가장 큰 것으로 나타났다. DSM8 증상이 없고, DSM9 증상이 있고, DSM4 증상이 없는 경우 청소년 우울 위험이 가장 큰 것으로 나타났다(Weights=2,425).

> plot(i_ctree): 결과를 그래프로 화면에 인쇄한다.

> savePlot("decision_tree_trdata.png", type="png")

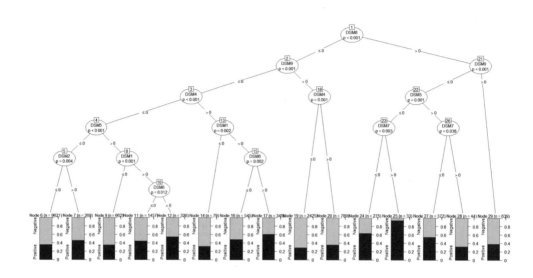

훈련표본의 의사결정나무 해석

나무구조의 최상위에 있는 뿌리마디는 독립변수가 투입되지 않은 종속변수의 빈도를 나타낸다. 뿌리마디 하단의 가장 상위에 위치하는 변수가 종속변수에 가장 영향력이 높은(관련성이 깊은) 변수로, 청소년 우울 위험에 DSM8의 영향력이 가장 큰 것으로 나타났다.

두 번째로 영향력이 높은 변수는 DSM9로 나타났다. DSM8 증상이 없고, DSM9 증상이 있고, DSM4 증상이 없는 경우에 문서 수(Weights)는 2,425건이며, 부정적 확률이 약 71%로 나타났다(SPSS의 훈련표본 의사결정나무분석 결과와 비교해보기 바란다).

> i_ctree=ctree(Attitude~., te_data): test data(te_data)에 대한 의사결정나무분석을 실행한다.

> print(i_ctree)

```
Inputs:  DSM1, DSM2, DSM3, DSM4, DSM5, DSM6, DSM7, DSM8, DSM9
Number of observations:  18085

1) DSM9 <= 0; criterion = 1, statistic = 77.451
  2) DSM1 <= 0; criterion = 1, statistic = 115.272
    3) DSM8 <= 0; criterion = 0.998, statistic = 13.288
      4)*  weights = 5464
    3) DSM8 > 0
      5)*  weights = 57
  2) DSM1 > 0
    6) DSM4 <= 0; criterion = 1, statistic = 73.09
      7) DSM5 <= 0; criterion = 1, statistic = 56.086
        8) DSM8 <= 0; criterion = 1, statistic = 69.641
          9) DSM2 <= 0; criterion = 1, statistic = 35.545
            10) DSM6 <= 0; criterion = 0.999, statistic = 16.004
              11)*  weights = 4668
            10) DSM6 > 0
              12)*  weights = 310
          9) DSM2 > 0
            13)*  weights = 228
        8) DSM8 > 0
          14)*  weights = 180
      7) DSM5 > 0
        15) DSM7 <= 0; criterion = 0.992, statistic = 10.994
          16) DSM8 <= 0; criterion = 0.978, statistic = 9.164
            17) DSM2 <= 0; criterion = 0.971, statistic = 8.631
              18)*  weights = 1543
            17) DSM2 > 0
              19)*  weights = 151
          16) DSM8 > 0
            20)*  weights = 216
        15) DSM7 > 0
          21)*  weights = 121
    6) DSM4 > 0
      22) DSM7 <= 0; criterion = 1, statistic = 16.863
        23) DSM8 <= 0; criterion = 1, statistic = 16.678
          24)*  weights = 844
        23) DSM8 > 0
          25)*  weights = 224
      22) DSM7 > 0
        26)*  weights = 90
1) DSM9 > 0
  27) DSM2 <= 0; criterion = 1, statistic = 21.99
    28) DSM8 <= 0; criterion = 0.987, statistic = 10.09
      29) DSM6 <= 0; criterion = 0.994, statistic = 11.522
        30)*  weights = 2203
      29) DSM6 > 0
        31)*  weights = 384
    28) DSM8 > 0
      32) DSM5 <= 0; criterion = 0.971, statistic = 8.659
        33)*  weights = 64
      32) DSM5 > 0
        34)*  weights = 205
  27) DSM2 > 0
    35)*  weights = 1133
> |
```

검정표본의 의사결정나무 해석

의사결정나무에 투입된 test data는 총 1만 8,085건이며 청소년 우울 위험에 DSM9의 영향력이 가장 큰 것으로 나타났다. DSM9 증상이 있고, DSM2 증상이 없고, DSM8 증상이 있으며, DSM6 증상이 있는 경우에 청소년 우울 위험이 가장 크게 나타났다(Weights=384).

> plot(i_ctree)

> savePlot("decision_tree_tedata.png", type="png")

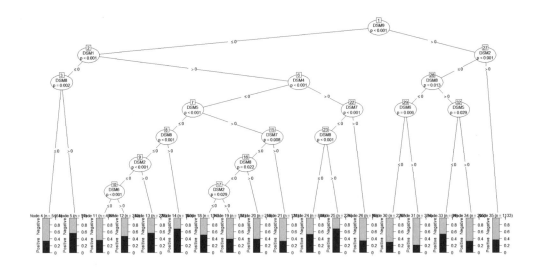

검정표본의 의사결정나무 해석

청소년 우울 위험에 DSM9의 영향력이 가장 큰 것으로 나타났다. 두 번째로 영향력이 높은 변수는 DSM1과 DSM2로 나타났다. DSM9 증상이 있고, DSM2 증상이 없고, DSM8 증상이 있으며, DSM6 증상이 있는 경우 문서 수(Weights)는 384건이며 부정적 확률이 약 80%로 나타났다(SPSS의 검정표본 의사결정나무분석 결과와 비교하기 바란다).

> i_ctree=ctree(Attitude~., tdata) # 전체 data: 전체 데이터(tdata)에 대한 의사결정나무분석을 실행한다.

> print(i_ctree)

> plot(i_ctree)

```
R Console                                                              ─ □ ✕

> i_ctree=ctree(Attitude~.,tdata) # 전체 data
> print(i_ctree)

         Conditional inference tree with 32 terminal nodes

Response:  Attitude
Inputs:  DSM1, DSM2, DSM3, DSM4, DSM5, DSM6, DSM7, DSM8, DSM9
Number of observations:  35970

1) DSM9 <= 0; criterion = 1, statistic = 156.177
  2) DSM8 <= 0; criterion = 1, statistic = 210.545
    3) DSM5 <= 0; criterion = 1, statistic = 140.306
      4) DSM4 <= 0; criterion = 1, statistic = 95.746
        5) DSM2 <= 0; criterion = 1, statistic = 39.689
          6)* weights = 19197
        5) DSM2 > 0
          7) DSM1 <= 0; criterion = 0.999, statistic = 15.968
            8)* weights = 153
          7) DSM1 > 0
            9)* weights = 426
      4) DSM4 > 0
        10) DSM1 <= 0; criterion = 0.995, statistic = 11.898
          11)* weights = 77
        10) DSM1 > 0
          12)* weights = 851
    3) DSM5 > 0
      13) DSM1 <= 0; criterion = 1, statistic = 104.616
        14)* weights = 1448
      13) DSM1 > 0
        15) DSM6 <= 0; criterion = 0.999, statistic = 15.678
          16) DSM7 <= 0; criterion = 0.997, statistic = 12.583
            17) DSM2 <= 0; criterion = 0.974, statistic = 8.847
              18)* weights = 2974
            17) DSM2 > 0
              19)* weights = 307
          16) DSM7 > 0
            20) DSM2 <= 0; criterion = 0.996, statistic = 12.517
              21)* weights = 156
            20) DSM2 > 0
              22)* weights = 46
        15) DSM6 > 0
          23) DSM2 <= 0; criterion = 0.988, statistic = 10.291
            24)* weights = 850
          23) DSM2 > 0
            25)* weights = 206
  2) DSM8 > 0
    26) DSM5 <= 0; criterion = 1, statistic = 44.348
      27) DSM7 <= 0; criterion = 0.997, statistic = 13.064
        28)* weights = 552
      27) DSM7 > 0
        29)* weights = 51
    26) DSM5 > 0
      30) DSM6 <= 0; criterion = 1, statistic = 16.921
```

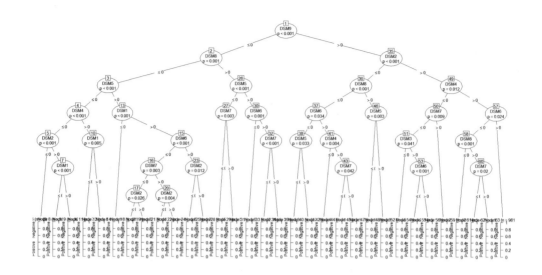

■ **의사결정나무 모형의 성능평가**

> install.packages('party')

> library(party)

> setwd("c:/미래신호_1부3장")

> tdata=read.table('DSM5_decisiontree_positive_negative.txt', header=T)

> ind=sample(2, nrow(tdata), replace=T, prob=c(0.5, 0.5))

> tr_data=tdata[ind==1,]

> te_data=tdata[ind==2,]

> i_ctree=ctree(Attitude~., tr_data): tr_data의 의사결정나무 모형함수를 생성한다.

> ipredict=predict(i_ctree, tr_data): tr_data 데이터셋으로 모형을 예측한다.

> table(tr_data$Attitude, ipredict): 분류평가 교차표(오분류표)를 화면에 출력한다.

> i_ctree=ctree(Attitude~., te_data): te_data의 의사결정나무 모형함수를 생성한다.

> ipredict=predict(i_ctree, te_data): te_data 데이터셋으로 모형을 예측한다.

> table(te_data$Attitude, ipredict): 분류평가 교차표(오분류표)를 화면에 출력한다.

```
R Console

> library(party)
> setwd("c:/미래신호_1부3장")
> tdata=read.table('DSM5_decisiontree_positive_negative.txt',header=T)
> ind=sample(2, nrow(tdata), replace=T,prob=c(0.5,0.5))
> tr_data=tdata[ind==1,]
> te_data=tdata[ind==2,]
> i_ctree=ctree(Attitude~.,tr_data)
> ipredict=predict(i_ctree,tr_data)
> table(tr_data$Attitude,ipredict)
          ipredict
          Negative Positive
  Negative    10709      545
  Positive     5919      785
> i_ctree=ctree(Attitude~.,te_data)
> ipredict=predict(i_ctree,te_data)
> table(te_data$Attitude,ipredict)
          ipredict
          Negative Positive
  Negative    10888      377
  Positive     6217      530
> |
```

해석

training data의 성능평가 결과 정확도[(10709+785)/17958]는 64.0%로 나타났으며, test data의 정확도 [(10888+530)/18011]는 63.4%로 나타났다.

나 SPSS 프로그램 활용

1단계: 데이터파일을 불러온다(분석파일: DSM5_decisiontree_positive_negative.sav).

2단계: [SPSS 메뉴]→[분류분석]→[의사결정나무]를 실행시킨다.

3단계: 종속변수(목표변수)로 청소년 우울감정(Attitude)을 선택하고 이익도표(gain chart)를 산출하기 위하여 목표(target) 범주를 선택한다(본 연구에서는 'Negative'와 'Positive' 범주 모두를 목표로 하였다).

- [범주]를 활성화시키기 위해서는 반드시 범주에 value label을 부여해야 한다
  [예(syntax): VALUE LABELS Attitude (0)Negative (1)Positive].

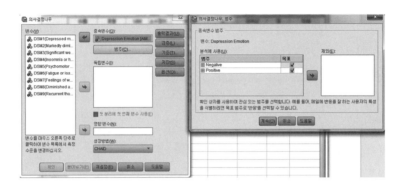

4단계: 독립변수(예측변수)를 선택한다. 본 연구의 독립변수는 9개의 우울감정(DSM1~DSM9)을 선택한다.

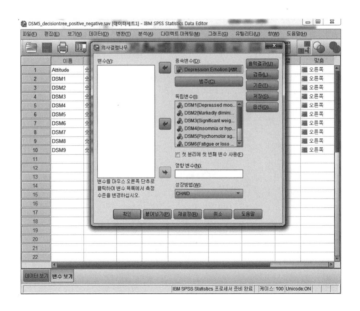

5단계: 확장방법(growing method)을 결정한다.

- 의사결정나무분석은 다양한 분리기준, 정지규칙, 가지치기 방법의 결합으로 정확하

고 빠르게 의사결정나무를 형성하기 위해 다양한 알고리즘이 제안되고 있다. 대표적인 알고리즘으로는 CHAID, CRT, QUEST가 있다.

구분	CHAID	CRT	QUEST
목표변수	명목형, 순서형, 연속형	명목형, 순서형, 연속형	명목형
예측변수	명목형, 순서형, 연속형	명목형, 순서형, 연속형	명목형, 순서형, 연속형
분리기준	χ^2-검정, F-검정	지니지수, 분산의 감소	χ^2-검정, F-검정
분리개수	다지분리(multiway)	이지분리(binary)	이지분리(binary)

자료: 최종후·한상태·강현철·김은석·김미경·이성건(2006). 데이터마이닝 예측 및 활용. 한나래아카데미.

- 확장방법을 결정할 때는 노드분류 기준을 이용하여 나무형 분류모형에 따른 모형의 예측률(정분류율)을 검증하고 예측력이 가장 높은 모형을 선정해야 한다. 따라서 훈련표본(training data)과 검정표본(test data)의 정분류율이 가장 높게 나타난 알고리즘을 선정해야 한다.
- 본 연구에서는 목표변수와 예측변수 모두 명목형으로 CHAID를 사용하였다.

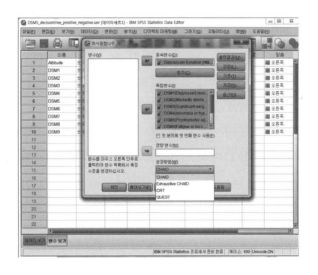

6단계: 타당도(validation)를 선택한다.
- 타당도는 생성된 나무가 표본에 그치지 않고 분석표본의 출처인 모집단에 확대 적용될 수 있는가를 검토하는 작업을 의미한다(허명회, 2007: p. 116-117).
- 즉 관측표본을 훈련표본과 검정표본으로 분할하여 훈련표본으로 나무를 만들고, 그 나무의 평가는 검정표본으로 한다(본 연구에서는 훈련표본과 검정표본의 비율을 50:50으로 검증하였다).

- [검증(L)]을 선택하여 [분할 표본 검증(S)]을 선택한다. 그런 다음 [결과 표시]를 지정한 후 [계속] 버튼을 누른다.

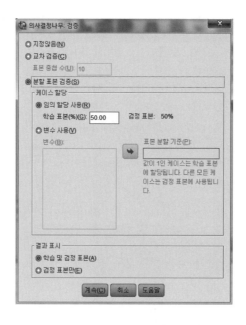

7단계: 기준(criteria)을 선택한다.

- 기준은 나무의 깊이, 분리기준 등을 선택한다.
- [기준(T)]을 선택한 후 [확장 한계] 탭을 선택한다. 본 연구의 확장 한계는 나무의 최대 깊이는 기본값인 3으로 하고, 최소 케이스 수는 [기본값]인 상위 노드(부모 노드)의 최소 케이스 수 100, 하위 노드의 최소 케이스 수 50으로 지정하였다.
- [CHAID]를 선택한 후 분리기준(유의수준, 카이제곱 통계량)을 선택한다. 유의수준이 작을수록 단순한 나무가 생성되며, 범주 합치기에서는 유의수준이 클수록 병합이 억제된다. 카이제곱 통계량은 피어슨 또는 우도비 중 선택할 수 있다.

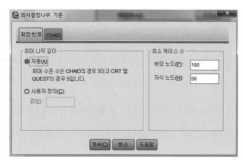 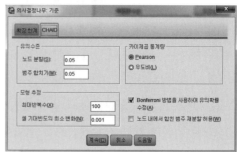

8단계: [출력결과(U)]를 선택한 후 [계속] 버튼을 누른다.

- 출력결과에서는 나무표시, 통계량, 노드 성능, 분류 규칙을 선택할 수 있다.

- 이익도표를 산출하기 위해서는 통계량에서 [비용, 사전확률, 점수 및 이익 값]을 선택한 후 [누적 통계량 표시]를 선택해야 한다.

9단계: [저장(S)]을 선택한 후 [계속] 버튼을 누른다.

- 터미널 노드 번호, 예측값 등을 저장한다(본 연구에서는 저장하지 않음).

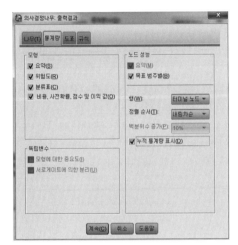 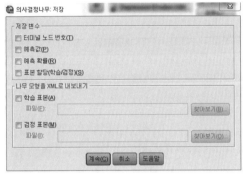

10단계: 의사결정나무 메인메뉴에서 [확인] 버튼을 눌러 분류결과를 확인한다.

분류

표본	관측	예측		
		Negative	Positive	정확도 퍼센트
학습	Negative	10924	304	97.3%
	Positive	6314	424	6.3%
	전체 퍼센트	95.9%	4.1%	63.2%
검정	Negative	10981	310	97.3%
	Positive	6314	399	5.9%
	전체 퍼센트	96.1%	3.9%	63.2%

성장방법: CHAID
종속변수: Depression Emotion

해석

확장방법을 선정하기 위하여 훈련(학습)표본(63.2%)과 검정표본(63.2%)의 정분류율을 각각의 알고리즘(CHAID, CRT, QUEST)별로 확인한 후, 최종 확장방법을 선정해야 한다.

11단계: 훈련표본과 검정표본의 의사결정나무를 확인한다.

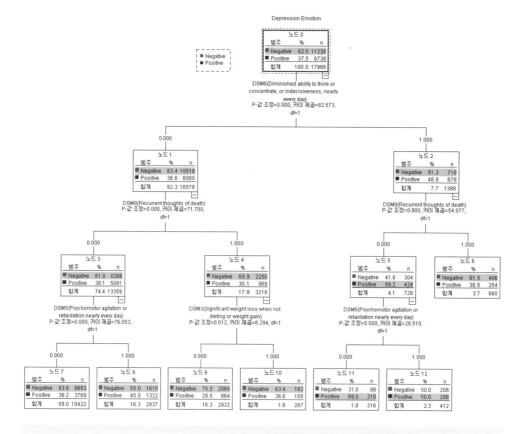

분석방법

본 연구는 SPSS 23.0의 분류분석에서 트리를 사용하여 데이터마이닝의 의사결정나무분석을 실시하였다. 의사결정나무분석의 훈련표본과 검정표본은 50:50으로 설정하여 최종 확장 모형을 선정하였다.

본 연구에서는 가능한 한 모든 상호작용효과를 자동적으로 탐색하는 CHAID 알고리즘이 선정되었다. CHAID 알고리즘은 종속변수가 이산형이므로 분리기준은 카이제곱(X^2) 검정을 사용하였다. 상위 노드(부모마디)의 최소 케이스 수는 100, 하위 노드(자식마디)의 최소 케이스 수는 50으로 설정하고, 최대 나무깊이는 3수준으로 결정하였다.

훈련표본의 의사결정나무 해석

나무구조의 최상위에 있는 뿌리마디는 독립변수가 투입되지 않은 종속변수의 빈도를 나타낸다. 뿌리마디의 청소년 우울감정은 부정(62.5%), 긍정(37.5%)으로 나타났다. 뿌리마디 하단의 가장 상위에 위치하는 변수가 종속변수에 가장 영향력이 높은(관련성이 깊은) 변수로, 본 분석에서는 DSM8 증상의 영향력이 가장 크게 나타났다. DSM8 증상이 있는 경우 청소년 우울감정은 부정이 51.2%로 감소하고, 긍정은 48.8%로 증가하였다.

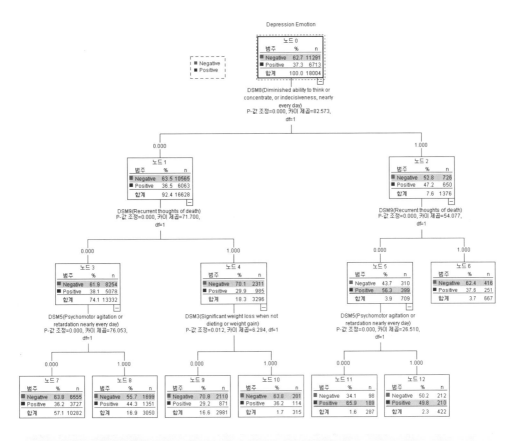

Depression Emotion

노드 0		
범주	%	n
■ Negative	62.7	11291
■ Positive	37.3	6713
합계	100.0	18004

■ Negative
■ Positive

DSM8(Diminished ability to think or concentrate, or indecisiveness, nearly every day)
P-값 조정=0.000, 카이 제곱=82.573, df=1

0.000

노드 1		
범주	%	n
■ Negative	63.5	10565
■ Positive	36.5	6063
합계	92.4	16628

DSM9(Recurrent thoughts of death)
P-값 조정=0.000, 카이 제곱=71.700, df=1

1.000

노드 2		
범주	%	n
■ Negative	52.8	726
■ Positive	47.2	650
합계	7.6	1376

DSM9(Recurrent thoughts of death)
P-값 조정=0.000, 카이 제곱=54.077, df=1

0.000

노드 3		
범주	%	n
■ Negative	61.9	8254
■ Positive	38.1	5078
합계	74.1	13332

DSM5(Psychomotor agitation or retardation nearly every day)
P-값 조정=0.000, 카이 제곱=76.053, df=1

1.000

노드 4		
범주	%	n
■ Negative	70.1	2311
■ Positive	29.9	985
합계	18.3	3296

DSM3(Significant weight loss when not dieting or weight gain)
P-값 조정=0.012, 카이 제곱=6.294, df=1

0.000

노드 5		
범주	%	n
■ Negative	43.7	310
■ Positive	56.3	399
합계	3.9	709

DSM5(Psychomotor agitation or retardation nearly every day)
P-값 조정=0.000, 카이 제곱=26.510, df=1

1.000

노드 6		
범주	%	n
■ Negative	62.4	416
■ Positive	37.6	251
합계	3.7	667

0.000

노드 7		
범주	%	n
■ Negative	63.8	6555
■ Positive	36.2	3727
합계	57.1	10282

1.000

노드 8		
범주	%	n
■ Negative	55.7	1699
■ Positive	44.3	1351
합계	16.9	3050

0.000

노드 9		
범주	%	n
■ Negative	70.8	2110
■ Positive	29.2	871
합계	16.6	2981

1.000

노드 10		
범주	%	n
■ Negative	63.8	201
■ Positive	36.2	114
합계	1.7	315

0.000

노드 11		
범주	%	n
■ Negative	34.1	98
■ Positive	65.9	189
합계	1.6	287

1.000

노드 12		
범주	%	n
■ Negative	50.2	212
■ Positive	49.8	210
합계	2.3	422

검정표본의 의사결정나무 해석

뿌리마디의 청소년 우울감정은 부정(62.7%), 긍정(37.3%)으로 나타났다. DSM8 증상이 있는 경우 청소년 우울감정은 부정이 52.8%로 감소한 반면, 긍정은 47.2%로 증가하였다.

12단계: 위험도를 확인한다.

위험도

표본	추정값	표준오차
학습	.366	.004
검정	.370	.004

성장방법: CHAID
종속변수: Depression Emotion

위험도 해석

본 연구에서 데이터 분할에 의한 타당성 평가를 위해 훈련표본과 검정표본을 비교한 결과 훈련표본의 위험추정값은 .366(표준오차 .004), 검정표본의 위험추정값은 .370(표준오차 .004)으로 나타났다. 이로써 본 청소년 우울 위험의 예측모형은 일반화에 무리가 없는 것으로 나타났다. 따라서 다음과 같이 일반화 자료(훈련표본과 검정표본을 구분하지 않은 전체 자료)로 의사결정나무분석을 실시하였다.

13단계: 선정된 확장방법에 따라 일반화 분석결과를 확인한다.

(아래 의사결정나무는 분할표본 검증을 지정하지 않고 분석한 결과다.)

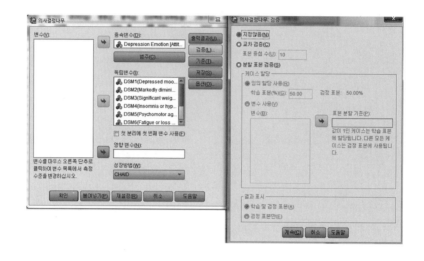

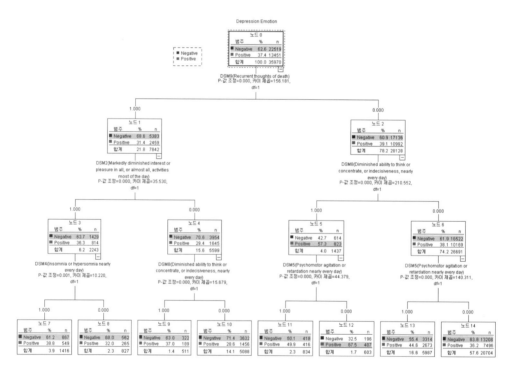

전체표본의 의사결정나무 해석

나무구조의 최상위에 있는 뿌리마디는 독립변수가 투입되지 않은 종속변수의 빈도를 나타낸다. 뿌리마디의 청소년 우울감정은 부정(62.6%), 긍정(37.4%)으로 나타났다. 뿌리마디 하단의 가장 상위에 위치하는 변수가 종속변수에 가장 영향력이 높은(관련성이 깊은) 변수로, 본 분석에서는 DSM9 증상의 영향력이 가장 크게 나타났다. DSM9 증상이 있을 때 청소년 우울감정은 부정이 68.8%로 증가하고, 긍정은 31.4%로 감소했다.

14단계: 청소년 우울위험 예측모형에 대한 이익도표(gain chart)를 확인한다.

목표 범주: **Negative**

노드에 대한 이득

노드	노드별						누적					
	노드		이득				노드		이득			
	N	퍼센트	N	퍼센트	반응	지수	N	퍼센트	N	퍼센트	반응	지수
10	5088	14.1%	3632	16.1%	71.4%	114.0%	5088	14.1%	3632	16.1%	71.4%	114.0%
8	827	2.3%	562	2.5%	68.0%	108.5%	5915	16.4%	4194	18.6%	70.9%	113.3%
14	20704	57.6%	13208	58.7%	63.8%	101.9%	26619	74.0%	17402	77.3%	65.4%	104.4%
9	511	1.4%	322	1.4%	63.0%	100.7%	27130	75.4%	17724	78.7%	65.3%	104.0%
7	1416	3.9%	867	3.9%	61.2%	97.8%	28546	79.4%	18591	82.6%	65.1%	104.0%
13	5987	16.6%	3314	14.7%	55.4%	88.4%	34533	96.0%	21905	97.3%	63.4%	101.3%
11	834	2.3%	418	1.9%	50.1%	80.1%	35367	98.3%	22323	99.1%	63.1%	100.8%
12	603	1.7%	196	0.9%	32.5%	51.9%	35970	100.0%	22519	100.0%	62.6%	100.0%

성장방법: CHAID
종속변수: Depression Emotion

이익도표 해석

상기 표와 같이 이익도표의 가장 상위 노드가 청소년 우울감정이 부정적인 확률이 가장 높은 집단이다. DSM9 증상이 있고, DSM2 증상이 없으며, DSM8 증상이 없는 10번째 노드의 지수가 114.0%로 뿌리마디와 비교했을 때 10번 노드의 조건을 가진 집단의 청소년 우울감정이 부정적일 확률은 약 1.14배로 나타났다.

목표 범주: **Positive**

노드에 대한 이득

노드	노드별						누적					
	노드		이득				노드		이득			
	N	퍼센트	N	퍼센트	반응	지수	N	퍼센트	N	퍼센트	반응	지수
12	603	1.7%	407	3.0%	67.5%	180.5%	603	1.7%	407	3.0%	67.5%	180.5%
11	834	2.3%	416	3.1%	49.9%	133.4%	1437	4.0%	823	6.1%	57.3%	153.2%
13	5987	16.6%	2673	19.9%	44.6%	119.4%	7424	20.6%	3496	26.0%	47.1%	125.9%
7	1416	3.9%	549	4.1%	38.8%	103.7%	8840	24.6%	4045	30.1%	45.8%	122.4%
9	511	1.4%	189	1.4%	37.0%	98.9%	9351	26.0%	4234	31.5%	45.3%	121.1%
14	20704	57.6%	7496	55.7%	36.2%	96.8%	30055	83.6%	11730	87.2%	39.0%	104.4%
8	827	2.3%	265	2.0%	32.0%	85.7%	30882	85.9%	11995	89.2%	38.8%	103.9%
10	5088	14.1%	1456	10.8%	28.6%	76.5%	35970	100.0%	13451	100.0%	37.4%	100.0%

성장방법: CHAID
종속변수: Depression Emotion

이익도표 해석

상기 표와 같이 이익도표의 가장 상위 노드가 청소년 우울감정이 긍정적인 확률이 가장 높은 집단이다. DSM9 증상이 없고, DSM8 증상이 있으며, DSM5 증상이 없는 12번째 노드의 지수가 180.5%로 뿌리마디와 비교했을 때 12번 노드의 조건을 가진 집단의 청소년 우울감정이 부정적일 확률은 약 1.81배로 나타났다.

■ 청소년 우울감정(긍정, 보통, 부정)에 대한 의사결정나무분석

1단계: 데이터파일을 불러온다(분석파일: DSM5_positive_negative_neutral.sav).

2단계: [SPSS 메뉴]→[분류분석]→[의사결정나무]를 실행시킨다.

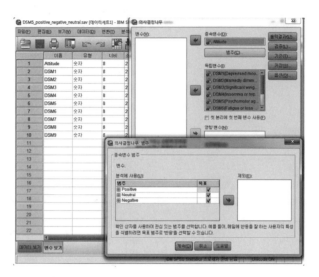

3단계: 의사결정나무를 확인한다.

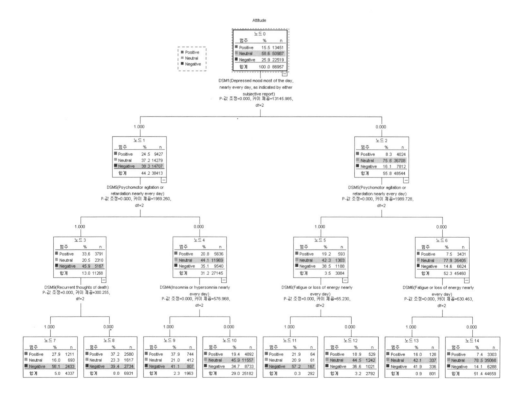

나무구조의 최상위에 있는 뿌리마디는 독립변수가 투입되지 않은 종속변수의 빈도를 나타낸다. 뿌리마디의 청소년 우울감정은 긍정(15.5%), 보통(58.6%), 부정(25.9%)으로 나타났다. 뿌리마디 하단의 가장 상위에 위치하는 변수가 종속변수에 가장 영향력이 높은(관련성이 깊은) 변수로, 본 분석에서는 DSM1 증상의 영향력이 가장 크게 나타났다. 즉 DSM1 증상이 있는 경우 청소년 우울감정은 긍정은 24.5%, 부정은 38.3% 증가한 반면, 보통은 37.2%로 감소한 것으로 나타났다.

4단계: 이익도표를 확인한다.

목표 범주: Positive

노드에 대한 이득

| 노드 | 노드별 | | 이득 | | | | 누적 | | 이득 | | | |
	N	퍼센트	N	퍼센트	반응	지수	N	퍼센트	N	퍼센트	반응	지수
9	1963	2.3%	744	5.5%	37.9%	245.0%	1963	2.3%	744	5.5%	37.9%	245.0%
8	6931	8.0%	2580	19.2%	37.2%	240.6%	8894	10.2%	3324	24.7%	37.4%	241.6%
7	4337	5.0%	1211	9.0%	27.9%	180.5%	13231	15.2%	4535	33.7%	34.3%	221.6%
11	292	0.3%	64	0.5%	21.9%	141.7%	13523	15.6%	4599	34.2%	34.0%	219.9%
10	25182	29.0%	4892	36.4%	19.4%	125.6%	38705	44.5%	9491	70.6%	24.5%	158.5%
12	2792	3.2%	529	3.9%	18.9%	122.5%	41497	47.7%	10020	74.5%	24.1%	156.1%
13	801	0.9%	128	1.0%	16.0%	103.3%	42298	48.6%	10148	75.4%	24.0%	155.1%
14	44659	51.4%	3303	24.6%	7.4%	47.8%	86957	100.0%	13451	100.0%	15.5%	100.0%

성장방법: CHAID
종속변수: Attitude

이익도표 해석

DSM1 증상이 있고, DSM5 증상이 없으며, DSM4 증상이 있는 9번째 노드의 지수가 245.0%로 뿌리마디와 비교했을 때 9번 노드의 조건을 가진 집단의 청소년 우울감정이 긍정적일 확률은 약 2.45배로 나타났다.

목표 범주: Neutral

노드에 대한 이득

| 노드 | 노드별 | | 이득 | | | | 누적 | | 이득 | | | |
	N	퍼센트	N	퍼센트	반응	지수	N	퍼센트	N	퍼센트	반응	지수
14	44659	51.4%	35068	68.8%	78.5%	133.9%	44659	51.4%	35068	68.8%	78.5%	133.9%
10	25182	29.0%	11557	22.7%	45.9%	78.3%	69841	80.3%	46625	91.4%	66.8%	113.9%
12	2792	3.2%	1242	2.4%	44.5%	75.9%	72633	83.5%	47867	93.9%	65.9%	112.4%
13	801	0.9%	337	0.7%	42.1%	71.8%	73434	84.4%	48204	94.5%	65.6%	112.0%
8	6931	8.0%	1617	3.2%	23.3%	39.8%	80365	92.4%	49821	97.7%	62.0%	105.7%
9	1963	2.3%	412	0.8%	21.0%	35.8%	82328	94.7%	50233	98.5%	61.0%	104.1%
11	292	0.3%	61	0.1%	20.9%	35.6%	82620	95.0%	50294	98.6%	60.9%	103.8%
7	4337	5.0%	693	1.4%	16.0%	27.3%	86957	100.0%	50987	100.0%	58.6%	100.0%

성장방법: CHAID
종속변수: Attitude

이익도표 해석

DSM1 증상이 없고, DSM5 증상이 없으며, DSM6 증상이 없는 14번째 노드의 지수가 133.9%로 뿌리마디와 비교했을 때 14번 노드의 조건을 가진 집단의 청소년 우울감정이 보통일 확률은 약 1.34배로 나타났다.

목표 범주: **Negative**

노드에 대한 이득

노드	노드별						누적					
	노드		이득				노드		이득			
노드	N	퍼센트	N	퍼센트	반응	지수	N	퍼센트	N	퍼센트	반응	지수
11	292	0.3%	167	0.7%	57.2%	220.8%	292	0.3%	167	0.7%	57.2%	220.8%
7	4337	5.0%	2433	10.8%	56.1%	216.6%	4629	5.3%	2600	11.5%	56.2%	216.9%
13	801	0.9%	336	1.5%	41.9%	162.0%	5430	6.2%	2936	13.0%	54.1%	208.8%
9	1963	2.3%	807	3.6%	41.1%	158.7%	7393	8.5%	3743	16.6%	50.6%	195.5%
8	6931	8.0%	2734	12.1%	39.4%	152.3%	14324	16.5%	6477	28.8%	45.2%	174.6%
12	2792	3.2%	1021	4.5%	36.6%	141.2%	17116	19.7%	7498	33.3%	43.8%	169.2%
10	25182	29.0%	8733	38.8%	34.7%	133.9%	42298	48.6%	16231	72.1%	38.4%	148.2%
14	44659	51.4%	6288	27.9%	14.1%	54.4%	86957	100.0%	22519	100.0%	25.9%	100.0%

성장방법: CHAID
종속변수: Attitude

이익도표 해석

DSM1 증상이 없고, DSM5 증상이 있으며, DSM6 증상이 있는 11번째 노드의 지수가 220.8%로 뿌리마디와 비교했을 때 11번 노드의 조건을 가진 집단의 청소년 우울감정이 부정적일 확률은 약 2.21배로 나타났다.

청소년 우울감정(긍정, 보통, 부정) 의사결정나무의 고찰

의사결정나무분석에서 DSM5(Psychomotor agitation or retardation nearly every day)와 DSM6(Fatigue or loss of energy nearly every day) 증상의 조합이 청소년의 부정적 감정에 영향력이 큰 것으로 나타났다. DSM5와 DSM6 증상의 조합이 있을 경우 보통의 우울감정을 가진 문서는 75.6%에서 20.9%로 감소하고, 부정의 우울감정을 가진 문서는 16.1%에서 57.2%로 증가하며, 긍정의 우울감정을 가진 문서는 8.3%에서 21.9%로 증가하여 보통의 우울감정이 긍정의 우울감정보다 부정의 우울감정으로 더 많이 전이되었다. 따라서 온라인 문서에서 DSM5와 DSM6 증상이 있을 때 보통의 우울감정을 가진 집단이 부정적 감정으로 전이되지 않도록 맞춤형 프로그램의 개발이 필요할 것으로 본다.

3 분류모형 평가

데이터마이닝의 분류모형 평가는 일반적으로 훈련용 데이터(training data)로 만들어진 모형함수를 시험용 데이터(test data)에 적용하였을 때 나타나는 분류의 정확도를 이용한다(이정진, 2011: p. 210). 모형평가는 실제집단과 분류집단의 오분류표[표 3-1]로 검정할 수 있다.

[표 3-1]의 분류모형의 평가지표 중 '정확도(accuracy)=$(N_{00} + N_{11})/N$'는 전체 데이터 중 올바르게 분류된 비율이며 '오류율(error rate)=$(N_{01} + N_{10})/N$'은 오분류된 비율이다. '민감도(sensitivity)=$N_{00}/(N_{00} + N_{01})$'는 부정적 문서 중 정분류된 자료의 비율이며 '특

이도(specificity)=$N_{11}/(N_{10}+N_{11})$'는 긍정적 문서 중 정분류된 자료의 비율이고 '정밀도(precision)=$N_{00}/(N_{00}+N_{10})$'는 부정적으로 분류된 문서 중에서 실제 부정적인 문서의 비율을 말한다(박창이 외, 2011: p. 90; 이정진, 2011: p. 211).

[표 3-1] 오분류표(청소년 우울감정 긍정/부정 사례)

실제집단 \ 분류집단	0(Negative)	1(Positive)
0(Negative)	N_{00}	N_{01}
1(Positive)	N_{10}	N_{11}

* N: 전체 데이터 수

■ **R script 예: 청소년 우울감정 위험 예측 분류 평가**

본 절의 청소년 우울감정 위험 예측 분류 평가는 통계적 이론에 근거한 베이즈분류(Bayes classification) 모형을 사용하였다. 베이즈 정리는 사전확률에서 특정한 사건이 일어날 경우 그 확률이 바뀔 수 있다는 뜻으로, 즉 '사후확률은 사전확률을 통해 예측할 수 있다'라는 의미에 근거하여 분류모형을 예측한다.

> install.packages('MASS'): 베이즈분류모형(MASS) 패키지를 설치한다.

> library(MASS): MASS 패키지를 로딩한다.

> rm(list=ls()): 모든 변수를 초기화한다.

> setwd("c:/미래신호_1부3장"): 작업용 디렉터리를 설정한다.

> bayes_data = read.table('DSM5_decisiontree_86958.txt', header=T): 청소년 우울감정 위험 예측 데이터파일을 bayes_data 변수에 할당한다.

> attach(bayes_data): bayes_data를 기준 데이터셋으로 고정 설정한다.

> train_data=bayes_data[1:28986,]: 모형 훈련을 위한 데이터셋($\frac{1}{3}$)을 생성한다.

> test_data=bayes_data[28987:57972,]: 모형 검증을 위한 데이터셋($\frac{1}{3}$)을 생성한다.

> group_data=Attitude[57973:86958]: 모형 비교를 위한 데이터셋($\frac{1}{3}$)을 생성한다.

> train_data.lda=lda(Attitude~., data=train_data): train_data 데이터셋으로 베이즈분류모형을 실행하여 모형함수를 만든다.

− Attitude: 종속변수(부정, 긍정)

− DSM1~DSM9: 독립변수

> train_data.lda: 모형을 확인한다.

> ldapred=predict(train_data.lda, test_data)$class: test_data 데이터셋으로 모형 예측을 실시하여 분류집단을 생성한다.

> classification=table(group_data, ldapred): 모형 비교를 위해 실제집단과 분류집단에 대한 모형 평가를 실시한다.

> classification: 모형 평가 결과(오분류표)를 화면에 출력한다.

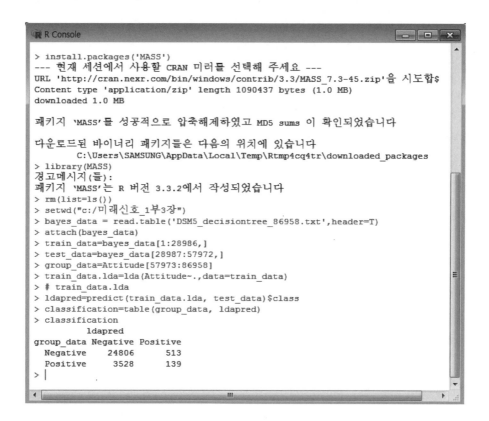

```
> install.packages('MASS')
--- 현재 세션에서 사용할 CRAN 미러를 선택해 주세요 ---
URL 'http://cran.nexr.com/bin/windows/contrib/3.3/MASS_7.3-45.zip'을 시도합$
Content type 'application/zip' length 1090437 bytes (1.0 MB)
downloaded 1.0 MB

패키지 'MASS'를 성공적으로 압축해제하였고 MD5 sums 이 확인되었습니다

다운로드된 바이너리 패키지들은 다음의 위치에 있습니다
        C:\Users\SAMSUNG\AppData\Local\Temp\Rtmp4cq4tr\downloaded_packages
> library(MASS)
경고메시지(들):
패키지 'MASS'는 R 버전 3.3.2에서 작성되었습니다
> rm(list=ls())
> setwd("c:/미래신호_1부3장")
> bayes_data = read.table('DSM5_decisiontree_86958.txt',header=T)
> attach(bayes_data)
> train_data=bayes_data[1:28986,]
> test_data=bayes_data[28987:57972,]
> group_data=Attitude[57973:86958]
> train_data.lda=lda(Attitude~.,data=train_data)
> # train_data.lda
> ldapred=predict(train_data.lda, test_data)$class
> classification=table(group_data, ldapred)
> classification
          ldapred
group_data Negative Positive
  Negative    24806      513
  Positive     3528      139
> |
```

해석 : 데이터마이닝 분류모형의 평가지표 산출 함수 참고
- 정확도: (24806+139)/28986=86.1%
- 오류율: (513+3528)/28986=13.9%
- 민감도: 24806/(24806+513)=97.97%
- 특이도: 139/(3528+139)=3.8%
- 정밀도: 24806/(24806+3528)=87.5%

■ 데이터마이닝 분류모형의 평가지표 산출 함수

> perm_a=function(p1, p2, p3, p4) {pr_a=(p1+p4)/sum(p1, p2, p3, p4) return(pr_a)}: 정확도 산출 함수(perm_a)를 작성한다.

> perm_a(24806, 513, 3528, 139)

> perm_e=function(p1, p2, p3, p4) {pr_e=(p2+p3)/sum(p1, p2, p3, p4) return(pr_e)}: 오류율 산출 함수(perm_e)를 작성한다.

> perm_e(24806, 513, 3528, 139)

> perm_s=function(p1, p2, p3, p4) {pr_s=p1/(p1+p2) return(pr_s)}: 민감도 산출 함수 (perm_s)를 작성한다.

> perm_s(24806, 513, 3528, 139)

> perm_sp=function(p1, p2, p3, p4) {pr_sp=p4/(p3+p4) return(pr_sp)}: 특이도 산출 함수 (perm_sp)를 작성한다.

> perm_sp(24806, 513, 3528, 139)

> perm_p=function(p1, p2, p3, p4) {pr_p=p1/(p1+p3)return(pr_p)}: 정밀도 산출 함수 (perm_p)를 작성한다.

> perm_p(24806, 513, 3528, 139)

```
R Console
> perm_a=function(p1, p2, p3, p4) {pr_a=(p1+p4)/sum(p1, p2, p3, p4)
+       return(pr_a)} # 정확도
> perm_a(24806, 513, 3528, 139)
[1] 0.8605879
> perm_e=function(p1, p2, p3, p4) {pr_e=(p2+p3)/sum(p1, p2, p3, p4)
+       return(pr_e)} # 오류율
> perm_e(24806, 513, 3528, 139)
[1] 0.1394121
> perm_s=function(p1, p2, p3, p4) {pr_s=p1/(p1+p2)
+       return(pr_s)} # 민감도
> perm_s(24806, 513, 3528, 139)
[1] 0.9797385
> perm_sp=function(p1, p2, p3, p4) {pr_sp=p4/(p3+p4)
+       return(pr_sp)} # 특이도
> perm_sp(24806, 513, 3528, 139)
[1] 0.03790564
> perm_p=function(p1, p2, p3, p4) {pr_p=p1/(p1+p3)
+       return(pr_p)} # 정밀도
> perm_p(24806, 513, 3528, 139)
[1] 0.8754853
> |
```

4 연관분석

연관분석(association analysis)은 대용량 데이터베이스에서 변수들 간의 의미 있는 관계를 탐색하기 위한 방법으로 주로 기업의 데이터베이스에서 상품의 구매, 서비스 등 일련의 거래 또는 사건(event)들 간의 연관성에 대한 규칙을 발견하기 위해 적용된다(박창이 외, 2011: p. 227).

연관분석은 특별한 통계적 과정이 필요하지 않으며 빅데이터에 숨어 있는 연관규칙(association rule)을 찾는 것이다. 연관규칙 분석은 흔히 알고 있는 '기저귀를 구매하는 남성이 맥주를 함께 구매한다'는 장바구니 분석 사례에서 활용되는 분석기법으로, 트윗 데이터도 장바구니 분석을 확장하여 적용할 수 있다(유충현·홍성학, 2015: p. 676). 개별 트윗은 장바구니이고, 트윗에 사용된 단어들은 구매를 목적으로 장바구니에 담아놓은 상품에 해당된다고 생각하면 된다.

소셜 빅데이터 분석에서 연관분석은 하나의 온라인 문서(transaction)에 포함된 둘 이상의 단어들에 대한 상호관련성을 발견하는 것으로, 동시에 발생한 어떤 단어들의 집합에 대해 조건과 연관규칙을 찾는 분석방법이다. 전체 문서에서 연관규칙의 평가 측도는 지지도(support), 신뢰도(confidence), 향상도(lift)로 나타낼 수 있다.

지지도는 전체 문서에서 해당 연관규칙($X{\rightarrow}Y$)에 해당하는 데이터의 비율 ($s=\dfrac{n(X \cup Y)}{N}$)이며, 신뢰도는 단어 X를 포함하는 문서 중에서 단어 Y도 포함하는 문서의 비율 ($c=\dfrac{n(X \cup Y)}{n(X)}$) 을 의미한다. 향상도는 단어 X가 주어지지 않았을 때 단어 Y의 확률 대비 단어 X가 주어졌을 때 단어 Y의 확률의 증가비율 ($l=\dfrac{c(X \rightarrow Y)}{s(Y)}$) 로, 향상도가 클수록 단어 X의 발생 여부가 단어 Y의 발생 여부에 큰 영향을 미치게 된다. 따라서 지지도는 자주 발생하지 않는 규칙을 제거하는 데 이용되며 신뢰도는 단어들의 연관성 정도를 파악하는 데 쓰일 수 있다. 향상도는 연관규칙($X{\rightarrow}Y$)에서 단어 X가 없을 때보다 있을 때 단어 Y가 발생할 비율을 나타낸다. 연관분석 과정은 연구자가 지정한 최소 지지도를 만족시키는 빈발항목집합(frequent item set)을 생성한 후, 이들에 대해 최저 신뢰도 기준을 마련하고 향상도가 1 이상인 것을 규칙으로 채택한다(박희창, 2010).

소셜 빅데이터의 연관분석은 문서에서 나타나는 단어(이항 데이터: 문서에서 나타나는 단어의 유무로 측정된 데이터)의 연관규칙을 찾는 것으로 선험적 규칙(apriori principle) 알고리즘(algorithm)을 사용한다. 아프리오리 알고리즘(Apriori Algorithm)은 1994년 R. Agrawal과 R.

Srikant가 제안하여 연관 규칙학습과 어느 정도 동의어가 되었다(브래트 란츠 지음·전철욱 옮김, 2014: p. 310).

선험적 규칙은 모든 항목집합에 대한 지지도를 계산하지 않고 원하는 빈발항목집합(최소 지지도 이상을 가지는 항목집합)을 찾아내는 방법으로, 한 항목집합이 빈발하다면 이 항목집합의 모든 부분집합은 빈발항목집합이며, 한 항목집합이 비빈발하다면 이 항목집합을 포함하는 모든 집합은 비빈발항목집합이다(이정진, 2011: p. 123).

소셜 빅데이터에서 선험적 알고리즘의 적용은 R의 arules 패키지의 apriori 함수로 연관규칙을 찾을 수 있다. 소셜 빅데이터의 연관분석은 키워드(예: 청소년 우울증상 관련 키워드) 간의 규칙을 찾는 방법과 청소년 우울증상과 종속변수[예: 청소년 우울감정(Positive, Neutral, Negative)] 간의 규칙을 찾는 방법이 있다.

4 −1 키워드 간 연관분석

청소년 우울 관련 소셜 빅데이터에서 청소년 우울증상(DSM1~DSM9) 키워드 간의 연관분석 절차는 다음과 같다.

> install.packages("arules"): 'arules' 패키지를 설치한다.

> library(arules): 'arules' 패키지를 로딩한다.

> rm(list=ls())

> setwd("c:/미래신호_1부3장"): 작업용 디렉터리를 지정한다.

> asso=read.table(file='association_rule_DSM5_onlykey.txt', header=T): 청소년 우울 데이터 파일을 asso 변수에 할당한다.

> trans=as.matrix(asso, "Transaction"): asso 변수를 0과 1의 값을 가진 matrix 파일로 변환하여 trans 변수에 할당한다.

> rules1=apriori(trans, parameter=list(supp=0.01, conf=0.01, target="rules")): 지지도 0.01, 신뢰도 0.01 이상인 규칙을 찾아 rule1 변수에 할당한다.

> summary(rules1): 연관규칙에 대해 summary하여 화면에 출력한다.

```
R Console

> rm(list=ls())
> setwd("c:/미래신호_1부3장")
> asso=read.table(file='association_rule_DSM5_onlykey.txt',header=T)
> trans=as.matrix(asso,"Transaction")
> rules1=apriori(trans,parameter=list(supp=0.01,conf=0.01,target="rules"))
Apriori

Parameter specification:
 confidence minval smax arem  aval originalSupport maxtime support minlen
       0.01    0.1    1 none FALSE            TRUE       5    0.01      1
 maxlen target   ext
     10  rules FALSE

Algorithmic control:
 filter tree heap memopt load sort verbose
    0.1 TRUE TRUE  FALSE TRUE    2    TRUE

Absolute minimum support count: 869

set item appearances ...[0 item(s)] done [0.00s].
set transactions ...[9 item(s), 86957 transaction(s)] done [0.01s].
sorting and recoding items ... [9 item(s)] done [0.00s].
creating transaction tree ... done [0.00s].
checking subsets of size 1 2 3 4 5 6 done [0.00s].
writing ... [584 rule(s)] done [0.00s].
creating S4 object  ... done [0.00s].
> summary(rules1)
set of 584 rules

rule length distribution (lhs + rhs):sizes
   1   2   3   4   5   6
   9  70 186 212  95  12

   Min. 1st Qu. Median   Mean 3rd Qu.   Max.
  1.000  3.000  4.000  3.599  4.000  6.000

summary of quality measures:
    support          confidence           lift
 Min.   :0.01007  Min.   :0.02561  Min.   : 1.000
 1st Qu.:0.01157  1st Qu.:0.47421  1st Qu.: 4.339
 Median :0.01425  Median :0.68019  Median : 6.515
 Mean   :0.01903  Mean   :0.65195  Mean   : 7.311
 3rd Qu.:0.01848  3rd Qu.:0.85450  3rd Qu.:10.119
 Max.   :0.44175  Max.   :0.99910  Max.   :19.469

mining info:
  data ntransactions support confidence
 trans        86957      0.01       0.01
> |
```

> rules.sorted=sort(rules1, by="confidence"): 신뢰도를 기준으로 정렬한다.

> inspect(rules.sorted): 신뢰도가 큰 순서로 정렬하여 화면에 출력한다.

- inspect()함수는 lhs, rhs, support, confidence, lift 값을 출력한다.

- lhs(left-hand-side)는 선행(antecedent)을 의미하며, rhs(right-hand-side)는 후항
  (consequent)을 의미한다.

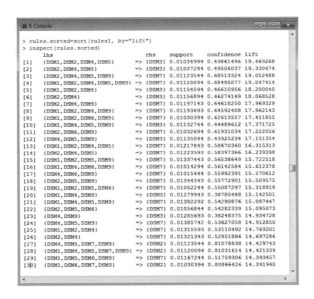

> rules.sorted=sort(rules1, by="lift"): 향상도를 기준으로 정렬한다.

> inspect(rules.sorted): 향상도가 큰 순서로 정렬하여 화면에 출력한다.

해석

상기 결과와 같이 청소년 우울증상 키워드의 연관성 예측에서 {DSM1, DSM2, DSM4, DSM5} => {DSM3} 다섯 변인의 연관성은 지지도 0.01, 신뢰도는 0.4986, 향상도는 19.469로 나타났다. 이는 온라인 문서에서 DSM1, DSM2, DSM4, DSM5가 언급되면 DSM3이 나타날 확률이 49.9%이며, DSM1, DSM2, DSM4, DSM5가 언급되지 않은 문서보다 DSM3이 나타날 확률이 약 19.5배 높아지는 것을 의미한다.

제한 규칙만 추출 1

> rule_sub=subset(rules1, subset=rhs%pin% 'DSM1' & confidence>=0.99): rhs가 'DSM1'이
면서 'confidence>=0.99'인 연관규칙을 추출한다.

> inspect(sort(rule_sub, by="lift")): 향상도가 큰 순서로 정렬하여 화면에 출력한다.

```
R Console                                                              ─ □ ✕

> rule_sub=subset(rules1,subset=rhs%pin% 'DSM1' & confidence>=0.99)
> inspect(sort(rule_sub,by="lift"))
       lhs                              rhs       support    confidence lift
[1]    {DSM2,DSM4,DSM6,DSM9}         => {DSM1} 0.01274193 0.9990983  2.261698
[2]    {DSM2,DSM4,DSM5,DSM6,DSM9}    => {DSM1} 0.01191393 0.9990357  2.261556
[3]    {DSM4,DSM5,DSM6,DSM7}         => {DSM1} 0.01074094 0.9989305  2.261318
[4]    {DSM4,DSM6,DSM7,DSM9}         => {DSM1} 0.01014294 0.9988675  2.261175
[5]    {DSM2,DSM3,DSM4}              => {DSM1} 0.01154594 0.9980119  2.259238
[6]    {DSM3,DSM4,DSM5,DSM9}         => {DSM1} 0.01132744 0.9979737  2.259152
[7]    {DSM2,DSM3,DSM9}              => {DSM1} 0.01061444 0.9978378  2.258844
[8]    {DSM2,DSM3,DSM4,DSM5}         => {DSM1} 0.01034994 0.9977827  2.258719
[9]    {DSM2,DSM6,DSM7,DSM9}         => {DSM1} 0.01030394 0.9977728  2.258697
[10]   {DSM4,DSM7,DSM9}             => {DSM1} 0.01491542 0.9976923  2.258515
[11]   {DSM2,DSM4,DSM9}             => {DSM1} 0.01848040 0.9975171  2.258118
[12]   {DSM4,DSM5,DSM7,DSM9}        => {DSM1} 0.01382292 0.9975104  2.258103
[13]   {DSM2,DSM4,DSM5,DSM9}        => {DSM1} 0.01635291 0.9971950  2.257389
[14]   {DSM2,DSM4,DSM7,DSM9}        => {DSM1} 0.01193693 0.9971182  2.257215
[15]   {DSM2,DSM5,DSM6,DSM9}        => {DSM1} 0.01586991 0.9971098  2.257196
[16]   {DSM4,DSM6,DSM7}             => {DSM1} 0.01156894 0.9970268  2.257008
[17]   {DSM2,DSM3,DSM5}             => {DSM1} 0.01123544 0.9969388  2.256809
[18]   {DSM2,DSM4,DSM5,DSM7,DSM9}   => {DSM1} 0.01120094 0.9969294  2.256788
[19]   {DSM2,DSM4,DSM6}             => {DSM1} 0.01578941 0.9963716  2.255525
[20]   {DSM4,DSM6,DSM9}             => {DSM1} 0.01806640 0.9961953  2.255126
[21]   {DSM2,DSM4,DSM5,DSM6}        => {DSM1} 0.01419092 0.9959645  2.254603
[22]   {DSM2,DSM4,DSM7}             => {DSM1} 0.01315593 0.9956484  2.253888
[23]   {DSM2,DSM5,DSM6,DSM7}        => {DSM1} 0.01052244 0.9956474  2.253886
[24]   {DSM2,DSM3}                  => {DSM1} 0.01299493 0.9955947  2.253766
[25]   {DSM2,DSM4,DSM8}             => {DSM1} 0.01024644 0.9955307  2.253622
[26]   {DSM3,DSM4,DSM9}             => {DSM1} 0.01279943 0.9955277  2.253615
[27]   {DSM2,DSM4,DSM5,DSM7}        => {DSM1} 0.01217843 0.9953008  2.253101
[28]   {DSM2,DSM5,DSM7,DSM9}        => {DSM1} 0.01337443 0.9948674  2.252120
[29]   {DSM3,DSM5,DSM9}             => {DSM1} 0.01237393 0.9944547  2.251186
[30]   {DSM5,DSM6,DSM7,DSM9}        => {DSM1} 0.01167244 0.9941234  2.250436
[31]   {DSM2,DSM7,DSM9}             => {DSM1} 0.01474292 0.9937984  2.249700
[32]   {DSM6,DSM7,DSM9}             => {DSM1} 0.01274193 0.9937220  2.249527
[33]   {DSM4,DSM5,DSM8,DSM9}        => {DSM1} 0.01087894 0.9936975  2.249472
[34]   {DSM4,DSM5,DSM7}             => {DSM1} 0.01595041 0.9935530  2.249145
[35]   {DSM4,DSM8,DSM9}             => {DSM1} 0.01189093 0.9932757  2.248517
[36]   {DSM3,DSM7}                  => {DSM1} 0.01007394 0.9931973  2.248339
[37]   {DSM4,DSM6,DSM8}             => {DSM1} 0.01123544 0.9928862  2.247635
[38]   {DSM2,DSM6,DSM7}             => {DSM1} 0.01136194 0.9919679  2.245556
[39]   {DSM2,DSM4,DSM6}             => {DSM1} 0.01091344 0.9916405  2.244815
[40]   {DSM4,DSM7}                  => {DSM1} 0.01773290 0.9916399  2.244814
[41]   {DSM2,DSM4}                  => {DSM1} 0.02477086 0.9908004  2.242913
[42]   {DSM2,DSM4,DSM5}             => {DSM1} 0.02075739 0.9906696  2.242617
[43]   {DSM3,DSM4,DSM5}             => {DSM1} 0.01417942 0.9903614  2.241920
> |
```

제한 규칙만 추출 2

> rule_sub=subset(rules1, subset=rhs%pin% ‘DSM9’ & confidence>=0.8) : rhs가 ‘DSM9’이 면서 ‘confidence>=0.8’인 연관규칙을 추출한다.

> inspect(sort(rule_sub, by=“lift”))

```
R Console                                                              [_][□][X]

> rule_sub=subset(rules1,subset=rhs%pin% 'DSM9' & confidence>=0.8)
> inspect(sort(rule_sub,by="lift"))
     lhs                           rhs      support    confidence lift
[1]  {DSM1,DSM2,DSM4,DSM5,DSM7} => {DSM9} 0.01120094 0.9197356  6.880372
[2]  {DSM2,DSM4,DSM5,DSM7}       => {DSM9} 0.01123544 0.9182331  6.869132
[3]  {DSM1,DSM2,DSM4,DSM7}       => {DSM9} 0.01193693 0.9073427  6.787663
[4]  {DSM1,DSM2,DSM6,DSM7}       => {DSM9} 0.01030394 0.9068826  6.784221
[5]  {DSM2,DSM4,DSM7}            => {DSM9} 0.01197143 0.9060052  6.777658
[6]  {DSM2,DSM6,DSM7}            => {DSM9} 0.01032694 0.9016064  6.744751
[7]  {DSM1,DSM2,DSM5,DSM7}       => {DSM9} 0.01337443 0.8891437  6.651520
[8]  {DSM1,DSM5,DSM7}            => {DSM9} 0.01344343 0.8835979  6.610033
[9]  {DSM1,DSM4,DSM6,DSM7}       => {DSM9} 0.01014294 0.8767396  6.558727
[10] {DSM1,DSM6,DSM7}            => {DSM9} 0.01015444 0.8751239  6.546640
[11] {DSM1,DSM4,DSM5,DSM7}       => {DSM9} 0.01382292 0.8666186  6.483014
[12] {DSM1,DSM2,DSM7}            => {DSM9} 0.01474292 0.8650472  6.471259
[13] {DSM4,DSM5,DSM7}            => {DSM9} 0.01385742 0.8631805  6.457294
[14] {DSM2,DSM7}                 => {DSM9} 0.01483492 0.8571429  6.412128
[15] {DSM1,DSM5,DSM6,DSM7}       => {DSM9} 0.01167244 0.8493724  6.353998
[16] {DSM1,DSM4,DSM7}            => {DSM9} 0.01491542 0.8411154  6.292229
[17] {DSM1,DSM2,DSM4,DSM5,DSM6}  => {DSM9} 0.01191393 0.8395462  6.280490
[18] {DSM2,DSM4,DSM5,DSM6}       => {DSM9} 0.01192543 0.8369653  6.261183
[19] {DSM4,DSM7}                 => {DSM9} 0.01499992 0.8360129  6.254058
[20] {DSM5,DSM6,DSM7}            => {DSM9} 0.01174144 0.8355155  6.250338
[21] {DSM1,DSM2,DSM3}            => {DSM9} 0.01061444 0.8168142  6.110436
[22] {DSM2,DSM3}                 => {DSM9} 0.01063744 0.8149780  6.096700
[23] {DSM1,DSM6,DSM7}            => {DSM9} 0.01274193 0.8141073  6.090186
[24] {DSM1,DSM2,DSM4,DSM6}       => {DSM9} 0.01274193 0.8069920  6.036958
[25] {DSM2,DSM4,DSM6}            => {DSM9} 0.01275343 0.8047896  6.020482
> |
```

제한 규칙만 추출 3

> rule_sub=subset(rules1, subset=rhs%pin% ‘DSM8’ & confidence>=0.15) : rhs가 ‘DSM8’이 면서 ‘confidence>=0.15’인 연관규칙을 추출한다.

> inspect(sort(rule_sub, by=“lift”))

```
R Console                                                              [_][□][X]

> rule_sub=subset(rules1,subset=rhs%pin% 'DSM8' & confidence>=0.15)
> inspect(sort(rule_sub,by="lift"))
     lhs                      rhs      support    confidence lift
[1]  {DSM1,DSM4,DSM5,DSM9} => {DSM8} 0.01087894 0.4272809  10.835541
[2]  {DSM4,DSM5,DSM9}      => {DSM8} 0.01094794 0.4236760  10.744122
[3]  {DSM1,DSM2,DSM4}      => {DSM8} 0.01024644 0.4136490  10.489845
[4]  {DSM2,DSM4}           => {DSM8} 0.01029244 0.4116835  10.440001
[5]  {DSM1,DSM4,DSM6}      => {DSM8} 0.01123544 0.3677079   9.324812
[6]  {DSM1,DSM2,DSM5}      => {DSM8} 0.01259243 0.3650000   9.256140
[7]  {DSM4,DSM6}           => {DSM8} 0.01131594 0.3605716   9.143840
[8]  {DSM1,DSM4,DSM9}      => {DSM8} 0.01189093 0.3602787   9.136413
[9]  {DSM4,DSM9}           => {DSM8} 0.01197143 0.3561410   9.031481
[10] {DSM1,DSM2,DSM9}      => {DSM8} 0.01045344 0.3559123   9.025683
[11] {DSM2,DSM5}           => {DSM8} 0.01278793 0.3536896   8.969316
[12] {DSM1,DSM4,DSM5}      => {DSM8} 0.01498442 0.3528297   8.947510
[13] {DSM2,DSM9}           => {DSM8} 0.01056844 0.3487666   8.844473
[14] {DSM4,DSM5}           => {DSM8} 0.01528342 0.3457336   8.767558
[15] {DSM1,DSM5,DSM6}      => {DSM8} 0.01261543 0.3112057   7.891954
[16] {DSM1,DSM2}           => {DSM8} 0.01478892 0.2967236   7.524699
[17] {DSM1,DSM5,DSM9}      => {DSM8} 0.01469692 0.2946737   7.472716
[18] {DSM5,DSM6}           => {DSM8} 0.01284543 0.2926382   7.421096
[19] {DSM1,DSM4}           => {DSM8} 0.01830790 0.2814710   7.137904
[20] {DSM7}                => {DSM8} 0.01008544 0.2804605   7.112279
[21] {DSM5,DSM9}           => {DSM8} 0.01505342 0.2787479   7.068848
[22] {DSM4}                => {DSM8} 0.01868740 0.2721487   6.901498
[23] {DSM2}                => {DSM8} 0.01512242 0.2691363   6.825105
[24] {DSM1,DSM6}           => {DSM8} 0.01504192 0.2415512   6.125568
[25] {DSM6}                => {DSM8} 0.01536392 0.2052858   5.205902
[26] {DSM1,DSM5}           => {DSM8} 0.02531136 0.1953319   4.953478
[27] {DSM1,DSM9}           => {DSM8} 0.01764090 0.1626896   4.125692
[28] {DSM5}                => {DSM8} 0.02658785 0.1610925   4.085192
> |
```

청소년 우울 관련 소셜 빅데이터에서 청소년 우울증상(소아장애~자살) 키워드 간의 연관분석 절차는 다음과 같다.

> install.packages("arules")

> library(arules)

> setwd("c:/미래신호_1부3장")

> asso=read.table('depression_Symptom_association_rule.txt', header=T): 청소년 우울 데이터파일을 asso 변수에 할당한다.

> trans=as.matrix(asso, "Transaction")

> rules1=apriori(trans, parameter=list(supp=0.01, conf=0.666, target="rules"))

> rules.sorted=sort(rules1, by="confidence")

> inspect(rules.sorted)

> rules.sorted=sort(rules1, by="lift")

> inspect(rules.sorted)

```
R Console

> rules.sorted=sort(rules1, by="lift")
> inspect(rules.sorted)
      lhs                   rhs            support    confidence lift
[1]  {소화장애}        => {통증}         0.01321343 0.7088217 17.635768
[2]  {초조,죄책감}     => {분노}         0.01034994 0.7188498  7.893550
[3]  {초조,수면}       => {분노}         0.01039594 0.6986090  7.671289
[4]  {초조,피로}       => {분노}         0.01170694 0.6836803  7.507361
[5]  {피로,자살}       => {분노}         0.01141944 0.6810700  7.478697
[6]  {무판심,죄책감}   => {자살}         0.01066044 0.8203540  7.467342
[7]  {불안,무판심}     => {분노}         0.01024644 0.6739788  7.400830
[8]  {피로,수면}       => {분노}         0.01017744 0.6689342  7.345437
[9]  {수면,죄책감}     => {자살}         0.01013144 0.8038321  7.316951
[10] {초조,죄책감}     => {자살}         0.01008544 0.7004792  6.376172
[11] {죄책감,학업스트레스} => {자살}    0.01214393 0.6799742  6.189524
[12] {불안,무판심}     => {자살}         0.01030394 0.6777610  6.169377
[13] {불안,상실}       => {자살}         0.01017744 0.6766055  6.158860
[14] {불안,죄책감}     => {자살}         0.01177594 0.6692810  6.092188
[15] {불안,수면}       => {학업스트레스} 0.01306393 0.7286722  5.575288
[16] {피로,수면}       => {학업스트레스} 0.01095944 0.7203326  5.511479
[17] {분노,수면}       => {학업스트레스} 0.01301793 0.7164557  5.481816
[18] {수면,자살}       => {학업스트레스} 0.01215543 0.7113055  5.442410
[19] {불안,상실}       => {학업스트레스} 0.01066044 0.7087156  5.422594
[20] {불안,분노,자살}  => {학업스트레스} 0.01037294 0.7085625  5.421422
[21] {불안,초조,분노}  => {학업스트레스} 0.01090194 0.7027428  5.376894
[22] {초조,수면}       => {학업스트레스} 0.01039594 0.6986090  5.345265
[23] {불안,피로}       => {학업스트레스} 0.01254643 0.6953474  5.320310
[24] {분노,상실}       => {학업스트레스} 0.01076394 0.6948775  5.316715
[25] {상실,자살}       => {학업스트레스} 0.01101694 0.6937002  5.307707
[26] {불안,무판심}     => {학업스트레스} 0.01053394 0.6928896  5.301504
[27] {피로,자살}       => {학업스트레스} 0.01139644 0.6796982  5.200574
[28] {불안,통증}       => {학업스트레스} 0.01044194 0.6786248  5.192361
[29] {식욕}            => {학업스트레스} 0.01093644 0.6759062  5.171560
[30] {무판심,분노}     => {학업스트레스} 0.01126994 0.6662135  5.097398
> |
```

해석

상기 결과와 같이 청소년 우울증상 키워드의 연관성 예측에서 {불안, 수면} => {학업스트레스} 세 변인의 연관성은 지지도 0.013, 신뢰도는 0.7286, 항상도는 5.575로 나타났다. 이는 온라인 문서에서 불안, 수면이 언급되면 학업스트레스가 나타날 확률이 72.9%이며, 불안, 수면이 언급되지 않은 문서 보다 학업스트레스가 나타날 확률이 약 5.58배 높아지는 것을 의미한다.

■ **청소년 우울증상 연관규칙의 소셜 네트워크 분석(SNA)**

> install.packages("dplyr"): 데이터 분석을 위한 'dplyr' 패키지를 설치한다.

> library(dplyr): 'dplyr' 패키지를 로딩한다.

> install.packages("igraph")

– 'igraph' 패키지는 서로 연관이 있는 데이터를 연결하여 그래프로 나타내는 패키지다.

> library(igraph)

> rules = labels(rules1, ruleSep="/", setStart="", setEnd=""): 시각화를 위한 데이터 구조를 변경한다.

> rules = sapply(rules, strsplit, "/", USE.NAMES=F): 시각화를 위한 데이터 구조를 변경한다.

> rules = Filter(function(x){!any(x == "")}, rules): 시각화를 위한 데이터 구조를 변경한다.

> rulemat = do.call("rbind", rules): 시각화를 위한 데이터 구조를 변경한다.

> rulequality = quality(rules1): 시각화를 위한 데이터 구조를 변경한다.

> ruleg = graph.edgelist(rulemat, directed=F)

> ruleg = graph.edgelist(rulemat[-c(1:16),], directed=F): 연관규칙 결과 중 {}를 제거한다.

> plot.igraph(ruleg, vertex.label=V(ruleg)$name, vertex.label. cex=1, vertex.size=20, layout=layout. fruchterman.reingold.grid): edgelist의 시각화를 실시한다.

> savePlot("depression_association_key.png", type="png"): SNA 결과 파일(depression_association_key.png)을 저장한다.

```
R Console                                                           [ - ] [ □ ] [ x ]

> install.packages("dplyr")
경고: 패키지 'dplyr'가 사용중이므로 설치되지 않을 것입니다
> library(dplyr)
> install.packages("igraph")
경고: 패키지 'igraph'가 사용중이므로 설치되지 않을 것입니다
> library(igraph)
> rules = labels(rules1, ruleSep="/", setStart="", setEnd="")
> rules = sapply(rules, strsplit, "/",  USE.NAMES=F)
> rules = Filter(function(x){!any(x == "")},rules)
> rulemat = do.call("rbind", rules)
> rulequality = quality(rules1)
> ruleg = graph.edgelist(rulemat,directed=F)
> ruleg = graph.edgelist(rulemat[-c(1:16),],directed=F)
> plot.igraph(ruleg, vertex.label=V(ruleg)$name, vertex.label.cex=1,
+   vertex.size=20,layout=layout.fruchterman.reingold.grid)
경고메시지(들):
In v(graph) : Grid Fruchterman-Reingold layout was removed,
we use Fruchterman-Reingold instead.
> savePlot("depression_association_key.png", type="png")
> |
```

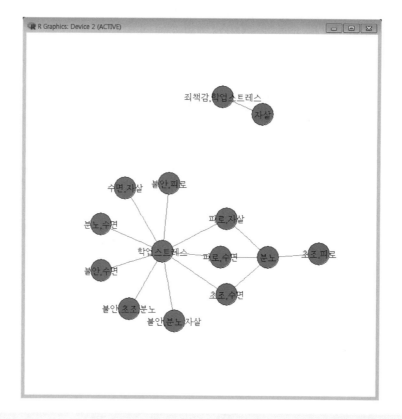

해석

연관규칙에 대한 SNA 결과는 상기 그림과 같다. 청소년 우울증상은 학업스트레스에 불안, 분노, 수면, 자살, 피로 등이 연결되어 있으며, 분노에는 피로, 자살, 수면, 초조 등이 연결되어 있는 것으로 나타났다.

- 청소년 우울증상 연관규칙의 산점도 작성

  > install.packages("arulesViz"): 연관규칙의 시각화 패키지 'arulesViz'를 설치한다.

  > library(arulesViz): 'arulesViz'를 로딩한다.

  > plot(rules1, measure=c('support', 'confidence'), shading='lift'): 연관규칙의 산점도(scatter plot)는 이차원 좌표에 지지도(support), 신뢰도(confidence), 향상도(lift)를 출력한다.

  - x축은 지지도, y축은 신뢰도이며, 출력되는 점들의 색상은 향상도를 나타낸다. 색이 짙을수록 향상도가 높다.

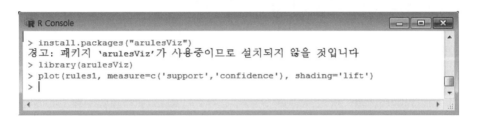

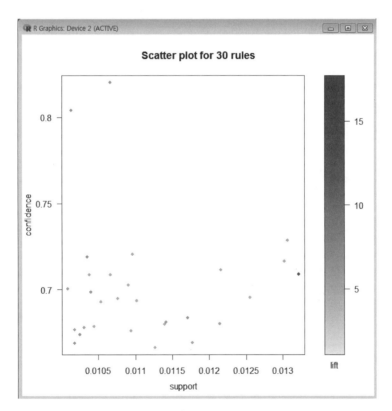

■ 청소년 우울증상 연관규칙 결과의 시각화

> install.packages("arulesViz")

> library(arulesViz)

> rules1=apriori(trans, parameter=list(supp=0.01, conf=0.6, target="rules")): 지지도 0.01, 신
 뢰도 0.6 이상인 규칙을 찾아 rule1 변수에 할당한다.

> plot(rules1, method='graph', control=list(type='items'))

– 그래프 기반 시각화(graphed-based visualization)

– 원의 크기가 클수록 지지도가 크고, 색상이 짙을수록 향상도가 크다.

> plot(rules1, method='paracoord', control=list(reorder=T))

– 병렬좌표 플롯(parallel coordinates plots) 시각화

– 선의 굵기는 지지도의 크기에 비례하고 색상의 농담은 향상도의 크기에 비례한다.

– parallel coordinates plot은 x축 화살표의 종착점이 RHS(right-hand-side: consequent)이
 고 시작점(3)과 중간 기착점(2, 1)의 조합이 LHS(left-hand-side: antecedent)이다. X축과
 교차하는 Y축은 해당 item(우울증상: 불안~초조)의 이름을 나타낸다. 따라서 좌표를
 보는 방법은 Association rule을 참조하여 해석해야 한다.

> plot(rules1, method='grouped')

– 그룹화 행렬 기반 시각화(grouped matrix-based visualizations)

– 원의 크기가 클수록 지지도가 크고 색상이 짙을수록 향상도가 크다.

```
R Console

> library(arulesViz)
> rules1=apriori(trans,parameter=list(supp=0.01,conf=0.6,target="rules"))
Apriori

Parameter specification:
 confidence minval smax arem  aval originalSupport maxtime support minlen
       0.6    0.1    1 none FALSE            TRUE       5    0.01      1
 maxlen target    ext
     10  rules FALSE

Algorithmic control:
 filter tree heap memopt load sort verbose
    0.1 TRUE TRUE  FALSE TRUE    2    TRUE

Absolute minimum support count: 869

set item appearances ...[0 item(s)] done [0.00s].
set transactions ...[31 item(s), 86957 transaction(s)] done [0.00s].
sorting and recoding items ... [22 item(s)] done [0.01s].
creating transaction tree ... done [0.00s].
checking subsets of size 1 2 3 4 done [0.01s].
writing ... [75 rule(s)] done [0.00s].
creating S4 object  ... done [0.00s].
> plot(rules1, method='graph',control=list(type='items'))
> plot(rules1, method='paracoord',control=list(reorder=T))
> plot(rules1, method='grouped')
> |
```

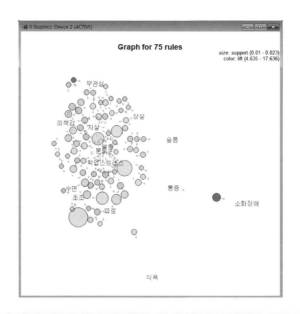

해석

청소년 우울과 관련된 우울증상 키워드는 자살과 학업스트레스에 강하게 연결되어 있는 것으로 나타났다. 초조는 수면과 치료에 연결되어 있으며, 통증, 소화장애, 식욕은 연관되지 않은 것으로 나타났다.

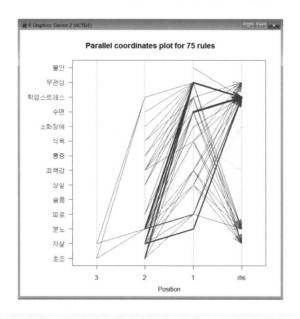

해석

청소년 우울과 관련된 우울증상 키워드는 첫 번째 연결 단계인 lhs(3)에서 자살과 초조로 연결되고, 두 번째 연결 단계인 lhs(2)의 학업스트레스와 세 번째 연결 단계인 lhs(1)의 무관심을 거쳐 최종 연결 단계인 rhs에서는 학업스트레스와 연결되는 것으로 나타났다.

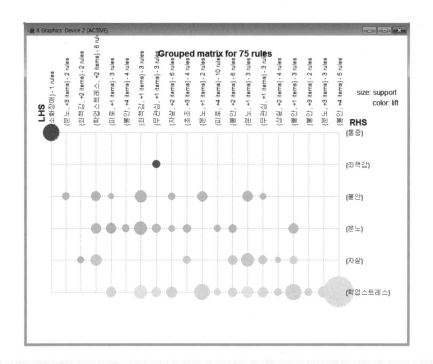

연관규칙의 우울증상 키워드의 행렬을 보여준다. 소화장애는 통증의 향상도를 높이며, 무관심은 죄책감의 향상도를 높이는 것으로 나타났다.

4 −2 키워드와 종속변수 간 연관분석

청소년 우울 관련 소셜 빅데이터의 우울증상 키워드와 종속변수(우울감정: Positive, Neutral, Negative) 간에 연관분석 절차는 다음과 같다.

> install.packages("arules")

> library(arules)

> rm(list=ls()): 모든 변수를 초기화한다.

> setwd("c:/미래신호_1부3장"): 작업용 디렉터리를 지정한다.

> asso=read.table(file='association_rule_DSM5.txt', header=T): 우울증상과 종속변수(우울감정) 데이터파일을 asso 변수에 할당한다.

> trans=as.matrix(asso, "Transaction"): asso 변수를 matrix로 변환해 trans 변수에 할당한다.

> rules1=apriori(trans, parameter=list(supp=0.001, conf=0.67), appearance=list (rhs=c("Positive", "Neutral", "Negative"), default="lhs"), control=list(verbose=F)): 지지도 0.001, 신뢰도 0.67 이상인 규칙을 찾아 rule1 변수에 할당한다.

> rules.sorted=sort(rules1, by="confidence"): 신뢰도를 기준으로 정렬한다.

> inspect(rules.sorted): 신뢰도가 큰 순서로 정렬하여 화면에 출력한다.

> rules.sorted=sort(rules1, by="lift"): 향상도를 기준으로 정렬한다.

> inspect(rules.sorted): 향상도가 큰 순서로 정렬하여 화면에 출력한다.

```
R Console
> library(arules)
> rm(list=ls())
> setwd("c:/미래신호_1부3장")
> asso=read.table(file='association_rule_DSM5.txt',header=T)
> trans=as.matrix(asso,"Transaction")
> rules1=apriori(trans,parameter=list(supp=0.001,conf=0.67), appearance=list(rhs=
+ c("Positive","Neutral", "Negative"), default="lhs"),control=list(verbose=F))
> rules.sorted=sort(rules1, by="confidence")
> inspect(rules.sorted)
```

```
R Console
> rules.sorted=sort(rules1, by="lift")
> inspect(rules.sorted)
     lhs          rhs            support  confidence    lift
[1] {DSM2,
     DSM3,
     DSM4,
     DSM6,
     DSM7,
     DSM8} => {Negative} 0.002242488  0.6747405 2.605507
[2] {DSM1,
     DSM2,
     DSM3,
     DSM4,
     DSM6,
     DSM7,
     DSM8} => {Negative} 0.002242488  0.6747405 2.605507
[3] {DSM2,
     DSM3,
     DSM6,
     DSM7,
     DSM8} => {Negative} 0.002334487  0.6744186 2.604264
[4] {DSM1,
     DSM2,
     DSM3,
     DSM6,
     DSM7,
     DSM8} => {Negative} 0.002334487  0.6744186 2.604264
[5] {DSM3,
     DSM6,
     DSM7,
     DSM8} => {Negative} 0.002449487  0.6719243 2.594632
[6] {DSM1,
     DSM3,
     DSM6,
     DSM7,
     DSM8} => {Negative} 0.002449487  0.6719243 2.594632
[7] {DSM2,
     DSM3,
     DSM4,
     DSM6,
     DSM7,
     DSM8,
     DSM9} => {Negative} 0.002138988  0.6714801 2.592917
[8] {DSM1,
     DSM2,
     DSM3,
     DSM4,
     DSM6,
     DSM7,
     DSM8,
     DSM9} => {Negative} 0.002138988  0.6714801 2.592917
```

상기 결과와 같이 청소년 우울과 관련된 우울증상의 연관성 예측에서 신뢰도가 가장 높은 연관규칙으로는 {DSM2, DSM3, DSM4, DSM6, DSM7, DSM8} => {Negative}이며 일곱 개 변인의 연관성은 지지도 0.002, 신뢰도는 0.6747, 향상도는 2.606으로 나타났다.

이는 온라인 문서에서 'DSM2, DSM3, DSM4, DSM6, DSM7, DSM8'이 언급되면 우울에 대한 부정적 감정을 가질 확률이 67.5%이며, 'DSM2, DSM3, DSM4, DSM6, DSM7, DSM8'이 언급되지 않은 문서보다 우울에 대한 부정적 감정을 가질 확률이 2.61배 높아지는 것을 나타낸다.

제한 규칙만 추출 1

> rules1=apriori(trans,parameter=list(supp=0.001, conf=0.01), appearance=list (rhs=c("Positive", "Neutral", "Negative"), default="lhs"), control=list(verbose=F))

> rule_sub=subset(rules1, subset=rhs%pin% 'Positive' & confidence>=0.38): rhs가 'Positive' 이면서 'confidence>=0.38'인 연관규칙을 추출한다.

> inspect(sort(rule_sub, by="lift"))

```
R Console                                                                    

> rules1=apriori(trans,parameter=list(supp=0.001,conf=0.01), appearance=list(rhs=
+ c("Positive","Neutral", "Negative"), default="lhs"),control=list(verbose=F))
> rule_sub=subset(rules1,subset=rhs%pin% 'Positive' & confidence>=0.38)
> inspect(sort(rule_sub,by="lift"))
      lhs                        rhs          support     confidence lift
[1]   {DSM1,DSM4,DSM8}        => {Positive} 0.007382959 0.4032663 2.607005
[2]   {DSM4,DSM8}             => {Positive} 0.007474959 0.4000000 2.585890
[3]   {DSM6,DSM8}             => {Positive} 0.006060467 0.3944611 2.550082
[4]   {DSM4,DSM6,DSM8}        => {Positive} 0.004461975 0.3943089 2.549098
[5]   {DSM1,DSM4,DSM6,DSM8}   => {Positive} 0.004427476 0.3940635 2.547511
[6]   {DSM1,DSM4,DSM6}        => {Positive} 0.012040434 0.3940534 2.547447
[7]   {DSM1,DSM6,DSM8}        => {Positive} 0.005887968 0.3914373 2.530534
[8]   {DSM4,DSM6}            => {Positive} 0.012258933 0.3906193 2.525246
[9]   {DSM1,DSM8}            => {Positive} 0.014455420 0.3898883 2.520520
[10]  {DSM8}                 => {Positive} 0.015271916 0.3872849 2.503690
[11]  {DSM1,DSM4,DSM5,DSM6}  => {Positive} 0.009004450 0.3826979 2.474037
[12]  {DSM4,DSM5,DSM6}       => {Positive} 0.009119450 0.3808838 2.462308
> |
```

제한 규칙만 추출 2

> rule_sub=subset(rules1, subset=rhs%pin% 'Negative' & confidence>=0.67): rhs가 'Negative'이면서 'confidence>=0.67'인 연관규칙을 추출한다.

> inspect(sort(rule_sub,by="lift"))

```
R Console
> rule_sub=subset(rules1,subset=rhs%pin% 'Negative' & confidence>=0.67)
> inspect(sort(rule_sub,by="lift"))
       lhs                                        rhs          support      confidence
[1]    {DSM2,DSM3,DSM4,DSM6,DSM7,DSM8}        => {Negative}   0.002242488  0.6747405
[2]    {DSM1,DSM2,DSM3,DSM4,DSM6,DSM7,DSM8}   => {Negative}   0.002242488  0.6747405
[3]    {DSM2,DSM3,DSM6,DSM7,DSM8}             => {Negative}   0.002334487  0.6744186
[4]    {DSM1,DSM2,DSM3,DSM6,DSM7,DSM8}        => {Negative}   0.002334487  0.6744186
[5]    {DSM3,DSM6,DSM7,DSM8}                  => {Negative}   0.002449487  0.6719243
[6]    {DSM1,DSM3,DSM6,DSM7,DSM8}             => {Negative}   0.002449487  0.6719243
[7]    {DSM2,DSM3,DSM4,DSM6,DSM7,DSM8,DSM9}   => {Negative}   0.002138988  0.6714801
[8]    {DSM1,DSM2,DSM3,DSM4,DSM6,DSM7,DSM8,DSM9} => {Negative} 0.002138988  0.6714801
[9]    {DSM2,DSM3,DSM6,DSM7,DSM8,DSM9}        => {Negative}   0.002230988  0.6712803
[10]   {DSM1,DSM2,DSM3,DSM6,DSM7,DSM8,DSM9}   => {Negative}   0.002230988  0.6712803
[11]   {DSM3,DSM4,DSM6,DSM7,DSM8}             => {Negative}   0.002322987  0.6710963
[12]   {DSM1,DSM3,DSM4,DSM6,DSM7,DSM8}        => {Negative}   0.002322987  0.6710963
[13]   {DSM2,DSM3,DSM4,DSM5,DSM6,DSM7,DSM8}   => {Negative}   0.002173488  0.6702128
[14]   {DSM1,DSM2,DSM3,DSM4,DSM5,DSM6,DSM7,DSM8} => {Negative} 0.002173488  0.6702128
[15]   {DSM2,DSM3,DSM5,DSM6,DSM7,DSM8}        => {Negative}   0.002265488  0.6700680
[16]   {DSM1,DSM2,DSM3,DSM5,DSM6,DSM7,DSM8}   => {Negative}   0.002265488  0.6700680
       lift
[1]    2.605507
[2]    2.605507
[3]    2.604264
[4]    2.604264
[5]    2.594632
[6]    2.594632
[7]    2.592917
[8]    2.592917
[9]    2.592145
[10]   2.592145
[11]   2.591435
[12]   2.591435
[13]   2.588023
[14]   2.588023
[15]   2.587464
[16]   2.587464
> |
```

제한 규칙만 추출 3

> rule_sub=subset(rules1,subset=rhs%pin% 'Neutral' & confidence>=0.15): rhs가 'Neutral'이면서 'confidence>=0.15'인 연관규칙을 추출한다.

> inspect(sort(rule_sub, by="lift"))

```
R Console
> rule_sub=subset(rules1,subset=rhs%pin% 'Neutral' & confidence>=0.15)
> inspect(sort(rule_sub,by="lift"))
       lhs                 rhs         support     confidence lift
[1]    {}               => {Neutral}   0.586347275 0.5863473  1.0000000
[2]    {DSM1}           => {Neutral}   0.164207597 0.3717231  0.6339641
[3]    {DSM9}           => {Neutral}   0.043492761 0.3253613  0.5548953
[4]    {DSM1,DSM9}      => {Neutral}   0.028243845 0.2604730  0.4442299
[5]    {DSM5}           => {Neutral}   0.041549271 0.2517419  0.4293393
[6]    {DSM2}           => {Neutral}   0.011591936 0.2063037  0.3518456
[7]    {DSM1,DSM5}      => {Neutral}   0.026564854 0.2050053  0.3496312
[8]    {DSM6}           => {Neutral}   0.015087917 0.2015980  0.3438202
[9]    {DSM8}           => {Neutral}   0.007647458 0.1939341  0.3307495
[10]   {DSM7}           => {Neutral}   0.006853962 0.1905980  0.3250600
[11]   {DSM1,DSM8}      => {Neutral}   0.006922962 0.1867246  0.3184539
[12]   {DSM1,DSM2}      => {Neutral}   0.008659452 0.1737425  0.2963133
[13]   {DSM1,DSM6}      => {Neutral}   0.010510942 0.1687904  0.2878676
[14]   {DSM4}           => {Neutral}   0.011476937 0.1671412  0.2850549
[15]   {DSM5,DSM9}      => {Neutral}   0.008946951 0.1656729  0.2825508
[16]   {DSM3}           => {Neutral}   0.004197477 0.1638976  0.2795231
[17]   {DSM1,DSM5,DSM9} => {Neutral}   0.007969456 0.1597879  0.2725141
[18]   {DSM1,DSM4}      => {Neutral}   0.010269444 0.1578854  0.2692695
[19]   {DSM8,DSM9}      => {Neutral}   0.002840484 0.1569250  0.2676316
[20]   {DSM1,DSM8,DSM9} => {Neutral}   0.002748485 0.1558018  0.2657160
[21]   {DSM5,DSM8}      => {Neutral}   0.004070978 0.1531142  0.2611323
[22]   {DSM1,DSM7}      => {Neutral}   0.004760974 0.1507647  0.2571254
[23]   {DSM1,DSM3}      => {Neutral}   0.003587980 0.1500722  0.2559441
> |
```

청소년 우울 관련 소셜 빅데이터에서 청소년 우울증상(소아장애~자살)과 종속변수(우울 감정) 간의 연관분석 절차는 다음과 같다.

```
> rm(list=ls())
> setwd("c:/미래신호_1부3장")
> asso=read.table(file='depression_Symptom_dependentV.txt', header=T)
> install.packages("arules")
> library(arules)
> trans=as.matrix(asso, "Transaction")
> rules1=apriori(trans, parameter=list(supp=0.001, conf=0.73), appearance=list (rhs=c"긍정",
  "보통", "부정"), default="lhs"), control=list(verbose=F))
> rules.sorted=sort(rules1, by="confidence")
> inspect(rules.sorted)
> rules.sorted=sort(rules1, by="lift")
> inspect(rules.sorted)
```

```
> rules.sorted=sort(rules1, by="lift")
> inspect (rules.sorted)
        lhs                                      rhs        support      confidence lift
[1]  {외로움,무관심,수면,상실,자살}          => {부정}  0.001000494  0.7565217  2.921305
[2]  {외로움,무관심,슬픔,상실,자살}          => {부정}  0.001023494  0.7542373  2.912483
[3]  {초조,외로움,무관심,상실,자살}          => {부정}  0.001057994  0.7540984  2.911947
[4]  {외로움,무관심,분노,수면,자살}          => {부정}  0.001115494  0.7519380  2.903605
[5]  {외로움,무관심,분노,상실,자살}          => {부정}  0.001195993  0.7482014  2.889176
[6]  {외로움,피로,슬픔,자살}                 => {부정}  0.001023494  0.7478992  2.888009
[7]  {초조,외로움,무관심,분노,슬픔}          => {부정}  0.001115494  0.7461538  2.881269
[8]  {소화장애,분노,동증,피로,슬픔,자살}     => {부정}  0.001655991  0.7461140  2.881115
[9]  {외로움,무관심,분노,수면,상실}          => {부정}  0.001034994  0.7438017  2.872186
[10] {외로움,분노,수면,슬픔,자살}            => {부정}  0.001057994  0.7419355  2.864980
[11] {초조,외로움,무관심,죄책감,슬픔}        => {부정}  0.001023494  0.7416667  2.863942
[12] {소화장애,분노,동증,피로,슬픔,자살}     => {부정}  0.001471992  0.7398844  2.857060
[13] {초조,외로움,무관심,분노,상실}          => {부정}  0.001011994  0.7394958  2.855559
[14] {외로움,무관심,분노,죄책감,상실,자살}   => {부정}  0.001034994  0.7377009  2.848644
[15] {초조,외로움,무관심,상실}               => {부정}  0.001161494  0.7372263  2.846795
[16] {초조,외로움,무관심,슬픔}               => {부정}  0.001218993  0.7361111  2.842489
[17] {외로움,무관심,분노,슬픔,학업스트레스}  => {부정}  0.001057994  0.7360000  2.842060
[18] {소화장애,초조,분노,동증,피로,슬픔,자살} => {부정} 0.001437492  0.7352941  2.839334
[19] {분노,피로,적대,학업스트레스,자살}      => {부정}  0.001241993  0.7346939  2.837017
[20] {외로움,분노,수면,자살}                 => {부정}  0.001448992  0.7325581  2.828769
[21] {외로움,무관심,수면,자살}               => {부정}  0.001195993  0.7323944  2.828137
[22] {외로움,분노,피로,학업스트레스,자살}    => {부정}  0.001069494  0.7322835  2.827709
[23] {소화장애,분노,피로,슬픔,자살}          => {부정}  0.001713491  0.7303922  2.820405
[24] {소화장애,동증,피로,죄책감,슬픔,자살}   => {부정}  0.001494992  0.7303371  2.820193
[25] {소화장애,동증,피로,슬픔,자살}          => {부정}  0.001678991  0.7300000  2.818891
> |
```

해석

하나의 문서에 나타난 우울증상의 감정(긍정, 보통, 부정)에 대한 연관규칙을 분석하였다. {외로움, 무관심, 수면, 상실, 자살} => {부정} 여섯 개 변인의 연관성은 지지도 0.001, 신뢰도는 0.757, 향상도는 2.92로 나타났다. 이는 온라인 문서에서 '외로움, 무관심, 수면, 상실, 자살' 증상 요인이 언급되면 부정적 감정을 가질 확률이 75.7%이며, '외로움, 무관심, 수면, 상실, 자살' 증상이 언급되지 않은 문서보다 부정적 감정을 가질 확률이 약 2.92배 높아지는 것을 나타낸다.

참고문헌

1. 박창이 · 김용대 · 김진석 · 송종우 · 최호식(2011). R을 이용한 데이터마이닝. 교우사.

2. 박희창(2010). 연관 규칙 마이닝에서의 평가기준 표준화 방안. 한국데이터정보과학회지, 제21권, 제5호, 891-899.

3. 브레트란츠 지음 · 전철욱 옮김(2014). R을 활용한 기계학습. 에이콘.

4. 이주리(2009). 중학생의 자살사고 예측모형: 데이터마이닝을 적용한 위험요인과 보호요인의 탐색. 아동과 권리, 13(2), 227-246.

5. 이정진(2011). R SAS MS-SQL을 활용한 데이터마이닝. 자유아카데미.

6. 임희진 · 유재민(2007). 청소년 진로상황의 불확실성에 대한 보호요인과 위험요인의 탐색. 제4회 한국청소년패널 학술대회 논문집, 613-638.

7. 유충현·홍성학(2015). R을 활용한 데이터 시각화. 인사이트.

8. 전희원(2014). R로 하는 데이터 시각화. 한빛미디어.

9. 최종후 · 한상태 · 강현철 · 김은석 · 김미경 · 이성건(2006). 데이터마이닝 예측 및 활용. 한나래아카데미.

10. 허명회(2007). SPSS Statistics 분류분석. ㈜데이타솔루션.

11. Hand, D., Mannila, H., Smyth P. (2001). *Principles of Data Mining*. The MIT Press, Cambridge, ML.

12. Breiman, L. (2001). Random forest, Machine learning, 45(1), 5-32.

13. Jin, J. H., Oh, M. A. (2013). Data Analysis of Hospitalization of Patients with Automobile Insurance and Health Insurance: A Report on the Patient Survey. *Journal of the Korea Data Analysis Society*, 15(5B), 2457-2469.

14. Breiman, L. (1996). Bagging predictors, Machine Learning, 26, 123-140.

4장

시각화

데이터 시각화(data visualization)란 무엇인가? 위키피디아에는 "데이터 시각화란 데이터 분석 결과를 쉽게 이해할 수 있도록 시각적으로 표현하고 전달하는 과정을 말하며, 그 목적은 도표(graph)라는 수단을 통해 정보를 명확하고 효과적으로 전달하는 것이다"라고 정의되어 있다(2016. 11. 18). 이 같은 맥락에서 볼 때 소셜 빅데이터 시각화(social big data visualization)란, 소셜 빅데이터 분석 결과를 쉽게 이해할 수 있도록 도표와 이미지를 가지고 시각적으로 표현하고 전달하는 과정이라고 말할 수 있다.

1 텍스트 데이터의 시각화

온라인 뉴스사이트, 블로그, 카페, SNS, 게시판 등 인터넷을 통해 수집된 소셜 빅데이터는 비정형 텍스트 형태의 온라인 문서(buzz)다. 소셜 빅데이터 분석은 사용자가 남긴 온라인 문서의 의미를 분석하는 것으로, 자연어 처리 기술인 주제분석(text mining)과 감성분석 기술인 오피니언마이닝(opinion mining)을 실시한 후 네트워크 분석(network analysis)과 통계분석(statistics analysis)을 실시해야 한다.

특히, 소셜 빅데이터의 주제분석 방법으로는 워드클라우드(word cloud)를 많이 사용한다. 워드클라우드는 소셜 빅데이터의 텍스트 데이터베이스에 포함된 단어의 출현 빈도를 쉽게 이해할 수 있도록 2차원 공간에 구름 모양으로 표현하는 시각적 기법이다. 일반적으로 글자의 크기는 빈도에 비례하고, 빈도가 높은 단어일수록 중앙에 위치한다.

■ script 예: 청소년 우울증상에 대한 워드클라우드 작성

> setwd("c:/미래신호_1부4장"): 작업용 디렉터리를 지정한다.

> install.packages("wordcloud"): 워드클라우드를 처리하는 패키지를 설치한다.

> library(wordcloud): 워드클라우드 처리 패키지를 로딩한다.

> key=c('소화장애', '호흡기장애', '혼란', '경련', '불안', '공포', '초조', '충동', '집중력', '무기력', '자존감저하', '소외감', '외로움', '무관심', '무가치', '분노', '통증', '체중', '피로', '수면', '식욕', '죄책감', '슬픔', '적대', '지체', '상실', '중독', '더러움', '학업스트레스', '퉁명', '자살'): 청소년 우울증상 키워드를 key벡터에 할당한다.

> freq=c(561, 118, 665, 113, 2307, 420, 2377, 336, 184, 647, 11, 351, 669, 1074, 46, 2655, 1181, 431, 1436, 1105, 477, 1075, 1407, 272, 150, 992, 139, 6, 3626, 35, 3323): 청소년 우울증상 키워드의 빈도를 freq벡터에 할당한다.

> library(RColorBrewer): 컬러를 출력하는 패키지를 로딩한다.

> palete=brewer.pal(9, "Set1"): RColorBrewer의 9가지 글자 색상을 palete 변수에 할당한다.

> wordcloud(key, freq, scale=c(4,1), rot.per=.12, min.freq=1, random.order=F, random.color=T, colors=palete): 워드클라우드를 출력한다.

– key: key 벡터에 할당된 단어(글자)를 나타낸다.

– freq: freq 벡터에 할당된 단어의 빈도수를 나타낸다.

– scale(4, 1): 단어 크기(최대 4, 최소 1)를 나타내며 기본값은 c(4, 0.5)이다.

– rot.per=.12: key 벡터에 할당된 단어의 12%를 90도로 출력·배치한다.

– min.freq=1: 최소 언급 횟수 지정(1 이상 언급된 단어만 출력), 기본값은 3이다.

– max.words: 출력하고자 하는 단어 수 지정, 기본은 모든 단어 출력, 지정하면 내림차 순으로 단어의 수만큼 지정한다.

– random.order=F: 그리는 순서에 따라 화면의 중심에서 가장자리로 배치된다. 인수가 T이면 단어가 임의의 순으로 그려지고, 인수가 F이면 단어가 빈도의 내림차순으로 배치된다. 따라서 F이면 출현빈도가 높은 단어일수록 중앙에 위치된다. 기본값은 T이다.

– random.color=T: 인수가 F이면 빈도의 내림차순으로 colors 인수에서 지정한 색상의 순서대로 단어의 색상이 지정된다. 인수가 T이면 무작위로 지정된다. 기본값은 F이다.

– colors=palete: 빈도별로 표현할 단어의 색상을 지정한다. palete 변수에 할당된 색상으로 출력단어의 색상을 지정한다.

> savePlot("우울_2012년_워드클라우드", type="png"): 결과를 그림파일로 저장한다.

− type="png": PNG 형식 저장("jpeg": JPEG 형식 저장)

```
R Console

> setwd("c:/미래신호_1부4장")
> install.packages("wordcloud")
경고: 패키지 'wordcloud'가 사용중이므로 설치되지 않을 것입니다
> library(wordcloud)
> key=c('소화장애', '호흡기장애', '혼란', '경련', '불안', '공포', '초조',
+ '충동','집중력','무기력', '자존감저하', '소외감', '외로움', '무관심',
+ '무가치', '분노','통증', '체중','피로', '수면', '식욕', '죄책감',
+ '슬픔', '적대', '지체', '상실', '중독', '더러움', '학업스트레스', '통명', '자살')
> freq=c(561, 118, 665, 113, 2307, 420, 2377, 336, 184, 647, 11, 351, 669,
+ 1074, 46, 2655, 1181, 431, 1436, 1105, 477, 1075, 1407, 272, 150, 992,
+ 139, 6, 3626, 35, 3323)
> library(RColorBrewer)
> palete=brewer.pal(9,"Set1")
> wordcloud(key,freq,scale=c(4,1),rot.per=.12,min.freq=1,
+ random.order=F,random.color=T,colors=palete)
> savePlot("우울_2012년_워드클라우드",type="png")
> |
```

해석

2012년 청소년 우울증상은 학업스트레스, 자살, 분노, 초조, 불안, 피로 등에 집중되어 있는 것으로 나타났다.

■ SPSS 다중반응 분석으로 키빈도 생성하기

1단계: 데이터파일을 불러온다(분석파일:depression_Symptom.sav).

2단계: [분석]→[다중반응]→[변수군 정의]를 선택한다.

3단계: [변수군에 포함된 변수: 소화장애 ~ 자살]를 지정한다.

4단계: [변수들의 코딩형식: 이분형(1), 이름: 키워드]→[추가]를 선택한다.

5단계: [분석]→[다중반응]→[다중반응 교차분석]을 선택한다.

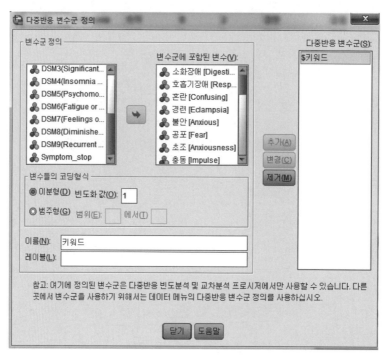

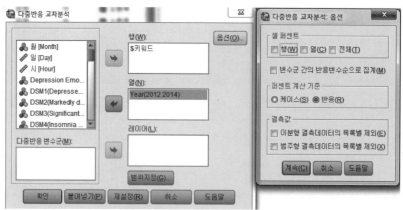

6단계: 결과를 확인한다.

$키워드*Year 교차표

			년			전체
			2012	2013	2014	
$키워드[a]	소화장애	빈도	561	572	488	1621
	호흡기장애	빈도	118	121	120	359
	흔관	빈도	665	579	474	1718
	경련	빈도	113	82	87	282
	불안	빈도	2307	2882	2280	7469
	공포	빈도	420	307	295	1022
	초조	빈도	2377	2481	2328	7186
	충동	빈도	336	351	215	902
	집중력	빈도	184	268	231	683
	무기력	빈도	647	703	723	2073
	자존감저하	빈도	11	16	13	40
	소외감	빈도	351	292	282	925
	외로움	빈도	669	624	699	1992
	무관심	빈도	1074	1054	782	2910
	무가치	빈도	46	81	57	184
	분노	빈도	2655	2752	2512	7919
	통증	빈도	1181	1107	1207	3495
	체중	빈도	431	435	337	1203
	피로	빈도	1436	1424	1226	4086
	수면	빈도	1105	1082	955	3142
	식욕	빈도	477	498	432	1407
	죄책감	빈도	1075	979	1039	3093
	슬픔	빈도	1407	1149	2217	4773
	적대	빈도	272	395	435	1102
	지체	빈도	150	157	141	448
	상실	빈도	992	865	743	2600
	중독	빈도	139	96	55	290
	더러움	빈도	6	5	5	16
	학업스트레스	빈도	3626	3651	4088	11365
	통명	빈도	35	38	30	103
	자살	빈도	3323	2778	3452	9553
전체		빈도	28189	27824	27948	83961

퍼센트 및 합계는 반응을 기준으로 합니다.

2 시계열 데이터의 시각화

소셜 빅데이터는 연도, 일자, 시간, 요일 등의 시계열 형태로 수집할 수 있다. 시계열 형태의 소셜 빅데이터는 선그래프, 막대그래프, 상자그림으로 시각화할 수 있다.

2 -1 선그래프 시각화

선그래프는 plot() 함수를 사용한다. plot() 함수의 주요 인수는 [표 4-1]과 같다.

[표 4-1] plot() 함수의 주요 인수

인수	기능
type='p'	플롯의 형식 지정[점(p), 선(l), 점/선(b), 점 없는 플롯(c), 점선중첩(o)]
xlim=c(하한, 상한)	x축의 범위를 지정
ylim=c(하한, 상한)	y축의 범위를 지정
log='x'	로그플롯 지정(x, y, xy, yx)
main='문자열'	제목 문자열 지정
sub='문자열'	부제목 문자열 지정
xlab='문자열'	x축 라벨을 지정
ylab='문자열'	y축 라벨을 지정
ann	FALSE를 지정하면 제목이나 축의 라벨을 그리지 않음
axes	FALSE를 지정하면 테두리를 그리지 않음
col='색', col=수치	플롯의 색 지정(1부터 차례로 검정, 빨강, 초록, 파랑, 연파랑, 보라, 노랑, 회색 등)
lty=수치	선의 종류[투명선(0), 실선(1), 대시선(2), 도트선(3), 도트와 대시선(4), 긴대시선(5), 2개의 대시선(6)]
las=수치	축라벨을 그리는 형식 지정[축과 나란히(0), 축과 수평(1), 축과 수직(2), 축의 라벨 모두 수직(3)]
lwd=수치	선의 너비 지정
cex=수치	문자의 크기 지정
font='폰트명'	글꼴 지정
pch=수치	점플롯 종류 지정[□(0), ○(1), △(2), +(3), X(4) 등]

자료: 후나오노부오 지음, 김성재 옮김(2014). R로 배우는 데이터분석 기본기 데이터 시각화. 한빛미디어. p. 419.

■ script 예: 청소년 우울증상 미래신호 탐색 시각화

> rm(list=ls()): 모든 변수를 초기화한다.

> setwd("c:/미래신호_1부4장"): 작업용 디렉터리를 지정한다.

> data_spss=read.table(file="depression_DoV.txt", header=T): data_spss 변수에 데이터를 할당한다.

> windows(height=5.5, width=5): 출력 화면의 크기를 지정한다.

> plot(data_spss$tf, data_spss$df, xlim=c(0,4000), ylim=c(-0.4,0.5), pch=18, col=8, xlab='average_term_fr]equency', ylab='time_weighted_increasing_rate', main='Keyword Emergence Map')

  – data_spss$tf: x축에 변수 data_spss$tf를 지정한다.

  – data_spss$df: y축에 변수 data_spss$df를 지정한다.

  – xlim=c(0, 4000): x축의 범위(0~4000)를 지정한다.

  – ylim=c(-0.4, 0.5): y축의 범위(-0.4~0.5)를 지정한다.

  – pch=18: 점의 모양(0=square~18=filled diamond blue)[1]을 지정한다.

  – col=8: 점의 색(1=검정, 2=빨강, 3=초록, 4=파랑, 5=연파랑, 6=보라, 7=노랑, 8=회색)

  – xlab=' ': x축의 라벨을 지정한다.

  – ylab=' ': y축의 라벨을 지정한다.

  – main=' ': 제목 문자열을 지정한다.

> text(data_spss$tf, data_spss$df, label=data_spss$증상, cex=0.8, col='red')

  – text(): 플롯 영역의 좌표에 문자를 출력하는 함수

  – x(data_spss$tf), y(tf,data_spss$df) 좌표에 'data_spss$증상' 문자열을 0.8포인트 크기의 빨강색으로 출력한다.

> abline(h=0.025, v=616, lty=1, col=4, lwd=0.5)

  – abline(): 직교좌표에 직선을 그리는 함수

  – h=horizon, v=vertical, lty=선의 종류(실선), col=선의 색(파랑), lwd: 선의 넓이

> savePlot('우울_미래신호_DoV', type='png'): 결과를 그림파일로 저장한다.

---

1 R Plot PCH Symbols Chart는 thttp://www.endmemo.com/program/R/pchsymbols.php

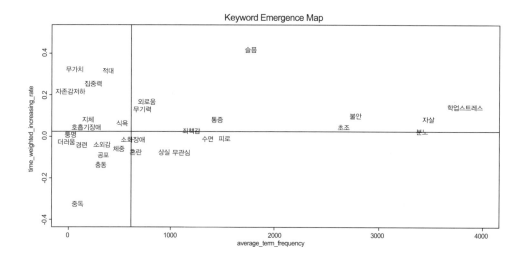

```
R Console                                                    ▬ ▭ ✕
> rm(list=ls())
> setwd("c:/미래신호_1부4장")
> data_spss=read.table(file="depression_DoV.txt",header=T)
> windows(height=5.5, width=5)
> plot(data_spss$tf,data_spss$df,xlim=c(0,4000), ylim=c(-0.4,0.5), pch=18 ,
+  col=8,xlab='average_term_frequency', ylab='time_weighted_increasing_rate',
+  main='Keyword Emergence Map')
> text(data_spss$tf,data_spss$df,label=data_spss$증상,cex=0.8, col='red')
> abline(h=0.025, v=616, lty=1, col=4, lwd=0.5)
> savePlot('우울_미래신호_DoV',type='png')
> |
```

해석

KEM에서 청소년 우울증상의 강신호는 '학업스트레스, 자살, 불안, 초조, 슬픔, 통증, 죄책감, 외로움, 무기력', 약신호는 '식욕, 적대, 집중력, 지체, 무가치, 자존감저하', 잠재신호는 '소화장애, 체중, 소외감, 공포, 충동, 호흡기장애, 경련, 중독, 통명, 더러움', 강하지는 않지만 잘 알려진 신호는 '분노, 피로, 수면, 무관심, 상실, 혼란'으로 나타났다.

```
R Console

> rm(list=ls())
> setwd("c:/미래신호_1부4장")
> data_spss=read.table(file="depression_DoD.txt",header=T)
> windows(height=5.5, width=5)
> plot(data_spss$tf,data_spss$df,xlim=c(0,4000), ylim=c(-0.4,0.5), pch=18 ,
+   col=8,xlab='average_document_frequency', ylab='time_weighted_increasing_rate',
+   main='Keyword Issue Map')
> text(data_spss$tf,data_spss$df,label=data_spss$중상,cex=0.8, col='red')
> abline(h=0.03, v=540, lty=1, col=4, lwd=0.5)
> savePlot('우울_미래신호_DoD',type='png')
> |
```

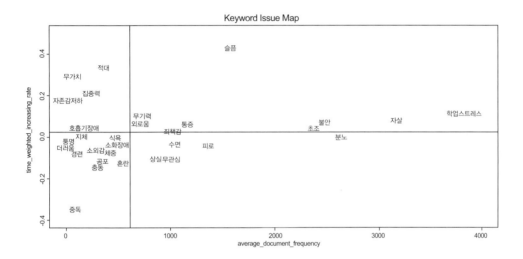

해석

KIM에서 청소년 우울증상의 강신호는 '학업스트레스, 자살, 분노, 불안, 초조, 슬픔, 통증, 죄책감, 무기력, 외로움', 약신호는 '적대, 집중력, 호흡기장애, 무가치, 자존감저하', 잠재신호는 '소화장애, 식욕, 체중, 공포, 소외감, 충동, 지체, 경련, 중독, 퉁명, 더러움', 강하지는 않지만 잘 알려진 신호는 '피로, 수면, 무관심, 상실, 혼란'으로 나타났다.

■ **script 예: 청소년 우울 시간별 문서 현황 시각화**

> rm(list=ls()): 모든 변수를 초기화한다.

> setwd("c:/미래신호_1부4장"): 작업용 디렉터리를 지정한다.

> sex=read.csv("depression_time.csv", sep=",", stringsAsFactors=F): sex변수에 데이터를 할
당한다('depression_time.sav'로 교차분석을 실시하여 'depression_time.csv'를 생성한다).

> a=sex$X2012년: 2012년 항목을 a변수에 할당한다(숫자 항목은 'X'를 추가한다).

> b=sex$X2013년: 2013년 항목을 b변수에 할당한다.

> c=sex$X2014년: 2014년 항목을 c변수에 할당한다.

> d=sex$total: total 항목을 d변수에 할당한다.

> plot(a, xlab="", ylab="", ylim=c(0,12), type="o", axes=FALSE, ann=F, col=1): plot() 함수로
선그래프를 작성한다.

- a: 2012년 항목이 할당된 변수 a를 지정한다.

- xlab="문자", ylab="문자": x, y축에 사용할 문자열을 지정한다.

- ylim=c(0, 12): y축의 범위(0~12)를 지정한다.

- type="o": 그래프 타입[점모양(p), 선모양(l), 점과선중첩모양(o) 등]

- axes=FALSE: x, y축을 표시하지 않는다.

- ann=F: x, y축의 제목을 지정하지 않는다.

- col=1: 그래프의 색을 지정한다[검정(1), 빨강(2), 초록(3), 파랑(4), 연파랑(5), 보라(6), 노랑
  (7), 회색(8) 등].

> title(main="청소년 우울감정 시간별 버즈 현황", col.main=1, font.main=2): 그래프의 제목을
화면에 출력한다.

- main="메인 제목": 그래프의 제목을 설정한다.

- col.main=1: 제목에 사용되는 색상을 지정한다(1: 검정).

- font.main=2: 제목에 사용되는 font를 지정한다[보통(1), 진하게(2), 기울임(3)].

> title(xlab="시간", col.lab=1): x축 문자열을 검정색으로 지정한다.

> title(ylab="버즈", col.lab=1): y축 문자열을 검정색으로 지정한다.

> axis(1, at=1:24, lab=c(sex$시간), las=2): x축과 y축을 지정값으로 표시한다.

- 1: 축 지정(1: x축, 2: y축)

- at=1:24: x축의 범위(1~24)를 지정한다.

- lab=c(sex$시간): sex변수의 시간 항목을 화면에 표시한다.

- las=2: x축의 라벨(항목)을 축에 대해 수직으로 작성한다(1: 수평, 2: 수직).

> axis(2, ylim=c(0, 12), las=2): x축과 y축을 지정값으로 표시한다.

- 2: 축지정 (1: x축, 2: y축)

- ylim=c(0, 12): y축의 범위(1~12)를 지정한다.

- las=2: y축의 라벨(항목)을 축에 대해 수직으로 작성한다.

> lines(b, col=2, type="o"): 2013년은 붉은색의 점과선중첩모양으로 화면에 출력한다.

> lines(c, col=3, type="o"): 2014년은 초록색의 점과선중첩모양으로 화면에 출력한다.

> lines(d, col=4, type="o"): total은 파란색의 점과선중첩모양으로 화면에 출력한다.

> colors=c(1, 2, 3, 4): 범례에 사용될 색상을 지정한다.

> legend(18, 12, c("2012년", "2013년", "2014년", "Total"), cex=0.9, col=colors, lty=1, lwd=2): 범례 형식을 지정한다.

- legend(18, 12): 범례의 위치를 지정한다(x축 18번째와 y축 12번째).

- c("2012년" ~ "Total"): 범례의 항목을 화면에 출력한다.

- cex=0.9: 범례의 문자 크기를 지정한다.

- col=colors: 범례의 색상을 지정한다[c(1, 2, 3, 4)].

- lty=1: 선의 종류를 지정한다(1: 실선).

- lwd=2: 선의 너비를 지정한다.

> savePlot("depression_time.png", type="png"): 결과를 그림 파일로 저장한다.

```
R Console
> rm(list=ls())
> setwd("c:/미래신호_1부4장")
> sex=read.csv("depression_time.csv",sep=",",stringsAsFactors=F)
> a=sex$X2012년
> b=sex$X2013년
> c=sex$X2014년
> d=sex$total
> plot(a,xlab="",ylab="",ylim=c(0,12),type="o",axes=FALSE,ann=F,col=1)
> title(main="청소년 우울 감정 시간별 버즈 현황",col.main=1,font.main=2)
> title(xlab="시간",col.lab=1)
> title(ylab="버즈",col.lab=1)
> axis(1,at=1:24,lab=c(sex$시간),las=2)
> axis(2,ylim=c(0,12),las=2)
> lines(b,col=2,type="o")
> lines(c,col=3,type="o")
> lines(d,col=4,type="o")
> colors=c(1,2,3,4)
> legend(18,12,c("2012년","2013년","2014년","Total"),
+ cex=0.9,col=colors,lty=1,lwd=2)
> savePlot("depression_time.png",type="png")
> |
```

청소년 우울 감정 시간별 버즈 현황

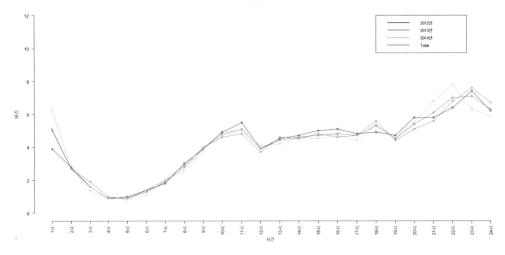

해석

청소년 우울과 관련된 문서는 등교 시간인 8시부터 증가하여 11시 이후 감소하며, 다시 20시 이후 증가하여 23시 이후 감소 추세를 보이는 것으로 나타났다.

■ script 예: 청소년 우울 월별 문서 현황 시각화

```
R Console
> setwd("c:/미래신호_1부4장")
> sex=read.csv("depression_month.csv",sep=",",stringsAsFactors=F)
> a=sex$X2012년
> b=sex$X2013년
> c=sex$X2014년
> d=sex$total
> plot(a,xlab="",ylab="",ylim=c(0,20),type="l",axes=FALSE,ann=F,col=1)
> title(main="우울 월별 버즈 현황(청소년)",col.main=1,font.main=2)
> title(ylab="버즈(%)",col.lab=1)
> axis(1,at=1:12,lab=c(sex$월),las=1)
> axis(2,ylim=c(0,20),las=2)
> lines(b,col=2,type="l")
> lines(c,col=3,type="l")
> lines(d,col=4,type="l")
> colors=c(1,2,3,4,5)
> legend(8,20,c("2012년","2013년","2014년","Total"),
+   cex=0.9,col=colors,lty=1,lwd=2)
> savePlot("depression_month",type="png")
> |
```

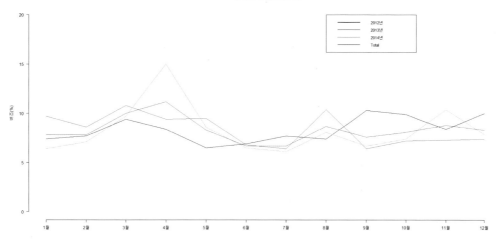

우울 월별 버즈 현황(청소년)

해석

청소년 우울과 관련된 문서는 개학 시기인 3월부터 증가하여 5월에 감소하며, 여름방학 이후 9월부터 증가하여 11월에 감소 추세를 보이는 것으로 나타났다.

■ script 예: 청소년 우울증상 연도별 문서 현황 시각화

```
> rm(list=ls())
> setwd("c:/미래신호_1부4장")
> f=read.csv("depression_Symptom_year.csv",sep=",",stringsAsFactors=F)
> a=f$X2012년
> b=f$X2013년
> c=f$X2014년
> d=f$Total
> plot(a,xlab="",ylab="",ylim=c(0,12000),type="o",axes=FALSE,ann=F,col="red")
> title(main="우울 증상 버즈 현황(청소년)",col.main=1,font.main=2)
> # title(ylab="버즈",col.lab=1)
> axis(1,at=1:31,lab=c(f$우울증상),las=2)
> axis(2,ylim=c(0,12000),las=2)
> lines(b,col="black",type="o")
> lines(c,col="blue",type="o")
> lines(d,col="green",type="o")
> colors=c("red","black","blue","green")
> legend(19,11000,c("2012년","2013년","2014년","Total"),cex=0.9,col=colors,lty=1,lwd=2)
> savePlot("depression_Symptom_year",type="png")
> |
```

우울 증상 버즈 현황(청소년)

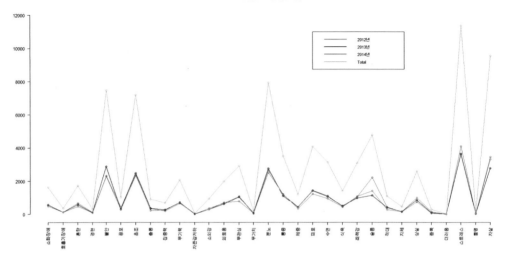

해석

연도별 청소년 우울증상의 변화는 스트레스, 자살생각, 분노, 불안, 초조 등의 순으로 높은 것으로 나타났다.

■ **교차분석 테이블(depression_time.csv) 생성하기**

'depression_time.csv' 파일은 다음과 같은 '시간×연도' 교차분석 테이블을 작성해야 한다.

	순위	시간	2012년	2013년	2014년	total
2	1	1시	3.9	5	6.3	5.1
3	2	2시	2.8	2.7	2.7	2.7
4	3	3시	1.6	1.9	1.4	1.6
5	4	4시	0.9	1	0.9	0.9
6	5	5시	1	0.9	0.8	0.9
7	6	6시	1.4	1.4	1.1	1.3
8	7	7시	1.8	2	2	1.9
9	8	8시	3	2.9	2.6	2.8
10	9	9시	3.9	4	3.8	3.9
11	10	10시	4.9	4.6	4.7	4.8
12	11	11시	5.5	4.8	5	5.1
13	12	12시	3.9	3.7	4.1	3.9
14	13	13시	4.5	4.6	4.2	4.4
15	14	14시	4.7	4.5	4.6	4.6
16	15	15시	5	4.8	4.5	4.7
17	16	16시	5.1	4.6	4.7	4.8
18	17	17시	4.8	4.7	4.4	4.7
19	18	18시	4.9	5.6	5.4	5.3
20	19	19시	4.7	4.4	4.5	4.5
21	20	20시	5.8	5.1	5.5	5.4
22	21	21시	5.8	5.6	6.8	6.1
23	22	22시	6.4	6.8	7.8	7
24	23	23시	7.4	7.6	6.3	7.1
25	24	24시	6.2	6.7	5.9	6.3

가　R 프로그램을 활용한 교차분석

1단계: 교차분석에 필요한 패키지 설치와 로딩

> install.packages('catspec')

> library(catspec)

> install.packages('foreign')

> library(foreign)

2단계: 교차분석 실시

> setwd("c:/미래신호_1부4장"): 작업용 디렉터리를 지정한다.

> data_spss=read.spss(file='depression_time.sav', use.value.labels=T, use.missings=T, to.data.

　frame=T): SPSS 데이터파일을 data_spss에 할당한다.

> t1=ftable(data_spss[c('Hour', 'Year')]): 'Hour×Year' 교차분석을 실시한다.

> ctab(t1, type='c'): t1의 'column %' 화면을 출력한다.

> tot=ftable(data_spss[c('Hour')]): Hour 빈도를 분석한다.

> ctab(tot, type='r'): tot의 'row %' 화면을 출력한다.

```
R Console
> setwd("c:/미래신호_1부4장")
> data_spss=read.spss(file='depression_time.sav', use.value.labels=T,
+ use.missings=T,to.data.frame=T)
경고메시지(들):
1: In read.spss(file = "depression_time.sav", use.value.labels = T,  :
 depression_time.sav: Unrecognized record type 7, subtype 18 encountered in$
2: In read.spss(file = "depression_time.sav", use.value.labels = T,  :
 depression_time.sav: Unrecognized record type 7, subtype 24 encountered in$
> t1=ftable(data_spss[c('Hour','Year')])
> ctab(t1,type='c')
     Year 2012 2013 2014
Hour
0         6.22 6.69 5.87
1         3.95 4.96 6.27
2         2.82 2.68 2.71
3         1.60 1.91 1.44
4         0.85 1.02 0.91
5         1.04 0.93 0.80
6         1.44 1.37 1.06
7         1.83 2.04 1.95
8         2.98 2.91 2.63
9         3.86 4.03 3.82
10        4.92 4.65 4.74
11        5.51 4.78 5.02
12        3.85 3.73 4.10
13        4.46 4.57 4.23
14        4.75 4.49 4.56
15        4.98 4.77 4.52
16        5.14 4.64 4.71
17        4.85 4.74 4.44
18        4.88 5.58 5.36
19        4.68 4.40 4.46
20        5.76 5.11 5.49
21        5.82 5.61 6.82
22        6.40 6.83 7.76
23        7.42 7.56 6.33
> tot=ftable(data_spss[c('Hour')])
> ctab(tot,type='r')
      x
0   6.25
1   5.14
2   2.73
3   1.65
4   0.93
5   0.92
6   1.27
7   1.95
8   2.83
```

나 SPSS 프로그램을 활용한 교차분석

1단계: 데이터파일을 불러온다(분석파일: depression_time.sav).

2단계: [분석]→[기술통계량]→[교차분석]→[행: Hour, 열: Year]를 선택한다.

3단계: [셀 표시]→[열]을 선택한다.

4단계: 결과를 확인한다.

시 * 년 교차표

년 중 %

		년			전체
		2012	2013	2014	
시	0	6.2%	6.7%	5.9%	6.3%
	1	3.9%	5.0%	6.3%	5.1%
	2	2.8%	2.7%	2.7%	2.7%
	3	1.6%	1.9%	1.4%	1.6%
	4	0.9%	1.0%	0.9%	0.9%
	5	1.0%	0.9%	0.8%	0.9%
	6	1.4%	1.4%	1.1%	1.3%
	7	1.8%	2.0%	2.0%	1.9%
	8	3.0%	2.9%	2.6%	2.8%
	9	3.9%	4.0%	3.8%	3.9%
	10	4.9%	4.6%	4.7%	4.8%
	11	5.5%	4.8%	5.0%	5.1%
	12	3.9%	3.7%	4.1%	3.9%
	13	4.5%	4.6%	4.2%	4.4%
	14	4.7%	4.5%	4.6%	4.6%
	15	5.0%	4.8%	4.5%	4.7%
	16	5.1%	4.6%	4.7%	4.8%
	17	4.8%	4.7%	4.4%	4.7%
	18	4.9%	5.6%	5.4%	5.3%
	19	4.7%	4.4%	4.5%	4.5%
	20	5.8%	5.1%	5.5%	5.4%
	21	5.8%	5.6%	6.8%	6.1%
	22	6.4%	6.8%	7.8%	7.0%
	23	7.4%	7.6%	6.3%	7.1%
전체		100.0%	100.0%	100.0%	100.0%

2 -2 막대그래프 시각화

막대그래프는 barplot() 함수를 사용한다.

■ script 예: 청소년 우울 연도별 버즈 현황 시각화

> rm(list=ls()): 모든 변수를 초기화한다.

> setwd("c:/미래신호_1부4장"): 작업용 디렉터리를 지정한다.

> depression=read.table("depression_week.txt", header=T)

> barplot(t(depression), main='우울 요일별 버즈 현황', ylab='버즈비율', ylim=c(0,100), col=rainbow(7), space=0.1, cex.axis=0.8, las=1, names.arg=c('2012년', '2013년', '2014년', '전체', '범례'), cex=0.7)

    — t(depression): depression 객체의 Table을 읽어들인다.

    — main='제목': 그래프의 제목을 화면에 출력한다.

    — ylab='제목': y축의 제목을 화면에 출력한다.

    — ylim=c(0, 100): y축의 범위를 지정한다(0~100).

    — col=rainbow(7): 나무막대의 색상(무지개 7색)을 지정한다.

    — space=0.1: 막대의 간격을 지정한다.

    — cex.axis=0.8: y축에 사용되는 문자의 크기를 지정한다.

    — las=1: 축의 라벨을 수평으로 그린다.

    — c('2012년', ~, '전체', 'Legend'): x축의 항목을 화면에 출력한다.

    — cex=0.7: x축에 사용되는 문자의 크기를 지정한다.

> legend(4.7, 100, names(depression), cex=0.65, fill=rainbow(7))

    — legend(4.7, 100): 범례의 위치를 지정한다(x축 4.7번째와 y축 100번째).

    — names(depression): 범례의 항목을 화면에 출력한다.

    — cex=0.65: 범례에 사용되는 문자의 크기를 지정한다.

    — fill=rainbow(7): 무지개 7색으로 범례 상자를 칠할 색을 지정한다.

> savePlot("depression_week", type="png"): 결과를 그림 파일로 저장한다.

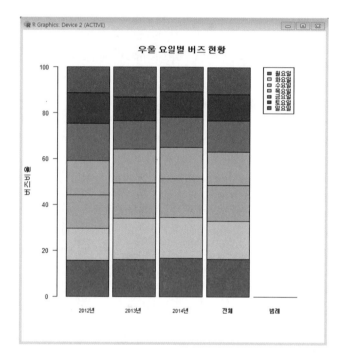

```
R Console                                                    □ □ X
> rm(list=ls())
> setwd("c:/미래신호_1부4장")
> depression=read.table("depression_week.txt",header=T)
> barplot(t(depression),main='우울 요일별 버즈 현황',ylab='버즈비율',
+   ylim=c(0,100),col=rainbow(7),space=0.1,cex.axis=0.8,las=1,
+   names.arg=c('2012년','2013년','2014년','전체','범례'),cex=0.7)
> legend(4.7,100,names(depression),cex=0.65,fill=rainbow(7))
> savePlot("depression_week",type="png")
> |
```

해석

청소년 우울과 관련된 문서는 월요일, 화요일, 수요일에 높은 추이를 보이는 반면, 주말에는 감소하는 것으로 나타났다.

heat colors 이용하여 막대그래프 그리기

> barplot(t(depression), main='우울 요일별 버즈 현황', ylab='버즈비율', ylim=c(0,100), col=heat.colors(7), space=0.1, cex.axis=0.8, las=1, names.arg=c('2012년', '2013년', '2014년', '전체', '범례'), cex=0.7)

> legend(4.7, 100, names(depression), cex=0.65, fill=heat.colors(7))

gray colors 이용하여 막대그래프 그리기

> barplot(t(depression), main='우울 요일별 버즈 현황', ylab='버즈비율', ylim=c(0,100), col=gray.colors(7), space=0.1, cex.axis=0.8, las=1, names.arg=c('2012년', '2013년', '2014년', '전체', '범례'), cex=0.7)

> legend(4.7, 100, names(depression), cex=0.65, fill=gray.colors(7))

```
R Console
> barplot(t(depression),main='우울 요일별 버즈 현황',ylab='버즈비율',
+  ylim=c(0,100),col=heat.colors(7),space=0.1,cex.axis=0.8,las=1,
+  names.arg=c('2012년','2013년','2014년','전체','범례'),cex=0.7)
> legend(4.7,100,names(depression),cex=0.65,fill=heat.colors(7))
> barplot(t(depression),main='우울 요일별 버즈 현황',ylab='버즈비율',
+  ylim=c(0,100),col=gray.colors(7),space=0.1,cex.axis=0.8,las=1,
+  names.arg=c('2012년','2013년','2014년','전체','범례'),cex=0.7)
> legend(4.7,100,names(depression),cex=0.65,fill=gray.colors(7))
> |
```

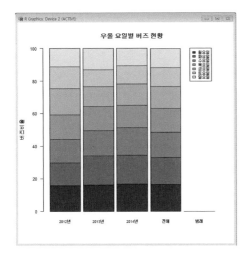
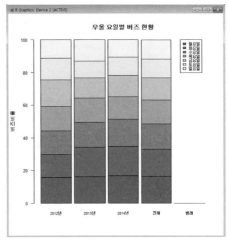

■ script 예: 청소년 우울 연도별 우울증상 시각화

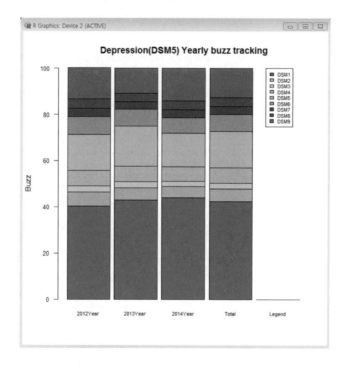

```
R Console                                                    ─ □ X

> rm(list=ls())
> setwd("c:/미래신호_1부4장")
> depression=read.table("depression_year.txt",header=T)
> barplot(t(depression),main='Depression(DSM5) Yearly buzz tracking',ylab='B$
+ ylim=c(0,100),col=rainbow(9),space=0.1,cex.axis=0.8,las=1,
+ names.arg=c('2012Year','2013Year','2014Year','Total','Legend'),cex=0.7)
> legend(4.7,100,names(depression),cex=0.65,fill=rainbow(9))
> savePlot("depression_year",type="png")
>
```

해석

청소년 우울증상의 연도별 문서는 DSM1, DSM4, DSM9, DSM6, DSM3 등의 순으로 많은 것으로 나타났다.

■ script 예: 청소년 우울증상 시각화[수평(옆으로 누운 바) 그리기]

> rm(list=ls())

> seted("c:/미래신호_1부4장")

> f=read.csv("depression_Symptom_freq.csv", sep=",", stringsAsFactors=F)

> bp=barplot(f$Freqency, names.arg=f$Depression, main="Depression Symptom buzz tracking", col=rainbow(31), xlim=c(0,12000), cex.names=0.7, col.main=1, font.main=2, las=1, horiz=T)

- f$Freqency: x축 변수(빈도)를 지정한다.

- names.arg=f$Depression: x축 변수(Depression)를 지정한다.

- main="Depression Symptom buzz tracking": 그래프 제목을 지정한다.

- col=rainbow(31): 무지개 31색을 지정한다.

- xlim=c(0, 12000): x축의 범위를 지정한다.

- cex.names=0.7: y축의 글자 크기를 지정한다.

- col.main=1: 그래프 제목을 검정색으로 지정한다.

- font.main=2: 그래프 제목의 폰트(1: 짙게, 2: 옅게, 3: 기울임)를 지정한다.

- las=1: 축의 라벨을 수평으로 그린다(las=2: 수직).

- horiz=T : 막대그래프를 수평으로 지정한다(F나 디폴트는 수직 지정).

> text(y=bp, x=f$Freqency*1, labels=paste(f$Freqency, 'case'), col='black', cex=0.5): y축의 변수 빈도를 수평바 위에 출력(검정색, 0.5 크기)한다.

> savePlot("depression_Symptom_freq", type="png")

```
R Console                                                    [ - ][ □ ][ X ]
> rm(list=ls())
> setwd("c:/미래신호_1부4장")
> f=read.csv("depression_Symptom_freq.csv",sep=",",stringsAsFactors=F)
> bp=barplot(f$Freqency, names.arg=f$Depression,main="Depression Symptom
+  buzz tracking",col=rainbow(31),xlim=c(0,12000),cex.names=0.7,
+  col.main=1,font.main=2,las=1,horiz=T)
> text(y=bp,x=f$Freqency*1,labels=paste(f$Freqency,'case'),
+  col='black',cex=0.5)
> savePlot("depression_Symptom_freq",type="png")
> |
```

Depression Symptom
buzz tracking

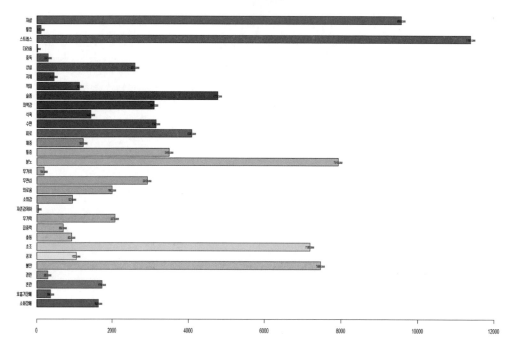

해석

청소년 우울증상의 변화는 스트레스, 자살생각, 분노, 불안, 초조 등의 순으로 높은 것으로 나타났다.

■ **교차분석 테이블(depression_week.txt) 생성하기**

'depression_week.txt' 파일은 다음과 같은 'year×week' 교차분석 테이블을 작성해야 한다.

1단계: 교차분석에 필요한 패키지 설치와 로딩

> install.packages('catspec')

> library(catspec)

> install.packages('foreign')

> library(foreign)

2단계: 교차분석 실시

> setwd("c:/미래신호_1부4장")

> data_spss=read.spss(file='depression_week.sav', use.value.labels=T, use.missings=T, to.data.frame=T)

> t1=ftable(data_spss[c('year', 'week')]): 'year×week' 교차분석을 실시한다.

> ctab(t1, type='r')

> tot=ftable(data_spss[c('week')])

> ctab(tot, type='r')

```
R Console

> library(catspec)
> install.packages('foreign')
경고: 패키지 'foreign'가 사용중이므로 설치되지 않을 것입니다
> library(foreign)
>
> setwd("c:/미래신호_1부4장")
> data_spss=read.spss(file='depression_week.sav',
+ use.value.labels=T,use.missings=T,to.data.frame=T)
경고메시지(들):
In read.spss(file = "depression_week.sav", use.value.labels = T,  :
  depression_week.sav: Unrecognized record type 7, subtype 18 encountered in sy$
> t1=ftable(data_spss[c('year','week')])
> ctab(t1,type='r')
     week   mon   tue   wed   thu   fri   sat   sun
year
2012        15.67 13.92 14.55 14.98 16.14 13.35 11.39
2013        16.14 17.86 15.37 14.89 12.34 10.17 13.23
2014        16.75 17.74 16.66 13.89 12.96 11.26 10.74
>
> ## week의 total % 분석
> tot=ftable(data_spss[c('week')])
> ctab(tot,type='r')
        x
mon 16.23
tue 16.70
wed 15.62
thu 14.55
fri 13.65
sat 11.48
sun 11.79
> |
```

나 SPSS 프로그램을 활용한 교차분석

1단계: 데이터파일을 불러온다(분석파일: depression_week.sav).

2단계: [분석]→[기술통계량]→[교차분석]→[행: year, 열: week]를 선택한다.

3단계: [셀 표시]→[열]을 선택한다.

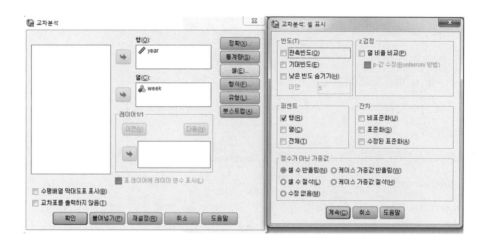

4단계: 결과를 확인한다.

year * week 교차표

year 중 %

		week							전체
		mon	tue	wed	thu	fri	sat	sun	
year	2012	15.7%	13.9%	14.6%	15.0%	16.1%	13.4%	11.4%	100.0%
	2013	16.1%	17.9%	15.4%	14.9%	12.3%	10.2%	13.2%	100.0%
	2014	16.8%	17.7%	16.7%	13.9%	13.0%	11.3%	10.7%	100.0%
전체		16.2%	16.7%	15.6%	14.5%	13.6%	11.5%	11.8%	100.0%

−3 상자그림 시각화

상자그림(box and whisker) plot은 연속형 데이터의 분포를 살펴보는 시각화 도구로
boxplot() 함수를 사용한다.

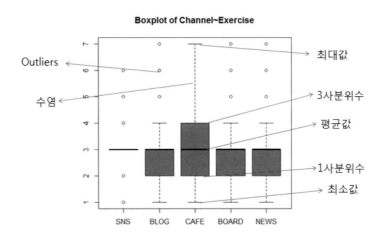

- script 예: 청소년 우울 소셜 빅데이터에서 우울증상 버즈 현황 시각화

> rm(list=ls()): 모든 변수를 초기화한다.

> setwd("c:/미래신호_1부4장"): 작업용 디렉터리를 지정한다.

> data_spss=read.table("depression_boxplot.txt", header=T): 데이터파일을 data_spss에 할
당한다.

> boxplot(data_spss$DSM_S, col='red', main=NULL)

- data_spss$DSM_S: data_spss 데이터 프레임의 DSM_S 변수를 정의한다.

- col '인수': 박스 내부 색상을 지정한다.

> title('Boxplot of Depression'): 상자그림의 제목을 지정한다.

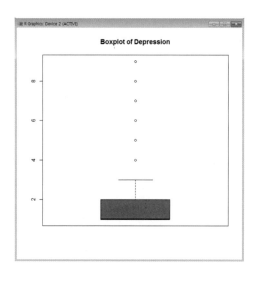

> boxplot(data_spss$DSM_S, col='red', horizontal=T, main=NULL)

– horizontal=T : 상자그림을 수평으로 지정한다.

> title('Boxplot of Depression')

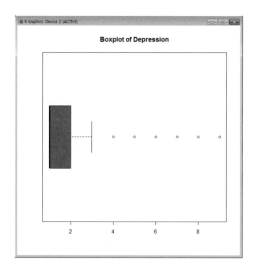

> boxplot(DSM_S~Channel, col='red', data=data_spss)

– DSM_S~Channel: Channel별 DSM_S의 상자그림을 작성한다.

> title('Boxplot of Channel~Depression')

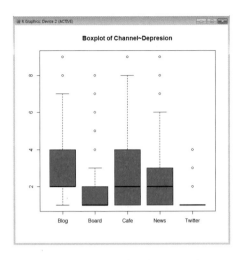

해석
채널 간 평균의 차이를 보이며 Cafe의 Depression 분산이 다른 채널에 비해 작은 것으로 나타났다. Twitter
는 평균에 몰려 있는 것으로 나타났다.

> boxplot(DSM_S~Attitude,col='red', data=data_spss)

- DSM_S~Attitude: Attitude별 DSM_S의 상자그림을 작성한다.

> title('Boxplot of Attitude~Depression')

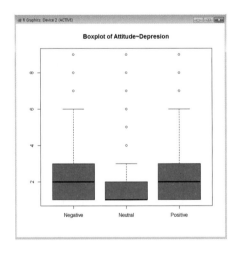

해석
Attitude의 Negative와 Positive의 그룹 간 평균 차이는 없으며, Neutral의 평균은 1사분위수(1)에 몰려 있
는 것으로 나타났다.

소셜 빅데이터에서 수집된 지리적 데이터(geographical data) 또는 공간 데이터(spatial data)는 지역 사이의 연관성이나 지역의 시간에 따른 변화를 보기 위해 시각화를 통하여 분석할 수 있다(이태림 외, 2015: p. 133).

R을 활용한 지리적 데이터의 시각화는 '행정지도 폴리곤 데이터와 sp 패키지를 이용'할 수 있다. 세계 각국의 행정지도는 GADM(Global Administrative Area)에서 위도와 경도의 좌표를 지닌 rds Format 형태의 데이터를 다운로드 받아 사용할 수 있다.

우리나라 행정지도 폴리곤 데이터는 다음의 절차로 다운로드 받아 저장할 수 있다.

1단계: http://www.gadm.org/에 접속한다.

2단계: [Download] 버튼을 클릭한 후 'Country: South Korea', 'File format: R(SpatialpolygonsDataFrame)'을 선택하고 [OK] 버튼을 클릭한다.

3단계: 'Level 0'를 선택하여 'KOR_adm0.rds'를 다운로드 받는다.

4단계: 'Level 1'과 'Level 2'를 차례로 선택하여 'KOR_adm1.rds'와 'KOR_adm2.rds'를 다운로드 받아 시각화 지정 폴더에 저장한다.

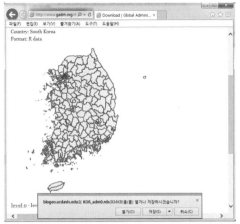

■ script 예: 지역별 청소년 우울위험 시각화

> install.packages('sp'): sp 패키지를 설치한다.

> library(sp): sp 패키지를 로딩한다.

> setwd("c:/미래신호_1부4장"): 작업용 디렉터리를 지정한다.

> gadm=readRDS("KOR_adm0.rds")

- rds format은 readRDS("file.rds")로 지도를 읽어온다.

> plot(gadm): 우리나라 전체 지도를 화면에 출력한다.

> gadm=readRDS("KOR_adm1.rds")

> plot(gadm): 우리나라 시도별 행정지도를 화면에 출력한다.

> pop = read.table('depression_gadm.txt', header=T): pop 변수에 데이터를 할당한다.

- R 화면에서 '> gadm'을 입력하면 다음과 같이 세종시의 행정구역이 15, 서울의 행정
구역이 16, 울산의 행정구역이 17로 코드화된 것을 알 수 있다.

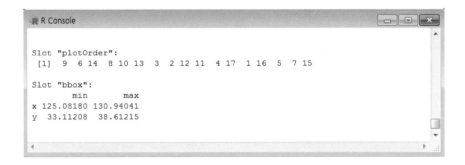

> pop_s = pop[order(pop$Code),]

- pop 변수의 코드를 정렬, pop_s 변수에 할당한다.

- Code: KOR_adm1.rds에서 이용하는 시도에 대한 숫자코드

> inter=c(200, 220, 250, 300, 350, 400, 430, 450): 버즈량을 7개 구간으로 설정한다.

- (0, 50), (50, 100), (100, 150), (150, 200), (200, 250), (250, 300), (300, 1200)

> pop_c=cut(pop_s$일차, breaks=inter)

- pop_s 변수에서 일차(2012년) 항목을 7단계로 구분하여 pop_c 변수에 할당한다.

> gadm$pop=as.factor(pop_c): pop_c 변수 요소를 읽어와서 gadm$pop에 할당한다.

> col=rainbow(length(levels(gadm$pop))): 각 구간의 색을 무지개 색상으로 할당한다.

- heat.colors, topo.colors, cm. colors, terrain.colors, rainbow, diverge.colors, gray.colors

> col=rev(heat.colors(length(levels(gadm$pop)))): 빈도가 높은 구간에 짙은 붉은색 순으로 할당한다.

> col=gray.colors(length(levels(gadm$pop))): 각 구간의 색을 그레이 색상으로 할당한다.

> spplot(gadm, ‘pop’, col.regions=col, main=‘2012년 지역별 청소년 우울 위험’): pop 변수에 할당된 구간의 색을 지정된 색상으로 채워서 지도를 그린다.

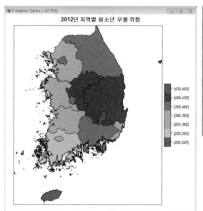

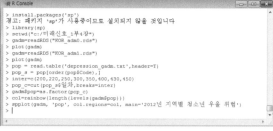

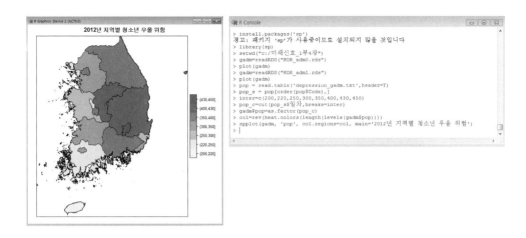

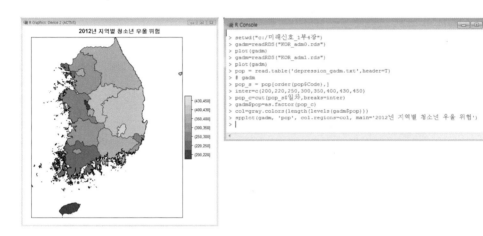

■ 여러 객체의 지리적 데이터 시각화

```
R Console

> pop = read.table('depression_gadm.txt',header=T)
>
> ## 2012년
> pop_s = pop[order(pop$Code),]
> inter=c(200,220,250,300,350,400,430,450)
> pop_c=cut(pop_s$일차,breaks=inter)
> gadm$pop=as.factor(pop_c)
> col=rev(heat.colors(length(levels(gadm$pop))))
> p1=spplot(gadm, 'pop', col.regions=col, main='2012년 지역별 청소년 우울 위험')
>
> ## 2013년
>
> inter=c(200,240,260,310,360,510,530,550)
> pop_c=cut(pop_s$이차,breaks=inter)
> gadm$pop=as.factor(pop_c)
> col=rev(heat.colors(length(levels(gadm$pop))))
> p2=spplot(gadm, 'pop', col.regions=col, main='2013년 지역별 청소년 우울 위험')
>
> ## 2014년
>
> inter=c(200,230,340,380,410,450,480,520)
> pop_c=cut(pop_s$삼차,breaks=inter)
> gadm$pop=as.factor(pop_c)
> col=rev(heat.colors(length(levels(gadm$pop))))
> p3=spplot(gadm, 'pop', col.regions=col, main='2014년 지역별 청소년 우울 위험')
> ## 여러 객체 인쇄
>
> print(p1,pos=c(0, 0.5, 0.5, 1), more=T)
> print(p2,pos=c(0.5, 0.5, 1, 1), more=T)
> print(p3,pos=c(0, 0, 0.5, 0.5), more=T)
> |
```

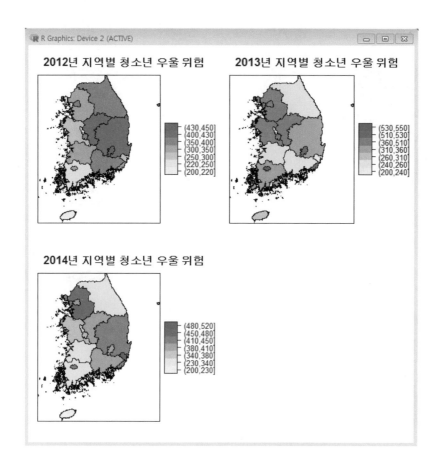

우울에 대한 부정적 감정은 2012년에는 대구광역시가 가장 높게, 제주특별자치시가 가장 낮게 나타났다. 2013년에는 광주광역시가 가장 높고, 울산광역시가 가장 낮으며, 2014년에는 울산광역시가 가장 높고, 제주특별자치시가 가장 낮게 나타났다.

■ 시군구 지역의 시각화

> gadm=readRDS("KOR_adm2.rds")

– R 화면에서 '> gadm'을 입력하면 다음과 같이 시군구의 행정구역 코드를 알 수 있다.

> plot(gadm): 우리나라 시군구별 행정지도를 화면에 출력한다.

> gadm

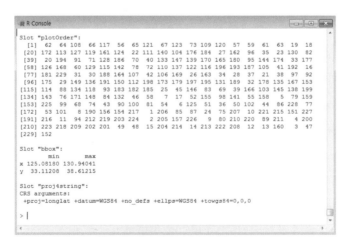

4 소셜 네트워크 분석 데이터의 시각화

소셜 네트워크 분석(Social Network Analysis, SNA)은 개인 및 집단 간의 관계나 학술분야에 축적된 지식체(body of knowledge)의 관계를 노드와 링크로 모델링하여 그 위상구조, 확산·진화 과정을 데이터 분석과 시각화를 통해 수행할 수 있는 탐색적 분석방법이다. SNA를 할 수 있는 프로그램으로는 R, NetMiner, UCINET, Pajek 등이 있다.

4 −1 R을 이용한 SNA 데이터의 시각화

R을 이용한 SNA 데이터의 시각화는 연관규칙의 시각화 패키지 'igraph'와 'arulesViz'를 사용할 수 있다.

- ■ 청소년 우울 관련 소셜 빅데이터에서 청소년 우울증상(소아장애~자살) 키워드 간 igraph를 이용한 연관분석 시각화
  - > install.packages("arules"): 연관분석을 위한 'arules' 패키지를 설치한다.
  - > library(arules): 'arules' 패키지를 로딩한다.
  - > install.packages("dplyr"): 데이터 분석을 위한 'dplyr' 패키지를 설치한다.
  - > library(dplyr): 'dplyr' 패키지를 로딩한다.
  - > install.packages("igraph"): 시각화를 위한 'igraph' 패키지를 설치한다.
  - − 'igraph' 패키지는 서로 연관이 있는 데이터를 연결하여 그래프로 나타내는 패키지다.
  - > library(igraph): 'igraph' 패키지를 로딩한다.
  - > setwd("c:/미래신호_1부4장")
  - > asso=read.table('depression_Symptom_association_rule.txt', header=T): 청소년 우울 데이터파일을 asso 변수에 할당한다.
  - > trans=as.matrix(asso, "Transaction"): asso 변수를 matrix로 변환하여 trans 변수에 할당한다.
  - > rules1=apriori(trans,parameter=list(supp=0.01, conf=0.63, target="rules")): 지지도 0.01, 신뢰도 0.63 이상인 규칙을 찾아 rule1 변수에 할당한다.
  - > rules.sorted=sort(rules1, by="confidence"): 신뢰도를 기준으로 정렬한다.

> inspect(rules.sorted): 신뢰도가 큰 순서로 정렬하여 화면에 출력한다.

> rules.sorted=sort(rules1, by="lift"): 향상도를 기준으로 정렬한다.

> inspect(rules.sorted): 향상도가 큰 순서로 정렬하여 화면에 출력한다.

> rules = labels(rules1, ruleSep="/", setStart="", setEnd=""): 시각화를 위한 데이터 구조를
변경한다.

> rules = sapply(rules, strsplit, "/", USE.NAMES=F): 시각화를 위한 데이터 구조를 변경
한다.

> rules = Filter(function(x){!any(x == "")}, rules): 시각화를 위한 데이터 구조를 변경한다.

> rulemat = do.call("rbind", rules): 시각화를 위한 데이터 구조를 변경한다.

> rulequality = quality(rules1): 시각화를 위한 데이터 구조를 변경한다.

> ruleg = graph.edgelist(rulemat,directed=F)

> ruleg = graph.edgelist(rulemat[-c(1:16),], directed=F): 연관규칙 결과 중 {}를 제거한다.

> plot.igraph(ruleg, vertex.label=V(ruleg)$name, vertex.label.cex=0.8, vertex.size=17,
layout=layout.fruchterman.reingold.grid): edgelist의 시각화를 실시한다.

> savePlot("depression_Symptom_SNA", type="png"): SNA 결과 파일(depression_Symptom_
SNA.png)을 저장한다.

```
R Console                                                                    _ □ X

>
> rules = labels(rules1, ruleSep="/", setStart="", setEnd="")
> rules = sapply(rules, strsplit, "/",  USE.NAMES=F)
> rules = Filter(function(x){!any(x == "")},rules)
> rulemat = do.call("rbind", rules)
> rulequality = quality(rules1)
> ruleg = graph.edgelist(rulemat,directed=F)
> ruleg = graph.edgelist(rulemat[-c(1:16),],directed=F)
> plot.igraph(ruleg, vertex.label=V(ruleg)$name, vertex.label.cex=0.8,
+  vertex.size=17, layout=layout.fruchterman.reingold.grid)
경고메시지(들):
In v(graph) : Grid Fruchterman-Reingold layout was removed,
we use Fruchterman-Reingold instead.
> savePlot("depression_Symptom_SNA", type="png")|
```

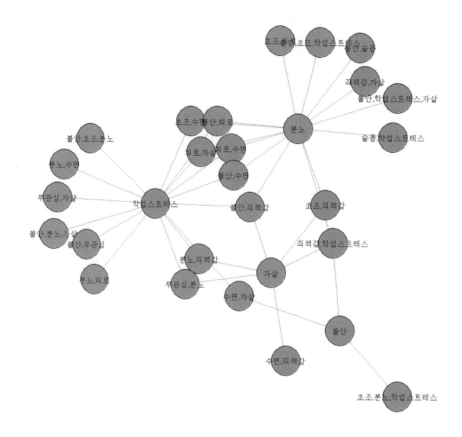

해석

청소년 우울증상은 학업스트레스에 분노, 수면, 무관심, 자살, 피로 등이 상호 연결되어 있으며, 자살에는 학업스트레스, 불안, 수면, 피로 등이 상호 연결되어 있고, 분노에는 초조, 무관심, 피로, 불안 등이 상호 연결되어 있는 것으로 나타났다.

제한규칙 시각화(학업스트레스)

> rules1=apriori(trans, parameter=list(supp=0.01, conf=0.01, target="rules"))

> rule_sub=subset(rules1, subset=rhs%pin% '학업스트레스' & lift>=4.5)

> rules1=rule_sub

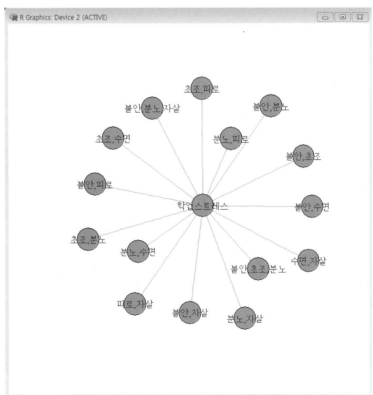

제한규칙 시각화(자살)

> rules1=apriori(trans, parameter=list(supp=0.01, conf=0.01, target="rules"))

> rule_sub=subset(rules1, subset=rhs%pin% '자살' & lift>=3)

> rules1=rule_sub

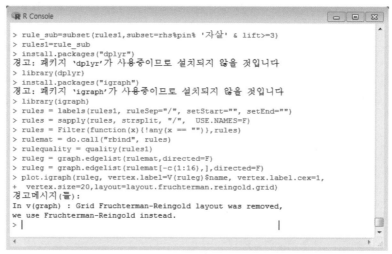

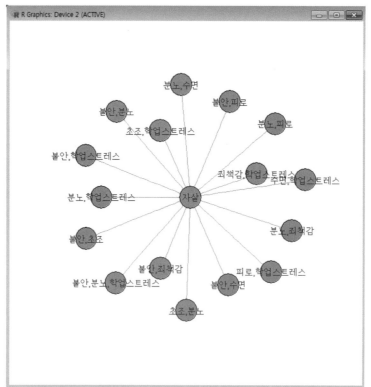

NetMiner는 SNA를 위해 데이터의 변환, 네트워크분석, 통계분석, 네트워크 시각화 등을 유연하게 통합·관리하는 것을 목적으로 한국의 사이람(Cyram)에서 개발한 소프트웨어다.
NetMiner의 작업환경(화면구성)은 다음과 같다.

- 데이터 관리 영역: 현재 작업파일(current workfile)과 작업파일 목록(workfile tree)으로 구성되며, 현재 다루고 있는 자료 및 실행한 프로세스를 살펴볼 수 있다.
- 데이터 시각화 영역: 데이터 관리 영역의 연결망 데이터를 실행(더블클릭)할 경우 연결망 그래프가 표현되는 영역이다.
- 프로세스 관리 영역: 연결망 분석 및 시각화를 실행하기 위한 절차들을 지정 영역에서 연속적으로 설정할 수 있다.

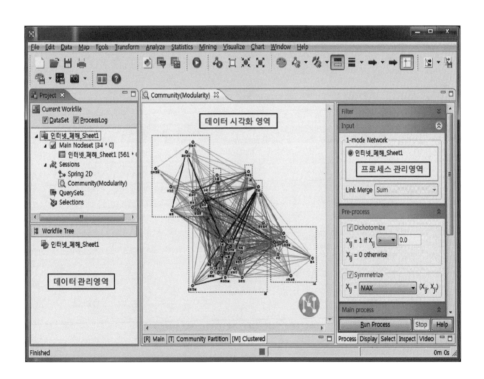

SNA를 위한 데이터파일은 matrix, edge list, linked list 형식으로 작성할 수 있다. 이 중 소셜 빅데이터나 논문 키워드를 표현하는 데는 edge list가 가장 적합하다. 네트워크 데이터는 한 개의 자료 파일 내의 결점들 간에 직접적인 관계를 나타내는 1-mode network와 공동참여 연결망처럼 두 차원의 결점들 간에 관계를 나타내는 2-mode network로 구성되어 있다(김용학, 2013).

1-mode network와 2-mode network의 구성은 다음과 같다.

- 1-mode network[1]

Matrix							Edge List			Linked List		
	A	B	C	D	E	F	Source	Target	Weight	Source	Target 1	Target 2
A	0	1	1	0	0	0	A	B	1	A	B	C
B	0	0	0	2	0	0	C	B	3	B	D	
C	0	3	0	0	0	0	A	C	1			
D	0	0	0	0	1	2	B	D	2	C	B	
E	0	0	0	0	0	0	D	E	1	D	E	F
F	0	0	0	0	0	0	D	F	2			

[1] 사이람(2014). NetMiner를 이용한 소셜 네트워크 분석 – 기본과정. p. 42.

- 2-mode network

Matrix				Edge List			Linked List		
	Sports	Movie	Cook	Source	Target	Weight	Source	Target 1	Target 2
A	1	1	0	A	Sports	1	A	Sports	Movie
				A	Movie	1			
B	0	1	0	B	Movie	1	B	Movie	
C	1	0	1	C	Sports	1	C	Sports	Cook
				C	Cook	1			
D	0	0	1	D	Cook	1	D	Cook	
E	0	1	1	E	Movie	1	E	Movie	Cook
				E	Cook	1			
F	1	0	1	F	Sports	1	F	Sports	Cook
				F	Cook	1			

NetMiner에서 SNA를 실시하기 위해서는 1-mode network(edge list) 데이터를 사전에 구성해야 한다. 1-mode network(edge list)로 구성한 Excel 파일을 작성하면 다음 절차에 따라 분석할 수 있다.

NetMiner로 네트워크 분석하기(Centrality)

1단계: NetMiner 프로그램을 불러온다.

2단계: [File]→[Import]→[Excel File]을 선택한다.

3단계: [Import Excel File]→[Browser, 데이터(sna_depression.xls)]를 선택하여 불러온 후
[1-mode Network]→[Edge List]를 선택한 후 OK를 누른다.

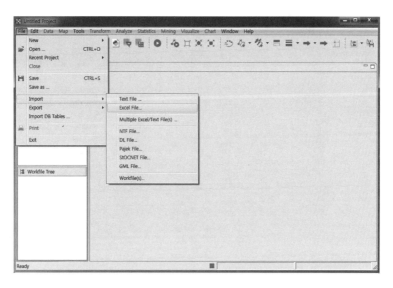

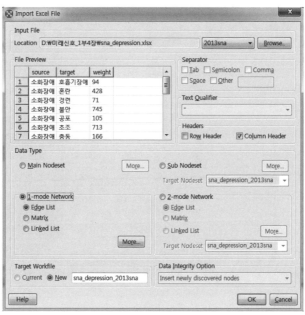

4단계: [Analyze]→[Centrality]→[Degree]를 선택한다.

5단계: 프로세스 관리영역창에서 [Process Tab]→[Main Process, Sum of Weight]를 선택한
후 [Run Process]를 누른다.

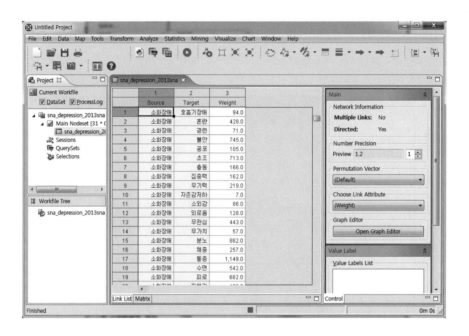

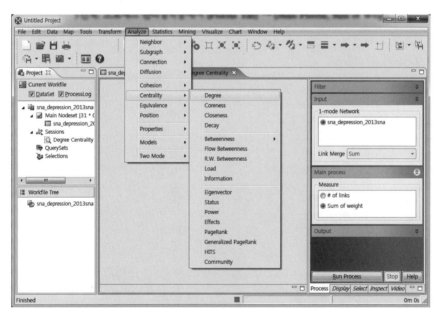

6단계: 데이터 시각화 영역에서 [M Spring] 탭을 선택한 후 [Map]→[Node & Link Att..
Styling]→[Link Attribute Styling] 탭에서 [Setting]→[Inverse order: Min(1), Max(3)]
를 지정한다.

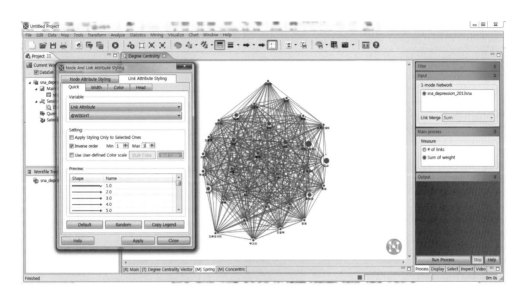

7단계: [Apply]를 선택하여 결과를 확인한다.

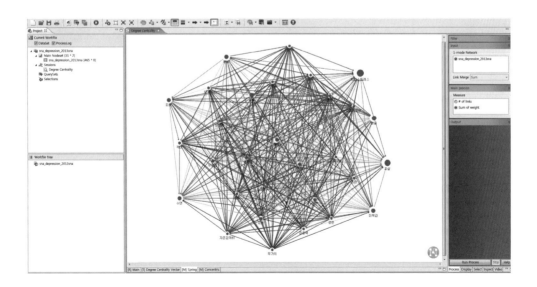

■ NetMiner로 네트워크 분석하기(Cohesion)

1단계: [Analyze]→[Cohesion]→[Community]→[modularity]를 선택한다.

2단계: 프로세스 관리영역창에서 [Process] 탭→[Include Nonoptimal output]→[2≤#of
comms≤10] → [Run Process]를 선택한다.

3단계: 데이터 시각화 영역에서 [M Clustered] 탭을 선택한 후 [Map]→[Node & Link Att..
Styling]→[Link Attribute Styling] 탭에서 [Setting]→[Inverse order: Min(1), Max(3)]
를 지정한다.

4단계: [Apply]를 선택하여 결과를 확인한다.

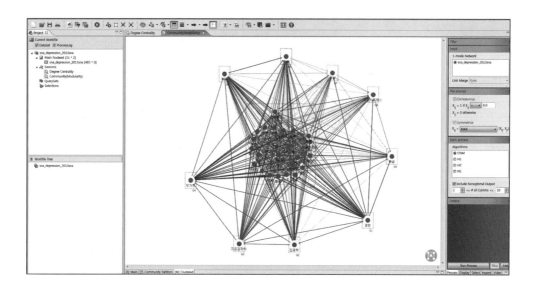

해석

SNA는 개인 및 집단 간의 관계를 노드와 링크로 모델링하여 그 위상구조와 확산·진화 과정을 계량적·시각
적으로 분석하는 방법이다.

본 연구에서 청소년 우울증상 키워드 간 응집(cohesion)구조를 분석한 결과, 총 10개 그룹으로 키워드가 응
집되어 있는 것으로 나타났다. 연결정도(degree)는 한 노드가 연결되어 있는 이웃 노드 수(링크 수)를 의미하
는 것으로 내부 연결 정도(in-degree)는 내부 노드에서 외부 노드의 연결 정도를, 외부 연결 정도(out-degree)
는 외부 노드에서 내부 노드의 연결 정보를 나타낸다.

본 연구의 키워드 간 내부 연결 정도를 분석한 결과, 청소년 우울증상은 학업스트레스, 자살, 상실, 지체, 적
대, 무가치, 자존감저하, 집중력, 경련 증상과 상호 연결되어 있었다.

참고문헌

1. 김용학(2013). 사회 연결망 분석. 박영사.
2. 서진수(2014). R까기. 느린생각.
3. 서진수(2015). R라뷰. 더알음.
4. 송태민 외(2014). 보건복지 빅데이터 효율적 관리방안 연구. 한국보건사회연구원.
5. 송태민·송주영(2015). 빅데이터 연구 한 권으로 끝내기. 한나래아카데미.
6. 이태림·허명회·이정진·이긍희(2015). 데이터 시각화. 한국방송통신대학교출판문화원.
7. 후나오노부오 지음·김성재 옮김(2014). R로 배우는 기본기 데이터 시각화. 한빛미디어.
8. 허명회(2014). R을 활용한 사회네트워크분석 입문. 자유아카데미.

2부는 소셜 빅데이터 분석과 미래신호 예측 연구실전 부분으로, 국내의 온라인 뉴스사이트, 블로그, 카페, 트위터, 게시판 등에서 소셜 빅데이터를 수집하고 분석한 실제 연구사례를 담았다. 5장에는 '보건복지정책 미래신호 예측' 연구사례를 기술하였다. 6장에는 'ICT 미래신호 예측' 연구사례를 기술하였다. 7장에는 '비만 미래신호 예측' 연구사례를 기술하였다.

2

소셜 빅데이터 미래신호 예측 연구실전

5장

보건복지정책 미래신호 예측[1]

1 서론

1 −1 연구의 필요성

우리나라는 2001년부터 2014년까지 합계출산율 1.3 미만의 초저출산율이 10년 이상 지속되었고, 기대수명은 1970년 62.1세, 1990년 71.3세, 2013년 81.9세로 계속 증가되고 있다. 또한 2000년 고령화사회(노인인구 7%)에 진입한 이후 65세 이상 노인인구 비중은 꾸준히 증가하는 추세다. 2017년에는 노인인구비율이 14%를 넘어 고령사회(aged society)에 진입하고, 2025년에는 20%에 이르러 초고령사회에 들어서며, 2050년에는 고령화율이 38.2%로 급증하여 일본(39.6%) 다음으로 노인인구비율이 높아질 것(OECD 평균 25.8%)으로 전망된다 (Ministry of Health and Welfare, Korea Institude for Health and Social Affairs. 2015). 이와 같은 초저출산과 인구고령화로 생산가능인구는 감소하고 노인부양비가 급증하는 등 '지속가능한 성장'과 '국민행복'의 시대에 큰 걸림돌이 되고 있다.

한편 인구감소와 고령화로 2016년부터 총부양률이 본격적으로 증가하고, 노년부양비도 2010년 15.2%에서 2050년 71.0% 수준으로 급증할 것으로 예측된다(www.kosis.kr). 그리

---

1 본 연구의 일부 내용은 미래창조과학부 정보통신기술진흥센터의 R&D 프로그램[R7117-16-0219, 점진적 기계학습 기반 자가진화(Self-Evolving) 에이전트 시뮬레이션을 이용한 사회변화 예측분석 기술 개발]의 지원을 받아 작성되었으며, '송태민·송주영(2016). 소셜 빅데이터 기반 보건복지 정책 미래신호 예측. J Health Info Stat 2016; 41(4)'에 게재되었고 '2016년 보건복지정책 수요조사 및 분석, 보건복지부 한국보건사회연구원' 연구에 수록된 것임을 밝힌다.

고 상대적으로 높은 비정규직 비율과 정규직과의 임금격차는 잠재적 복지수요를 증가시키며, 고용구조와 소득분배구조의 악화로 인한 사회보장비는 증가할 것으로 보인다.

이와 같은 보건복지 환경의 변화에 따라 보건복지 수요가 증가하고 있다. 정부는 이러한 복지수요에 대응하기 위하여 2015년에 116조 원 예산을 보건·복지·고용에 투입하였고 2016년에는 123조원을 투입하고 있으며, 향후에도 지속적으로 증가될 것으로 보인다. 그러나 제도의 미성숙, 제도 간 연계성 부족, 복지수요와 공급 간의 조응성 미흡 등으로 국민의 복지 만족도와 행복도는 높지 않은 편이다(Ministry of Health and Welfare, Korea Institude for Health and Social Affairs. 2015). 따라서 국민이 필요로 하는 욕구를 우선순위별로 파악하여 분배정의(distributive justice)에 따라 예산을 배분하고, 객관적인 보건복지 수요 조사를 바탕으로 근거 중심의 정책 개발과 예산 배정을 이루어야 한다.

국내의 대표적인 '국민 복지욕구 조사'로는 보건복지부·한국보건사회연구원에서 매년 실시하는 '보건복지정책 수요조사 및 분석'과 통계청에서 실시하는 '사회조사'가 있다. 이들 조사의 대부분은 보건복지 관련 정책에 대한 만족도와 복지수준에 대한 인식 조사 수준에 머물어 정책의 수요를 예측하기에는 미흡한 실정이다.

요컨대 국민이 요구하는 보건복지정책 수요를 예측하기 위해서는 다양한 산업의 종사자나 일반인을 대상으로 설문조사를 실시해야 한다. 그런데 기존에 실시하던 횡단적·종단적 조사 등을 대상으로 한 연구는 정해진 변인들에 대한 개인과 집단의 관계를 보는 데는 유용하나, 사이버상에 언급된 개인별 담론에서 논의된 관련 변인 상호 간의 연관관계를 밝히고 원인을 파악하는 데는 한계가 있다. 따라서 보건복지정책을 성공적으로 추진하여 예상하는 성과를 얻기 위해서는 다양한 보건복지 욕구를 파악하고, 이해집단과의 갈등을 최소화하기 위한 정책 동향 및 수요를 예측하여 적시에 대응할 수 있는 체계를 구축해야 한다. 이를 위해 오프라인에서는 보건복지정책 수요조사를 실시하고, 그와 동시에 온라인에서는 수집된 보건복지정책에 대한 미래신호 탐색과 예측을 실행해야 한다.

1 -2 연구목적

본 연구는 우리나라에서 수집 가능한 모든 온라인 채널에서 언급된 보건복지 관련 문서를 수집하여 주제분석과 감성분석을 통해 보건복지 주요 키워드를 분류하고, 보건복지 관련 주요 정책과 이슈에 대한 미래신호를 탐지하여 예측모형을 제시하고자 한다. 본 연구의 목적을 달성하기 위한 구체적인 내용은 다음과 같다.

첫째, 보건복지와 관련한 소셜 빅데이터를 분석하기 위해 주제분석(text mining)과 감성분석(opinion mining)을 실시한다.

둘째, 단어빈도와 문서빈도를 활용하여 보건복지 주요 정책에 대한 신호를 탐지한다.

셋째, 머신러닝 분석을 통하여 탐지된 보건복지 주요 신호에 대한 미래신호를 예측한다.

2 이론적 배경

현 정부는 국민이 행복한 사회를 이루기 위한 사회보장정책 방향으로 '생애주기별 맞춤형 복지'를 제시하고, 이를 실현하기 위해 다양한 맞춤형 복지정책을 도입 및 확대하고 있다(Ministry of Education et al., 2016). 지난 3년간 취약계층 보호 및 사회보장을 위한 생애주기별 맞춤형 복지의 큰 프레임을 구축하였으며, 저소득층의 자립 유인 및 실질적 기초생활 지원 강화를 위해 통합급여를 생계·의료·주거·교육급여 등 맞춤형 급여로 개편하였고, 의료보장성 강화 및 노후생활을 지원하였다.

2016년도에는 국민이 체감하는 맞춤형 복지 확산을 목표로 맞춤형 복지제도 내실화(맞춤형 기초생활보장제도 정착, 4대 중증질환 등 의료보장 지속, 맞춤형 보육개편, 기초연금 및 장기요양 지원 확대), 복지사각지대 적극 해소(복지안내 강화, 정부3.0 위기가구 선제 발굴, 취약계층 필수서비스 지속 확충, 노후준비 등 불안요인 해소 지원), 읍면동 중심 복지전달체계 구축(읍면동 복지허브화, 읍면동 중심 통합서비스 제공)을 중점적으로 추진하였다.

우리 경제의 혁신과 재도약을 위해 2014년 수립된 경제혁신 3개년 계획의 핵심개혁과제인 보건·의료서비스업 육성의 일환으로 바이오헬스산업을 새로운 성장동력으로 육성하는 정책을 추진 중에 있다. 2017년 바이오헬스 산업 7대 강국 도약을 목표로 2016년에는 한국의료의 세계적 브랜드화(외국인 환자 유치 촉진, 한국의료 해외진출 확대, 디지털 헬스케어 해외진출), ICT 융합 기반 의료서비스 창출(국민 체감형 원격의료 확산, 진료정보교류 활성화, 의료법 개정), 제약·의료기기 산업 미래먹거리로 육성(신약개발 등 제약산업 육성, 정밀·재생의료 산업 활성화, 첨단 의료기기 개발 지원)을 주요 과제로 선정하여 추진하였다.

우리나라의 복지수요는 다음의 네 가지 측면에서 증가할 것으로 보인다(Ministry of Health and Welfare, Korea Institude for Health and Social Affairs. 2015).

첫째, 저출산·고령화, 경제성장률 하락, 높은 비정규직 및 자영업 비율, 빈곤 및 분배구조 변화에 따라 복지수요가 증가할 것이다.

둘째, 연금제도의 성숙 등 보건복지제도 성숙에 따라 공공사회복지지출 비중(SOCX기준)이 2060년에 GDP 대비 약 29.0%로 증가하는 등 복지수요가 늘어날 것이다.

셋째, 상병수당, 아동수당 등의 새로운 보건복지제도 도입에 따라 복지수요가 증가할 것이다.

넷째, 사회복지서비스 영역에서 선별복지에서 보편복지로 전환됨에 따라 복지수요가 증가할 것이다.

3 연구방법

3 -1 분석 자료 및 대상

본 연구는 국내의 온라인 뉴스 사이트, 블로그, 카페, 소셜 네트워크 서비스, 게시판 등 인터넷을 통해 수집된 소셜 빅데이터를 대상으로 하였다. 본 분석에서는 113개의 온라인 뉴스사이트, 3개의 블로그(네이버, 네이트, 다음), 2개의 카페(네이버, 다음), 1개의 SNS(트위터), 7개의 게시판(네이버지식인, 네이트지식, 네이트톡, 네이트판 등)의 총 126개 온라인 채널을 통해 수집 가능한 텍스트 기반의 웹문서(버즈)를 소셜 빅데이터로 정의하였다.

보건복지 관련 토픽은 2016년 1월 1일부터 2016년 9월 30일까지 해당 채널에서 요일, 주말, 휴일을 고려하지 않고 매 시간단위로 수집하였으며, 총 51만 9,088건(1-3월: 18만 4,026건, 4-6월: 14만 1,325건, 7-9월: 19만 3,737건)의 텍스트 문서를 수집해 본 연구의 분석에 포함시켰다.

소셜 빅데이터 수집에는 SKT 스마트 인사이트에서 크롤러(crawler)를 사용하였고, 토픽 분류에는 주제분석 기법을 사용하였다. 보건복지 토픽은 모든 관련 문서를 수집하기 위해 '보건', '복지', 그리고 '보건복지'를 사용하였다. 온라인 문서의 잡음을 제거하기 위한 불용어로는 '보건선생님, 복지로' 등을 사용하였다.

1 연구대상 수집하기

- 본 연구대상인 '보건복지 관련 소셜 빅데이터 수집'은 소셜 빅데이터 수집 로봇(웹크롤러)과 담론분석(주제어 및 감성분석) 기술을 보유한 SKT에서 수행하였다.
- 보건복지 토픽은 수집 로봇(웹크롤러)으로 해당 토픽을 수집한 후 유목화(범주화)하는 보텀업(bottom-up) 수집방식을 사용하였다.

수집기술	데이터처리기술	분석기술	활용기술	기타기술	특성	업무영역	기반	산업	수용/적용	공급자	기술(긍정)	기술(부정)
CLOUD	appliance	AI	3DImagingExperience	3D	combination	IT	GPS	FTA	결정	공급	ESP	cyberwar
Crawler	BigQuery	Algorithm	ArtificialIntelligence	3D프린팅	Reality	IT전문	개인정보	ICT산업	계획	구축	객관성	DDoS
X86	Cassandra	AR	BaaS	3G	scale	고객관리	경도	IT벤더	고려	구현	경쟁력강화	개인정보유출
디스크	DataIntensiveComputing	DataWarehouse	BI	4G	Trend	공급관리	공공시설	KICT	강조	사례	경제성장	경제제재
서버	DDS	EDW	Chipset	5G	Value	공정관리	공공기관	KPOP	강화	소개	경제혁신	경제제부담
수집기	Dremel	DW	DaaS	apache	Variety	관리	교통정보	개성공단	도입	운영	경제력	네트워크오류
수집서버	Hadoop	Mahout	DataAnalysis	architecture	Velocity	마케팅	기사공산	게임	선정	전망	국대화	데이터변조
크롤러	Hbase	mining	IaaS	BcN	Volume	물류관리	기술	경제	수용	제공	급등	데이터손실
ETL	HDFS	Pregel	PaaS	BigData	경합성	생산	기지국	공공	이용	출시	급증	데이터위협
	IBM	R	Platform	Bluetooth	고용량	연구개발	공공	관광	필요	형성	데이터화	도용
	INMEMORY	semantic	SaaS	Buzzword	규모	영업	풍가루	교통	활용	데이터화	맞춤형서비스	디지털지체
	inmemory	textmining	VR	CoAP	다양성	의사결정	대기정보	구매			맞춤형제작기술	명예훼손
	MassiveDataAnaytics	기계학습	객체형형화	EnOcean	대규모	인사	도로정보	금융			무관심	문화적역기능
	MDA	네트웍분석	디스커버리	Ethernet	대용량	일반관리	미세먼지	농업			부각	바이러스
	MR	데이터에에두우징	상황인식	html5	맞춤형	재무	보안	디스플레이			상호연결성	바이러스감염
	NoSQL	머신러닝	상황인지	ICT	방대	전략기획	비동	디자인			속보성	바이러스유포
	Percolator	알고리듬	센싱	IoT	비정형	보안	사이버	로봇			신산업창조	백적작적기능
	storm	알고리즘	소셜모니터링	ISM	상품화	전산	서버	바이오			신성장	법제도적
	검색	영상인식	소셜분석	IT시스템	속도	맞춤형	서비스	보건			인프라구축	보이스피싱
	스케일아웃	음성인식	오픈플랫폼	java	스케일	전자상거래	스토리지	보건군단			일자리창출	부정사용
	스톰	인공지능	원격의료	LTE	스트리밍	비정형	보건	보건복지			자동접속	불건전보유통
	시계열데이터	텍스트마이닝	웨어러블	LTEM	시계열성	통계	시스템	보건산업			자동화	불법
	아파치스톰	트래픽패턴	위치확인	M2M	실시간	회계	엘리베이터	보건위생			절감	불법복제
	아파치스파크	ANALYTICS	인포그래픽스	MCU	오픈소스		오프라인	보건의료			정보보호	사인권침해
	인덱싱	BigDataAppliance	증강현실	MeshBluetooth	전문성		온도	복지			정확성	사생활침해
	인메모리	NDAP	융햇폼	MQTT	정형		위도	유해가스			증가	사이버war
	인포스피어스트림	NetMetrica		nas	제타바이트		인력	보험			중대	사이버명명
	정보기술	데이터마이닝		OFDM	준실시간		인프라	복지			차별화	사이버예명
	정보통신	시맨틱		PLC	처리속도		자원순	사이버복지			초감각적지각	사이버복지
	정보통신기술	온톨로지		RPMA	크기		전략	선거			확산	사이버범죄
	클라우드데이터플로우			san	현실성		전문가	영화				사이버성폭력
	쿼리예변형			SAR			정보보화	의료				사이버테러
	필터링						정책					
	IN-MEMORY											

3 -2 연구방법

본 연구의 소셜 빅데이터를 분석하기 위해 [그림 5-1]과 같은 연구방법을 사용하였다.

첫째, 수집된 보건복지 온라인 문서를 자연어처리 기술을 이용하여 텍스트마이닝과 감성분석을 실시하였다.

둘째, 분류된 온라인 텍스트 문서를 통계분석과 데이터마이닝 분석을 위해 숫자 형태로 코딩하여 정형 데이터로 변환하였다.

셋째, 보건복지 미래신호를 탐색하기 위해 단어빈도(TF), 문서빈도(DF), TF–IDF(단어의 중요도 지수)를 분석하고, 키워드의 중요도(KEM)와 확산도(KIM)를 분석하여 미래신호를 탐색하였다.

넷째, 머신러닝(machinelearning) 분석기술을 이용하여 탐색된 미래신호를 중심으로 보건복지정책의 미래신호를 예측하고 미래신호 간 연관관계를 파악하였다. 본 연구의 머신러닝에 사용된 연관분석 알고리즘으로는 선험적규칙(apriori principle)을 사용하고, 주요 신호의 예측을 위한 분류방법으로 랜덤포레스트(random forest) 알고리즘을 사용하였다. 머신러닝 분석과 시각화에는 R 3.3.1을 사용하였다.

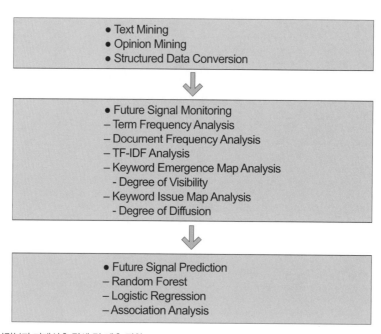

[그림 5-1] 보건복지 미래신호 탐색 및 예측 절차

3 −3 연구도구

보건복지 관련 소셜 빅데이터의 수집 및 분류 과정은 보건복지부 홈페이지를 크롤링하여 자연어처리와 주제분석 단계를 거치고, 최종 정책과 이슈를 도출하는 순서로 진행하였다. 본 연구에 사용된 연구도구는 주제분석(text mining)과 요인분석(factor analysis) 과정을 거쳐 다음과 같이 정형화 데이터로 코드화하여 사용하였다.

(1) 보건복지 관련 수요

본 연구의 종속변수인 보건복지 관련 수요(찬성, 반대)는 주제분석과 요인분석 과정을 거쳐 '관심, 마련, 최고, 진행, 참여, 다양, 운영, 실현, 행복, 노력, 소중, 지원, 계획, 확대, 시행, 최우선, 발표, 증가, 필요, 도움, 추진'은 찬성의 감정으로, '부족, 무시, 반대, 지적, 부담, 억울, 비판, 논란, 문제, 어려움, 규제'는 반대의 감정으로 정의하였다.

(2) 보건복지 관련 정책

보건복지 관련 정책은 요인분석과 주제분석 과정을 거쳐 '행복한노후요인, 국민연금요인, 기초연금요인, 보육요인, 결혼출산요인, 가족친화요인, 미래세대육성요인, 무상정책요인, 의료민영화요인, 건강보험요인, 원격의료요인, 중증질환요인, 환자안전요인, 보건산업요인, 복지급여요인, 건강증진요인, 일자리요인'의 17개 정책으로 정의하였다. 해당 정책이 있는 경우는 '1', 없는 경우는 '0'으로 코드화하였다.

(3) 보건복지 관련 공공기관

보건복지 관련 공공기관은 주제분석 과정을 거쳐 '국회, 보건복지부, 청와대, 고용여성부처, 공기업, 교육농림부처, 기획재정부, 국정원, 지자체, 새누리당, 국민의당, 더불어민주당, 국제기구'의 13개 기관으로 정의하였다. 정의된 모든 공공기관은 해당 공공기관이 있는 경우는 '1', 없는 경우는 '0'으로 코드화하였다.

(4) 보건복지 관련 민간기관

보건복지 관련 민간기관은 주제분석과 요인분석 과정을 거쳐 '의료기관, 보건의료단체, 사회복지단체, 기업, 시민단체, 대학, 경로당, 어린이집'의 8개 기관으로 정의하였다. 정의된 모든 민간기관은 해당 민간기관이 있는 경우는 '1', 없는 경우는 '0'으로 코드화하였다.

(5) 보건복지 관련 대상

보건복지 관련 대상은 주제분석 과정을 거쳐 '가족, 청소년, 환자, 의사, 저소득층, 장애인, 여성, 노동자, 서민, 중산층, 노인, 피해자, 공무원, 비정규직, 학생, 외국인'의 16개 대상으로 정의하였다. 정의된 모든 대상은 해당 대상이 있는 경우는 '1', 없는 경우는 '0'으로 코드화하였다.

(6) 보건복지 관련 분야

보건복지 관련 분야는 주제분석 과정을 거쳐 '주거, 교육, 고용, 사회복지, 보건의료, 경제, 문화, 환경, 통일, 가정, 노동, 보육, 범죄, 안보, 에너지, 다문화'의 16개 분야로 정의하였다. 정의된 모든 분야는 해당 분야가 있는 경우는 '1', 없는 경우는 '0'으로 코드화하였다.

(7) 보건복지 관련 주요 이슈

보건복지 관련 주요 이슈는 주제분석 과정을 거쳐 '의료비, 자살, 등록금, 세금, 개인정보, 부동산, 양극화, 치료, 담배, 증세'의 10개 이슈로 정의하였다. 정의된 모든 이슈는 해당 이슈가 있는 경우는 '1', 없는 경우는 '0'으로 코드화하였다.

② 연구도구 만들기

- **보건복지 감정 주제분석 및 요인분석**
  - 보건복지 감정은 주제분석을 통하여 총 57개(가능, 강화, 개선, 거짓말, 계획, 관심, 규제, 기부, 노력, 논란, 눈물, 다양, 도움, 도입, 마련, 무시, 문제, 반대, 발표, 방문, 부담, 부족, 비판, 사용, 소중, 시행, 신속, 신청, 실시, 실현, 어려움, 억울, 예정, 외면, 운영, 이용, 저지, 정의, 주장, 준비, 중요, 증가, 지원, 지적, 진행, 참여, 최고, 최우선, 추진, 추천, 축소, 폐지, 필요, 행복, 혜택, 확대, 확인) 키워드로 분류되었다.
  - 따라서 57개 키워드(변수)에 대해 요인분석을 실시하여 변수를 축약해야 한다.

- **보건복지 감정요인 1차 요인분석**

1단계: 데이터파일을 불러온다(분석파일: healthwelfare_opinionmining.sav).
2단계: [분석]→[차원감소]→[요인분석]→[변수: 가능~확인]을 선택한다.
3단계: [요인회전]→[베리멕스]를 지정한다.
4단계: [옵션]→[계수출력형식: 크기순 정렬, 작은 계수 표시 안 함]을 지정한다.

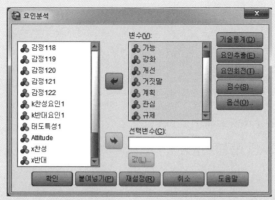

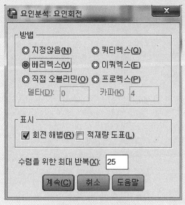

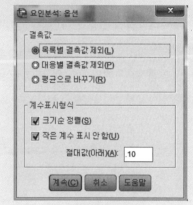

5단계: 결과를 확인한다.

- 57개의 감정변수가 총 27개의 요인(고유값 1 이상)으로 축약되었다.

회전된 성분행렬

	성분																		
---	1	2	3	4	5	6	7	8	9	10	11	12	13	14	15	16	17	18	19
극대화1	616																		
차별화1	588																		
증가1	562			.209															
결과1	473			.150			.172												
사이버테러1		.625								.125								.135	
컴퓨터바이러스1		598	.101																
DDoS1		583									.109	-.114							
정보보호1	424			.141						.196						.276		-.175	
사이버범죄1		.296	.228		.235						-.105		.137				.203		
스팸메일1		.116	636																
보이스피싱1			.630																
불법복제1			365	.202					.121	.145			.109					.244	
불건전정보유통1			349		.327				.118	-.146	-.123		.109			-.127	-.143	-.163	
명예훼손1			302		.109				.270		-.128		.193			-.142			
경제력강화1				.596															
경제성장1	.105			.490	.126	.271													
혹신1	277			.481												.107			
인프라구축1	108			.321		.237								-.103		.163			
정보격차1					.617											.132			
인터넷중독1					.583				.177	.146									
사회적병리현상1			.133		.467						-.124	-.135						.117	
사이버망명1				-.127			.833												
일자리창출1				.376			.672												
경제적부담1								.709											
경제활력1				.176				.700											
무인화1								.779											
자동화1	196							.688						.122					
정보홍수1				-.154					.757										
사이버폭력1				.320					.529									-.124	
부정사용1										.737									
도용1			.237							.527									
객관성1											.685					.144			
산업경쟁력약화1											.637	.123				-.147			
정확성1	267			-.280			.145			.136	.410			.155					
법제도화1												.653	.137						
시스템오류1		.103		.107			.102					.592	.137			-.194	-.145	-.134	
데이터변조1									-.104				.644				.207		

- 보건복지 감정요인 2차 요인분석
  - 새로 생성된 27개의 이분형 요인(감정1~감정27)에 대해 2차 요인분석을 실시하여 축약한다.

1단계: 데이터파일을 불러온다(분석파일: healthwelfare_opinionmining.sav).

2단계: [분석]→[차원감소]→[요인분석]→[변수: 감정1~감정27]을 선택한다.

3단계: [요인회전]→[베리멕스]를 지정한다.

4단계: [옵션]→[계수출력형식: 크기순 정렬, 작은 계수 표시 안 함]을 지정한다.

회전된 성분행렬[a]

	성분												
	1	2	3	4	5	6	7	8	9	10	11	12	13
감정1	.779			.103									
감정19	.552				.307			.126	.119	.297	.189		-.107
감정16	.543			-.120	-.305	.175		-.139	-.115	-.234	-.103		.118
감정9		.742	.163										
감정13		.470	-.118	.245				-.187	-.126				.234
감정5		.464	-.250	-.160				.308					-.204
감정6		-.120	.653			.174						.125	
감정26		.312	.627	-.102		-.101	-.104		.179			-.130	
감정7				.682									-.105
감정3			-.111	.459	-.210		-.158		.133	.237	.115	-.122	.211
감정25					.656								
감정12					.493		-.178			-.246	-.135	-.173	.423
감정20						.722							
감정18			.100	.335	.144	.503				-.129	-.155	.122	
감정11			-.111		-.101		.676		-.128	-.204			.113
감정8					.103		.668		.230	.140			
감정4				.137				.629		-.154			-.107
감정10		-.101	.201			-.173		.553	-.193	.148			.370
감정23			.104				.123	-.110	.625				
감정17			-.143				-.131		.504		-.221	.403	.204
감정27									.576				
감정22				.218	.258			-.139	-.271	-.301	.163	.245	
감정15				.153				-.126			.617		
감정2				-.214	.156	.391				.273	.476		
감정14			.136	.101				-.296	-.316	.395	-.403		
감정21												.815	
감정24							-.119						-.665

해석

27개의 감정요인이 총 13개의 요인(고유값 1 이상)으로 축약되었다.

- 보건복지 감정 감성분석
  - 2차 요인분석 결과 13개 요인으로 결정된 주제어의 의미를 파악하여 '찬성, 반대'로 감성분석을 실시해야 한다. 일반적으로 감성분석은 긍정과 부정의 감성어 사전으로 분석해야 하나, 본 연구에서는 요인분석 결과로 분류된 주제어의 의미를 파악하여 감성분석을 실시하였다.
  - 본 연구에서는 찬성요인(관심, 마련, 최고, 진행, 참여, 다양, 운영, 실현, 행복, 노력, 소중, 지원, 계획, 확대, 시행, 최우선, 발표, 증가, 필요, 도움, 추진)과 반대요인(부족, 무시, 반대, 지적, 부담, 억울, 비판, 논란, 문제, 어려움, 규제)으로 분류하였다.
  - 최종 보건복지정책의 감정은 Attitude(0: 반대, 1: 찬성)로 분류하였다.

보건복지 관련 수요는 찬성의 감정을 가진 버즈는 78.4%로 나타났다. 보건복지 관련 주요 정책으로는 일자리(24.5%), 건강증진(16.7%), 복지급여(16.0%), 결혼출산(12.3%), 보육(5.3%), 건강보험(4.3%) 등의 순으로 나타났다.

보건복지 관련 주요 분야로는 사회복지(26.0%), 보건의료(24.8%), 교육(12.4%), 경제(6.0%), 환경(5.2%), 가정(4.8%) 등의 순으로 나타났다. 보건복지 관련 주요 이슈로는 증세(37.7%), 세금(24.9%), 치료(16.3%), 의료비(3.9%), 개인정보(3.7%), 자살(3.5%) 등의 순으로 나타났다. 보건복지 관련 대상으로는 여성(17.3%), 노인(13.7%), 학생(11.1%), 가족(8.8%), 장애인(8.1%), 저소득층(7.3%) 등의 순으로 나타났다.

보건복지 관련 수집채널로는 트위터(79.8%), 카페(8.3%), 블로그(4.7%), 뉴스(4.5%), 게시판(2.8%) 순으로 나타났다. 보건복지 관련 공공기관으로는 보건복지부(41.1%), 청와대(20.1%), 지자체(6.9%), 국회(6.0%), 공공기관(5.6%) 등의 순으로 나타났다. 보건복지 관련 민간기관으로는 기업(31.9%), 대학(19.3%), 의료기관(18.1%), 사회복지단체(18.0%), 보건의료단체(5.0%) 등의 순으로 나타났다[표 5-1].

[표 5-1] 보건복지 관련 온라인 문서(버즈) 현황

구분	항목	N(%)	구분	항목	N(%)
감정	반대	29,539(21.6)	정책	행복한노후	749(1.2)
	찬성	106,985(78.4)		국민연금	1,554(2.5)
	계	136,524		기초연금	1,552(2.5)
				보육	3,361(5.3)
공공기관	국회	7,237(6.0)		결혼출산	7,780(12.3)
	보건복지부	49,942(41.1)		가족친화	823(1.3)
	청와대	24,463(20.1)		미래세대육성	1,197(1.9)
	고용여성부처	2,173(1.8)		무상정책	1,506(2.4)
	공기업	6,800(5.6)		의료민영화	2,178(3.4)
	교육농림부처	2,158(1.8)		건강보험	2,714(4.3)
	기획재정부	829(0.7)		원격의료	963(1.5)
	국정원	688(0.6)		중증질환	439(0.7)
	지자체	8,389(6.9)		환자안전	543(0.7)
	새누리당	5,831(4.8)		보건산업	1,817(2.9)
	국민의당	2,999(2.5)		복지급여	10,109(16.0)
	더불어민주당	5,303(4.4)		건강증진	10,592(16.7)
	국제기구	4,719(3.9)		일자리	15,467(24.5)
	계	121,531		계	63,254
민간기관	의료기관	9,909(18.1)	이슈	의료비	1,589(3.9)
	보건의료단체	2,730(5.0)		자살	1,451(3.5)
	사회복지단체	9,870(18.0)		등록금	1,009(2.4)
	기업	17,510(31.9)		세금	10,270(24.9)
	시민단체	542(1.0)		개인정보	1,514(3.7)
	대학	10,592(19.3)		부동산	1,068(2.6)
	경로당	1,213(2.2)		양극화	892(2.2)
	어린이집	2,460(4.5)		치료	6,732(16.3)
	계	54,826		담배	1,132(2.7)
				증세	15,557(37.7)
				계	41,214

분야	주거	2,396(2.3)	대상	가족	9,478(8.8)
	교육	12,962(12.4)		청소년	7,532(7.0)
	고용	3,048(2.9)		환자	4,670(4.3)
	사회복지	27,054(26.0)		의사	3,283(3.1)
	보건의료	25,833(24.8)		저소득층	7,816(7.3)
	경제	6,293(6.0)		장애인	8,735(8.1)
	문화	4,170(4.0)		여성	18,553(17.3)
	환경	5,383(5.2)		노동자	4,785(4.5)
	통일	950(0.9)		서민	3,467(3.2)
	가정	5,001(4.8)		중산층	1,733(1.6)
	노동	2,606(2.5)		노인	14,683(13.7)
	보육	3,361(3.2)		피해자	1,092(1.0)
	범죄	1,257(1.2)		공무원	6,857(6.4)
	안보	2,290(2.2)		비정규직	1,376(1.3)
	에너지	1,117(1.1)		학생	11,957(11.1)
	다문화	528(0.5)		외국인	1,390(1.3)
	계	104,249		계	107,407
채널	블로그	24,274(4.7)			
	카페	43,070(8.3)			
	트위터	414,100(79.8)			
	게시판	14,449(2.8)			
	뉴스	23,195(4.5)			
	계	519,088			

보건복지 온라인 문서 현황(빈도분석, 다중반응분석)

- [표 5–1]과 같이 보건복지 관련 온라인 문서(버즈) 현황을 작성한다.
- 빈도분석을 실행한다.

1단계: 데이터파일을 불러온다(분석파일: healthwelfare_textmining.sav).
2단계: [분석]→[기술통계량]→[빈도분석]→[변수: Attitude]를 선택한다.
3단계: 결과를 확인한다.

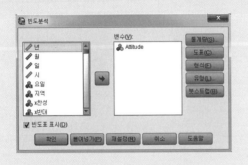

Attitude

		빈도	퍼센트	유효 퍼센트	누적 퍼센트
유효	반대	29539	5.7	21.6	21.6
	찬성	106985	20.6	78.4	100.0
	전체	136524	26.3	100.0	
결측	시스템	382564	73.7		
전체		519088	100.0		

- 다중반응 빈도분석을 실행한다(사례: 정책).

1단계: 데이터파일을 불러온다(분석파일: healthwelfare_textmining.sav).

2단계: [분석]→[다중반응]→[변수군 정의]를 선택한다.

3단계: [변수군에 포함된 변수: 행복한노후_1~일자리_1]을 선택한다.

4단계: [변수들의 코딩형식: 이분형(1), 이름: 정책]을 지정한 후 [추가]를 선택한다.

5단계: [분석]→[다중반응]→[다중반응 빈도분석]을 선택한다.

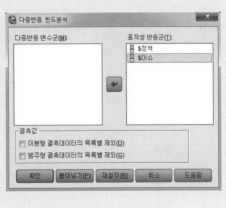

6단계: 결과를 확인한다.

$정책 빈도

		반응		케이스 중 %
		N	퍼센트	
$정책[a]	행복한노후_1	749	1.2%	1.5%
	국민연금_1	1554	2.5%	3.1%
	기초연금_1	1552	2.5%	3.1%
	보육_1	3361	5.3%	6.7%
	결혼출산_1	7780	12.3%	15.5%
	가족친화_1	823	1.3%	1.6%
	미래세대육성_1	1197	1.9%	2.4%
	무상정책_1	2178	3.4%	4.3%
	의료민영화_1	1506	2.4%	3.0%
	건강보험_1	2714	4.3%	5.4%
	원격의료_1	963	1.5%	1.9%
	중증질환_1	439	0.7%	0.9%
	환자안전_1	453	0.7%	0.9%
	보건산업_1	1817	2.9%	3.6%
	복지급여_1	10109	16.0%	20.1%
	건강증진_1	10592	16.7%	21.1%
	일자리_1	15467	24.5%	30.8%
전체		63254	100.0%	126.0%

$이슈 빈도

		반응		케이스 중 %
		N	퍼센트	
$이슈[a]	의료비_1	1589	4.2%	4.6%
	자살_1	1451	3.9%	4.2%
	등록금_1	1009	2.7%	2.9%
	세금_1	10270	27.4%	30.0%
	개인정보_1	1514	4.0%	4.4%
	부동산_1	1068	2.8%	3.1%
	양극화_1	892	2.4%	2.6%
	치료_1	6732	17.9%	19.7%
	담배_1	1132	3.0%	3.3%
	i증세	11870	31.6%	34.7%
전체		37527	100.0%	109.7%

4 -2 보건복지 관련 수요(감정) 분석

[표 5-2], [그림 5-2]와 같이 보건복지 관련 정책에 대한 찬성 감정은 행복한노후, 복지급여, 미래세대육성, 원격의료 순으로 높게 나타났으며, 반대 감정은 의료민영화, 기초연금, 가족친화, 무상정책 등의 순으로 높게 나타났다. 보건복지 관련 이슈에 대한 찬성 감정은 개인정보, 치료, 등록금, 양극화 등의 순으로 높으며, 반대 감정은 세금, 자살, 부동산, 담배 등의 순으로 높게 나타났다.

[표 5-3]과 같이 보건복지 관련 분야에 대한 찬성 감정은 다문화, 교육, 환경, 사회복지 등의 순으로 높으며, 반대 감정은 노동, 통일, 안보, 문화 등의 순으로 높게 나타났다. 보건복지 관련 대상에 대한 찬성 감정은 청소년, 저소득층, 장애인, 공무원 등의 순으로 높으며, 반대 감정은 서민, 여성, 비정규직, 외국인 등의 순으로 높게 나타났다.

[표 5-4]와 같이 보건복지 관련 공공기관에 대한 찬성 감정은 지자체, 공기업, 교육농림부처, 고용여성부처 등의 순으로 높으며, 반대 감정은 청와대, 새누리당, 국민의당, 국정원

등의 순으로 높게 나타났다. 보건복지 관련 민간기관에 대한 찬성 감정은 경로당, 사회복지단체, 대학, 어린이집 등의 순으로 높으며, 반대 감정은 보건의료단체, 시민단체, 기업, 의료기관 등의 순으로 높게 나타났다.

[표 5-2] 보건복지 관련 정책과 이슈의 수요(감정) 교차분석   (N%)

정책	감정		계	이슈	감정		계
	반대	찬성			반대	찬성	
행복한노후	29 (4.2)	668 (95.8)	697	의료비	265 (17.8)	1,224 (82.2)	1,489
국민연금	117 (14.0)	721 (86.0)	838	자살	119 (22.5)	411 (77.5)	530
기초연금	228 (22.6)	781 (77.4)	1,009	등록금	77 (10.8)	638 (89.2)	715
보육	238 (9.9)	2,176 (90.1)	2,414	세금	1,198 (34.4)	2,280 (65.6)	3,478
결혼출산	747 (15.7)	4,017 (84.3)	4,764	개인정보	33 (7.4)	410 (92.6)	443
가족친화	109 (22.2)	382 (77.8)	491	부동산	140 (20.3)	550 (79.7)	690
미래세대육성	30 (5.3)	532 (94.7)	562	양극화	59 (13.5)	379 (86.5)	438
무상정책	148 (18.4)	656 (81.6)	863	치료	439 (8.7)	4,589 (91.3)	5,028
의료민영화	556 (64.4)	307 (35.6)	804	담배	94 (19.0)	402 (81.0)	496
건강보험	241 (11.1)	1,932 (88.9)	2,173	증세	892 (15.1)	5,006 (84.9)	5,898
원격의료	50 (7.5)	614 (92.5)	664	계	3,316 (17.3)	15,889 (82.7)	19,205
중증질환	38 (9.3)	370 (90.7)	408				
환자안전	38 (13.6)	242 (86.4)	280				
보건산업	95 (6.4)	1,378 (93.6)	1,473				
복지급여	379 (5.4)	6,645 (94.6)	7,024				
건강증진	528 (9.1)	5,257 (90.9)	5,785				
일자리	1,477 (15.7)	7,949 (84.2)	9,426				
계	5,048 (12.7)	34,627 (87.3)	39,675				

4 보건복지 정책과 이슈 교차분석(다중반응 교차분석)

- [표 5-2]와 같이 보건복지 관련 정책과 이슈의 교차표를 작성한다.
- 다중반응 교차분석을 실행한다.

1단계: 데이터파일을 불러온다(분석파일: healthwelfare_textmining.sav).

2단계: [분석]→[다중반응]→[교차분석]→[행: 정책·이슈, 열: Attitude]을 지정한다.

3단계: [Attitude의 범위지정]→[최소값(0), 최대값(1)]을 지정한다.

4단계: [옵션]→[셀 퍼센트: 행, 퍼센트 계산기준: 반응]을 선택한다.

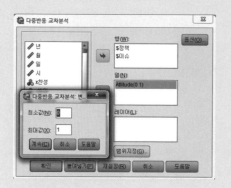 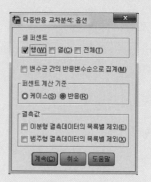

5단계: 결과를 확인한다.

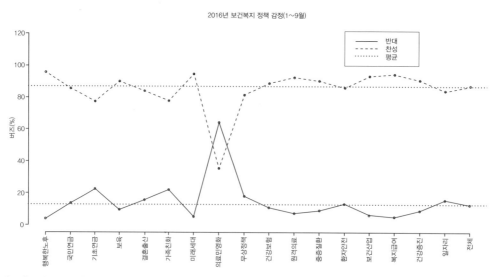

[그림 5-2] 보건복지 관련 정책의 감정 변화

```
> rm(list=ls())
> setwd("c:/미래신호_2부1장")
> policy=read.csv("정책감정_그래프.csv", sep=",",stringsAsFactors=F)
> a=policy$반대
> b=policy$찬성
> plot(a, xlab="", ylab="", ylim=c(0,120), type="o", axes=FALSE, ann=F, col=1)
> title(main="2016년 보건복지 정책 감정(1-9월)", col.main=1, font.main=2)
> title(ylab="버즈(%)", col.lab=1)
> axis(1, at=1:18, lab=c(policy$정책), las=2)
> axis(2, ylim=c(0,120), las=2)
> lines(b, col=2, type="o", lty=2)
> colors=c(1,2,4)
> ITY=cbind(lty=1, lty=2, lty=3)
> legend(13,120, c("반대", "찬성", "평균"), cex=0.9, col=colors, lty=ITY, lwd=2)
> abline(h=12.7, lty=3, col=4, lwd=0.5)
> abline(h=87.3, lty=3, col=4, lwd=0.5)
> savePlot("정책감정그래프.png", type="png")
```

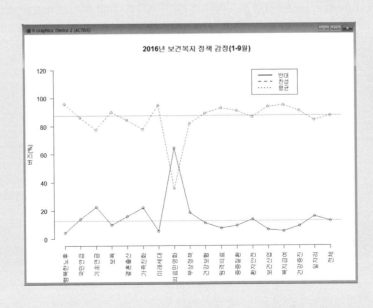

[표 5-3] 보건복지 관련 분야와 대상의 수요(감정) 교차분석　　　　　　　　　　　　　　　　　N(%)

분야	감정		계	대상	감정		계
	반대	찬성			반대	찬성	
주거	164 (9.8)	1,503 (90.2)	1,667	가족	695 (10.8)	5,764 (89.2)	6,459
교육	477 (5.5)	8,236 (94.5)	8,713	청소년	332 (5.9)	5,330 (94.1)	5,662
고용	320 (15.3)	1,773 (84.7)	2,093	환자	476 (14.2)	2,881 (85.8)	3,357
사회복지	1,030 (7.2)	13,197 (92.8)	14,227	의사	342 (15.0)	1,937 (85.0)	2,279
보건의료	2,024 (13.4)	13,041 (86.6)	15,065	저소득층	375 (6.0)	5,860 (94.0)	6,235
경제	574 (18.5)	2,535 (81.5)	3,109	장애인	358 (6.9)	4,834 (93.1)	5,192
문화	432 (13.8)	2,689 (86.2)	3,121	여성	2,341 (35.2)	4,317 (64.8)	6,658
환경	283 (6.3)	4,185 (93.7)	4,468	노동자	372 (14.4)	2,210 (85.6)	2,582
통일	67 (16.5)	338 (83.5)	405	서민	396 (40.4)	584 (59.6) .	980
가정	535 (14.4)	3,190 (85.6)	3,725	중산층	128 (16.5)	650 (83.5)	778
노동	220 (18.4)	977 (81.6)	1,197	노인	869 (11.5)	6,715 (88.5)	7,584
보육	238 (9.9)	2,176 (90.1)	2,414	피해자	112 (15.9)	591 (84.1)	703
범죄	82 (13.6)	520 (86.4)	602	공무원	350 (8.9)	3,561 (91.1)	3,911
안보	155 (14.4)	919 (85.6)	1,074	비정규직	256 (31.5)	556 (68.5)	812
에너지	54 (5.9)	854 (94.1)	908	학생	1,200 (20.0)	4,807 (80.0)	6,007
다문화	16 (3.8)	400 (96.2)	416	외국인	260 (26.1)	735 (73.9)	995
계	6671 (10.6)	56,533 (89.4)	63,204	계	8,862 (14.7)	51,332 (85.3)	60,194

공공	감정		계	민간	감정		계
	반대	찬성			반대	찬성	
국회	914 (24.6)	2,796 (75.4)	3,710	의료기관	740 (12.7)	5,101 (87.3)	5,841
보건복지부	3,177 (21.6)	11,524 (78.4)	14,701	보건의료단체	440 (42.9)	585 (57.1)	1,025
청와대	3,031 (41.5)	4,277 (58.5)	7,308	사회복지단체	302 (6.8)	4,119 (93.2)	4,421
고용여성부처	161 (10.1)	1,435 (89.9)	1,596	기업	1,356 (17.7)	6,312 (82.3)	7,668
공기업	225 (8.3)	2,501 (91.7)	2,726	시민단체	75 (18.5)	330 (81.5)	405
교육농림부처	133 (8.4)	2,501 (91.7)	1,582	대학	612 (9.0)	6,194 (91.0)	6,806
기획재정부	68 (12.1)	492 (87.9)	560	경로당	16 (2.1)	762 (97.9)	778
국정원	53 (27.0)	143 (73.0)	196	어린이집	154 (9.1)	1,541 (90.9)	1,695
지자체	396 (7.4)	4,960 (92.6)	5,356	계	3,695 (12.9)	24,944 (87.1)	28,639
새누리당	772 (39.1)	1,201 (60.9)	1,973				
국민의당	449 (29.6)	1,066 (70.4)	1,515				
더불어민주당	498 (23.3)	1,642 (76.7)	2,140				
국제기구	391 (25.7)	1,131 (74.3)	1,522				
계	10,268 (22.9)	34,617 (77.1)	44,885				

4 -3 보건복지정책 미래신호 탐색

1) 보건복지 관련 키워드의 단어 및 문서 빈도 분석

단어빈도(TF), 문서빈도(DF), 단어의 중요도 지수를 고려한 문서의 빈도(TF-IDF) 분석을 통하여 보건복지 관련 정책과 주요 이슈에 대한 인식 변화를 살펴보았다[표 5-5]. 단어빈도 분석 결과 일자리, 증세, 복지급여, 결혼출산, 건강증진, 세금, 치료 등의 순서로 나타나 정책은 일자리, 복지급여, 결혼출산이 우선이고 주요 이슈는 증세, 세금, 치료가 우선인 것으로 나타났다.

문서빈도는 단어빈도와 비슷한 추이를 보이나 결혼출산이 단어빈도에서는 4위인 반면 문서빈도에서는 6위로 나타났다. 이는 키워드의 중요성을 나타내는 단어빈도에서는 결혼 출산이 중요하나 주제의 확산을 나타내는 문서빈도에서는 다소 떨어지는 결과로, 향후 결혼출산의 확산에 대한 노력이 필요할 것으로 보인다. 중요도 지수를 고려한 단어빈도에 서 정책은 일자리, 복지급여, 결혼출산이 우선이고 주요 이슈는 증세, 치료가 우선인 것 으로 나타났다.

[표 5-5] 온라인 채널의 보건복지 정책, 이슈의 키워드 분석

순위	TF		DF		TF-IDF	
	키워드	빈도	키워드	빈도	키워드	빈도
1	일자리	27845	증세	15557	일자리	23100
2	증세	20736	일자리	15467	복지급여	20292
3	복지급여	20006	건강증진	10592	결혼출산	17732
4	결혼출산	15720	세금	10270	증세	17150
5	건강증진	14691	복지급여	10109	건강증진	14603
6	세금	13050	결혼출산	7780	치료	13235
7	치료	11114	치료	6732	세금	13147
8	보육	5550	보육	3361	건강보험	8653
9	건강보험	5458	건강보험	2714	보육	8283
10	보건산업	4286	무상정책	2178	보건산업	7542
11	국민연금	2892	보건산업	1817	국민연금	5285
12	무상정책	2869	의료비	1589	무상정책	4823
13	의료비	2545	국민연금	1554	의료비	4626
14	기초연금	2433	기초연금	1552	기초연금	4448
15	미래세대육성	2095	개인정보	1514	미래세대육성	4066
16	자살	2003	의료민영화	1506	부동산	3768
17	개인정보	1947	자살	1451	자살	3720
18	의료민영화	1943	미래세대육성	1197	원격의료	3680
19	부동산	1893	담배	1132	개인정보	3580
20	원격의료	1808	부동산	1068	의료민영화	3577
21	담배	1788	등록금	1009	담배	3514
22	등록금	1445	원격의료	963	가족친화	3021
23	가족친화	1436	양극화	892	등록금	2912
24	양극화	1005	가족친화	823	환자안전	2105
25	행복한노후	964	행복한노후	749	양극화	2079
26	환자안전	891	환자안전	453	행복한노후	2067
27	중증질환	696	중증질환	439	중증질환	1654
합계		169,109		104,468		202,662

온라인 채널의 보건복지 정책과 이슈의 키워드 중요도 순위는 일자리, 증세, 복지급여, 결혼출산, 건강증진, 세금, 치료, 보육, 건강보험 등의 순으로 나타났다[그림 5-3]. 키워드의 분기별 순위 변화를 보면 2016년 1/4분기까지 결혼출산이 5위로 중요한 키워드로 나타나다가 2/4분기부터 3위로 상승했다. 건강증진은 1/4분기에는 6위로 중요한 키워드로 나타나다가 2/4분기에는 5위, 3/4분기에는 4위로 상승하여 시간이 갈수록 건강에 대한 관심이 확산되는 것으로 나타났다[표 5-6].

[표 5-6] 온라인 채널의 보건복지 정책, 이슈의 월별 키워드 순위 변화(TF기준)

순위	1/4분기	2/4분기	3/4분기
1	일자리	일자리	일자리
2	증세	복지급여	복지급여
3	복지급여	결혼출산	결혼출산
4	세금	증세	건강증진
5	결혼출산	건강증진	증세
6	건강증진	치료	치료
7	치료	세금	세금
8	건강보험	보육	건강보험
9	보육	건강보험	보육
10	무상정책	보건산업	보건산업
11	보건산업	국민연금	원격의료
12	미래세대육성	의료민영화	담배
13	기초연금	무상정책	의료비
14	의료비	개인정보	자살
15	국민연금	의료비	무상정책
16	개인정보	자살	기초연금
17	부동산	기초연금	부동산
18	자살	부동산	국민연금
19	의료민영화	담배	등록금
20	원격의료	가족친화	미래세대육성
21	등록금	미래세대육성	가족친화
22	담배	등록금	양극화
23	가족친화	원격의료	환자안전
24	중증질환	양극화	개인정보
25	행복한노후	행복한노후	행복한노후
26	양극화	환자안전	의료민영화
27	환자안전	중증질환	중증질환

1~9월	1/4분기	2/4분기	3/4분기

[그림 5-3] 보건복지 정책, 이슈의 월별 키워드 변화

⑥ 보건복지 정책, 이슈의 월별 키워드 변화

```
> setwd("c:/미래신호_2부1장")

> install.packages("wordcloud")

> library(wordcloud)

> key=c('행복한노후', '국민연금', '기초연금', '보육', '결혼출산', '가족친화', '미래세대육성', '의
  료민영화', '무상정책', '건강보험', '원격의료', '중증질환', '환자안전', '보건산업', '복지급여', '건
  강증진', '일자리', '의료비', '자살', '등록금', '세금', '개인정보', '부동산', '양극화', '치료', '담
  배', '증세')

> freq=c(964, 2892, 2433, 5550, 15720, 1436, 2095, 1943, 2869, 5458, 1808, 696, 891, 4286,
  20006, 14691, 27845, 2545 ,2003, 1445, 13050, 1947, 1893, 1005, 11114, 1788, 20736)

> library(RColorBrewer)

> palete=brewer.pal(9, "Set1")

> wordcloud(key,freq,scale=c(3, 0.5), rot.per=.12, min.freq=5, random.order=F, random.
  color=T, colors=palete)

> savePlot("2016정책이슈_TF_전체.png", type="png")
```

2) 보건복지 관련 키워드의 미래신호 탐색

[표 5-7]과 같이 보건복지 관련(정책, 이슈) 키워드에 대한 DoV 증가율과 평균단어빈도를 산출한 결과, 일자리는 높은 빈도를 보이나 DoV 증가율은 중앙값보다 낮게 나타나 시간이 갈수록 신호가 약해지는 것으로 나타났다. 복지급여, 결혼출산, 건강증진의 평균단어빈도는 높으며, DoV 증가율은 중앙값보다 높게 나타나 시간이 갈수록 빠르게 신호가 강해지는 것으로 나타났다.

[표 5-8]과 같이 DoD 증가율과 평균문서빈도를 산출한 결과, 일자리는 DoV 증가율보다 높으나 DoD 증가율의 중앙값과 동일하게 나타나 정부의 일자리 정책의 확산에 대한 노력이 더 필요할 것으로 보인다. 건강증진, 복지급여, 결혼출산의 평균문서빈도는 높게 나타났으며, DoD 증가율은 중앙값보다 높게 나타나 시간이 갈수록 빠르게 신호가 강해지는 것으로 나타났다.

앞에서 제시한 미래신호 탐색절차와 같이 DoV의 평균단어빈도와 DoD의 평균문서빈도를 X축으로 설정하고 DoV와 DoD의 평균증가율을 Y축으로 설정한 후 각 값의 중앙값을 사분면을 나누면, 2사분면에 해당하는 영역의 키워드는 약신호가 되고 1사분면에 해당하는 키워드는 강신호가 된다. 빈도수 측면에서 상위 10위에 DoV는 일자리, 증세, 세금, 복지급여, 결혼출산, 건강증진, 치료, 건강보험, 무상정책, 기초연금 순으로 포함되고, DoV에는 일자리, 증세, 복지급여, 결혼출산, 건강증진, 세금, 치료, 보육, 건강보험, 보건산업 순으로 포함되었다.

DoV 증가율의 중앙값(0.093)보다 높은 증가율을 보이는 키워드는 원격의료, 건강증진, 결혼출산, 담배, 보건산업, 환자안전, 양극화, 가족친화, 복지급여, 행복한노후, 의료민영화, 등록금, 치료로 나타났다. DoD 증가율의 중앙값(0.037)보다 높은 증가율을 보이는 키워드는 원격의료, 건강증진, 담배, 결혼출산, 양극화, 행복한노후, 가족친화, 보건산업, 등록금, 복지급여, 치료, 의료민영화, 건강보험으로 나타났다. 특히 환자안전과 자살의 DoV 증가율은 중앙값보다 높은 반면 DoD 증가율은 중앙값보다 낮게 나타나, 환자안전과 자살(생명존중) 정책을 확산시키기 위한 방안이 필요할 것으로 보인다.

[표 5-7] 보건복지 정책, 이슈의 DoV 평균증가율과 평균단어빈도

키워드	DoV			평균증가율	평균단어빈도
	1/4분기	2/4분기	3/4분기		
일자리	0.147	0.163	0.160	0.047	9282
증세	0.142	0.079	0.116	0.009	6912
복지급여	0.099	0.110	0.129	0.144	6669
결혼출산	0.061	0.087	0.121	0.407	5240
건강증진	0.056	0.079	0.117	0.442	4897
세금	0.093	0.067	0.054	-0.232	4350
치료	0.053	0.074	0.063	0.118	3705
보육	0.027	0.041	0.027	0.086	1850
건강보험	0.028	0.034	0.030	0.052	1819
보건산업	0.018	0.030	0.026	0.274	1429
국민연금	0.016	0.024	0.010	-0.018	964
무상정책	0.020	0.016	0.011	-0.237	956
의료비	0.016	0.014	0.013	-0.107	848
기초연금	0.017	0.012	0.011	-0.193	811
미래세대육성	0.017	0.008	0.008	-0.234	698
자살	0.010	0.013	0.011	0.093	668
개인정보	0.013	0.014	0.006	-0.229	649
의료민영화	0.010	0.019	0.005	0.137	648
부동산	0.010	0.011	0.010	0.007	631
원격의료	0.008	0.007	0.015	0.520	603
담배	0.007	0.010	0.013	0.398	596
등록금	0.007	0.008	0.009	0.131	482
가족친화	0.007	0.010	0.008	0.157	479
양극화	0.004	0.006	0.007	0.245	335
행복한노후	0.005	0.005	0.006	0.143	321
환자안전	0.004	0.004	0.007	0.269	297
중증질환	0.005	0.003	0.003	-0.110	232
중앙값				0.093	811

[표 5-8] 보건복지 정책, 이슈의 DoD 평균증가율과 평균문서빈도

키워드	DoD			평균증가율	평균문서빈도
	1/4분기	2/4분기	3/4분기		
증세	0.168	0.110	0.133	-0.070	5186
일자리	0.133	0.148	0.142	0.037	5156
건강증진	0.058	0.087	0.153	0.630	3531
세금	0.110	0.090	0.074	-0.180	3423
복지급여	0.079	0.095	0.105	0.153	3370
결혼출산	0.048	0.070	0.099	0.435	2593
치료	0.052	0.072	0.063	0.133	2244
보육	0.030	0.036	0.025	-0.055	1120
건강보험	0.021	0.028	0.026	0.112	905
무상정책	0.023	0.020	0.015	-0.203	726
보건산업	0.013	0.020	0.017	0.181	606
의료비	0.016	0.014	0.012	-0.127	530
국민연금	0.014	0.020	0.009	-0.059	518
기초연금	0.020	0.013	0.008	-0.353	517
개인정보	0.018	0.018	0.005	-0.348	505
의료민영화	0.012	0.024	0.006	0.124	502
자살	0.013	0.015	0.012	-0.006	484
미래세대육성	0.017	0.006	0.008	-0.161	399
담배	0.006	0.010	0.016	0.599	377
부동산	0.009	0.011	0.009	0.007	356
등록금	0.008	0.008	0.011	0.176	336
원격의료	0.005	0.005	0.016	1.079	321
양극화	0.006	0.009	0.010	0.303	297
가족친화	0.006	0.009	0.008	0.271	274
행복한노후	0.005	0.007	0.009	0.291	250
환자안전	0.004	0.003	0.004	0.036	151
중증질환	0.005	0.003	0.004	-0.097	146
중앙값				0.037	517

[그림 5-4], [그림 5-5]와 같이 보건복지 관련 주요 키워드 중 일자리와 건강보험은 KEM에서 강하지는 않지만 잘 알려진 신호로 나타난 반면, KIM에서는 강신호로 나타났다.

[표 5-9]와 같이 KEM과 KIM에 공통적으로 나타나는 강신호(1사분면)에는 복지급여, 결혼출산, 건강증진, 치료, 보건산업이 포함되고, 약신호(2사분면)에는 원격의료, 담배, 양극화, 행복한노후, 가족친화, 등록금, 의료민영화가 포함되었다. KIM의 4사분면에만 나타난 강하지는 않지만 잘 알려진 신호는 증세, 세금, 보육, 국민연금, 무상정책, 의료비, 기초연

금이며, KIM의 3사분면에만 나타난 잠재신호는 부동산, 개인정보, 미래세대육성, 중증질환이었다. 특히 약신호인 2사분면에서는 원격의료와 담배가 높은 증가율을 보여 이들 키워드가 시간이 지나면서 강신호로 발전할 수 있기 때문에 이에 대한 대응책을 마련해야 할 것으로 보인다. 그리고 건강증진과 결혼출산은 강신호이면서 높은 증가율을 보여 임신출산을 지원하고 건강한 삶을 보장하기 위한 정책을 지속적으로 개발해야 할 것으로 보인다. 자살은 확산을 나타내는 KIM에서 잠재신호로 나타나 자살예방 정책에 대한 정부의 지속적 지원과 정책 개발이 필요할 것으로 보인다.

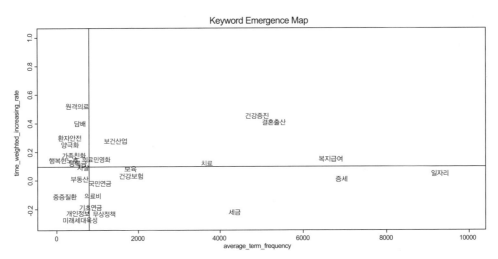

[그림 5-4] 보건복지 관련 키워드 KEM

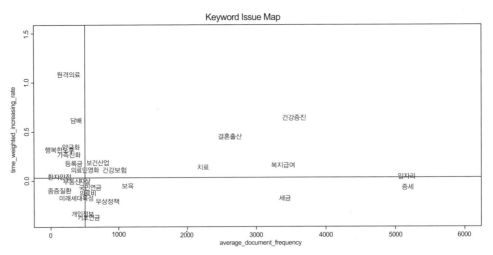

[그림 5-5] 보건복지 관련 키워드 KIM

> rm(list=ls())

> setwd("c:/미래신호_2부1장")

> data_spss=read.table(file="미래정책_DoV.txt", header=T)

> windows(height=5.5, width=5)

> plot(data_spss$tf, data_spss$df, xlim=c(0,10000), ylim=c(-0.3,1.0), pch=18, col=8,xlab='average_term_frequency', ylab='time_weighted_increasing_rate', main='Keyword Emergence Map')

> text(data_spss$tf, data_spss$df, label=data_spss$정책, cex=0.8, col='red')

> abline(h=0.093, v=811, lty=1, col=4, lwd=0.5)

> savePlot('미래정책_DoV', type='png')

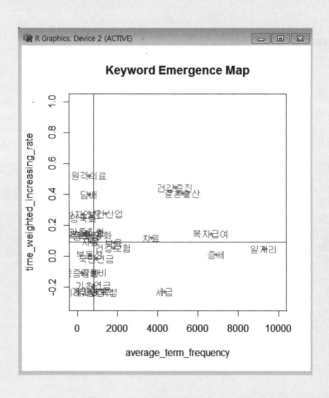

[표 5-9] 보건복지 관련 키워드의 미래신호

구분	잠재신호 (Latent signal)	약신호 (Weak signal)	강신호 (Strong signal)	강하지는 않지만 잘 알려진 신호 (Not strong but well known signal)
KEM	부동산, 개인정보, 미래 세대육성, 중증질환	원격의료, 담배, 환자안 전, 양극화, 가족친화, 자살 행복한노후, 의료 민영화, 등록금	복지급여, 결혼출산, 건강증진, 치료, 보건 산업	일자리, 증세, 세금, 보육, 건강보험, 국민 연금, 의료비, 기초 연금, 무상정책
KIM	환자안전, 부동산, 자살, 중증질환, 미래세대육성, 개인정보	원격의료, 담배, 양극화, 행복한노후, 가족친화, 등록금, 의료민영화	일자리, 건강증진, 복지 급여, 결혼출산, 치료, 건강보험, 보건산업	증세, 세금, 보육, 국민 연금, 무상정책, 의료비, 기초연금
주요 신호	부동산, 개인정보, 미래 세대육성, 중증질환	원격의료, 담배, 양극화, 행복한노후, 가족친화, 등록금, 의료민영화	복지급여, 결혼출산, 건강증진, 치료, 보건 산업	증세, 세금, 보육, 국민 연금, 무상정책, 의료비, 기초연금

4 -4 보건복지정책 미래신호 예측

1) 랜덤포레스트 분석을 통한 주요 보건복지정책 예측

본 연구의 랜덤포레스트를 활용하여 보건복지 태도에 영향을 주는 주요 정책요인은 [그림 5-6]과 같다. 랜덤포레스트의 중요도(IncNodePurity) 그림에서 보건복지 수요(찬성, 반대)에 가장 큰 영향을 미치는(연관성이 높은) 정책은 '복지급여' 정책으로 나타났으며, 그 뒤를 이어 의료민영화, 건강증진, 보건산업, 일자리, 건강보험, 보육, 기초연금, 원격의료, 가족친화, 결혼출산 정책 등의 순으로 나타났다.

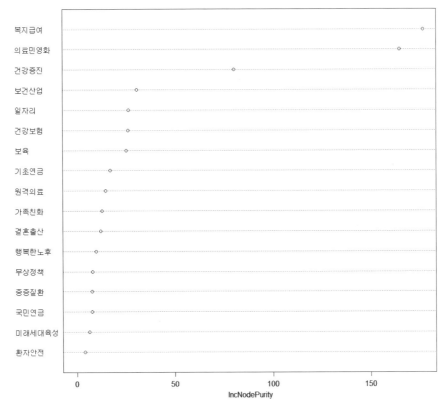

[그림 5-6] 랜덤포레스트 모델의 보건복지 주요 정책의 중요도

(8) **랜덤포레스트 모델의 보건복지 주요 정책의 중요도**

```
> install.packages("randomForest")
> library(randomForest)
> tdata = read.table('c:/미래신호_2부1장/보건복지_random_정책.txt', header=T)
> tdata.rf = randomForest(Attitude~., data=tdata, forest=FALSE, importance=TRUE)
> varImpPlot(tdata.rf, main='Random forest importance plot')
```

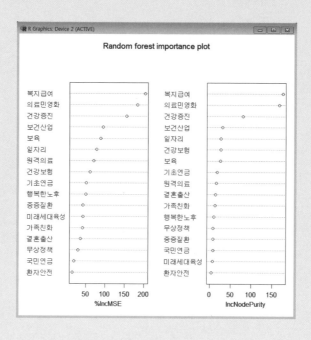

Random forest importance plot

　　랜덤포레스트의 중요도로 나타난 정책요인들이 보건복지 수요에 미치는 영향을 로지
스틱 회귀분석을 통하여 살펴본 결과, 기초연금, 의료민영화, 가족친화 정책은 찬성보다
반대 감정의 확률이 높았다. 반면 행복한노후, 보육, 결혼출산, 미래세대육성, 건강보험,
원격의료, 환자안전, 보건산업, 복지급여, 건강증진, 일자리 정책은 반대보다 찬성 감정
의 확률이 높게 나타났다[표 5-10].

[표 5-10] 보건복지 수요에 영향을 주는 주요 정책요인

방정식의 변수

		B	S.E.	Wald	자유도	유의확률	Exp(B)	EXP(B)에 대한 95% 신뢰구간 하한	상한
1 단계ª	행복한노후	1.315	.193	46.370	1	.000	3.725	2.551	5.439
	국민연금	-.074	.109	.457	1	.499	.929	.750	1.150
	기초연금	-.724	.083	75.261	1	.000	.485	.412	.571
	보육	.660	.070	87.606	1	.000	1.934	1.685	2.221
	결혼출산	.183	.042	19.092	1	.000	1.201	1.106	1.303
	가족친화	-.493	.115	18.208	1	.000	.611	.487	.766
	미래세대육성	1.108	.190	33.901	1	.000	3.029	2.086	4.399
	의료민영화	-2.060	.076	739.643	1	.000	.127	.110	.148
	무상정책	.119	.094	1.619	1	.203	1.127	.938	1.354
	건강보험	.448	.076	35.076	1	.000	1.566	1.350	1.816
	원격의료	1.165	.152	58.366	1	.000	3.206	2.377	4.322
	중증질환	.080	.181	.196	1	.658	1.083	.760	1.544
	환자안전	.483	.185	6.820	1	.009	1.622	1.128	2.331
	보건산업	1.144	.108	111.550	1	.000	3.139	2.538	3.881
	복지급여	1.466	.054	737.522	1	.000	4.332	3.897	4.815
	건강증진	.868	.047	341.979	1	.000	2.383	2.173	2.612
	일자리	.229	.030	57.879	1	.000	1.258	1.186	1.335
	상수항	1.187	.007	28166.042	1	.000	3.278		

a. 기준범주(Attitude) : 반대(0)

9 보건복지 수요에 영향을 주는 주요 정책요인

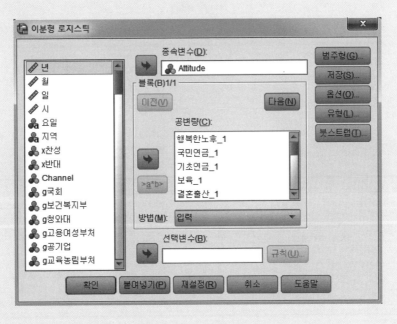

2) 의사결정나무분석을 통한 보건복지정책 수요예측

보건복지정책 수요예측 모형에 대한 의사결정나무는 [그림 5-7]과 같다. 나무구조의 최상위에 있는 뿌리나무는 예측변수(독립변수)가 투입되지 않은 종속변수의 빈도를 나타낸다. 뿌리마디에 나타난 보건복지에 대한 감정 비율은 찬성이 78.4%, 반대가 21.6%이다.

뿌리마디 하단의 가장 상위에 위치하는 정책요인이 종속변수에 영향력이 가장 높은 요인(관련성이 깊은)으로, '복지급여' 정책의 영향력이 가장 크게 나타났다. 즉 온라인 문서에 '복지급여' 정책이 있는 경우 찬성은 이전의 78.4%에서 94.6%로 증가하였다. '복지급여' 정책이 있고 '중증질환' 정책이 있고 '건강보험' 정책이 있는 경우, 찬성은 뿌리마디의 78.4%에서 95.2%로 증가하였다.

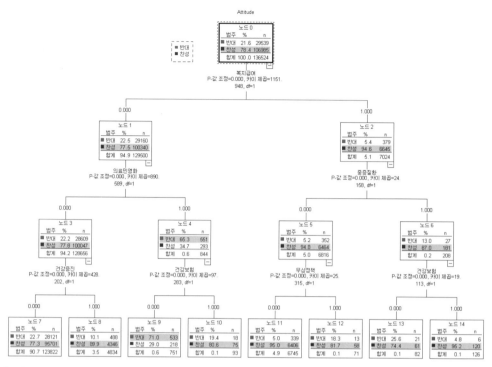

[그림 5-7] 보건복지정책 수요예측의 의사결정나무 모형

⑩ 보건복지정책 수요예측의 의사결정나무 모형

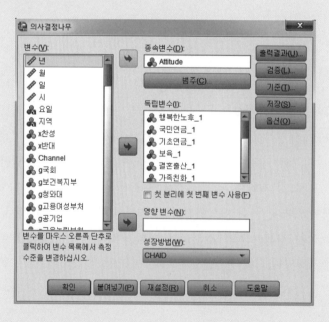

3) 연관분석을 통한 정책요인 예측

소셜 빅데이터 분석에서 연관분석은 하나의 온라인 문서에 포함된 둘 이상의 단어에 대한 상호관련성을 발견하는 것이다. 본 연구에서는 [표 5-11]과 같이 하나의 문서에 나타난 정책요인 수요(찬성, 반대)에 대한 연관규칙을 분석하였다.

{의료민영화}=>{반대} 두 변인의 연관성은 지지도 0.02, 신뢰도는 0.644, 향상도는 4.248로 나타났다. 이는 온라인 문서에서 '의료민영화' 정책이 언급되면 반대할 확률이 64.4%이며, 의료민영화 정책이 언급되지 않은 문서보다 반대할 확률이 약 4.25배 높아지는 것을 나타낸다. {보육, 건강증진}=>{찬성} 세 변인의 향상도는 1.17로, 온라인 문서에서 보육과 건강증진 정책이 언급되지 않은 문서보다 찬성할 확률이 1.17배 높은 것으로 나타났다.

로지스틱 회귀분석에서 찬성보다 반대의 확률이 높았던 기초연금 정책은 연관분석에서 '{기초연금, 복지급여}=>{찬성}, {기초연금, 일자리}=>{찬성}'으로 나타나 기초연금과 능동적 복지를 위한 노인의 일자리 창출에 대한 국민의 요구가 높은 것으로 나타났다. 또한 반대보다 찬성의 확률이 높았던 결혼출산 정책은 연관분석에서 '{결혼출산, 복지급여}=>{찬성}, {결혼출산, 복지급여, 일자리}=>{찬성}'으로 나타나 저출산 정책에서 '일과 가정의 양립' 정책의 지속적 추진이 필요할 것으로 보인다.

[표 5-11] 보건복지 주요 정책의 연관규칙

	lhs	rhs	support	confidence	lift
[1]	{의료민영화}	=> {반대}	0.01991689	0.6442642	4.2478222
[2]	{보육,건강증진}	=> {찬성}	0.01020920	0.9930314	1.1705710
[3]	{보건산업,일자리}	=> {찬성}	0.01174953	0.9732938	1.1473047
[4]	{복지급여,건강증진}	=> {찬성}	0.03137985	0.9722531	1.1460779
[5]	{건강보험,복지급여,일자리}	=> {찬성}	0.01210775	0.9712644	1.1449124
[6]	{결혼출산,복지급여}	=> {찬성}	0.02281846	0.9666161	1.1394331
[7]	{건강보험,복지급여}	=> {찬성}	0.02213784	0.9656250	1.1382648
[8]	{복지급여,건강증진,일자리}	=> {찬성}	0.01203611	0.9655172	1.1381378
[9]	{복지급여,일자리}	=> {찬성}	0.05853274	0.9623086	1.1343555
[10]	{결혼출산,건강보험}	=> {찬성}	0.01540335	0.9598214	1.1314237
[11]	{행복한노후}	=> {찬성}	0.02392893	0.9583931	1.1297400
[12]	{결혼출산,복지급여,일자리}	=> {찬성}	0.01203611	0.9572650	1.1284101
[13]	{보육,복지급여,일자리}	=> {찬성}	0.01131967	0.9546828	1.1253663
[14]	{건강증진,일자리}	=> {찬성}	0.03077088	0.9544444	1.1250853
[15]	{건강보험,건강증진}	=> {찬성}	0.01522424	0.9507830	1.1207693
[16]	{보육,복지급여}	=> {찬성}	0.02049004	0.9485904	1.1181847
[17]	{보육,건강보험}	=> {찬성}	0.01056742	0.9485531	1.1181407
[18]	{미래세대육성}	=> {찬성}	0.01905717	0.9466192	1.1158611
[19]	{복지급여}	=> {찬성}	0.23803554	0.9460421	1.1151808
[20]	{결혼출산,건강증진}	=> {찬성}	0.02414386	0.9453015	1.1143078
[21]	{건강보험,일자리}	=> {찬성}	0.02371400	0.9416785	1.1100371
[22]	{보육,일자리}	=> {찬성}	0.02031093	0.9356436	1.1029231
[23]	{보건산업}	=> {찬성}	0.04936237	0.9355058	1.1027607
[24]	{원격의료}	=> {찬성}	0.02199456	0.9246988	1.0900216
[25]	{기초연금,복지급여}	=> {찬성}	0.01275254	0.9246753	1.0899939
[26]	{국민연금,건강보험}	=> {찬성}	0.01146296	0.9169054	1.0808349
[27]	{결혼출산,일자리}	=> {찬성}	0.03141568	0.9135417	1.0768697
[28]	{건강증진}	=> {찬성}	0.18831494	0.9087295	1.0711972
[29]	{국민연금,일자리}	=> {찬성}	0.01339733	0.9077670	1.0700626
[30]	{중증질환}	=> {찬성}	0.01325405	0.9068627	1.0689967
[31]	{보육}	=> {찬성}	0.07794813	0.9014085	1.0625673
[32]	{보육,결혼출산}	=> {찬성}	0.01762430	0.9010989	1.0622024
[33]	{건강보험}	=> {찬성}	0.06920762	0.8890934	1.0480505
[34]	{기초연금,일자리}	=> {찬성}	0.01314658	0.8758950	1.0324924
[35]	{국민연금}	=> {찬성}	0.02582748	0.8603139	1.0142057
[36]	{}	=> {찬성}	0.84833071	0.8483307	1.0000000
[37]	{일자리}	=> {찬성}	0.28474710	0.8433008	0.9940767
[38]	{결혼출산}	=> {찬성}	0.14389597	0.8431990	0.9939508
[39]	{무상정책}	=> {찬성}	0.02349907	0.8159204	0.9617952
[40]	{가족친화}	=> {찬성}	0.01368391	0.7780041	0.9171000
[41]	{기초연금}	=> {찬성}	0.02797679	0.7740337	0.9124198

11 보건복지 주요 정책의 연관규칙

```
> asso=read.table('c:/미래신호_2부1장/보건복지_association_정책.txt', header=T)

> install.packages("arules")

> library(arules)

> trans=as.matrix(asso, "Transaction")

> rules1=apriori(trans, parameter=list(supp=0.01, conf=0.5), appearance=list(rhs=c("찬성", "반
  대"), default="lhs"), control=list(verbose=F))

> inspect(sort(rules1))

> summary(rules1)

> rules.sorted=sort(rules1, by="confidence")

> inspect(rules.sorted)

> rules.sorted=sort(rules1, by="lift")

> inspect(rules.sorted)
```

　보건복지 정책과 이슈의 연관규칙에 대한 SNA 결과 [그림 5-8]과 같이 일자리에는 결혼
출산, 보육, 복지급여, 건강보험 등이 상호 연결되어 있고, 복지급여에는 보육, 일자리, 결
혼출산, 의료비 등이 상호 연결되어 있었다. 그리고 {보육, 건강보험}에는 일자리, 결혼출
산, 복지급여 등이 상호 연결되어 있는 것으로 나타났다.

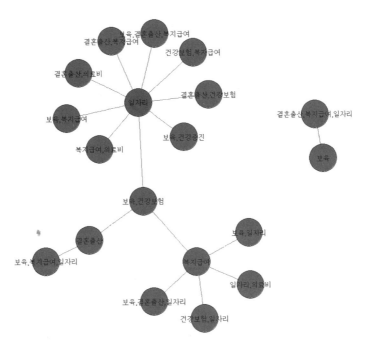

[그림 5-8] 보건복지 정책/이슈 연관규칙의 SNA

12 보건복지 정책/이슈 연관규칙의 SNA

> asso=read.table('c:/미래신호_2부1장/보건복지_association_정책이슈.txt', header=T)

> install.packages("arules")

> library(arules)

> trans=as.matrix(asso, "Transaction")

> rules1=apriori(trans, parameter=list(supp=0.002, conf=0.45, target="rules"))

> inspect(sort(rules1))

> summary(rules1)

> rules.sorted=sort(rules1, by="confidence")

> inspect(rules.sorted)

> rules.sorted=sort(rules1, by="lift")

```
> inspect(rules.sorted)

> install.packages("dplyr")

> library(dplyr)

> install.packages("igraph")

> library(igraph)

> rules = labels(rules1, ruleSep="/", setStart="", setEnd="")

> rules = sapply(rules, strsplit, "/", USE.NAMES=F)

> rules = Filter(function(x){!any(x == "")}, rules)

> rulemat = do.call("rbind", rules)

> rulequality = quality(rules1)

> ruleg = graph.edgelist(rulemat, directed=F)

> ruleg = graph.edgelist(rulemat[-c(1:16),], directed=F)

> plot.igraph(ruleg, vertex.label=V(ruleg)$name, vertex.label.cex=1, vertex.size=20,
  layout=layout.fruchterman.reingold.grid)

> savePlot("보건복지정책_키워드연관.png", type="png")
```

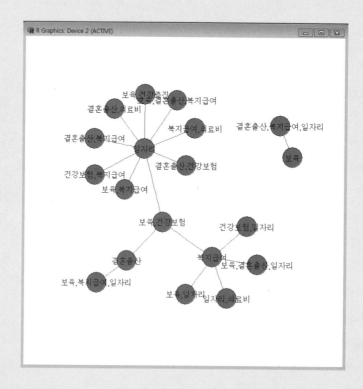

5 결론 및 제언

본 연구는 우리나라에서 수집 가능한 모든 온라인 채널에서 언급된 보건복지 관련 문서를 수집하여 보건복지와 관련하여 나타나는 주요 정책과 이슈에 대한 미래신호를 탐지하여 예측모형을 제시하고자 하였다. 본 연구의 분석을 위하여 126개의 온라인 채널을 통해 수집된 온라인 문서를 대상으로 자연어처리 기술을 이용하여 텍스트마이닝과 감성분석을 실시하였다. 보건복지 미래신호를 탐색하기 위해 단어빈도, 문서빈도, TF-IDF를 분석하고, 키워드의 중요도와 확산도를 분석하여 미래신호를 탐색하였다. 그리고 머신러닝 분석기술을 이용하여 탐색된 미래신호를 중심으로 보건복지정책의 미래신호를 예측하고 미래신호 간 연관관계를 파악하였다.

본 연구의 보건복지 정책과 이슈에 대한 미래신호 예측 결과를 살펴보면 다음과 같다.

첫째, 주제분석과 감성분석을 통해 2016년 보건복지 수요를 예측한 결과 찬성 감정을 가진 문서는 78.4%, 반대 감정을 가진 문서는 21.6%로 나타났다. 이는 2015년 보건복지정책 수요조사 분석(Ministry of Health and Welfare, Korea Institude for Health and Social Affairs, 2015)에서 일반 국민의 전반적인 의료만족도가 만족(72.7%), 불만족(27.3%)으로 나타난 것과 비슷한 추이였다. 따라서 본 연구의 첫 번째 연구목적인 주제분석과 감성분석을 통한 수요분석에 대한 타당성을 어느 정도 입증한 것으로 보인다.

둘째, 본 연구의 보건복지 정책과 이슈의 미래신호 분석에서 복지급여, 결혼출산, 건강증진, 치료, 보건산업이 강신호로 분류되었다. 이는 2015년 보건복지정책 수요조사 분석에서 보건복지정책의 우선순위가 의료비 부담 낮추기, 국민기초생활보장제도 개편, 안전한 보건의료체계 구축, 노인들을 위한 소득보장 강화, 맞춤형 보육서비스 제공, 보건산업 육성, 노인을 위한 건강증진 등의 순으로 나타난 것과 비슷한 추이를 보인 것이다. 특히, 건강증진과 결혼출산은 강신호이면서 높은 증가율을 보여 국민의 건강한 삶 보장과 결혼출산 정책에 대한 지속적인 추진이 필요할 것으로 보인다.

셋째, 원격의료, 담배, 양극화, 행복한노후, 가족친화, 등록금, 의료민영화는 약신호로 분류되었다. 특히 약신호인 원격의료와 담배는 높은 증가율을 보였는데, 이들 키워드는 시간이 지나면서 강신호로 발전할 수 있기 때문에 대응책을 마련해야 할 것으로 보인다. 자살은 문서의 확산도를 나타내는 KIM에서 잠재신호로 나타나 자살예방 정책에 대한 정부의 지속적인 지원과 정책 개발이 필요할 것으로 보인다.

넷째, 보건복지정책의 미래신호 예측에서 중요한 정책이면서 찬성하는 정책은 행복한 노후, 보육, 결혼출산, 미래세대육성, 건강보험, 원격의료, 환자안전, 보건산업, 복지급여, 건강증진, 일자리 정책 등으로 나타났다. 이는 2015년 보건복지정책 수요조사 분석(Ministry of Health and Welfare, Korea Institude for Health and Social Affairs, 2015)에서 2016년 복지분야 중점 정책에 대해 조사한 결과 일자리 창출을 통한 탈빈곤 정책이 가장 높은 응답비율을 보여 일자리 창출에 대한 신호가 중요한 것으로 나타났다. 특히 {결혼출산, 복지급여}와 {일자리}가 동시에 언급된 문서의 찬성이 높은 것으로 나타나 저출산 정책에서 '일과 가정의 양립' 정책에 대한 국민의 긍정적 평가와 함께 능동적 복지체계 구축을 통한 일자리 창출이 필요할 것으로 보인다.

다섯째, 로지스틱 회귀분석에서 {기초연금} 정책은 찬성보다 반대의 확률이 높은 것으로 나타났으나 연관분석에서 {기초연금, 복지급여, 일자리} 정책이 동시에 언급된 문서는 찬성하는 것으로 나타나 노인의 능동적 자활과 근로를 통한 복지체계 구축에 대한 국민의 요구가 높은 것으로 보인다.

여섯째, 정책과 이슈의 연관규칙에 대한 SNA에서 대부분의 정책이 일자리와 복지급여 정책에 상호 연결되어 있는 것으로 나타났다. 그러므로 보건복지 정책과 이슈에 대응하기 위해서는 일자리와 복지급여를 상호 연동할 수 있는 다양한 정책을 개발해야 할 것으로 보인다.

일곱째, 의사결정나무분석 결과에서는 '복지급여' 정책이 있고, '중증질환' 정책이 있고, '건강보험' 정책이 있는 경우 찬성이 증가(78.4%→95.2%)하는 것으로 나타났다. 이는 건강보험 혜택 확대로 4대중증질환의 보장성이 강화되고 국민의 의료비 부담이 줄게 되어 정부 정책이 좋은 평가를 받은 것으로 보인다.

위의 연구결과를 바탕으로 정책을 제언하면 다음과 같다.

첫째, 생애주기별 맞춤형 복지정책을 위해 분야별, 대상자별로 다양한 보건복지 욕구를 적시에 파악하여 이들의 욕구를 충족시킬 수 있어야 한다. 한편 바이오헬스 산업의 육성을 위해서는 이해집단과의 갈등을 최소화하기 위한 노력이 필요하다.

둘째, 보건복지정책 수행 과정 중 발생할 수 있는 문제점이나 한계점을 파악하여 적절한 대책을 마련할 수 있는 대응체계를 구축해야 한다.

셋째, 보건복지정책의 효과적인 수행을 위해 정책의 수요예측 및 동향파악을 위한 적시

대응 체계를 구축해야 한다.

본 연구의 제한점은 다음과 같다.

첫째, 본 연구는 2016년 1월 1일부터 2016년 9월 30일까지 9개월간 제한된 소셜 빅데이터를 수집·분석하였기 때문에 보건복지정책의 미래신호 예측에 한계가 있을 수 있다. 따라서 실질적인 보건복지 정책과 이슈의 미래신호를 예측하기 위해서는 연도별 시계열 자료를 수집하여 분석한 후 결과를 도출해야 할 것이다.

둘째, 본 연구는 개개인의 특성을 가지고 분석한 것이 아니고 그 구성원에 속한 전체 집단의 자료를 대상으로 분석하였기 때문에 이를 개인에게 적용할 경우 생태학적 오류(ecological fallacy)가 발생할 수 있다. 또한 본 연구에서 정의한 보건복지 관련 요인은 문서 내에서 발생한 단어의 빈도로 정의하였기 때문에 기존 조사 등을 통한 이론적 모형에서의 의미와 다를 수 있다.

참고문헌

1. Ministry of Health and Welfare, Korea Institude for Health and Social Affairs. 2015 Health and Welfare Policy Demand Survey and Analysis.

2. www.kosis.kr

3. Song TM, Song J, An JY, Hayman LL & Woo JM. (2014). Psychological and social factors affecting internet searches on suicide in Korea: A big data analysis of google search trends. *Yonsei Med Journal*, 55(1), 254–263.

4. Ministry of Education, Ministry of Labor, Health and Welfare & Women and Family Affairs. 2016 National Happiness sector work plan. Press 2016. (Korean)

5. Song TM, Song J. (2016). *Social Big Data Research Methodology with R*. Hannarae Academy. (Korean)

6. Song TM, Song J. (2015). *Cracking the Big Data Analysis*. Hannarae Academy. (Korean)

6장

ICT 미래신호 예측[1]

1 서론

정보통신기술(Information and Communication Technology, ICT)은 컴퓨터를 이용한 정보처리기술(Information Technology)과 정보를 전달하는 통신기술(Communication Technology)을 결합한 용어다. 정보통신기술은 정보의 형태에 따라서 데이터 통신, 음성 통신, 이미지 통신, 영상 통신 등으로 분류할 수 있으며 최근에는 주로 복합된 여러 매체를 동시에 전달하는 멀티미디어 통신을 뜻한다.

이러한 ICT는 방송, 금융, 자동차, 의료, 물류 등의 서비스 분야와 기존의 나노기술, 생명공학기술, 문화기술, 환경공학기술, 우주과학기술과 같은 여러 기술 분야와의 융합을 통해 새로운 서비스와 가치를 창출하고 있다. 다양한 분야에서 ICT의 융합을 시도하기 위해서는 이 기술의 미래신호를 탐색하고 수요를 예측할 수 있는 모형이 개발되어야 한다.

본 연구는 우리나라에서 수집 가능한 모든 온라인 채널에서 언급된 ICT 관련 문서를 수집하여 주제분석(text mining)과 감성분석(opinion mining)를 통하여 ICT 주요 기술을 분류하고, ICT와 관련하여 나타나는 주요 기술에 대한 미래신호를 탐지하여 예측모형을 제시하고자 한다.

---

1 본 연구의 일부 내용은 '한국보건사회연구원(2016). 정보통신기술(ICT)과 보건의료서비스 융합 활성화를 위한 정책과제' 연구에 수록된 것임을 밝힌다.

2 연구 방법

2 −1 연구대상

본 연구는 국내의 온라인 뉴스 사이트, 블로그, 카페, 소셜 네트워크 서비스, 게시판 등 인터넷을 통해 수집된 소셜 빅데이터를 대상으로 하였다. 본 분석에서는 149개의 온라인 뉴스사이트, 3개의 블로그(네이버, 다음, 티스토리), 3개의 카페(네이버, 다음, 뽐뿌), 1개의 SNS(트위터), 15개의 게시판(네이버지식인, 네이트지식, 네이트톡, 네이트판, 다음아고라 등) 등 총 171개의 온라인 채널을 통해 수집 가능한 텍스트 기반의 웹문서(버즈)를 소셜 빅데이터로 정의하였다.

ICT 관련 토픽의 수집은 2013년 1월 1일부터 2016년 5월 31일까지 해당 채널에서 요일별, 주말, 휴일을 고려하지 않고 매 시간단위로 이루어졌다. 수집된 총 25만 7,515건(2013년: 8만 건, 2014년: 7만 3,150건, 2015년: 7만 3,239건, 2016년: 3만 1,126건)의 텍스트(text) 문서를 본 연구의 분석에 포함시켰다. 본 연구를 위한 소셜 빅데이터의 수집에는 크롤러(crawler)를 사용하고, 토픽 분류에는 주제분석 기법을 사용하였다. ICT 토픽은 모든 관련 문서를 수집하기 위해 'ICT'와 '정보통신기술' 등을 사용하고, 수집기간에 ICT와 관련 없는 용어인 'IT기자스쿨, ICTIO, 유플러스ICT' 등은 불용어(stop-word)로 사용하였다.

1 연구대상 수집하기

- 본 연구대상인 'ICT 관련 소셜 빅데이터 수집'은 SKT에서 수행하였다.
- ICT 수집 키워드
  - ICT 토픽은 수집 로봇(웹크롤)으로 해당 토픽을 수집한 후 유목화(범주화)하는 보텀업(bottom-up) 방식을 사용하였다.

수집기술	데이터처리기술	분석기술	활용기술	기타기술	특성	업무영역	기반	산업	수용/적용	공급자	기술(긍정)	기술(부정)
CLOUD	appliance	AI	3DImagingExperience	3D	combination	IT	GPS	FTA	결정	공급	ESP	cyberwar
Crawler	BigQuery	Algorithm	ArtificialIntelligence	3D프린팅	Reality	IT전문	개인정보	ICT산업	계획	구축	객관성	DDoS
X86	Cassandra	AR	BaaS	3G	scale	고객관리	경도	IT벤더	고려	구현	경쟁력강화	개인정보유출
디스크	DataIntensiveComputing	DataWarehouse	BI	4G	Trend	공급관리	공공시설	KICT	강조	사례	경제성장	경제적부담
서버	DDS	DW	Chipset	5G	Value	공정관리	관리	KPOP	강화	소개	경제혁신	경제제재
수집기	Dremel	EDW	DaaS	apache	Variety	마케팅	교통량	개성공단	도입	운영	경제협력	네트워오류
수집서버	Hadoop	Mahout	DataAnalysis	architecture	Velocity	물류관리	기가망신	게임	선정	전망	극대화	데이터변조
크롤러	Hbase	mining	IaaS	BcN	Volume	생산	기술	경제	수용	제공	급등	데이터손실
ETL	HDFS	Pregel	PaaS	BigData	가속화	연구개발	기지국	공공	이용	출시	급증	데이터위험
	IBM	R	Platform	Bluetooth	결합성	영업	꽃가루	관광	활용	형성	데이터화	도용
	INMEMORY	semantic	SaaS	Buzzword	고용량	의사결정	날씨	교역		준비	맞춤형서비스	디지털치매
	inmemory	textmining	VR	CoAP	규모	인사	대기정보	교통		진출	맞춤제어기술	명예훼손
	MassiveDataAnaytics	기계학습	객체정형화	EnOcean	다양성	일반관리	도로정보	구매		진행	무인화	문화적역기능
	MDA	네트워분석	디스커버리	Ethernet	대규모	재무	미세먼지	금융		참여	부각	바이러스
	MR	데이터에어우징	상황인식	html5	대량	전략기획	보안	농업		육성	상호연동	바이러스감염
	NoSQL	머신러닝	상황인지	ICT	맞춤형	전신	비용	디스플레이			상호연동	바이러스유포
	Percolator	알고리즘	센싱	ICT기술	방대	전자상거래	사이버	디자인			속보성	벽적적역기능
	storm	알고리즘	소셜모니터링	IoT	비정형	전산	서버	로봇			신산업창조	법제도화
	검색	영상인식	소셜분석	ISM	상호화	통계	서비스	바이오			신성장	보어스피싱
	스케일아웃	음성인식	IT기술	IT시스템	속도	회계	스토리지	보건			인프라구축	부정사용
	스톰	인공지능	오픈플랫폼	java	스케일		습도	보건공단			일자리창출	불건전정보
	시계열데이터	텍스트마이닝	원격의료	LTE	스트리밍		시스템	보건복지			자동접속	불건전정보유통
	아파치스톰	트래픽패턴	웨어러블	LTEM	시계열성		엘리베이터	보건사회			자동화	불법
	아파치스파크	ANALYTICS	위치확인	LTEM	실시간		오프라인	보건산업			절감	불법복제
	인덱싱	BigDataAppliance	인포그래픽스	M2M	오픈소스		온도	보건위생			정보보호	사면내침해
	인메모리	NDAP	증강현실	MCU	정보성		위도	보건의료			정확성	사생활침해
	인포스피어스트림	NetMetrica	플랫폼	MeshBluetooth	정형		유해가스	보험			증가	사이버war
	정보처리	데이터마이닝		MQTT	제타바이트		인력	복지			증대	사이버명명
	정보통신	시맨틱		nas	준실시간		인프라	비즈니스			차별화	사이버모욕
	정보통신기술	온톨로지		OFDM	처리속도		자원섭	사회복지			초감각적지각	사이버모욕
	클라우드데이터플로우			PLC	크기		전략	산업			확산	사이버범죄
	무리에변형			RPMA	현실성		전문가	선거				사이버성폭력
	필터링			san			정보화	영화				사이버워
	IN-MEMORY			SAR			정책	의료				사이버테러

2 −2 연구도구

ICT와 관련하여 수집된 버즈는 주제분석과 요인분석(factor analysis) 과정을 거쳐 다음과 같이 정형화 데이터로 코드화하여 사용하였다. 범주화된 대상 키워드는 ICT에 대한 주제 영역 분석을 위하여 기초어(seed word)를 지정하고 사전 구축을 진행해야 한다(김정선 외, 2014).[2] 본 연구에 사용된 ICT 관련 기술의 분류는 이론적 배경하에 분석된 기술용어를 참조하고, ICT 수용요인의 태도에 대한 분류는 유재현과 박철(2010)[3]의 연구에서 정리된 기술수용모델 외생변인의 키워드들을 참조하여 지정하였다(김정선 외, 2014에서 재인용). 그리고 산업, 업무 영역과 관련한 사전은 통계청의 분류기준을 참조하여 범주화하였다.

---

2 김정선·권은주·송태민(2014). 분석지의 확장을 위한 소셜 빅데이터 활용연구 – 국내 '빅데이터'의 수요공급 예측. 지식경영연구, 15(3), pp. 173-192.

3 유재현·박철(2010). 기술수용모델(Technology Acceptance Model) 연구에 대한 종합적 고찰. LG CNS 엔트루 정보기술연구소, 정보기술 엔트루지, 제9권, 제2호, pp. 31-50.

(1) ICT 관련 수요자 공급자 정의

본 연구의 종속변수인 수요자와 공급자에 대한 정의는 다음과 같다. 주제분석에서 분류된 수요자의 태도(결정, 계획, 고려, 도입, 선정, 수용, 이용, 필요, 활용)는 수요자로 정의하고, 공급자의 태도(공급, 구축, 구현, 사례, 소개, 운영, 전망, 제공, 출시, 형성, 준비, 진행, 참여, 육성)는 공급자로 정의하였다. 그리고 수요자 태도와 공급자 태도가 동일할 경우 수요공급자로 정의하였다.

(2) ICT 관련 기술 분류

ICT 관련 기술은 수집기술, 저장기술, 처리기술, 분석기술, 활용기술, 통신기술, 기반기술로 정의하였다.

수집기술은 'Crawler, 수집기, 수집서버, 크롤러, ETL, Cassandra, 센싱, 오픈센서, san'으로 정의하였다. 저장기술은 'CLOUD, 디스크, 서버, NoSQL, 데이터베이스, 데이터웨어하우스, 데이터웨어하우징, DDS, DW, EDW, 클라우드, 클라우드컴퓨팅, 스토리지, 클라우드데이터플로우, DataWarehouse, nas'로 정의하였다.

처리기술은 'appliance, BigQuery, DataIntensive, Computing, Dremel, Hadoop, Hbase, HDFS, INMEMORY, inmenory, MassiveDataAnaytics, 인덱싱, 인메모리, 검색, 스케일아웃, 스톰, 아파치스톰, 맵리듀스, MapReduce, 하둡, 푸리에변형, 필터링, storm, 3D, 어플라이언스, 3D프린팅, 가상화, Percolator, 인포스피어스트림, MPP, BigDataAppliance, 모바일컴퓨팅'으로 정의하였다.

분석기술은 '머신러닝, 알고리듬, 알고리즘, 영상인식, 음성인식, 인공지능, 텍스트마이닝, 트래픽패턴, ANALYTICS, AI, Algorithm, 데이터마이닝, AR, 온톨로지, 시맨틱, 마이닝, textmining, 기계학습, 증강현실, 패턴인식, semantic, R, Mahout, mining, Pregel, 아파치스파크, ArtificialIntelligence'로 정의하였다.

활용기술은 '상황인식, 상황인지, 오픈플랫폼, 원격의료, 웨어러블, 위치확인, 인포그래픽스, 플랫폼, IaaS, PaaS, Platform, SaaS, 소셜모니터링, 소셜분석, BI, VR, 객체정형화, IaaS, PaaS, 사물인터넷, 웹서비스, BaaS, DaaS, DataAnalysis, IoT, NDAP, NetMetrica, MDA'로 정의하였다.

통신기술은 'Bluetooth, 근거리통신, 네트워크, 라이파이, 무선, 블루투스, 시리얼통신, 시그폭스, 와이파이, 위성통신, 유저인터페이스, 이동통신, 지오펜스, 3G, 4G, 5G, vm웨어, WiFi, WPAN, XMPP, ZigBee, Zwave, 로라, EnOcean, Ethernet, ISM, LTE, LTEM,

M2M, MCU, MeshBluetooth, MQTT, BcN, CoAP, html5, Thread, OFDM, PLC, RPMA, SAR, TVWhiteSpace, vdi, 포인트투포인트, UserInterface, 사용자인터페이스'로 정의하였다.

기타기술은 'apache, BigData, java, 빅데이터, 아파치, 자바, X86'으로 정의하였다. 정의된 모든 기술은 해당 기술이 있는 경우는 '1', 없는 경우는 '0'으로 코드화하였다.

(3) ICT 관련 산업

ICT 관련 산업은 '게임, 금융보험, 경제, 관광, 농업, 선거정치, 영화, 자동차보험, 통신, 제조, 패션의류, IT산업, 보건의료, 정부공공'의 14개로 해당 산업이 있는 경우는 '1', 없는 경우는 '0'으로 코드화하였다.

(4) ICT 관련 기반

ICT 관련 기반은 '프라이버시(개인정보, 보안), 분석전문가(인력, 전문가), 정책전략(관리, 정책, 전략), 기반구축(기술, 서버, 컴퓨팅, 스토리지, 인프라, 시스템), 비용, 서비스, 콘텐츠, 품질, 교통환경, 기후, 위치정보'의 11개로 해당 기반이 있는 경우는 '1', 없는 경우는 '0'으로 코드화하였다.

(5) ICT 관련 업무

ICT 관련 업무는 '고객관리(고객관리, 마케팅, 영업), 생산관리(생산, 공급관리, 공정관리, 물류관리), 인사재무(인사, 재무, 전략기획, 회계), 연구개발, 의사결정, 컨설팅, 통계, IT'의 8개로 해당 업무가 있는 경우는 '1', 없는 경우는 '0'으로 코드화하였다.

(6) ICT 관련 특성

ICT 관련 특성은 주제분석 과정을 거쳐 '가치, 다양성, 속도, 규모, 오픈, Reality, 결합성, 전문성'의 8개로 해당 특성이 있는 경우는 '1', 없는 경우는 '0'으로 코드화하였다.

(7) ICT 관련 순기능

ICT 관련 순기능은 주제분석과 요인분석 과정을 거쳐 '증가, 차별화, 맞춤형, 경쟁력, 경제성장, 정확성, 자동화, 신산업, 정보보호, 상호연동'의 10개로 해당 순기능 요인이 있는 경우는 '1', 없는 경우는 '0'으로 코드화하였다.

(8) ICT 관련 역기능

ICT 관련 역기능은 주제분석 과정을 거쳐 'Ddos, 개인정보유출, 경제적부담, 경제제재, 데이터변조, 데이터손실, 도용, 디지털치매, 명예훼손, 문화적역기능, 바이러스, 보이스피싱, 불법복제, 사이버명예훼손, 사이버범죄, 사이버성폭력, 사이버폭력, 사회적병리현상, 사회적역기능, 산업경쟁력약화, 인터넷중독, 스팸메일, 시스템오류, 언어파괴, 여론조작, 위치정보유출, 음란물, 전자파, 정보격차, 정보홍수, 프라이버시침해'의 31개로 해당 역기능 요인이 있는 경우는 '1', 없는 경우는 '0'으로 코드화하였다.

(9) ICT 관련 기술 미래신호 분류

ICT 관련 기술의 미래신호 분류는 주제분석 과정을 거쳐 'crawl, database, inmemory, hadoop, indexing, machinelearning, patternrecognition, mining, socialnetwork, algorithm, virtualreality, cloud, platform, situationreality, businessintelligence, wifi, bluetooth, communication, bigdata, iot, interface, computing, infra'의 23개로 정의하였다. 정의된 모든 미래기술은 해당 기술군이 있는 경우는 그것에 포함된 모든 기술의 빈도를 합산하여 산출하고, 없는 경우는 '0'으로 코드화하였다.

2 연구도구 만들기

■ ICT 감성분석

- 본 연구의 종속변수인 수요자와 공급자의 정의는 주제분석에서 분류된 수요자의 태도(결정, 계획, 고려, 도입, 선정, 수용, 이용, 필요, 활용)는 수요자, 공급자의 태도(공급, 구축, 구현, 사례, 소개, 운영, 전망, 제공, 출시, 형성, 준비, 진행, 참여, 육성)는 공급자로 정의하였다. 그리고 수요자 태도와 공급자 태도가 동일할 경우 수요공급자로 정의하였다.
- ICT 감성분석을 위한 SPSS syntax는 다음과 같다.

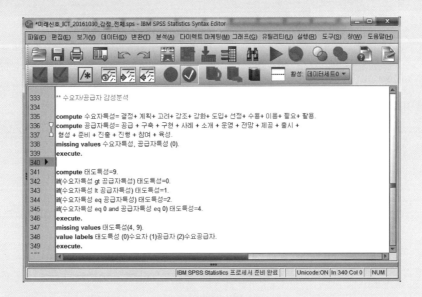

■ ICT 순기능과 역기능 주제분석

- 본 연구의 독립변수인 ICT 관련 순기능과 역기능은 요인분석과 주제분석 과정을 거쳐 코드화하였다.
- 따라서 다음과 같이 48개 순기능과 역기능 키워드(변수)에 대한 요인분석을 통하여 변수를 축약해야 한다.

- 요인분석을 실시하여 키워드를 축약한다.

1단계: 데이터파일을 불러온다(분석파일: ICT_technology.sav).

2단계: [분석]→[차원감소]→[요인분석]→[변수: ESP~정보홍수]를 선택한다.

3단계: [요인회전] → [베리멕스]를 지정한다.

4단계: [옵션] → [계수출력형식: 크기순 정렬, 작은 계수 표시 안 함]을 지정한다.

5단계: 결과를 확인한다.

- 48개의 감정변수가 총 19개의 요인(고유값 1 이상)으로 축약되었다.

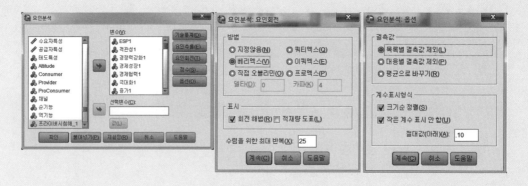

회전된 성분행렬

	성분																		
	1	2	3	4	5	6	7	8	9	10	11	12	13	14	15	16	17	18	19
극대화1	.616																		
차별화1	.588																		
증가1	.562			.209															
절감1	.473			.150				.172											
사이버테러1		.625																.135	
컴퓨터바이러스1		.598	.101										.125						
DDoS1		.583										.109	-.114						
정보보호1		.424		.141						.198						.276		-.175	
사이버범죄1		.296	.226		.235					-.105			.137				.203		
스팸메일1		.116	.636																
보이스피싱1			.830																
불법복제1			.365	.202						.121	.145		.109					.244	
불건전정보유통1			.349							.118	-.146		-.123	.109			-.127	-.143	-.163
명예훼손1			.302		.109					.270			-.128	.193			-.142		
경쟁력강화1				.598															
경제성장1	.105			.490		.126	.271												
확산1	.277			.481												.107			
민포크구축1	.108			.321			.237							-.103		.163			
정보격차1					.617											.132			
인터넷중독1					.563					.177	.146								
사회적병리현상1			.133		.467					-.124	-.135							.117	
사이버왕따1				-.127		.833													
일자리창출1				.376		.672													
경제적부담1							.709												
경제협력1				.176			.700												
무만회1								.779											
자동화1	.196							.688						.122					
정보출수1					-.154				.757										
사이버폭력1					.320				.528									-.124	
무경사용1										.737									
도용1			.237							.527									
객관성1											.665					.144			
산업경제적약화1											.637	.123				-.147			
경투성1	.267				-.280			.145			.136	.410		.155					
법제도화1													.853	.137					
시스템오류1		.103		.107				.102					.592	-.194			-.145		-.134
데이터변조1										-.104				.644				.207	

- 상기 요인분석으로 생성된 19개의 이분형 요인(감정1~감정19)에 대해 주제분석을 실시하여 축약한다.

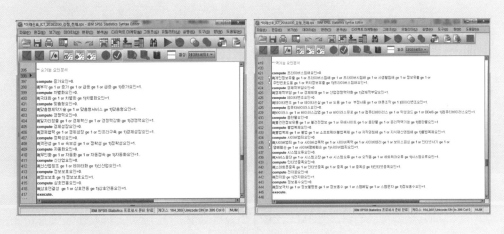

2 -3 분석방법

본 연구의 분석방법은 [그림 6-1]과 같다. 본 연구의 의사결정나무 형성을 위한 분석 알고리즘은 CHAID(Chi-squared Automatic Interaction Detection)를 사용하고, 기술분석, 다중응답분석, 로지스틱 회귀분석, 의사결정나무분석은 SPSS v. 23.0을 사용하였다. 머신러닝, 연관규칙, 시각화는 R 3.3.1을 사용하였다.

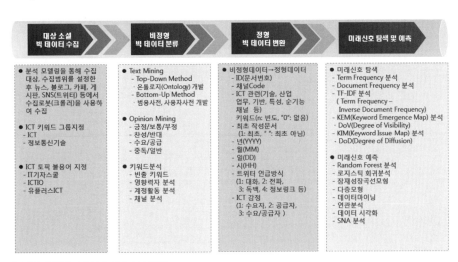

[그림 6-1] ICT 미래신호 예측 분석방법

3 -1 ICT 온라인 문서 현황

ICT 관련 온라인 문서는 [표 6-1]과 같다. ICT 공급자의 감정은 49.2%, 수요자의 감정은 31.9%로 나타났다. ICT 관련 기술은 통신기술, 활용기술, 저장기술 등의 순으로 나타났다. ICT 관련 기반은 기반구축, 정책전략, 서비스 등의 순으로 나타났다. ICT 관련 미래기술은 iot, communication, platform, bigdata 등의 순으로 나타났다. ICT 특성은 규모, 속도, 전문성 등의 순으로 나타났다.

ICT 관련 업무는 생산관리, 마케팅, 연구개발 등의 순으로 나타났다. ICT 관련 순기능은 증가요인, 경쟁력요인, 경제성장요인, 차별화요인 등의 순으로 나타났다. ICT의 역기능은 프라이버시침해, 불법복제, 컴퓨터바이러스, 정보홍수, 사이버범죄 등의 순으로 나타났다. ICT 관련 산업은 정부공공, 보건의료, 경제, 통신, 자동차교통 등의 순으로 나타났다.

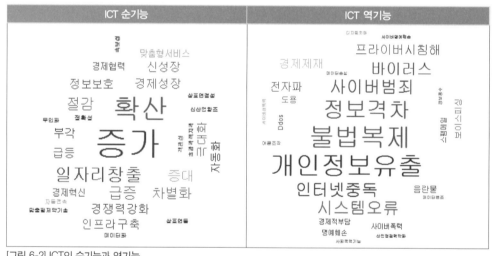

[그림 6-2] ICT의 순기능과 역기능

3 ICT의 순기능과 역기능

```
> setwd("c:/미래신호_2부2장")

> install.packages("wordcloud")

> library(wordcloud)

> key=c('객관성', '경쟁력강화', '경제성장', '경제혁신', '경제협력', '극대화', '급등', '급증', '데이
  터화', '맞춤형서비스', '맞춤형제약기술', '무인화', '부각', '상호연결성', '상호연동', '속보성', '신
  산업창조', '신성장', '인프라구축', '일자리창출', '자동접속', '자동화', '절감', '정보보호', '정확
  성', '증가', '증대', '차별화', '초감각적지각', '확산')

> freq=c(226, 4156, 4172, 1892, 2066, 4288, 3418, 5306, 122, 941, 7, 175, 3978, 33, 113,12, 235,
  3529, 4063, 8275, 9, 2529, 5607, 3497, 777, 18474, 4628, 4656, 5, 14990)

> library(RColorBrewer)

> palete=brewer.pal(9, "Set1")

> windows(height=5.5, width=5)

> wordcloud(key, freq,scale=c(3, 0.5), rot.per=.10, min.freq=5, random.order=F, random.color=T,
  colors=palete)

> savePlot("순기능_T.png", type="png")
```

[표 6-1] ICT 관련 온라인 문서 현황

구분	항목	N(%)	구분	항목	N(%)
태도	수요자(consumer)	24,310(31.9)		crawl	420(0.4)
	공급자(provider)	37,536(49.2)		database	5,822(5.5)
	수요공급자	14,430(18.9)		inmemory	68(0.1)
	계	76,276		hadoop	339(0.3)
채널	블로그	62,980(24.5)		indexing	4,093(3.9)
	카페	102,401(39.8)		machinelearning	3,774(3.6)
	SNS	29,511(11.5)		patternrecognition	783(0.7)
	게시판	5656(2.2)		mining	307(0.3)
	뉴스	56,967(22.1)		socialnetwork	33(0.05)
	계	257,515		algorithm	1,381(1.3)
기술	수집기술	453(0.5)		virtualreality	2,592(2.5)
	저장기술	13,029(14.0)		cloud	7,224(6.8)
	처리기술	5,249(5.7)	미래기술	platform	12,583(11.9)
	분석기술	6,656(7.2)		situationreality	362(0.3)
	활용기술	27,607(29.7)		businessintelligence	616(0.6)
	통신기술	27,829(30.0)		wifi	9,785(9.3)
	기타기술	12,057(13.0)		bluetooth	304(0.3)
	계	92.88		communication	21,285(20.1)
기반	개인정보보호	9,793(4.3)		bigdata	11,709(11.1)
	분석전문가	20,407(8.9)		iot	17,822(16.9)
	정책전략	48,733(21.3)		interface	158(0.18)
	기반구축	62,471(27.3)		computing	2,960(2.8)
	비용	9,678(4.2)		infra	1,341(1.3)
	서비스	46,107(20.2)		계	105,761
	콘텐츠	15,160(6.6)		가치	457(0.6)
	품질	4,222(1.8)		다양성	1,631(2.2)
	교통환경	1,622(0.7)		속도	20,702(28.2)
	기후	4,503(2.0)		규모	31,329(42.7)
	위치정보	5,768(2.5)	특성	오픈	1,037(1.4)
	계	228,464		Reality	506(0.7)
				결합성	221(0.3)
				전문성	17,457(23.8)
				계	73,340

순기능	증가요인	25,109(39.0)	업무	마케팅	12,852(22.4)
	차별화요인	8,311(12.9)		생산관리	12,935(22.5)
	맞춤형요인	948(1.5)		연구개발	11,220(19.5)
	경쟁력요인	12,913(20.1)		의사결정	2,059(3.6)
	경제성장요인	9,496(14.8)		인사재무	6,668(11.6)
	정확성요인	989(1.5)		컨설팅	6,051(10.5)
	자동화요인	2,602(4.0)		통계	2,702(4.7)
	신산업요인	351(0.5)		IT	2,962(5.2)
	정보보호요인	3,497(5.4)		계	57,449
	상호연동요인	146(0.2)	산업	게임	6,175(2.8)
	계	64,362		금융보험	11,737(5.4)
역기능	프라이버시침해	2,065(18.4)		경제	16,636(7.6)
	경제적부담	721(6.4)		관광	4,776(2.2)
	데이터변조	422(3.8)		농업	5,738(2.6)
	컴퓨터바이러스	1,565(13.9)		선거정치	5,405(2.5)
	음란물유통	244(2.2)		영화	4,900(2.2)
	불법복제	1,597(14.2)		자동차교통	15,296(7.0)
	사이버범죄	1,377(12.3)		통신	15,878(7.3)
	시스템오류	285(2.5)		제조	13,441(6.1)
	인터넷중독	937(8.3)		패션의류	8,766(4.0)
	전자파	511(4.5)		IT산업	11,724(5.4)
	정보홍수	1,509(13.4)		보건의료	36,421(16.7)
	계	11,233		정부공공	61,815(28.3)
				계	218,708

4 ICT 관련 온라인 문서 현황(빈도분석, 다중반응분석)

- [표 6-1]과 같이 ICT 관련 온라인 문서 현황을 작성한다.
- 빈도분석을 실행한다.

1단계: 데이터파일을 불러온다(분석파일: ICT_technology.sav).

2단계: [분석]→[기술통계량]→[빈도분석]→[변수: 태도특성]를 선택한다.

3단계: 결과를 확인한다.

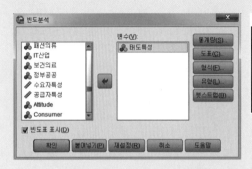

태도특성

		빈도	퍼센트	유효 퍼센트	누적 퍼센트
유효	수요자	24310	9.4	31.9	31.9
	공급자	37536	14.6	49.2	81.1
	수요공급	14430	5.6	18.9	100.0
	전체	76276	29.6	100.0	
결측	9.00	181239	70.4		
전체		257515	100.0		

- 다중반응 빈도분석을 실행한다(사례: 미래기술).

1단계: 데이터파일을 불러온다(분석파일: ICT_technology.sav).

2단계: [분석]→[다중반응]→[변수군 정의]를 선택한다.

3단계: [변수군에 포함된 변수: crawl~infra]를 선택한다.

4단계: [변수들의 코딩형식: 이분형(1), 이름: 미래기술]을 지정한 후 [추가]를 선택한다.

5단계: [분석]→[다중반응]→[다중반응 빈도분석]을 선택한다.

6단계: 결과를 확인한다.

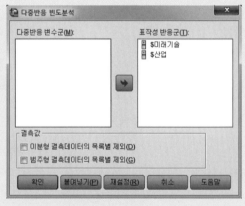

ICT 업무와 관련하여 연구개발·의사결정·인사재무·통계·IT 요인은 수요자에게 더 많은 영향을 미치며, 마케팅·생산관리·컨설팅 요인은 공급자에게 더 많은 영향을 미치는 것으로 나타났다. ICT 기반과 관련하여 프라이버시·분석전문가·정책전략·비용·기후·위치정보 요인은 수요자에게, 기반구축·서비스·콘텐츠·품질·교통환경 요인은 공급자에게 더 많은 영향을 미쳤다[표 6-2].

[표 6-2] ICT 수요공급에 영향을 미치는 업무/기반 요인

업무		Attitude		전체
		Consumer	Provider	
마케팅		3054	5392	8446
		21.7%	22.6%	22.30
생산관리		3251	6058	9309
		23.1%	25.4%	24.50
연구개발		2772	4603	7375
		19.7%	19.3%	19.40
의사결정		791	762	1553
		5.6%	3.2%	4.10
인사재무		1491	2262	3753
		10.6%	9.5%	9.90
컨설팅		1290	2776	4066
		9.2%	11.6%	10.70
통계		790	951	1741
		5.6%	4.0%	4.60
IT		654	1047	1701
		4.6%	4.4%	4.50
전체		14093	23851	37944

기반		Attitude		전체
		Consumer	Provider	
프라이버시_1		2636	3713	6349
		4.7%	4.2%	4.40
분석전문가_1		5230	8206	13436
		9.4%	9.3%	9.30
정책전략_1		11952	18225	30177
		21.4%	20.6%	20.90
기반구축_1		14521	23599	38120
		26.0%	26.7%	26.40
비용_1		3026	4081	7107
		5.4%	4.6%	4.90
서비스_1		10795	18007	28802
		19.3%	20.4%	20.00
콘텐츠_1		3614	6161	9775
		6.5%	7.0%	6.80
품질_1		1068	1905	2973
		1.9%	2.2%	2.10
교통환경_1		403	793	1196
		0.7%	0.9%	.80
기후_1		1182	1538	2720
		2.1%	1.7%	1.90
위치정보_1		1499	2159	3658
		2.7%	2.4%	2.50
전체		55926	88387	144313

5 ICT 수요공급에 영향을 미치는 업무/기반 요인(다중반응 교차분석)

- [표 6-2]와 같이 ICT 관련 업무와 감정[Attitude: 0(consumer), 1(Provider)]의 교차표를 작성한다.
- 다중응답 교차분석을 실행한다.

1단계: 데이터파일을 불러온다(분석파일: ICT_technology.sav).

2단계: [분석]→[다중반응]→[교차분석]→[행: 업무, 열: Attitude]을 지정한다.

3단계: [Attitude의 범위지정]→[최소값(0), 최대값(1)]을 지정한다.

4단계: [옵션] → [셀 퍼센트: 행, 퍼센트 계산기준: 반응]을 선택한다.

5단계: 결과를 확인한다.

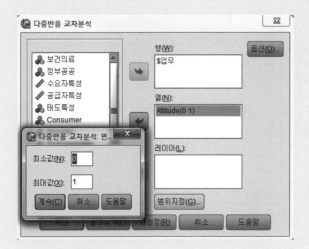 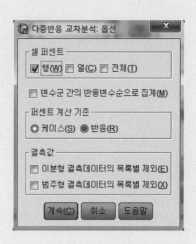

ICT와 관련하여 저장기술·처리기술·분석기술·기타기술은 수요자에게 더 많은 영향을 미치며, 활용기술과 통신기술은 공급자에게 더 많은 영향을 미치는 것으로 나타났다. 그리고 수집기술은 수요자와 공급자에게 동일한 영향을 미쳤다. ICT의 특성과 관련하여 가치·다양성·속도·오픈·전문성 요인은 수요자에게, 규모 요인은 공급자에게 더 많은 영향을 미치는 것으로 나타났다. 그리고 Reality와 결합성 요인은 수요자와 공급자에게 동일한 영향을 미쳤다[표 6-3].

[표 6-3] ICT 수요공급에 영향을 미치는 기술/특성 요인

기술	Attitude		전체
	Consumer	Provider	
수집기술	134	217	351
	0.6%	0.6%	.60
저장기술	3223	5351	8574
	14.8%	14.4%	14.50
처리기술	1370	1915	3285
	6.3%	5.2%	5.60
분석기술	1738	2709	4447
	8.0%	7.3%	7.50
활용기술	6084	11105	17189
	27.9%	29.9%	29.20
통신기술	5834	11146	16980
	26.7%	30.0%	28.80
기타기술	3435	4675	8110
	15.7%	12.6%	13.80
전체	21818	37118	58936

특성	Attitude		전체
	Consumer	Provider	
가치	140	185	325
	0.8%	0.6%	.60
다양성	630	629	1259
	3.5%	1.9%	2.50
속도	5289	8800	14089
	29.0%	27.3%	27.90
규모	6973	14047	21020
	38.2%	43.5%	41.60
오픈	277	466	743
	1.5%	1.4%	1.50
Reality	136	232	368
	0.7%	0.7%	.70
결합성	52	107	159
	0.3%	0.3%	.30
전문성	4737	7811	12548
	26.0%	24.2%	24.80
전체	18234	32277	50511

ICT의 순기능과 관련하여 증가·차별화·맞춤형·경쟁력·정확성·상호연동 요인은 수요자에게 더 많은 영향을 미치고, 경제성장·자동화 요인은 공급자에게 더 많은 영향을 미치는 것으로 나타났다. 그리고 신산업·정보보호 요인은 수요자와 공급자에게 동일한 영향을 미쳤다. ICT의 역기능과 관련하여 프라이버시·데이터변조·음란물·불법복제·사이버범죄·시스템오류·인터넷 중독 요인은 수요자에게, 경제적부담·컴퓨터바이러스·전자파·정보홍수 요인은 공급자에게 더 많은 영향을 미치는 것으로 나타났다[표 6-4].

[표 6-4] ICT 수요공급에 영향을 미치는 순기능/역기능 요인

순기능	Attitude		전체
	Consumer	Provider	
증가요인	5747	9585	15332
	36.6%	35.7%	36.00
차별화요인	2368	3791	6159
	15.1%	14.1%	14.50
맞춤형요인	321	444	765
	2.0%	1.7%	1.80
경쟁력요인	3278	5393	8671
	20.9%	20.1%	20.40
경제성장요인	1998	4628	6626
	12.7%	17.2%	15.60
정확성요인	383	297	680
	2.4%	1.1%	1.60
자동화요인	690	1241	1931
	4.4%	4.6%	4.50
신산업요인	107	192	299
	0.7%	0.7%	.70
정보보호요인	745	1251	1996
	4.7%	4.7%	4.70
상호연동요인	56	57	113
	0.4%	0.2%	.30
전체	15693	26879	42572

역기능	Attitude		전체
	Consumer	Provider	
프라이버스침해요인	672	649	1321
	21.3%	15.7%	18.10
경제적부담요인	130	362	492
	4.1%	8.7%	6.70
데이터변조요인	137	138	275
	4.3%	3.3%	3.80
컴퓨터바이러스요인	354	667	1021
	11.2%	16.1%	14.00
음란물요인	83	82	165
	2.6%	2.0%	2.30
불법복제요인	499	574	1073
	15.8%	13.9%	14.70
사이버범죄요인	389	474	863
	12.3%	11.5%	11.80
시스템오류요인	97	114	211
	3.1%	2.8%	2.90
인터넷중독요인	262	320	582
	8.3%	7.7%	8.00
전자파요인	124	193	317
	3.9%	4.7%	4.30
정보홍수요인	412	565	977
	13.0%	13.7%	13.40
전체	3159	4138	7297

ICT 산업과 관련하여 경제·농업·선거정치·통신·보건의료·정부공공 산업은 수요자에게 더 많은 영향을 미치고, 게임·금융·보험·관광·영화·자동차교통·제조·패션의류·IT 산업은 공급자에게 더 많은 영향을 미치는 것으로 나타났다[표 6-5].

[표 6-5] ICT 수요공급에 영향을 미치는 산업 요인

| 산업 | Attitude | | 전체 |
	Consumer	Provider	
게임_1	1256	2648	3904
	2.5%	3.1%	2.90
금융보험_1	2538	5006	7544
	5.1%	5.9%	5.60
경제_1	4222	6671	10893
	8.5%	7.9%	8.20
관광_1	1182	2329	3511
	2.4%	2.8%	2.60
농업_1	1488	2460	3948
	3.0%	2.9%	3.00
선거정치_1	1450	2075	3525
	2.9%	2.5%	2.60
영화_1	1033	2212	3245
	2.1%	2.6%	2.40
자동차교통_1	3467	6768	10235
	7.0%	8.0%	7.70
통신_1	3590	5689	9279
	7.3%	6.8%	6.90
제조_1	2922	5919	8841
	5.9%	7.0%	6.60
패션의류_1	1668	3807	5475
	3.4%	4.5%	4.10
IT산업_1	2336	4379	6715
	4.7%	5.2%	5.00
보건의료_1	8558	13792	22350
	17.3%	16.4%	16.70
정부공공_1	13751	20425	34176
	27.8%	24.3%	25.60
전체	49461	84180	133641

3 -2 ICT 미래신호 탐색

1) 단어 및 문서 빈도 분석

단어빈도(TF), 문서빈도(DF), 단어의 중요도 지수를 고려한 문서의 빈도(TF-IDF) 분석을 통하여 ICT와 관련된 주요 미래기술에 대한 인식 변화를 살펴보았다[표 6-6].

단어빈도에서는 iot, communication, bigdata, platform, wifi, cloud, database, machinelearning, virtualreality, indexing 등이 우선인 것으로 나타났다. 문서빈도는 iot, communication, bigdata, platform, wifi, cloud, database, machinelearning, indexing, virtualreality 등의 순으로 나타나 단어빈도와 비슷한 추이를 보였다.

중요도 지수를 고려한 단어빈도에서는 iot, communication, bigdata, wifi, platform, cloud, machinelearning, database, virtualreality, indexing이 우선인 것으로 나타났다. 따라서 iot, communication, bigdata, platform, wifi 기술이 ICT와 관련하여 중요한 기술인 것을 알 수 있다.

[표 6-6] ICT 미래기술 키워드 분석

순위	TF		DF		TF-IDF	
	키워드	빈도	키워드	빈도	키워드	빈도
1	iot	52892	iot	17536	iot	38015
2	communication	36264	communication	17253	communication	26320
3	bigdata	22048	bigdata	10565	bigdata	20698
4	platform	20676	platform	10205	wifi	20470
5	wifi	19310	wifi	7991	platform	19722
6	cloud	13849	cloud	6296	cloud	16115
7	database	9495	database	4806	machinelearning	13006
8	machinelearning	9245	machinelearning	3596	database	12162
9	virtualreality	5678	indexing	3489	virtualreality	8948
10	indexing	5303	virtualreality	2436	indexing	7530
11	computing	4443	computing	2368	computing	7057
12	infra	2014	algorithm	1221	infra	3865
13	algorithm	1912	infra	1105	algorithm	3587
14	patternrecognition	945	patternrecognition	655	patternrecognition	2028
15	businessintelligence	905	businessintelligence	548	businessintelligence	2013
16	hadoop	580	crawl	378	hadoop	1449
17	crawl	570	situationreality	304	crawl	1360
18	bluetooth	525	hadoop	291	bluetooth	1338
19	mining	468	bluetooth	260	mining	1206
20	situationreality	389	mining	243	situationreality	965
21	interface	187	interface	138	interface	528
22	inmemory	73	inmemory	50	inmemory	238
23	socialnetwork	37	socialnetwork	27	socialnetwork	131
	합계	207808	합계	91761	합계	208750

키워드의 연도별 순위 변화는 2014년 5월까지 communication, wifi, iot 순으로 중요한 키워드로 나타나다가 2015년 5월까지 iot, communication, platform 순으로 나타나고, 2015년 6월부터 iot, communication, bigdata 순으로 나타났다. 따라서 iot, communication, bigdata 융합기술에 대한 관심이 확산되고 있는 것으로 볼 수 있다[표 6-7].

[표 6-7] ICT 미래기술 연도별 키워드 순위변화(TF 기준)

순위	2013.6.1–2014.5.31	2014.6.1–2015.5.31	2015.6.1–2016.5.31
1	communication	iot	iot
2	wifi	communication	communication
3	iot	platform	bigdata
4	bigdata	wifi	platform
5	platform	bigdata	machinelearning
6	cloud	cloud	cloud
7	database	database	wifi
8	indexing	indexing	virtualreality
9	computing	computing	database
10	machinelearning	machinelearning	computing
11	infra	virtualreality	indexing
12	virtualreality	algorithm	algorithm
13	algorithm	infra	infra
14	businessintelligence	hadoop	patternrecognition
15	patternrecognition	patternrecognition	businessintelligence
16	bluetooth	mining	crawl
17	crawl	crawl	bluetooth
18	situationreality	businessintelligence	hadoop
19	mining	bluetooth	situationreality
20	hadoop	situationreality	mining
21	interface	interface	interface
22	inmemory	inmemory	socialnetwork
23	socialnetwork	socialnetwork	inmemory

2) ICT 미래신호 탐색

미래신호 탐지 방법론에 따라 분석한 결과는 [표 6-8], [표 6-9]와 같다. ICT 키워드에 대한 DoV 증가율과 평균단어빈도를 산출한 결과 iot, bigdata, platform, machinelearning, virtualreality는 평균단어빈도의 중앙값보다 높고 DoV 증가율도 중앙값보다 매우 높아 ICT와 iot, bigdata, platform, machinelearning, virtualreality의 융합기술에 대한 관심이 높은 것으로 나타났다.

　DoD는 DoV와 비슷한 추이를 보이나 bigdata는 DoV에서는 cloud와 platform보다 낮은 증가율을 보이나 DoD에서는 cloud와 platform보다 높은 증가율을 보여 ICT와 bigdata의 융합 기술에 대한 관심이 확산되고 있는 것으로 나타났다.

　앞에서 제시한 미래신호 탐색 절차와 같이 DoV의 평균단어빈도와 DoD의 평균문서빈도를 X축으로 설정하고 DoV와 DoD의 평균증가율을 Y축으로 설정한 후 각 값의 중앙값을 사분면으로 나누면, 2사분면에 해당하는 영역의 키워드는 약신호가 되고 1사분면에 해당하는 키워드는 강신호가 된다.

　빈도수 측면에서는 상위 10위에 DoV와 DoD 모두 iot, communication, bigdata, platform, wifi, cloud, database, machinelearning, virtualreality, indexing이 포함되었다. DoV 증가율의 중앙값(-.039)보다 높은 증가율을 보이는 키워드는 iot, bigdata, platform, cloud, database, machinelearning, virtualreality로 나타났으며 DoD의 증가율의 중앙값(-.074)보다 높은 증가율을 보이는 키워드는 iot, bigdata, platform, cloud, machinelearning, virtualreality로 나타났다. 특히 bigdata의 DoD 증가율은 DoV 증가율보다 높게 나타나 ICT와 bigdata 융합기술의 개발이 필요할 것으로 보인다.

[표 6-8] ICT 미래기술의 DoV 평균증가율과 평균단어빈도

키워드	DoV			평균증가율	평균단어빈도
	2013.6.1~2014.5.31	2014.6.1~2015.5.31	2015.6.1~2016.5.31		
iot	0.124	0.285	0.284	0.647	17631
communication	0.219	0.174	0.131	−0.227	12088
bigdata	0.099	0.090	0.112	0.076	7349
platform	0.083	0.103	0.097	0.093	6892
wifi	0.130	0.094	0.059	−0.323	6437
cloud	0.061	0.056	0.072	0.099	4616
database	0.057	0.039	0.040	−0.140	3165
machinelearning	0.014	0.016	0.082	2.164	3082
virtualreality	0.009	0.014	0.047	1.464	1893
indexing	0.033	0.025	0.019	−0.231	1768
computing	0.024	0.016	0.022	0.004	1481
infra	0.012	0.009	0.008	−0.188	671
algorithm	0.008	0.009	0.010	0.099	637
patternrecognition	0.005	0.003	0.005	0.105	315
businessintelligence	0.006	0.003	0.004	−0.039	302
hadoop	0.002	0.004	0.002	0.201	193
crawl	0.003	0.003	0.002	−0.182	190
bluetooth	0.004	0.002	0.002	−0.291	175
mining	0.002	0.003	0.001	−0.101	156
situationreality	0.003	0.002	0.001	−0.275	130
interface	0.002	0.001	0.001	−0.342	62
inmemory	0.001	0.000	0.000	−0.447	24
socialnetwork	0.000	0.000	0.000	0.192	12
중앙값				−0.039	671

[표 6-9] ICT 미래기술의 DoD 평균증가율과 평균문서빈도

키워드	DoD			평균증가율	평균문서빈도
	2013.6.1~ 2014.5.31	2014.6.1~ 2015.5.31	2015.6.1~ 2016.5.31		
iot	0.092	0.212	0.218	0.666	5845
communication	0.216	0.191	0.146	−0.176	5751
bigdata	0.091	0.104	0.129	0.195	3522
platform	0.095	0.112	0.109	0.080	3402
wifi	0.117	0.082	0.062	−0.275	2664
cloud	0.058	0.062	0.074	0.125	2099
database	0.061	0.046	0.046	−0.119	1602
machinelearning	0.017	0.018	0.068	1.396	1199
indexing	0.047	0.034	0.031	−0.191	1163
virtualreality	0.012	0.018	0.041	0.905	812
computing	0.030	0.021	0.025	−0.057	789
algorithm	0.011	0.012	0.014	0.138	407
infra	0.015	0.010	0.010	−0.164	368
patternrecognition	0.008	0.005	0.008	0.075	218
businessintelligence	0.010	0.004	0.004	−0.255	183
crawl	0.004	0.004	0.004	−0.074	126
situationreality	0.004	0.003	0.003	−0.163	101
hadoop	0.002	0.005	0.002	0.312	97
bluetooth	0.004	0.003	0.002	−0.183	87
mining	0.003	0.003	0.002	−0.083	81
interface	0.003	0.001	0.001	−0.044	46
inmemory	0.001	0.000	0.000	−0.222	17
socialnetwork	0.000	0.000	0.000	−0.104	9
중앙값				−0.074	407

[그림 6-3], [그림 6-4], [표 6-10]과 같이 ICT 관련 주요 키워드는 KEM과 KIM에 공통 적으로 나타나는 강신호(1사분면)에는 iot, bigdata, platform, machinelearning, cloud, virtualreality, computing이 포함되었고, 약신호(2사분면)에는 algorithm, hadoop, patternrecognition이 포함된 것으로 나타났다. 4사분면에 나타난 강하지는 않지만 잘 알 려진 신호는 communication, database, wifi, indexing이며, 3사분면에 나타난 잠재신호는 infra, crawl, businessintelligence, situationreality, bluetooth, mining, inmemory였다.

특히 약신호인 2사분면에는 hadoop, algorithm, patternrecognition이 높은 증가율을 보였는데, 이들 키워드는 시간이 지나면 강신호로 발전할 수 있기 때문에 그에 대한 ICT 융합 서비스 모형의 개발이 필요할 것으로 보인다. 그리고 machinelearning, virtualreality, iot는 강신호이면서 높은 증가율을 보여 ICT가 융합된 인공지능, 증강현실, 그리고 사물인터넷에 대한 기술 개발이 지속적으로 이루어져야 할 것으로 보인다.

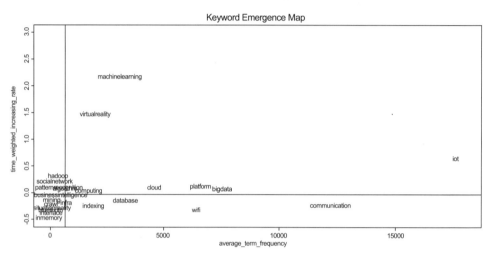

[그림 6-3] ICT 미래기술 키워드 KEM

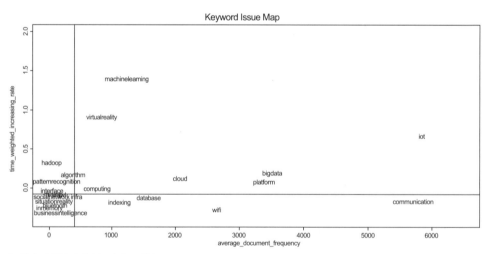

[그림 6-4] ICT 미래기술 키워드 KIM

```
> rm(list=ls())
> setwd("c:/미래신호_2부2장")
> data_spss=read.table(file="미래ICT_DoV_T.txt", header=T)
> windows(height=5.5, width=5)
> plot(data_spss$tf, data_spss$df, xlim=c(0,18000), ylim=c(-0.5,3), pch=18, col=8,
  xlab='average_term_frequency', ylab='time_weighted_increasing_rate', main='Keyword
  Emergence Map')
> text(data_spss$tf, data_spss$df, label=data_spss$ICT, cex=0.8, col='red')
> abline(h=-0.039, v=671, lty=1, col=4, lwd=0.5)
> savePlot('미래ICT_DoV_T', type='png')
```

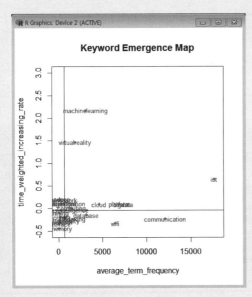

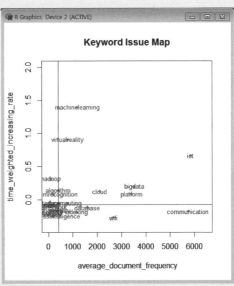

[표 6-10] ICT 관련 키워드의 미래신호

구분	잠재신호 (Latent signal)	약신호 (Weak signal)	강신호 (Strong signal)	강하지는 않지만 잘 알려진 신호 (Not strong but well known signal)
KEM	infra, businessintelligence, crawl, mining, bluetooth, situationreality, interface, inmemory	algorithm, hadoop, patternrecognition, socialnetwork	iot, bigdata, platform, machinelearning, cloud, virtualreality, computing	communication, wifi, database, indexing
KIM	infra, crawl, businessintelligence, situationreality, bluetooth, mining, inmemory, socialnetwork	hadoop, algorithm, patternrecognition, interface	iot, bigdata, platform, machinelearning, cloud, virtualreality, computing	communication, database, wifi, indexing
주요 신호	infra, crawl, businessintelligence, situationreality, bluetooth, mining, inmemory	algorithm, hadoop, patternrecognition	iot, bigdata, platform, machinelearning, cloud, virtualreality, computing	communication, database, wifi, indexing

3 −3 ICT 미래신호 예측

1) 랜덤포레스트 분석을 통한 ICT 미래신호 예측

본 연구의 랜덤포레스트(random forest) 분석을 활용하여 ICT의 태도(수요, 공급)에 영향을 주는 관련 기술들을 살펴보면 [그림 6-5]와 같다.

ICT의 태도에 가장 큰 영향을 미치는(연관성이 높은) 것은 communication 기술로 나타났다. 뒤이어 bigdata, platform, database, machinelearning, cloud, iot, wifi, indexing 등의 기술 순서로 영향을 미쳤다.

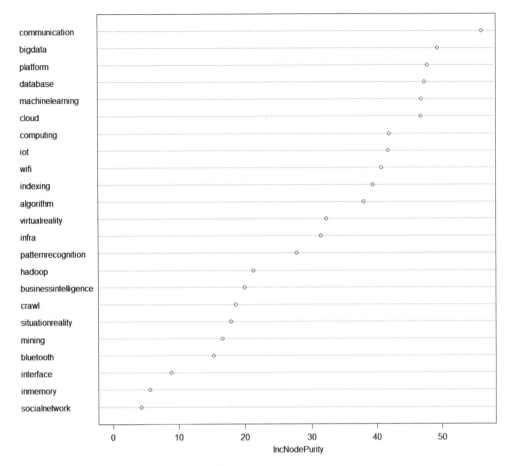

[그림 6-5] 랜덤포레스트 모델의 ICT 미래기술의 중요도

7 랜덤포레스트 모델의 ICT 미래기술의 중요도

> rm(list=ls())

> setwd("c:/미래신호_2부2장")

> install.packages("randomForest")

> library(randomForest)

> tdata = read.table('ICT_ransomforest.txt', header=T)

> tdata.rf = randomForest(Attitude~., data=tdata, forest=FALSE, importance=TRUE)

> varImpPlot(tdata.rf,main='Random forest importance plot')

> savePlot('ICT_randomforest_T', type='png')

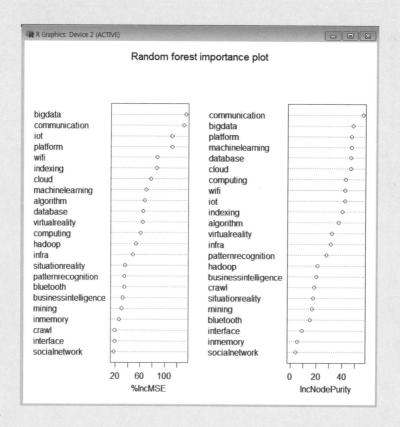

랜덤포레스트의 중요도로 나타난 ICT 관련 기술들이 수용태도(수요/공급)에 미치는 영향을 로지스틱 회귀분석으로 살펴보았다. 그 결과 ICT 관련 기술 중 hadoop, patternrecognition($p<.05$), virtualreality, platform, wifi, communication, iot, computing($p<.1$)은 공급자의 확률이 높고, indexing, mining, socialnetwork($p<.05$), algorithm, bigdata는 수요자의 확률이 높았다[표 6-11].

[표 6-11] ICT 수요에 영향을 주는 미래기술

공급자(Provider)		B	S.E.	유의확률	Exp(B)	EXP(B)에 대한 95% 신뢰구간	
						하한	상한
미래기술	crawl_1	-.070	.120	.557	.932	.737	1.179
	database_1	-.042	.037	.247	.958	.892	1.030
	inmemory_1	-.276	.322	.391	.758	.403	1.427
	hadoop_1	.486	.139	.000	1.625	1.238	2.133
	indexing_1	-.292	.043	.000	.747	.686	.812
	machinelearning_1	-.017	.045	.702	.983	.899	1.074
	patternrecognition_1	.232	.091	.011	1.261	1.055	1.507
	mining_1	-.412	.142	.004	.663	.502	.875
	socialnetwork_1	-1.052	.430	.014	.349	.150	.812
	algorithm_1	-.285	.066	.000	.752	.661	.857
	virtualreality_1	.269	.054	.000	1.308	1.176	1.455
	cloud_1	.027	.035	.445	1.027	.959	1.100
	platform_1	.236	.026	.000	1.266	1.204	1.332
	situationreality_1	-.203	.131	.122	.816	.631	1.056
	businessintelligence_1	.017	.110	.876	1.017	.821	1.261
	wifi_1	.113	.030	.000	1.120	1.055	1.189
	bluetooth_1	-.088	.148	.551	.916	.685	1.223
	communication_1	.227	.022	.000	1.255	1.202	1.311
	bigdata_1	-.338	.028	.000	.713	.675	.753
	iot_1	.233	.025	.000	1.262	1.203	1.324
	interface_1	.327	.206	.113	1.387	.926	2.077
	computing_1	.088	.050	.078	1.092	.990	1.204
	infra_1	.120	.076	.117	1.127	.970	1.309
a	상수항	.352	.010	.000	1.422		

a. 기준범주는 수요자(Consumer)

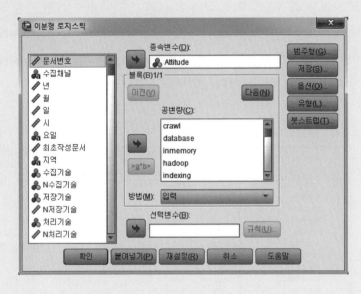

ICT 순기능들이 수용태도(수요/공급)에 미치는 영향을 로지스틱 회귀분석으로 살펴보았다. 그 결과 ICT 순기능 중 증가·경제성장·자동화·정보보호($p<.1$) 요인은 공급자의 확률이 높고, 정확성과 상호연동($p<.05$) 요인은 수요자의 확률이 높은 것으로 나타났다[표 6-12].

[표 6-12] ICT 수요에 영향을 주는 순기능

공급자(Provider)		B	S.E.	유의확률	Exp(B)	EXP(B)에 대한 95% 신뢰구간	
						하한	상한
순기능[a]	증가요인	.085	.020	.000	1.089	1.048	1.132
	차별화요인	.015	.028	.585	1.015	.961	1.073
	맞춤형요인	-.103	.074	.165	.902	.780	1.043
	경쟁력요인	.019	.024	.443	1.019	.972	1.068
	경제성장요인	.440	.028	.000	1.552	1.468	1.641
	정확성요인	-.721	.078	.000	.486	.417	.567
	자동화요인	.157	.049	.001	1.170	1.064	1.288
	신산업요인	.121	.122	.322	1.128	.889	1.432
	정보보호요인	.091	.047	.054	1.095	.998	1.202
	상호연동요인	-.455	.191	.017	.635	.437	.922
	상수항	.367	.011	.000	1.443		

a. 기준범주는 수요자(Consumer)

2) 의사결정나무분석을 통한 ICT 미래신호 예측

ICT 기술 예측모형에 대한 의사결정나무는 [그림 6-6]과 같다. 나무구조의 최상위에 있는 뿌리나무는 예측변수(독립변수)가 투입되지 않은 종속변수의 빈도를 나타낸다. 뿌리마디의 ICT 기술에 대한 수요 감정의 비율을 보면 ICT 기술에 대한 수요자는 39.3%, 공급자는 60.7%로 나타났다.

뿌리마디 하단의 가장 상위에 있는 기술이 종속변수에 대한 영향력이 가장 높은(관련성이 깊은) 것으로 'communication' 기술의 영향력이 가장 크게 나타났다. 즉 온라인 문서에서 'communication' 기술이 있는 경우 수요자는 39.3%에서 34.1%로 감소하였으나, 공급자는 60.7%에서 65.9%로 증가하였다.

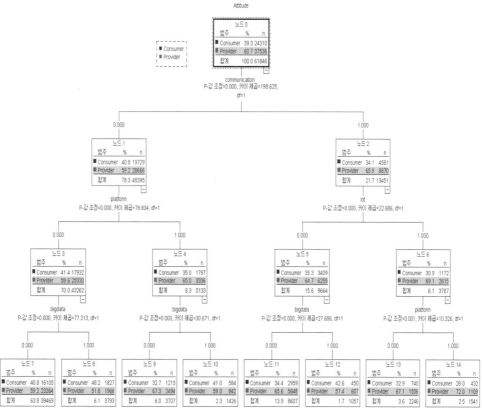

[그림 6-6] ICT 미래기술 수요예측의 의사결정나무 모형

[표 6-13] ICT 기술 수요예측 모형에 대한 이익도표와 같이 수요자에게 영향력이 가장 높은 경우는 'communication 기술이 없고, platform 기술이 없고, bigdata 기술이 있는' 경우의 조합으로 나타났다. 즉 8번 노드의 지수가 122.5로 뿌리마디와 비교했을 때 8번 노드의 조건을 가진 집단이 ICT 기술의 수요자일 확률이 1.23배로 나타났다.

공급자에게 영향력이 가장 높은 경우는 'communication 기술이 있고, iot 기술이 있고, platform 기술이 있는' 경우의 조합으로 나타났다. 즉 14번 노드의 지수가 118.6으로 뿌리마디와 비교했을 때 14번 노드의 조건을 가진 집단이 ICT 기술의 공급자일 확률이 1.19배로 나타났다.

[표 6-13] ICT 수요예측 모형에 대한 이익도표

수요자(Consumer)

	노드별						누적					
	노드		이득				노드		이득			
노드	N	퍼센트	N	퍼센트	반응	지수	N	퍼센트	N	퍼센트	반응	지수
8	3793	6.1%	1827	7.5%	48.2%	122.5%	3793	6.1%	1827	7.5%	48.2%	122.5%
12	1057	1.7%	450	1.9%	42.6%	108.3%	4850	7.8%	2277	9.4%	46.9%	119.4%
10	1426	2.3%	584	2.4%	41.0%	104.2%	6276	10.1%	2861	11.8%	45.6%	116.0%
7	39469	63.8%	16105	66.2%	40.8%	103.8%	45745	74.0%	18966	78.0%	41.5%	105.5%
11	8607	13.9%	2959	12.2%	34.4%	87.5%	54352	87.9%	21925	90.2%	40.3%	102.6%
13	2246	3.6%	740	3.0%	32.9%	83.8%	56598	91.5%	22665	93.2%	40.0%	101.9%
9	3707	6.0%	1213	5.0%	32.7%	83.2%	60305	97.5%	23878	98.2%	39.6%	100.7%
14	1541	2.5%	432	1.8%	28.0%	71.3%	61846	100.0%	24310	100.0%	39.3%	100.0%

공급자(Provider)

	노드별						누적					
	노드		이득				노드		이득			
노드	N	퍼센트	N	퍼센트	반응	지수	N	퍼센트	N	퍼센트	반응	지수
14	1541	2.5%	1109	3.0%	72.0%	118.6%	1541	2.5%	1109	3.0%	72.0%	118.6%
9	3707	6.0%	2494	6.6%	67.3%	110.9%	5248	8.5%	3603	9.6%	68.7%	113.1%
13	2246	3.6%	1506	4.0%	67.1%	110.5%	7494	12.1%	5109	13.6%	68.2%	112.3%
11	8607	13.9%	5648	15.0%	65.6%	108.1%	16101	26.0%	10757	28.7%	66.8%	110.1%
7	39469	63.8%	23364	62.2%	59.2%	97.5%	55570	89.9%	34121	90.9%	61.4%	101.2%
10	1426	2.3%	842	2.2%	59.0%	97.3%	56996	92.2%	34963	93.1%	61.3%	101.1%
12	1057	1.7%	607	1.6%	57.4%	94.6%	58053	93.9%	35570	94.8%	61.3%	101.0%
8	3793	6.1%	1966	5.2%	51.8%	85.4%	61846	100.0%	37536	100.0%	60.7%	100.0%

ICT 미래기술 수요예측의 의사결정나무 모형

3) 연관분석을 통한 ICT 미래신호 예측

소셜 빅데이터 분석에서 연관분석은 하나의 온라인 문서에 포함된 둘 이상의 단어에 대한 상호 관련성을 발견하는 것이다. 본 연구에서는 [표 6-14]와 같이 하나의 문서에서 나타난 ICT 기술의 수요에 대한 연관규칙을 분석하였다.

{database, platform, wifi}=>{Provider} 네 변인의 연관성은 지지도 0.001, 신뢰도 0.664, 향상도 4.556으로 나타났다. 이는 온라인 문서에서 {database, platform, wifi}가 언급되면 공급자의 확률이 66.4%이며, 'database, platform, wifi' 기술이 언급되지 않은 문서보다 공급자의 확률이 약 4.56배 높아진다는 것을 의미한다.

{indexing, bigdata}=>{Consumer} 세 변인의 연관성은 지지도 0.001, 신뢰도 0.380, 향상도 4.027로 나타났다. 이는 온라인 문서에서 {indexing, bigdata}가 언급되면 수요자의 확률이 75.0%이며, 'indexing, bigdata' 기술이 언급되지 않은 문서보다 수요자의 확률이 약

4.03배 높아진다는 것을 의미한다.

　미래기술의 연관규칙에 대한 SNA 결과 [그림 6-7]와 같이 ICT 기술의 공급자는 database, platform, iot, wifi, communication, bigdata 기술 등에 상호 연결되어 있었다. 그리고 ICT의 수요자는 indexing, bigdata, database, machinelearning, iot 등에 상호 연결되어 있었다.

[표 6-14] ICT 수요의 연관규칙

구분	연관규칙	지지도	신뢰도	향상도
공급자	{database, platform, wifi} => {Provider}	0.001044599	0.6641975	4.556714
	{cloud, platform, wifi, communication} => {Provider}	0.001207697	0.6617021	4.539595
	{platform, wifi, communication, iot} => {Provider}	0.001207697	0.6617021	4.539595
	{platform, wifi, communication, bigdata} => {Provider}	0.001766887	0.6613372	4.537091
	{platform, wifi, iot} => {Provider}	0.001258179	0.6612245	4.536318
	{platform, wifi, bigdata} => {Provider}	0.002419277	0.6482830	4.447533
	{cloud, platform, wifi} => {Provider}	0.001689222	0.6444444	4.421199
	{platform, wifi, bigdata, iot} => {Provider}	0.001502825	0.6375618	4.373980
	{platform, iot, computing} => {Provider}	0.001102848	0.6367713	4.368557
	{cloud, platform, communication, iot} => {Provider}	0.001658156	0.6363636	4.365760
수요자	{indexing, bigdata} => {Consumer}	0.001102848	0.3801874	4.027312
	{database, indexing} => {Consumer}	0.001048483	0.3576159	3.788213
	{database, bigdata} => {Consumer}	0.001790187	0.3392200	3.593346
	{algorithm} => {Consumer}	0.001809603	0.3374366	3.574455
	{indexing, communication} => {Consumer}	0.001390210	0.3293468	3.488760
	{machinelearning, bigdata} => {Consumer}	0.001883385	0.3237650	3.429632
	{machinelearning, bigdata, iot} => {Consumer}	0.001227113	0.3150548	3.337365
	{cloud, computing} => {Consumer}	0.001432926	0.3044554	3.225086
	{platform, bigdata} => {Consumer}	0.003813370	0.3044017	3.224517
	{database, iot} => {Consumer}	0.001374677	0.3015332	3.194131

⑩ ICT 수요의 연관규칙

```
> rm(list=ls())

> setwd("c:/미래신호_2부2장")

> asso=read.table(file="ICT_association.txt", header=T)

> install.packages("arules")

> library(arules)

> trans=as.matrix(asso, "Transaction")

> rules1=apriori(trans, parameter=list(supp=0.001, conf=0.1), appearance=list(rhs=c("Consumer",
  "Provider"), default="lhs"), control=list(verbose=F))

> inspect(sort(rules1))

> summary(rules1)

> rules.sorted=sort(rules1, by="confidence")

> inspect(rules.sorted)

> rules.sorted=sort(rules1, by="lift")

> inspect(rules.sorted)

> rule_sub=subset(rules1, subset=rhs%pin% 'Provider' & confidence>=0.59)

> inspect(sort(rule_sub, by="lift"))

> rule_sub=subset(rules1, subset=rhs%pin% 'Consumer' & confidence>=0.27)

> inspect(sort(rule_sub, by="lift"))
```

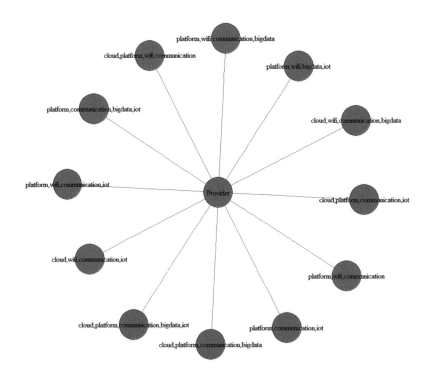

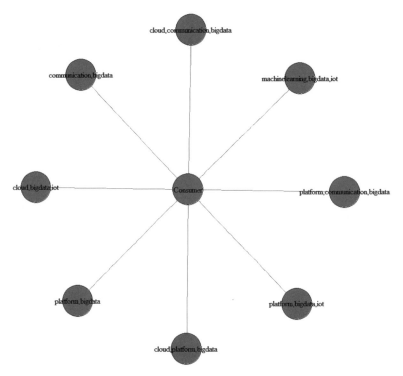

[그림 6-7] ICT 미래기술 연관규칙의 SNA

> rule_sub=subset(rules1, subset=rhs%pin% 'Provider' & confidence>=0.59)

> inspect(sort(rule_sub, by="lift"))

```
R Console
> install.packages("dplyr")
경고: 패키지 'dplyr'가 사용중이므로 설치되지 않을 것입니다
> library(dplyr)
> install.packages("igraph")
경고: 패키지 'igraph'가 사용중이므로 설치되지 않을 것입니다
> library(igraph)
> rules = labels(rule_sub, ruleSep="/", setStart="", setEnd="")
> rules = sapply(rules, strsplit, "/",  USE.NAMES=F)
> rules = Filter(function(x){!any(x == "")},rules)
> rulemat = do.call("rbind", rules)
> rulequality = quality(rules1)
> ruleg = graph.edgelist(rulemat,directed=F)
> ruleg = graph.edgelist(rulemat[-c(1:16),],directed=F)
> plot.igraph(ruleg, vertex.label=V(ruleg)$name, vertex.label.cex=1,
+  vertex.size=20, layout=layout.fruchterman.reingold.grid)
경고메시지(들):
In v(graph) : Grid Fruchterman-Reingold layout was removed,
we use Fruchterman-Reingold instead.
>
```

> rule_sub=subset(rules1, subset=rhs%pin% 'Consumer' & confidence>=0.27)

> inspect(sort(rule_sub, by="lift"))

```
R Console
> install.packages("dplyr")
경고: 패키지 'dplyr'가 사용중이므로 설치되지 않을 것입니다
> library(dplyr)
> install.packages("igraph")
경고: 패키지 'igraph'가 사용중이므로 설치되지 않을 것입니다
> library(igraph)
> rules = labels(rule_sub, ruleSep="/", setStart="", setEnd="")
> rules = sapply(rules, strsplit, "/",  USE.NAMES=F)
> rules = Filter(function(x){!any(x == "")},rules)
> rulemat = do.call("rbind", rules)
> rulequality = quality(rules1)
> ruleg = graph.edgelist(rulemat,directed=F)
> ruleg = graph.edgelist(rulemat[-c(1:16),],directed=F)
> plot.igraph(ruleg, vertex.label=V(ruleg)$name, vertex.label.cex=1,
+  vertex.size=20, layout=layout.fruchterman.reingold.grid)
경고메시지(들):
In v(graph) : Grid Fruchterman-Reingold layout was removed,
we use Fruchterman-Reingold instead.
>
```

결론

본 연구는 2013년 1월 1일부터 2016년 5월 31일까지 소셜 빅데이터에서 ICT 관련 정보를 수집하여 ICT에 대한 미래신호를 예측하였다.

본 연구의 ICT 미래신호 예측 결과를 살펴보면 다음과 같다.

첫째, ICT의 미래신호 분석에서 수요자의 감정은 31.9%, 공급자의 감정은 49.2%, 수요공급자의 감정은 18.9%로 나타나 ICT는 공급자의 수요가 많다는 것을 알 수 있다.

둘째, ICT 수요공급에 영향을 미치는 업무요인을 분석한 결과, 수요자는 연구개발과 의사결정 등을 위해, 공급자는 마케팅과 생산관리 등을 위해 ICT 수요가 있는 것으로 나타났다. ICT 수요공급에 영향을 미치는 기반요인을 분석한 결과, 수요자는 프라이버시보호와 분석전문가를 필요로 하고 공급자는 기반구축과 서비스 등을 필요로 하고 있는 것으로 나타났다. ICT 수요공급에 영향을 미치는 기술요인 분석 결과, 수요자는 처리기술과 분석기술 등을 위해, 공급자는 활용기술과 통신기술 등을 위해 ICT 수요가 있는 것으로 나타났다. ICT 수요공급에 영향을 미치는 산업요인을 분석한 결과, 수요자는 경제나 보건의료 등을 위해, 공급자는 게임이나 금융보험 등을 위해 ICT 수요가 있는 것으로 나타났다.

셋째, ICT의 키워드에 대한 DoV 증가율과 평균단어빈도를 분석한 결과 ICT와 iot, bigdata, platform, machinelearning, virtualreality의 융합기술에 대한 관심이 높게 나타났다. DoD는 DoV와 비슷한 추이를 보였으나, bigdata는 DoV 증가율보다 DoD의 증가율이 높아 ICT와 bigdata의 융합 기술에 대한 관심이 확산되고 있다는 것을 알 수 있다.

넷째, 미래신호 탐색에서 약신호인 2사분면에서는 hadoop, algorithm, pattern-recognition이 높은 증가율을 보였는데 이들 키워드는 시간이 지나면 강신호로 발전할 수 있기 때문에 그에 대한 ICT 융합 서비스 모형의 개발이 필요할 것으로 보인다. 그리고 machinelearning, virtualreality, iot는 강신호이면서 높은 증가율을 보여 ICT가 융합된 인공지능, 증강현실, 그리고 사물인터넷에 대한 기술 개발이 지속적으로 이루어져야 할 것으로 보인다.

다섯째, ICT 예측모형에서 공급자에게 영향을 가장 많이 미치는 기술은 'hadoop, platform' 등이며, 수요자에게 영향을 가장 많이 미치는 기술은 'bigdata, mining' 등으로 나타났다. 이는 공급자는 ICT의 hadoop 등 platform 구축을 통해 서비스 모형을 개발하기를 바라고, 수요자는 big data와 ICT의 융합을 통한 활용을 희망하는 것으로 보인다. 특히 공급자는 communication과 'iot, platform'의 기술 융합에 대한 서비스를 공급하기 바라고, 수요자는 bigdata에 대한 기술개발을 요구하고 있는 것으로 나타났다.

7장

비만 미래신호 예측[1]

1 서론

2011년 현재 우리나라의 19세 이상 성인비만율(BMI 25 이상)은 전체 인구의 31.9% 수준으로 남자는 35.2%, 여자는 28.6%를 차지한다(질병관리본부, 2011). 이는 1998년 26.0%에서 2005년 31.3%로 5.3%가 증가한 이후에 지속적으로 높은 수준을 유지하고 있는 추세다(질병관리본부, 2011). 비만으로 인한 건강보험 진료비 지출 규모는 2007년 1조 8,971억 원에서 2011년 2조 6,919억 원으로 41.9% 증가하였는데, 이는 건강보험 전체 진료비의 5.8%에 해당한다(건강보험공단, 2012). 비만과 관련한 질병의 진료비 지출 비중은 고혈압(36.2%), 당뇨(20.1%), 뇌졸중(12.0%), 허혈성심장질환(9.2%), 골관절염(7.9%) 등의 순으로 높게 나타난다(건강보험공단, 2012).

또한 비만환자는 비만하지 않은 건강인에 비하여 고혈압, 심혈관계질환, 뇌졸중, 고지혈증, 당뇨병, 담낭질환, 신장질환, 간기능부전, 근골격계질환, 관절염, 수면장애, 악성신생물 등의 각종 질병에 중복 이환될 위험성이 높다(최중명 & 김춘배, 2011). 여러 문헌들에서 비만과 관련하여 나타날 수 있는 연관 질병과 건강 문제에 대해 기술하고 있다(NICE, 2006; 대한내분비학회, 2010; 대한비만학회, 2010; 최중명 & 김춘배, 2011). 이에 비만의 합병증에 해당하는 질환들을 내분비계, 소화기계, 심혈관계, 근골격계, 호흡기계, 생식/호르몬계, 소화기계, 암, 기타 질환으로 분류할 수 있다. 비만을 예방하기 위한 건강한 생활습관의

---

1 본 연구의 일부 내용은 '송태민·송주영(2016). R을 활용한 소셜 빅데이터 연구방법론. 한나래아카데미'에 수록된 것임을 밝힌다.

실천을 위해서는 비만의 폐해 및 실태에 대한 일반 국민의 인식 제고와 자기관리능력의 향상이 필요하다.

이와 같이 비만 문제의 급속한 증가로 초래되는 사회경제적 손실과 부담은 매우 크다고 볼 수 있다. 비만과 관련된 요인은 복합적인 것으로 개별적 변인과 사회 환경적 변인 간에 관계 분석이 필요하다. 비만에 대한 관심이 증가하면서 점점 더 많은 대중들이 인터넷과 소셜미디어를 통해 비만에 대한 정보를 얻고 공유하며 의견을 교환하고 있다. 그러므로 소셜미디어상에서 생성되고 있는 비만관리 주제와 관련된 빅데이터를 수집하고 분석한다면 비만과 관련된 대중의 인식과 대처방법, 사회현상을 보다 실제적으로 파악하여 그 의미를 도출해낼 수 있을 것이다. 본 연구는 소셜 빅데이터를 활용하여 비만(다이어트) 검색과 관련된 문서를 수집하고, 주제분석과 감성분석을 통하여 비만(다이어트)에 대한 미래신호를 탐지하여 예측모형을 제시하고자 한다.

2 연구방법

2 -1 분석 자료 및 대상

본 연구는 국내의 온라인 뉴스 사이트, 블로그, 카페, 소셜 네트워크 서비스, 게시판 등 인터넷을 통해 수집된 소셜 빅데이터를 대상으로 하였다. 본 분석에서는 191개의 온라인 뉴스사이트, 4개의 블로그(네이버, 네이트, 다음, 티스토리), 2개의 카페(네이버, 다음), 1개의 SNS(트위터), 9개의 게시판(네이버지식인, 네이트지식, 네이트톡, 네이트판 등)의 총 207개 온라인 채널을 통해 수집 가능한 텍스트 기반의 웹문서(버즈)를 소셜 빅데이터로 정의하였다.

비만(다이어트) 관련 토픽의 수집은 2011년 1월 1일부터 2013년 12월 31일까지 요일별, 주말, 휴일을 고려하지 않고 해당 채널에서 매 시간단위로 이루어졌다. 총 120만 7531건의 텍스트(text) 문서를 수집하여 본 연구의 분석에 포함시켰다. 본 연구를 위한 토픽의 분류에는 주제분석(text mining) 기법을 사용하였다. 비만(다이어트) 토픽으로는 모든 관련 문서를 수집하기 위해 '비만', '다이어트'를 사용하였다. 온라인 문서의 잡음을 제거하기 위한 불용어로는 '배송비만, 관리비만' 등을 사용하였다.

1 연구대상 수집하기

- 비만 수집 키워드
  - 온라인상의 비만 주제에 대한 소셜 빅데이터를 수집하기 위해서는 수집된 빅데이터 자료를 식별하고 활용하기 위한 분석틀로서, 비만관리 관련 주제를 분류하고 비만관리 온톨로지와 용어체계를 개발[2]해야 한다.
  - 비만 온톨로지의 예를 들면 [그림 7-1]과 같이 비만의 진단, 예방과 치료 방법은 대상자가 보유한 인구학적 특성, 위험요인, 증상 및 징후, 합병증 유무의 영향을 받는다.

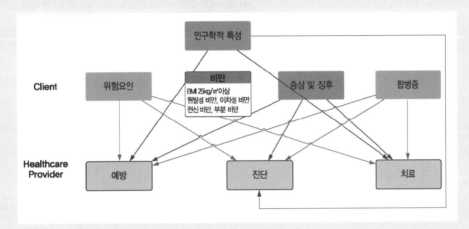

[그림 7-1] 비만 온톨로지(비만의 진단, 예방과 치료 프로세스)

  - 온톨로지 개발은 비만 관리 주제를 설명하는 분류틀에 해당하는 용어에 대하여 '대분류-중분류-소분류'의 각 영역 수준별로 용어를 추출하여 제시해야 한다. 따라서 [표 7-1]과 같이 각 용어별로 비만 관련 임상실무지침, 통계지표, 선행문헌 검토 등의 방법을 이용하여 동의어와 유사어를 정의해야 한다.

---

2 본 내용은 'Ae Ran Kim, Tae Min Song, Hyeoun-Ae Park(2014). Development of an obesity ontology for collection and analysis of big data related to obesity. TBC 2014'에 게재되었음을 밝힌다.

[표 7-1] 비만 온톨로지 분류에 따른 영역 수준

대분류	중분류	소분류 1	소분류 2	동의어 · 유의어	영역 수준
위험요인				위험인자, 위험요소	대분류(위험요인)
	식이 및 식사 습관			식사, 식이, 식이요법, 식사습관	대분류(위험요인) > 중분류(식이 및 식사습관)
		고지방식이		고지방식, 지방과다섭취	대분류(위험요인) > 중분류(식이 및 식사습관) > 소분류1(고지방식이)
			지방	기름기, 기름부위, 유지류	대분류(위험요인) > 중분류(식이 및 식사습관) > 소분류1(고지방식이) > 소분류2(지방)
			과자	과자류, 비스킷, 스낵	대분류(위험요인) > 중분류(식이 및 식사습관) > 소분류1(고지방식이) > 소분류2(과자)
			삼겹살구이	돼지고기 구이, 삼겹살	대분류(위험요인) > 중분류(식이 및 식사습관) > 소분류1(고지방식이) > 소분류2(삼겹살구이)
			튀김	튀김요리, 튀김류	대분류(위험요인) > 중분류(식이 및 식사습관) > 소분류1(고지방식이) > 소분류2(튀김)
			…		이외 분류를 포함할 수 있음

변수명	키워드
운동치료	저항성운동,바벨,걷벨,운동밴드,짐볼,근력운동,유산소운동,자전거타기,실내,에어로빅댄스,조깅,웬지스땐에어로빅,농구,달리기,하이킹,축구,걷기,언라인스케이팅,댄싱,실내조깅기구운동,줄넘기,라켓스포츠,계단오르기,수영,배구,멀티컬운동,수중에어로빅,땐드볼,에어로빅라이딩스쿼시,줄넘기,자전거,실내자전거,하키싸이클,에어로빅트레킹,노젓기운동,로잉머신,배드민턴,테니스,계단,싸이클린,줄넘기,복합운동,유연성운동,운동처방,스트레칭,요가,신체활동안내,신체활동이완
식사치료	식이요법,다이어트,단백식품다이어트,칼로리제한다이어트,저무수화물다이어트,저지방다이어트,저안줄린다이어트,제식다이어트,고탄수화물다이어트,제식해식다이어트,군더다이어트,마사니즈다이어트,액체다이어트,Zone다이어트,마요네즈다이어트,원푸드다이어트,제식,덴마크다이어트,황제다이어트,식이요법교육,체한식품,제한영양소,열량,지방,당질,음주,허용식품,허용영양소,단백질,무기질,저칼로리식사,저열량,칼로리,열량식습관한,저지방식사,기름기없는고기,기름을찾는다고지한분은,저지방식다이어트,저지방우유,저지방,고단백식사,고단백다이어트,단백질함유,계란흰질,살코백살,생선류,화살생선,등뚜른생선,살코기,장조림,사태류,성우피,야채,제소,오이,상추,녹황색제소,과일,셀러드,잡곡류,잡곡밥,현미,콩,강낭밍,비타민,시금치,당근,콩나물,배추,무,연근,김,미역,김치,버섯,멥쌀,가지,깍두기,고사리,단무지,양배추,싹깅,호박,도라지,피망,룻고추,엄파,토마토,다시마,간토도,굴,수박,복수,딸기,포도,레몬,참외,단감,사과,건도무,완지분우,전지분유,오렌지주스,참외,보통우유,전지분유,식물성유지,요구르트,뱅어포,찬멸치,훨달걀,쇠고기,초계,연,우유,치즈,파,양종,오이드,파래,나트름,소금
신체계측	BMI,bodymassindex,체질량지수,신체질량지수,신체비만지수,케틀레지수,Queteletindex,허리둘레,waistcircumference,허리-엉덩이둘레비율,waist-hipratio,허리엉덩이둘레비,WaistHipRatio,WHR,신장,키,제중,몸무게,비만도,상대체중비,제지방량,제지방중,제내지방량,근육량,피부주름두께,복부내장지방,체지방
인식고취	교육,캠페인,홍보,식사,운동,신체적활동,행동치료,생활습관
행동치료	자극조절기법,자극조절법,영상치료법,보상,영상강화법,강화,자가관찰,영양교육,신체활동조절,문제해결,다제행동기법,인지적제구조화,언지적재구조화,온지적제구조화법,인지재구성,사회적지지프로그램,사회복지지,지지,프로그램,자가관찰기법,일기,식사행동일기,활동일기,감정일기,수불,다이어트다이어리,다이어트일기,산보,견학,견물,목욕,음악,드라이브,공원산책,제사,편지,운동,양지질,접안행소,소문,멜범참리,동기부여,건강한생활행식유지,건강행계획법,자가감시,self-monitoring,자가모니터링,스트레스관리
합병증(기타)	마취,정신장애,모성비만,테마,비흡족,고요산혈증,요요현상,정신장애
생활습관	행동부족,좌식생활,비활동성생활습관,지속적인제활동,TV시청,컴퓨터게임,대중교통,지하철,버스,높아공간,수면부족,불충분한수면,금연,금단,흡연,음주,알코올중독,음주문화,잦은회식,술,회식,연주
사회경제적요인	사회,경제,지역,가난,빈곤,환경,사회경영,사회환경
식사습관	고지방식이,고칼로리식이,가공식품,성식장애,짜반,기름기,기름부위가많은고기,튀김,과다한지방섭취,햄패저,지방섭취취주기,트랜스지방섭취,비스켓,고지방,고칼로리,기름,고기,삼겹포화지방,트랜스지방,페스트푸드,인스턴트식품,스넥,탄산음료,청고푸드,캠버거,콜라,사탕,초콜릿,간편,치킨,피자,통,빵,밀가루,섭식과소,바른식사식기준,과식,다이어트,야식,음주음군,식탐,야식
부위	전신비만,복부비만,상체비만,얼굴,팔목,허리,하체비만,둔부형비만,하반,허벅,중아리,엉덩이,복부비만,복부점비만,뱃살,내장비만
중재(학교)	식사,운동,신체적활동,행동치료,학교급식,학교간지,학교급식소,도시락,학교정책,학교훈련,환경개선,부모참여,가족참여,친구,동료참여,개발상담,전화상담,부모전화상담,문자,메시지전송,비만수업,보건수업,비만예방수업,건강교실,심화수업,비디오시청
정신적증상	스트레스,스트레서,자살충동,공포,불안,대인기피,우울,우울증,신경질,신경성폭식증,자존감저하,신경성폭식증,자가존중심하락,자기존중제하,차별
체질량지수	과체중,overweight,위험제중,1단계비만,비만1단계,2단계비만,비만2단계,3단계비만,비만3단계,비만위험군,경도비만,중등도비만,고도비만,초고도비만
연령별	태아,저제중아,낮은출생제중소아,아동,어린이,학령전기,막땅기,유아,여아,청소년,10대,학생,초등학생,중학생,고등학생,대학생,여대생,성인,청년,중년,장년,노년,20대,30대,40대,50대,60대,직장인,회사원,임신,산후,폐경기,임산부,산모
성별	여성,여자,남성,남자
세팅별	임상,clinicalsetting,공공보건,publichealth,비임상,지역사회,보육시설,어린이집,유치원,학교,직장
중재(지역사회)	식사,운동,신체적활동,행동치료,지지,우편,전화,인터넷,자조모임,지역기관,지역환경개선,정책개선
중재(전문가)	식사,운동,신체적활동,행동치료,다학제팀,전료기관연계
중재(직장)	식사,운동,신체적활동,행동치료,직장행동수칙프로그램,인센티브,incentive,건강식제공
중재(가족)	식사,운동,신체적활동,행동치료,부모참여,돌봄제공자참여,보호자참여,환경개선,놀이,enjoyableactiveplay
제도유지	제도금융약료,비제활동등수직,행동치료운행,지축적인제체결관,식사조절,스트레스관리,정기적인제출처방,정기적추적관리,휴대폰단축메시지서비스제공,방문서비스,문자,카카오톡
수술	수술,비만대사수술,고도비만수술,지방흡입술,조절형위밴드설치술,투입약우회술,RY우회술,지방줄임,주사,가족식,제초레라피,보톡스,지방이식,PPC주사,HPL
약물치료	비만치료제,식욕억제제,한약,건강기능식품,시부트라민,sibutramine,오르리스타트,orlistat,롤리스타트,롤리스타트,펜터민,phentermine,히벌라이프,칼로예결,쉐이크
암	유방암,대장암,담낭암,췌장암,신장암,방광암,자궁경부암,전립선암,자궁내막암
소화기질환	담낭질환,담석증,지방간
생식/프로몬계질환	생식기능장애,호르몬장애,불임,다낭성난소증후군
호흡기질환	수면무호흡증,제제성수면무호흡증,수면무호흡,호흡저하,저환기장애,코골이,숨가름,breathlessness
근골격계질환	골관절염,퇴행성관절증,요통,통풍,골다공증,성조숙증
심혈관계질환	관상동맥질환,심근경색증,협심증,부정맥,울혈성심부전,허혈성심질환,피부성심근증,심장발작,협심증,고혈압,고지혈증,이상지질혈증,고플레스테롤혈증
내분비질환	당뇨병,제2형당뇨병,NIDDM,대사증후군,인슐린저항성
위험요소처치(기타)	생활양식,생활습관,식이,식사,식이습관,신체적활동,운동,유전,가족력,비만,과체중,가족력,동반질환,가족력,동기화,변화의지,모티베이션,정신적스트레스,디스트레스
신체적증상	유증상,느트,소화불량,목의통증,흉통증,갈증,소변장증가,잦은소변,현기증,요통,두통,불규칙한월경,발진,시력증강,시력감소
검사	지질성분검사,lipidprofile,혈당,공복시혈당,간기능,내분비기능,혈압

2 -2 연구방법

비만(다이어트)에 대한 미래신호를 예측하기 위해 [그림 7-2]와 같이 소셜 빅데이터(SNS, 온라인 뉴스 사이트, 블로그, 카페, 게시판)를 수집하여 분석하였다. 본 연구의 의사결정나무 형성을 위한 분석 알고리즘은 CHAID(Chi-squared Automatic Interaction Detection)를 사용하였다. 그리고 본 연구의 기술분석, 다중응답분석, 로지스틱 회귀분석, 의사결정나무분석에는 IBM SPSS 23.0을 사용하고 랜덤포레스트 분석, 연관규칙, 시각화에는 R 3.3.1을 사용하였다.

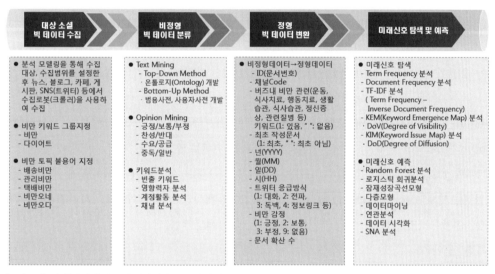

[그림 7-2] 비만(다이어트) 소셜 빅데이터 분석 절차 및 방법

2 -3 연구도구

본 연구에 사용된 연구도구는 감성분석(opinion mining), 주제분석(text mining), 요인분석(factor analysis) 과정을 거쳐 다음과 같이 정형화 데이터로 코드화하여 사용하였다.

(1) 비만(다이어트) 관련 감정

본 연구의 비만 감성분석은 감성어 사전을 사용하여 긍정(Positive)감정[비만예방하다, 하체비만(탈출하다·다이어트하다), 복부비만(해결하다·관리하다·빼다·벗어나다), 다이어트(성공하다·효과적이다·올바르다·빠르다·추천하다 등), 즉 비만 탈출의 긍정적 의미]은 성공(Success)으로 분석하였다. 그리고 부정(Negative)과 보통(Neutral)감정[마른비만, 비만(원인되다·심하다·심각하다·증가하다·위험하다), 다이어트(무리하다·실패하다·잘못되다·포기하다·좋지 않다 등), 즉 비만 탈출의 부정과 보통의 의미]은 실패(Failure)로 분석하였다. 비만 감정은 통계분석을 위하여 긍정의 감정을 가진 문서는 '1', 부정의 감정을 가진 문서는 '0'으로 코드화하였다.

(2) 비만(다이어트) 관련 운동

비만(다이어트)과 관련한 운동은 요인분석과 주제분석 과정을 거쳐 걷기(달리기·걷기·조깅·계단·계단오르기), 유산소(유산소운동), 유연성(스트레칭·유연성운동·요가), 스포츠(농구·배구·축구·핸드볼·스쿼시·테니스·라켓스포츠·배드민턴), 댄스(에어로빅댄스·에어로빅·수중에어로빅·댄싱), 근력운동(근력운동·바벨·덤벨), 자전거(하이킹·자전거타기·자전거·좌식싸이클·실내자전거), 운동치료(운동처방·운동밴드·짐볼·저항성운동·노젓기운동·로잉머신)의 8개 요인으로 분석하였다. 해당 운동 요인이 있는 경우는 '1', 없는 경우는 '0'으로 코드화하였다.

(3) 비만(다이어트) 관련 식이요법

비만(다이어트)과 관련한 식이요법은 요인분석과 주제분석 과정을 거쳐 저열량식사(저칼로리식사·저칼로리·저열량·지중해식다이어트·칼로리제한다이어트·저탄수화물다이어트·채식다이어트), 원푸드식사(마시는다이어트·액체다이어트·원푸드다이어트·단일식품다이어트), 저지방식사(저지방·저지방식사·저지방식다이어트·저지방다이어트), 다이어트식단(덴마크다이어트·황제다이어트·단백질파우더·Zone다이어트), 균형잡힌식사(무기질·비타민·칼슘·단백질·열량·식이요법·섬유질), 현미식사(잡곡밥·잡곡류·현미·당질·땅콩), 해조류섭취(미역·다시마·파래·김·요오드·잔멸치·뱅어포), 채소섭취(야채·녹황색채소·채소·채식·샐러드·양배추·토마토·오이·참외·가지·호박·콩나물), 잎채소섭취(깻잎·시금치·상추·쑥갓·배추·도라지·당근·연근·버섯·고사리), 과일섭취(수박·포도·복숭아·자두·단감·사과·딸기·건포도·과일), 육류섭취(쇠고기·살코기·기름기없는고기·사태찜·장조림), 생선섭취(생선류·흰살생선·등푸른생선), 계란(삶은계란·계란찜), 유제품(요구르트·요플레·저지방우유·보통우유·우유·치즈·전지분유), 고단백식사(저인슐린다이어트·고단백식사·고단백다이어트·고단백식이), 소금섭취(나트륨·소금)의 16개 요인으로 분석하였다. 해당 식이요법 요인이 있는 경우는 '1', 없는 경우는 '0'으로 코드화하였다.

(4) 비만(다이어트) 관련 치료

비만(다이어트)과 관련한 치료는 요인분석과 주제분석 과정을 거쳐 비만치료제(비만치료제·

식욕억제제·시부트라민·sibutramine·오리스타트·orlistat·올리스태트·올리스타트·펜터민·phentermine),
한약, 건강보조식품(건강기능식품·허벌라이프·알로에겔·쉐이크), 수술(비만대사수술·고도비만수
술·복강경수술·루와이우회술·조절형위밴드설치술·수술), 시술(시술·지방흡입·주사·메조테라피·보톡
스·지방이식·PPC주사·HPL), 당뇨병치료제(당뇨병치료제·인슐린·설폰요소제·항정신병약물·항전간
제· 베타차단제·알파차단제·사이프로헵타딘·프로프라놀롤·스테로이드제제· 선택적세로토닌재흡수억
제제·SSRI·파록세틴)의 6개 요인으로 분석하였다. 해당 치료 요인이 있는 경우는 '1', 없는 경
우는 '0'으로 코드화하였다.

(5) 비만(다이어트) 관련 질병

비만(다이어트)과 관련한 치료는 요인분석과 주제분석 과정을 거쳐 암(유방암·대장암·담낭암·
췌장암·신장암·방광암·자궁경부암·전립선암·자궁내막암), 소화기계질환(담낭질환·담석증·지방간·소
화불량), 생식호르몬계질환(성기능장애·호르몬장애·불임·다낭성난소증후군), 호흡기계질환(수면
무호흡증·폐쇄성수면무호흡증·수면무호흡·호흡곤란), 근골격계질환(골관절염·퇴행성관절염·통풍·골
다공증·성조숙증), 심혈관질환(관상동맥질환·심근경색증·협심증·부정맥·울혈성심부전·허혈성심질
환·비후성심근증·심장발작·돌연사·고혈압·고지혈증·이상지질혈증·고콜레스테롤혈증), 내분비계질환
(당뇨병·제2형당뇨병·IDDM·대사증후군·인슐린저항성), 신경계질환(시상하부성비만·외상·종양·감
염성질환·뇌압상승·쿠싱증후군·갑상선기능저하증·인슐린종), 합병증(마취·뇌졸중·고요산혈증·요요
현상·프라더윌리증후군·프래더윌리증후군), 신체적증상(트림·목의통증·갈증·소변량증가·잦은소변·
현기증·요통·두통·발진·시력장애), 정신증상(신경성폭식증·신경성식욕부진·자살충동·불면·우울증·
우울·대인기피·대인관계위축·자존감저하·자아존중감저하·정신장애·정신질환)의 11개 요인으로 분
석하였다. 해당 치료 요인이 있는 경우는 '1', 없는 경우는 '0'으로 코드화하였다.

2 연구도구 만들기

■ 비만 감성분석

– 본 연구의 비만 감성분석은 감성어 사전을 사용하여 긍정 감정[비만예방하다, 하체비만(탈출하다·다이어트하다), 복부비만(해결하다·관리하다·빼다·벗어나다), 다이어트(성공하다·효과적이다·올바르다·빠르다·추천하다 등), 즉 비만 탈출의 긍정적 의미]은 성공으로, 부정과 보통 감정[마른비만, 비만(원인되다·심하다·심각하다·증가하다·위험하다), 다이어트(무리하다·실패하다·잘못되다·포기하다·좋지 않다 등), 즉 비만 탈출의 부정과 보통의 의미]은 실패로 분석하였다.

– 비만 감성분석을 위한 감성어 사전은 다음과 같다.

매우긍정	긍정	보통	부정	매우부정
완벽한 다이어트	복부비만 빼다	다이어트하다	다이어트 무리하다	과도한 스트레스
다이어트 끝내다	비만 벗어나다	운동 하다	다이어트 실패하다	체중 나가다
가장좋은 다이어트	복부비만 탈출하다	다이어트이다	다이어트 잘못되다	스트레스 되다
허벅지 빠지다	다이어트 도움되다	다이어트 시작 하다	다이어트 무너지다	스트레스 심하다
다이어트 중요하다	다이어트 효과 있다	먹지만 다이어트	다이어트 하지 말다	스트레스 많다
훌륭한 다이어트	다이어트 올바르다	다이어트하라하다	다이어트 혹독하다	많은 스트레스
단백질 중요하다	다이어트 효과 빠르다	다이어트하기다	운동 안 하다	비만 위험하다
저렴하게 다이어트	다이어트 추천하다	식사 하다	운동 힘들다	지방 지나치다
다이어트 간단하다	살 빼는 운동	다이어트 위하다	운동 부족하다	다이어트 스트레스 받다
다이어트 좋을것같다	운동 꾸준히 하다	다이어트 하시다	운동 시간 없다	좋은건 다이어트[X]
뱃살 들어가다	운동 추천하다	다이어트하는 사람	운동 과하다	운동 싫어하다
다이어트 예쁘다	만들어 주는 운동	다이어트 하려다 보다	운동 하지 못하다	체중 뚱뚱하다
얼굴 작아지다	운동 가능 하다	먹는건 다이어트	운동 필요 없다	비만 심각하다
다이어트 맛 있다	운동 도움 되다	다이어트 대하다	운동 피하다	극심한 다이어트
적합한 다이어트	운동 권유하다	다이어트 먹다	스트레스 받게 되다	빠지지 않는 지방
허벅지 줄다	운동 잘 하다	다이어트이기때문다	무리하는 다이어트	뱃살 찌다
다이어트 한거같다	스트레스 받지 않다	운동 하여야만 하다	마른 비만	다이어트 위험하다
습관 중요 하다	스트레스 해소 되다	새로운 다이어트	스트레스 받다	저주받은 하체비만
맛있게 다이어트	스트레스 해소시키다	다이어트 진행 하다	다이어트 실패 하다	독하게 다이어트
다이어트성공이다	스트레스에 좋다	다이어트있다	기름진 음식	위험한 비만
식습관 중요 하다	스트레스 효과적이다	다이어트하면되다	굶는건 다이어트	다이어트 독하다
이상적인 다이어트	스트레스 사라지다	다이어트 말하다	운동안하다	복부비만 심하다
다이어트 잘되다	스트레스 완화하다	다이어트증이기때문다	잘못 된 다이어트	위험천만한 다이어트
제대로된 다이어트	고민할 필요 없다	하려는 다이어트	잘못 된 식습관	뱃살 나오다
다이어트 마법같다	스트레스 이기다	다이어트 나오다	무너지는 다이어트	체중 증가할 수 있다
체지방 빠지고 있다	다이어트 성공 하다	위한 다이어트	지방 많다	운동 살찌다
운동 효과적이다	건강한 다이어트	운동 병행 하다	비만 원인되다	어렵다는 다이어트
다이어트 극찬하다	다이어트 좋다	다이어트할수있다	지방 쌓이다	복부비만 위험하다
중요한건 다이어트	뱃살 빼다	한다는 운동	식사 거르다	허벅지 살찌다

■ 비만 주제분석

– 본 연구의 독립변수인 비만 관련 식이요법은 요인분석과 요인분석의 주제분석 과정을 거쳐 코드화하였다.

– 따라서 다음과 같이 93개 식이요법 키워드(변수)에 대한 요인분석을 통하여 변수를 축약해야 한다.

- 요인분석을 실시하여 키워드를 축약한다.

1단계: 데이터파일을 불러온다(분석파일: 비만_주제분석.sav).

2단계: [분석]→[차원감소]→[요인분석]→[변수: 저칼로리식사~소금]을 선택한다.

3단계: [요인회전]→[베리멕스]를 지정한다.

4단계: [옵션]→[계수출력형식: 크기순 정렬, 작은 계수 표시 안 함]을 지정한다.

5단계: 결과를 확인한다.

- 93개의 감정변수가 총 31개의 요인(고유값 1 이상)으로 축약되었다.

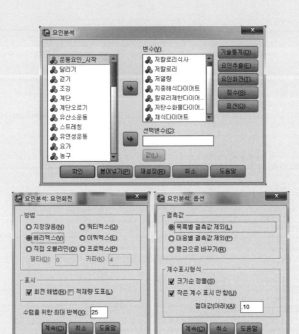

회전된 성분행렬

	1	2	3	4	5	6	7	8	9	10	11	12	13	14	15	16	17	18	19	20	21	22	23
Zone다이어트	820																						
지방흡식다이어트	728																					.113	
해독다이어트	835																						
고육수화물다이어트	556																						
가통기만느고기	551																						
지중해식다이어트	338										326		117										
무기질		700																					
비타민		693																					
탄송		533		123	175						225						164						
단백질		465		113		177		194			186						130						
탄물		295				103					123						237				171		
양근			683	140	120									.126			126						
맥주			599														126						
모미			480	110		216										161							
도마토			471	109		220	199	127															
사과		191	425				236									-163				131			
건포도				557		110							.123										151
호른			536																				
생선류			433									103		-129				319		-103			-118
치즈			428			149							194										
시리치		124	249	412					100		222	114						198	154	123			
쇠고기			118	378	103					111						101			127	219			
축수			257	333	195			235						-101									-118
콜기			214	298			211							-101		-169				127			
이력				720										114				105					
오모드		169		670													-111						
마시마			122	669										-105			165						
설탕도			105			556																	141
야쿠			248			532																	
콜입		311	206			470	221						142			-153							
깨소		356	193			419							114									158	
화미							687																
수백						111	639		125							102							
포도			127	160			553		101				121										
흑자다이어트								817			197												
류푸드다이어트		149						807															
평대다이어트						496													154		301		

- 상기 요인분석으로 생성된 31개의 이분형 요인(식이요법1~식이요법31)에 대해 주제분석을 실시하여 축약한다.

- 25개의 운동 키워드는 다음과 같이 주제분석을 실시하여 축약한다.

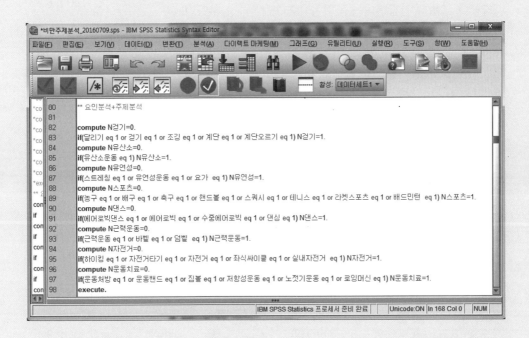

```
** 요인분석+주제분석
compute N걸기=0.
if(달리기 eq 1 or 걷기 eq 1 or 조깅 eq 1 or 계단 eq 1 or 계단오르기 eq 1) N걸기=1.
compute N유산소=0.
if(유산소운동 eq 1) N유산소=1.
compute N유연성=0.
if(스트레칭 eq 1 or 유연성운동 eq 1 or 요가  eq 1) N유연성=1.
compute N스포츠=0.
if(농구 eq 1 or 배구 eq 1 or 축구 eq 1 or 핸드볼 eq 1 or 스쿼시 eq 1 or 테니스 eq 1 or 라켓스포츠 eq 1 or 배드민턴  eq 1) N스포츠=1.
compute N댄스=0.
if(에어로빅댄스 eq 1 or 에어로빅 eq 1 or 수중에어로빅 eq 1 or 댄싱 eq 1) N댄스=1.
compute N근력운동=0.
if(근력운동 eq 1 or 바벨 eq 1 or 덤벨  eq 1) N근력운동=1.
compute N자전거=0.
if(하이킹 eq 1 or 자전거타기 eq 1 or 자전거 eq 1 or 좌식싸이클 eq 1 or 실내자전거  eq 1) N자전거=1.
compute N운동치료=0.
if(운동처방 eq 1 or 운동밴드 eq 1 or 짐볼 eq 1 or 저항성운동 eq 1 or 노젓기운동 eq 1 or 로잉머신 eq 1) N운동치료=1.
execute.
```

3 결과

3 -1 비만 관련 온라인 문서 현황

비만(다이어트) 관련 온라인 문서 현황은 [표 7-2]와 같다.

비만(다이어트) 관련 성공의 감정을 가진 버즈는 24.8%로 나타났다. 비만(다이어트) 관련 운동 요인은 유연성(26.2%), 걷기(25.1%), 유산소(17.3%), 자전거(11.1%), 근력운동(10.9%) 등의 순으로 나타났다. 비만(다이어트) 관련 치료 요인은 건강보조식품(34.4%), 시술(23.2%), 수술(16.5%), 한약(11.7%) 등의 순으로 나타났다. 비만(다이어트) 관련 식이요법 요인은 채소섭취(26.9%), 균형잡힌식사((25.9%), 과일섭취(11.9%), 유제품(7.7%), 잎채소섭취(5.0%), 소금섭취(4.2%), 저열량식사(4.1%) 등의 순으로 나타났다. 비만(다이어트) 관련 질병 요인은 합병증(25.2%), 심혈관질환(18.6%), 내분기계질환(15.8%), 정신증상(10.8%), 근골격계질환(7.3%), 신체적증상(7.0%) 등의 순으로 나타났다.

비만(다이어트) 관련 순계정은 최초문서가 63.5%로 나타나고, 채널은 트위터가 71.2%로
나타났다. 트위터 언급형태는 독백형이 25.1%로 가장 많았다.

[표 7-2] 비만(다이어트) 관련 온라인문서(버즈) 현황

구분	항목	N(%)	구분	항목	N(%)
감정	실패	363,334(75.2)	순계정	최초문서	767,356(63.5)
	성공	119,756(24.8)		확산문서	440,205(36.5)
	계	483,090		계	1,207,561
트위터 언급형태	대화형	143,427(16.7)	식이요법 요인	저열량식사	78,90(4.1)
	전파형	120,083(14.0)		원푸드식사	55,70(2.9)
	독백형	215,633(25.1)		저지방식사	27,07(1.4)
	reply형	77,614(9.0)		다이어트식단	3,688(1.9)
	정보링크형	302,453		균형잡힌식사	50,110(25.9)
	계	859,210		현미식사	7,804(4.0)
언급채널	트위터	859,209(71.2)		해조류섭취	3,427(1.8)
	블로그	219,837(18.2)		채소섭취	51,950(26.9)
	카페	55,921(4.6)		잎채소섭취	9,708(5.0)
	게시판	2,107(0.2)		과일섭취	22,955(11.9)
	뉴스	70,487(5.8)		육류섭취	2,624(1.4)
	계	1,207,561		생선섭취	552(0.3)
운동 요인	걷기	13,465(25.1)		계란	999(0.5)
	유산소	9,276(17.3)		유제품	14,932(7.7)
	유연성	14,043(26.2)		고단백식사	413(0.2)
	스포츠	2,449(4.6)		소금섭취	8,125(4.2)
	댄스	1,714(3.2)		계	193,451
	근력운동	5,983(10.9)	질병 요인	암	2,857(4.3)
	자전거	5,983(11.1)		소화기계질환	4,070(6.1)
	운동치료	896(1.7)		생식호르몬계질환	1,087(1.6)
	계	53,675		호흡기계질환	1,190(1.8)
치료 요인	비만치료제	2,747(5.7)		근골격계질환	4,866(7.3)
	한약	5,638(11.7)		심혈관질환	12,348(18.6)
	건강보조식품	16,620(34.4)		내분기계질환	10,437(15.8)
	수술	7,961(16.5)		신경계질환	909(1.4)
	시술	11,220(23.2)		합병증	16,723(25.2)
	당뇨병치료제	4,180(8.6)		신체적증상	4,613(7.0)
	계	48,366		정신증상	7,161(10.8)
				계	66,261

③ 비만(다이어트) 관련 온라인문서(버즈) 현황(빈도분석, 다중반응분석)

- [표 7-2]와 같이 비만 관련 온라인 문서 현황을 작성한다.
- 빈도분석을 실행한다.

1단계: 데이터파일을 불러온다(분석파일: 비만_2011_2013.sav).

2단계: [분석]→[기술통계량]→[빈도분석]→[변수: Attitude]를 선택한다.

3단계: 결과를 확인한다.

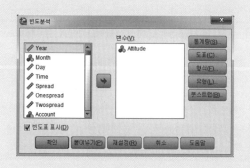

Attitude

		빈도	퍼센트	유효 퍼센트	누적 퍼센트
유효	실패	363334	30.1	75.2	75.2
	성공	119756	9.9	24.8	100.0
	전체	483090	40.0	100.0	
결측	9.00	724430	60.0		
전체		1207520	100.0		

- 다중반응 빈도분석을 실행한다(사례: 식이요법 요인).

1단계: 데이터파일을 불러온다(분석파일: 비만_2011_2013.sav).

2단계: [분석]→[다중반응]→[변수군 정의]를 선택한다.

3단계: [변수군에 포함된 변수: 저열량식사~소금섭취]를 선택한다.

4단계: [변수들의 코딩형식: 이분형(1), 이름: 식이요법 요인]을 지정한 후 [추가]를 선택한다.

5단계: [분석]→[다중반응]→[다중반응 빈도분석]을 선택한다.

6단계: 결과를 확인한다.

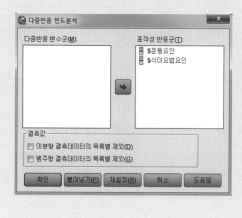
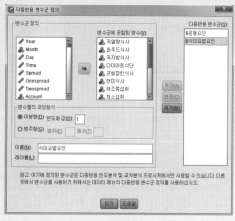

[표 7-3]과 같이 비만(다이어트) 관련 운동 요인에 대한 성공 감정은 근력운동, 유산소, 자전거, 유연성, 걷기 등의 순으로 높게 나타났다. 비만(다이어트) 관련 식이요법 요인에 대한 성공 감정은 저열량식사, 원푸드식사, 고단백식사, 생선섭취, 다이어트식단 등의 순으로 높게 나타났다. 비만(다이어트) 관련 치료 요인에 대한 성공 감정은 건강보조식품, 한약, 비만치료제, 시술 등의 순으로 높게 나타났다. 비만(다이어트) 관련 질병 요인에 대한 실패 감정은 신경계질환, 생식호르몬계질환, 호흡기계질환, 내분비계질환, 소화기계질환 등의 순으로 높게 나타났다. 비만(다이어트) 관련 채널별 성공 감정은 게시판, 블로그, 카페, 뉴스, 트위터 순으로 높게 나타났다.

[표 7-3] 비만(다이어트) 관련 운동/식이요법/질병/치료 감정 교차분석   단위: N(%)

요인	항목	감정		계	요인	항목	감정		계
		실패	성공				실패	성공	
운동	걷기	4,824 (44.9)	5,920 (55.1)	10,744	질병	암	1,346 (62.4)	810 (37.6)	2,156
	유산소	3,529 (40.8)	5,115 (59.2)	8,644		소화기계 질환	2,013 (60.0)	1,342 (40.0)	3,355
	유연성	5,116 (44.1)	6,483 (55.9)	11,599		생식호르 몬계질환	563 (65.9)	291 (34.1)	854
	스포츠	861 (48.5)	915 (51.5)	1,776		호흡기계 질환	492 (62.8)	292 (37.2)	784
	댄스	641 (41.0)	922 (59.0)	1,563		근골격계 질환	2,289 (57.5)	1,691 (42.5)	3,980
	근력운동	1,898 (38.6)	3,021 (61.4)	4,919		심혈관 질환	5,234 (59.2)	3,613 (40.8)	8,847
	자전거	1,839 (43.3)	2,404 (56.7)	4,243		내분기계 질환	4,104 (62.4)	2,469 (37.6)	6,573
	운동치료	394 (53.2)	346 (48.8)	740		신경계 질환	484 (66.8)	241 (33.2)	725
	계	19,102	25,126	44,228		합병증	5,703 (39.0)	8,937 (61.0)	14,633
						신체적 증상	2,082 (53.1)	1,837 (46.9)	3,939
						정신증상	3,028 (58.6)	2,139 (41.4)	5,167
						계	27,338	23,655	50,993

식이요법	저열량 식사	2,076 (30.7)	4,693 (69.3)	6,769
	원푸드 식사	1,620 (31.2)	3,573 (68.8)	5,193
	저지방 식사	909 (38.9)	1,428 (61.1)	2,337
	다이어트 식단	1,051 (36.5)	1,829 (63.5)	2,880
	균형잡힌 식사	18,969 (46.2)	22,062 (53.8)	41,033
	현미식사	2,646 (40.9)	3,826 (59.1)	6,472
	해조류 섭취	1,186 (41.4)	1,677 (58.6)	2,863
	채소섭취	19,232 (48.3)	20,574 (51.7)	39,808
	잎채소 섭취	2,933 (38.3)	4,728 (61.7)	7,661
	과일섭취	8,603 (47.2)	9,638 (52.8)	18,241
	육류섭취	956 (40.5)	1,407 (59.5)	2,363
	생선섭취	174 (33.5)	345 (66.5)	519
	계란	360 (45.3)	434 (54.7)	794
	유제품	5,460 (46.2)	6,365 (53.8)	11,825
	고단백 식사	127 (32.6)	263 (67.4)	390
	소금섭취	2,737 (41.6)	3,842 (58.4)	6,579
	계	69,039	86,684	155,723

치료	비만 치료제	867 (47.7)	952 (52.3)	1,819
	한약	2,120 (45.3)	2,557 (54.7)	4,677
	건강보조 식품	3,856 (39.3)	5,946 (60.7)	9,802
	수술	3,503 (60.8)	2,257 (39.2)	5,760
	시술	4,455 (49.0)	4,628 (51.0)	9,083
	당뇨병 치료제	1,823 (56.1)	1,428 (43.9)	3,251
	계	16,624	17,768	34,392
채널	트위터	311,490 (82.2)	67,297 (17.8)	378,787
	블로그	16,823 (40.2)	25,014 (59.8)	41,837
	카페	11,728 (50.6)	11,471 (49.4)	23,199
	게시판	185 (35.3)	339 (64.7)	524
	뉴스	23,127 (59.7)	15,640 (40.3)	38,767
	계	363,353	119,761	483,114

비만(다이어트) 관련 운동/식이요법/질병/치료 감정 교차분석(다중반응 교차분석)

- [표 7-3]과 같이 비만(다이어트) 관련 식이요법 요인과 감정[Attitude: 0(실패), 1(성공)]의 교차표를 작성한다.
- 다중응답 교차분석을 실행한다.

1단계: 데이터파일을 불러온다(분석파일: 비만_2011_2013.sav).

2단계: [분석]→[다중반응]→[교차분석]→[행: 식이요법 요인, 열: Attitude]을 지정한다.

3단계: [Attitude의 범위지정]→[최소값(0), 최대값(1)]을 지정한다.

4단계: [옵션]→[셀 퍼센트: 행, 퍼센트 계산기준: 반응]을 선택한다.

5단계: 결과를 확인한다.

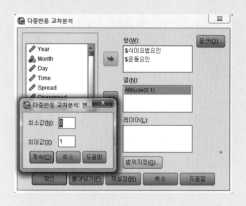 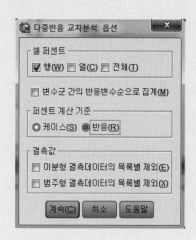

3 -3 비만 미래신호 탐색

1) 비만(다이어트) 관련 키워드의 단어 및 문서 빈도 분석

단어빈도(TF), 문서빈도(DF), 단어의 중요도 지수를 고려한 문서의 빈도(TF-IDF) 분석을 통하여 비만(다이어트)에 대한 운동, 식이요법, 치료, 질병의 키워드의 변화를 살펴보았다 [표 7-4].

단어빈도에서는 채소섭취, 균형잡힌식사, 과일섭취, 건강보조식품, 걷기, 유제품, 심혈관질환 등의 순으로 나타났다. 운동 요인은 걷기, 식이요법 요인은 채소섭취, 치료 요인은 시술, 질병 요인은 심혈관질환이 중요한 키워드로 나타났다.

문서빈도는 단어빈도와 비슷한 추이를 보였으나 운동 요인은 유연성, 식이요법 요인은 채소섭취, 치료 요인은 시술, 질병 요인은 합병증이 많이 확산되고 있는 것으로 나타났다. 중요도 지수를 고려한 단어빈도에서 운동 요인은 걷기, 식이요법 요인은 균형잡힌식사, 치료 요인은 시술, 질병 요인은 심혈관질환이 많이 확산되고 있는 것으로 나타났다.

[표 7-4] 비만(다이어트)의 키워드 분석

순위	TF		DF		TF-IDF	
	키워드	빈도	키워드	빈도	키워드	빈도
1	채소섭취	24693	채소섭취	17317	균형잡힌식사	63412
2	균형잡힌식사	24621	균형잡힌식사	16703	채소섭취	62436
3	과일섭취	9871	과일섭취	7652	과일섭취	35464
4	건강보조식품	7313	합병증	5574	건강보조식품	29348
5	걷기	6011	건강보조식품	5540	심혈관질환	26136
6	유제품	5950	유제품	4977	걷기	25774
7	심혈관질환	5939	유연성	4681	유제품	24708
8	합병증	5750	걷기	4488	시술	24351
9	시술	5381	심혈관질환	4116	합병증	23029
10	유연성	5245	시술	3740	유연성	22203
11	잎채소섭취	4201	내분기계질환	3479	잎채소섭취	19801
12	내분기계질환	3937	잎채소섭취	3236	내분기계질환	18186
13	유산소	3092	유산소	3092	현미식사	15365
14	현미식사	3074	소금섭취	2708	유산소	14759
15	소금섭취	2936	수술	2654	소금섭취	14522
16	수술	2911	저열량식사	2630	수술	14475
17	저열량식사	2741	현미식사	2601	저열량식사	13660
18	정신증상	2608	정신증상	2387	정신증상	13329
19	자전거	2105	자전거	1994	근력운동	11300
20	근력운동	2103	근력운동	1950	자전거	11252
21	한약	1879	한약	1879	생식호르몬계질환	11163
22	원푸드식사	1867	원푸드식사	1857	한약	10190
23	신체적증상	1735	근골격계질환	1622	원푸드식사	10154
24	근골격계질환	1694	신체적증상	1538	신체적증상	9861
25	해조류섭취	1622	당뇨병치료제	1393	해조류섭취	9848
26	암	1542	소화기계질환	1357	암	9724
27	소화기계질환	1475	다이어트식단	1229	근골격계질환	9512

28	생식호르몬계질환	1475	해조류섭취	1142	소화기계질환	8625
29	당뇨병치료제	1420	암	952	당뇨병치료제	8251
30	다이어트식단	1338	비만치료제	916	다이어트식단	7994
31	비만치료제	1102	저지방식사	902	비만치료제	7009
32	스포츠	1017	육류섭취	875	스포츠	6619
33	육류섭취	944	스포츠	816	육류섭취	6057
34	저지방식사	919	댄스	571	저지방식사	5863
35	댄스	575	호흡기계질환	397	댄스	4007
36	호흡기계질환	396	생식호르몬계질환	362	호흡기계질환	2952
37	계란	336	계란	333	신경계질환	2608
38	신경계질환	334	신경계질환	303	계란	2577
39	운동치료	299	운동치료	299	운동치료	2338
40	생선섭취	190	생선섭취	184	생선섭취	1603
41	고단백식사	139	고단백식사	138	고단백식사	1224
	합계	458,345	합계	361,758	합계	621,688

온라인 채널의 비만(다이어트) 관련 키워드(운동·치료·식이요법·질병)는 [그림 7-3]과 같이 채소섭취, 균형잡힌식사, 과일섭취, 건강보조식품, 걷기, 유제품, 심혈관질환, 합병증, 시술 등의 순으로 나타났다. 키워드의 연도별 순위 변화를 보면 2011년에 6위이던 걷기가 2013년에는 8위로 내려가 운동 요인 중 걷기의 중요성이 감소된 것으로 나타났다. 반면 2011년에 10위이던 시술이 2013년에는 5위로 올라가 시간이 갈수록 비만(다이어트) 극복을 위한 시술에 관심이 확산되고 있는 것으로 나타났다[표 7-5].

[표 7-5] 비만(다이어트)의 월별 키워드 순위변화(TF기준)

순위	2011년	2012년	2013년
1	채소섭취	채소섭취	균형잡힌식사
2	균형잡힌식사	균형잡힌식사	채소섭취
3	과일섭취	과일섭취	과일섭취
4	건강보조식품	건강보조식품	건강보조식품
5	유제품	걷기	시술
6	걷기	심혈관질환	합병증
7	심혈관질환	유제품	심혈관질환
8	합병증	유연성	걷기
9	유연성	합병증	유제품
10	시술	시술	유연성
11	잎채소섭취	잎채소섭취	내분기계질환
12	내분기계질환	내분기계질환	잎채소섭취
13	수술	유산소	수술

14	현미식사	현미식사	정신증상
15	유산소	소금섭취	한약
16	소금섭취	저열량식사	현미식사
17	저열량식사	자전거	소금섭취
18	정신증상	정신증상	유산소
19	근력운동	수술	저열량식사
20	원푸드식사	근력운동	근력운동
21	자전거	원푸드식사	근골격계질환
22	신체적증상	근골격계질환	암
23	다이어트식단	해조류섭취	신체적증상
24	해조류섭취	신체적증상	자전거
25	암	소화기계질환	소화기계질환
26	근골격계질환	생식호르몬계질환	생식호르몬계질환
27	당뇨병치료제	암	원푸드식사
28	한약	다이어트식단	당뇨병치료제
29	소화기계질환	당뇨병치료제	해조류섭취
30	생식호르몬계질환	한약	비만치료제
31	스포츠	비만치료제	스포츠
32	육류섭취	저지방식사	다이어트식단
33	비만치료제	스포츠	육류섭취
34	저지방식사	육류섭취	저지방식사
35	댄스	댄스	댄스
36	호흡기계질환	호흡기계질환	신경계질환
37	신경계질환	계란	호흡기계질환
38	계란	운동치료	계란
39	운동치료	신경계질환	운동치료
40	생선섭취	생선섭취	고단백식사
41	고단백식사	고단백식사	생선섭취

2011년	2012년	2013년	전체

[그림 7-3] 비만(다이어트) 관련 연도별 운동/치료/식이요법/질병 요인의 변화

⑤ 비만(다이어트) 관련 연도별 운동/치료/식이요법/질병 요인의 변화

> setwd("c:/미래신호_2부3장")

> install.packages("wordcloud")

> library(wordcloud)

> key=c('걷기', '유산소', '유연성', '스포츠', '댄스', '근력운동', '자전거', '운동치료', '저열량식
사', '원푸드식사', '저지방식사', '다이어트식단', '균형잡힌식사', '현미식사', '해조류섭취', '채
소섭취', '잎채소섭취', '과일섭취', '육류섭취', '생선섭취', '계란', '유제품', '고단백식사', '소금섭
취', '비만치료제', '한약', '건강보조식품', '수술', '시술', '당뇨병치료제', '암', '소화기계질환',
'생식호르몬계질환', '호흡기계질환', '근골격계질환', '심혈관질환', '내분비계질환', '신경계질환',
'합병증', '신체적증상', '정신증상')

> freq=c(5844, 3128, 4997, 1075, 598, 2086, 1943, 309, 2673, 1986, 899, 1700, 22651, 3187, 1609,
24712, 4292, 9246, 1019, 209, 372, 6797, 161, 2868, 962, 1380, 6837, 3286, 4330, 1421, 1509,
1320, 1320, 438, 1482, 5585, 3500, 385, 5431, 1786, 2368)

> library(RColorBrewer)

> palete=brewer.pal(9, "Set1")

> windows(height=5.5, width=5)

> wordcloud(key,freq,scale=c(3, 0.5), rot.per=.12, min.freq=5, random.order=F, random.
color=T, colors=palete)

> savePlot("비만_2011년_워드클라우드.png", type="png")

2) 비만(다이어트) 관련 키워드의 미래신호 탐색

[표 7-6]과 같이 비만(다이어트) 키워드에 대한 DoV 증가율과 평균단어빈도를 산출한 결과 채소섭취와 걷기는 높은 빈도를 보이나 DoV 증가율은 중앙값보다 낮아 시간이 갈수록 신호가 약해지는 것으로 나타났다. 균형잡힌식사와 시술은 높은 빈도를 보이고 DoV 증가율도 중앙값보다 높아 시간이 갈수록 신호가 빠르게 강해지는 것으로 나타났다.

[표 7-7]과 같이 DoD 증가율과 평균문서빈도를 산출한 결과, 걷기는 문서빈도는 높으나 DoD 증가율은 중앙값보다 낮게 나타나 걷기에 대한 국민의 관심을 높일 수 있는 방안을 마련해야 할 것으로 보인다. 시술은 문서빈도도 높고 증가율도 높게 나타나 비만(다이어트) 치료를 위한 무분별한 시술의 부작용을 방지하기 위한 대책을 마련해야 할 것으로 보인다.

앞에서 제시한 미래신호 탐색절차와 같이 DoV의 평균단어빈도와 DoD의 평균문서빈도를 X축으로 설정하고 DoV와 DoD의 평균증가율을 Y축으로 설정한 후 각 값의 중앙값을 사분면으로 나누면, 2사분면에 해당하는 영역의 키워드는 약신호가 되고 1사분면에 해당하는 키워드는 강신호가 된다.

빈도수 측면에서 상위 10위에 DoV는 채소섭취, 균형잡힌식사, 과일섭취, 건강보조식품, 걷기, 유제품, 심혈관질환, 합병증, 시술, 유연성 순으로 포함되었다. DoV 증가율의 중앙값 (0.033)보다 높은 증가율을 보이는 키워드는 한약, 시술, 정신증상, 합병증, 소화기계질환, 생식호르몬계질환, 근골격계질환, 비만치료제, 균형잡힌식사로 나타났으며 DoD 증가율의 중앙값(0.018)보다 높은 증가율을 보이는 키워드는 균형잡힌식사, 채소섭취, 과일섭취, 합병증, 건강보조식품, 시술, 유연성, 유제품, 심혈관질환으로 나타났다.

[표 7-6] 비만(다이어트) 키워드의 DoV 평균증가율과 평균단어빈도

키워드	DoV			평균증가율	평균단어빈도
	2011년	2012년	2013년		
채소섭취	0.151	0.157	0.152	0.007	24693
균형잡힌식사	0.138	0.149	0.174	0.123	24621
과일섭취	0.056	0.063	0.065	0.075	9871
건강보조식품	0.042	0.047	0.048	0.074	7313
걷기	0.036	0.04	0.036	0.012	6011
유제품	0.041	0.036	0.034	−0.098	5950
심혈관질환	0.034	0.037	0.04	0.087	5939
합병증	0.033	0.032	0.042	0.145	5750
시술	0.026	0.032	0.042	0.269	5381

유연성	0.03	0.035	0.032	0.033	5245
잎채소섭취	0.026	0.027	0.025	-0.024	4201
내분기계질환	0.021	0.026	0.026	0.117	3937
유산소	0.019	0.02	0.019	-0.009	3092
현미식사	0.019	0.019	0.019	-0.017	3074
소금섭취	0.017	0.018	0.019	0.037	2936
수술	0.02	0.014	0.02	0.057	2911
저열량식사	0.016	0.017	0.017	0.033	2741
정신증상	0.014	0.015	0.02	0.175	2608
자전거	0.012	0.016	0.011	0.018	2105
근력운동	0.013	0.014	0.012	-0.005	2103
한약	0.008	0.008	0.019	0.664	1879
원푸드식사	0.012	0.012	0.01	-0.074	1867
신체적증상	0.011	0.011	0.011	-0.008	1735
근골격계질환	0.009	0.011	0.011	0.127	1694
해조류섭취	0.01	0.011	0.009	-0.009	1622
암	0.009	0.009	0.011	0.1	1542
소화기계질환	0.008	0.009	0.011	0.145	1475
생식호르몬계질환	0.008	0.009	0.011	0.145	1475
당뇨병치료제	0.009	0.008	0.01	0.054	1420
다이어트식단	0.01	0.008	0.006	-0.24	1338
비만치료제	0.006	0.007	0.007	0.126	1102
스포츠	0.007	0.006	0.006	-0.027	1017
육류섭취	0.006	0.006	0.006	-0.038	944
저지방식사	0.005	0.006	0.005	0.001	919
댄스	0.004	0.003	0.004	0.003	575
호흡기계질환	0.003	0.003	0.002	-0.121	396
계란 .	0.002	0.002	0.002	-0.104	336
신경계질환	0.002	0.002	0.002	0.057	334
운동치료	0.002	0.002	0.002	-0.023	299
생선섭취	0.001	0.001	0.001	-0.132	190
고단백식사	0.001	0.001	0.001	0.068	139
중앙값				0.033	1879

[표 7-7] 비만(다이어트) 키워드의 DoD 평균증가율과 평균문서빈도

키워드	DoD			평균증가율	평균문서빈도
	2011년	2012년	2013년		
채소섭취	0.129	0.142	0.137	0.033	17317
균형잡힌식사	0.113	0.126	0.157	0.178	16703
과일섭취	0.055	0.062	0.064	0.078	7652

합병증	0.042	0.04	0.051	0.117	5574
건강보조식품	0.041	0.043	0.048	0.086	5540
유제품	0.044	0.038	0.035	−0.111	4977
유연성	0.034	0.04	0.036	0.035	4681
걷기	0.034	0.037	0.034	0.007	4488
심혈관질환	0.03	0.033	0.035	0.073	4116
시술	0.023	0.028	0.038	0.289	3740
내분기계질환	0.025	0.029	0.029	0.092	3479
잎채소섭취	0.025	0.026	0.025	−0.01	3236
유산소	0.025	0.025	0.023	−0.03	3092
소금섭취	0.021	0.022	0.021	0.005	2708
수술	0.024	0.017	0.023	0.04	2654
저열량식사	0.02	0.021	0.021	0.012	2630
현미식사	0.021	0.021	0.019	−0.049	2601
정신증상	0.017	0.018	0.022	0.153	2387
자전거	0.014	0.02	0.012	0.018	1994
근력운동	0.015	0.017	0.014	−0.021	1950
한약	0.011	0.01	0.024	0.622	1879
원푸드식사	0.016	0.016	0.013	−0.095	1857
근골격계질환	0.011	0.014	0.013	0.105	1622
신체적증상	0.012	0.012	0.012	−0.027	1538
당뇨병치료제	0.011	0.01	0.012	0.022	1393
소화기계질환	0.01	0.011	0.012	0.116	1357
다이어트식단	0.012	0.01	0.007	−0.246	1229
해조류섭취	0.009	0.01	0.008	−0.031	1142
암	0.008	0.007	0.008	0.028	952
비만치료제	0.006	0.007	0.008	0.113	916
저지방식사	0.007	0.008	0.007	−0.018	902
육류섭취	0.007	0.007	0.007	−0.05	875
스포츠	0.006	0.006	0.007	0.014	816
댄스	0.005	0.004	0.005	−0.015	571
호흡기계질환	0.003	0.003	0.004	0.203	397
생식호르몬계질환	0.003	0.003	0.002	−0.121	362
계란	0.003	0.003	0.002	−0.122	333
신경계질환	0.003	0.002	0.003	0.074	303
운동치료	0.002	0.002	0.002	−0.042	299
생선섭취	0.002	0.002	0.001	−0.144	184
고단백식사	0.001	0.001	0.001	0.042	138
중앙값				0.018	1879

[그림 7-4], [그림 7-5], [표 7-8]과 같이 KEM과 KIM에 공통적으로 나타나는 비만(다이어트) 관련 강신호(1사분면)에는 균형잡힌식사, 과일섭취, 건강보조식품, 시술, 합병증, 심혈관질환, 유연성, 내분비계질환, 정신건강, 수술이 포함되고, 약신호(2사분면)에는 한약, 소화기계질환, 근골격계질환, 비만치료제, 암, 고단백식사, 신경계질환, 당뇨병치료제가 포함된 것으로 나타났다.

KIM의 4사분면에만 나타난 강하지는 않지만 잘 알려진 신호는 원푸드식사, 신체적증상, 해조류섭취, 다이어트식단, 스포츠, 육류섭취, 저지방식사, 댄스, 계란, 운동치료, 생선섭취였다. KIM의 3사분면에만 나타난 잠재신호는 걷기, 유제품, 잎채소섭취, 유산소, 현미식사, 자전거, 근력운동이었다. 특히 약신호인 2사분면에서는 치료 요인 중 한약과 비만치료제가 높은 증가율을 보였는데, 이들 키워드는 시간이 지나면 강신호로 발전할 수 있기 때문에 이에 대한 근거를 마련해야 할 것으로 보인다. 그리고 치료 요인 중 시술과 수술은 강신호이면서 높은 증가율을 보여 이에 대한 대응방안을 마련해야 할 것으로 보인다.

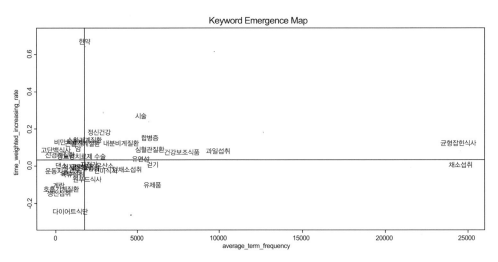

[그림 7-4] 비만(다이어트) 관련 키워드 KEM

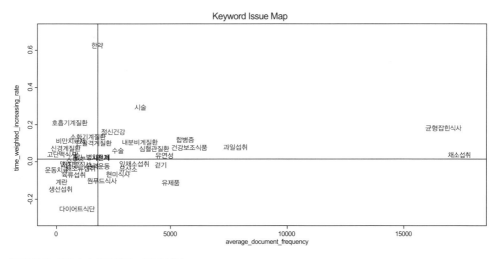

[그림 7-5] 비만(다이어트) 관련 키워드 KIM

비만(다이어트) 관련 키워드 KEM, KIM

```
> rm(list=ls())

> setwd("c:/미래신호_2부3장")

> ata_spss=read.table(file="비만_DoV.txt", header=T)

> windows(height=5.5, width=5)

> plot(data_spss$tf, data_spss$df, xlim=c(0, 25000), ylim=c(-0.3, 0.7), pch=18, col=8,
    xlab='average_term_frequency', ylab='time_weighted_increasing_rate', main='Keyword
    Emergence Map')

> text(data_spss$tf, data_spss$df, label=data_spss$정책, cex=0.8, col='red')

> abline(h=0.033, v=1879, lty=1, col=4, lwd=0.5)

> savePlot('비만_DoV_1', type='png')
```

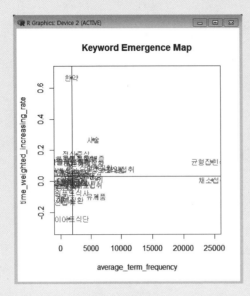

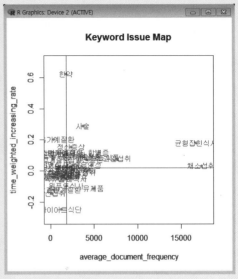

[표 7-8] 비만(다이어트) 관련 키워드의 미래신호

구분	잠재신호 (Latent signal)	약신호 (Weak signal)	강신호 (Strong signal)	강하지는 않지만 잘 알려진 신호 (Not strong but well known signal)
KEM	원푸드식사, 신체적증상, 해조류섭취, 다이어트식단, 스포츠, 육류섭취, 저지방식사, 댄스, 호흡기계질환, 계란, 운동치료, 생선섭취	한약, 생식호르몬계질환, 소화기계질환, 비만치료제, 근골격계질환, 암, 고단백식사, 신경계질환, 당뇨병치료제	균형잡힌식사, 과일섭취, 건강보조식품, 시술, 합병증, 심혈관질환, 유연성, 내분비계질환, 정신건강, 수술, 저열량식사, 소금섭취	채소섭취, 걷기, 유제품, 잎채소섭취, 유산소, 현미식사, 자전거, 근력운동
KIM	원푸드식사, 신체적증상, 해조류섭취, 다이어트식단, 스포츠, 육류섭취, 저지방식사, 댄스, 계란, 운동치료, 생식호르몬계질환, 생선섭취	한약, 호흡기계질환, 소화기계질환, 근골격계질환, 비만치료제, 암, 고단백식사, 신경계질환, 당뇨병치료제	균형잡힌식사, 채소섭취, 과일섭취, 건강보조식품, 시술, 합병증, 심혈관질환, 유연성, 내분비계질환, 정신건강, 수술	걷기, 유제품, 잎채소섭취, 유산소, 저열량식사, 현미식사, 자전거, 소금섭취, 근력운동
주요 신호	원푸드식사, 신체적증상, 해조류섭취, 다이어트식단, 스포츠, 육류섭취, 저지방식사, 댄스, 계란, 운동치료, 생선섭취	한약, 소화기계질환, 근골격계질환, 비만치료제, 암, 고단백식사, 신경계질환, 당뇨병치료제	균형잡힌식사, 과일섭취, 건강보조식품, 시술, 합병증, 심혈관질환, 유연성, 내분비계질환, 정신건강, 수술	걷기, 유제품, 잎채소섭취, 유산소, 현미식사, 자전거, 근력운동

3 -4 비만 미래신호 예측

1) 랜덤포레스트 분석을 통한 비만(다이어트) 미래신호 예측

랜덤포레스트의 중요도를 나타낸 [그림 7-6]을 살펴본 결과 비만(다이어트) 감정(실패, 성공)에 가장 큰 영향을 미치는(연관성이 높은) 요인은 '저열량식사'로 나타났다. 그 뒤를 이어 균형잡힌식사, 건강보조식품, 채소섭취, 원푸드식사, 유산소, 과일섭취, 유연성, 잎채소섭취, 시술, 유제품 요인 등이 영향을 미쳤다.

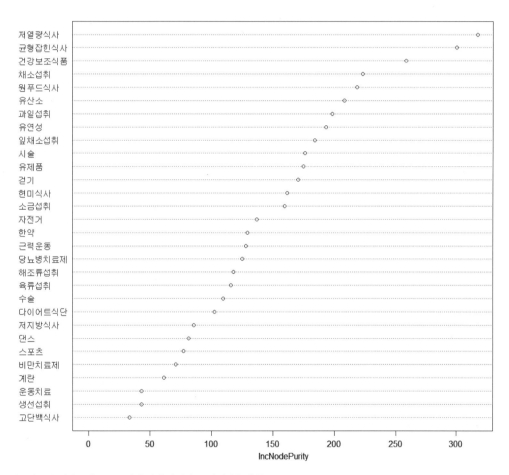

[그림 7-6] 랜덤포레스트 모델의 비만(다이어트) 미래신호의 중요도

7 랜덤포레스트 모델의 비만(다이어트) 미래신호의 중요도

```
> install.packages("randomForest")

> library(randomForest)

> gc()

> setwd('c:/미래신호_2부3장')

> tdata = read.table('비만_randomforest.txt', header=T)

> tdata.rf = randomForest(Attitude~., data=tdata, forest=FALSE, importance=TRUE)

> varImpPlot(tdata.rf, main='Random forest importance plot')

> savePlot("Random_비만_운동식이치료.png", type="png")
```

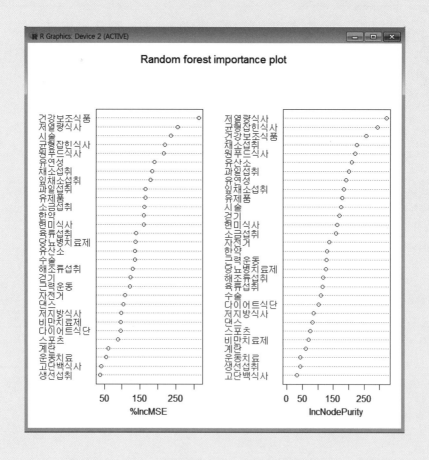

랜덤포레스트의 중요도로 나타난 미래신호(운동 요인, 식이요법 요인, 치료 요인)들이 비만(다이어트) 감정(실패, 성공)에 미치는 영향을 로지스틱 회귀분석을 통하여 살펴본 결과, 운동 요인 중 걷기, 유산소, 유연성, 근력운동, 자전거 요인은 실패보다 성공의 확률이 높은 것으로 나타났다. 식이요법 요인 중 저열량식사, 원푸드식사, 저지방식사($p<.05$), 다이어트식단, 균형잡힌 식사, 현미식사, 채소섭취, 잎채소섭취, 과일섭취, 유제품, 소금섭취($p<.05$) 요인은 실패보다 성공의 확률이 높았다. 치료 요인 중 비만치료제, 한약, 건강보조식품, 시술은 실패보다 성공의 확률이 높았다[표 7-9].

[표 7-9] 비만(다이어트) 감정(실패, 성공)에 영향을 주는 미래신호

	B	S.E.	유의확률	Exp(B)	EXP(B)에 대한 95% 신뢰구간	
					하한	상한
a 걷기	.262	.026	.000	1.299	1.236	1.366
유산소	.219	.029	.000	1.245	1.175	1.319
유연성	.619	.023	.000	1.858	1.777	1.942
스포츠	.251	.057	.000	1.285	1.150	1.436
댄스	-.092	.063	.143	.912	.806	1.032
근력운동	.422	.037	.000	1.525	1.418	1.639
자전거	.224	.039	.000	1.251	1.158	1.351
운동치료	.321	.081	.000	1.379	1.176	1.616
저열량식사	.867	.030	.000	2.381	2.245	2.525
원푸드식사	.765	.034	.000	2.149	2.011	2.296
저지방식사	.108	.050	.031	1.114	1.010	1.230
다이어트식단	.412	.046	.000	1.509	1.380	1.650
균형잡힌식사	.678	.013	.000	1.969	1.920	2.020
현미식사	.191	.031	.000	1.210	1.140	1.286
해조류섭취	-.069	.045	.121	.933	.855	1.019
채소섭취	.572	.014	.000	1.772	1.725	1.820
잎채소섭취	.448	.028	.000	1.564	1.480	1.654
과일섭취	.079	.020	.000	1.082	1.042	1.125
육류섭취	-.150	.050	.003	.861	.780	.950
생선섭취	-.067	.105	.521	.935	.761	1.149
계란	.043	.081	.600	1.043	.890	1.223
유제품	.314	.023	.000	1.369	1.310	1.432
고단백식사	-.120	.129	.350	.887	.689	1.141
소금섭취	.398	.029	.000	1.489	1.406	1.577
비만치료제	.368	.053	.000	1.445	1.302	1.605
한약	.871	.032	.000	2.390	2.245	2.544
건강보조식품	1.194	.022	.000	3.302	3.160	3.450
수술	-.069	.032	.031	.934	.877	.994
시술	.855	.024	.000	2.351	2.242	2.466
당뇨병치료제	-.262	.042	.000	.769	.709	.835
상수항	-1.388	.004	.000	.250		

a. 기준범주(Attitude) : 실패(0)

8 비만(다이어트) 감정(실패, 성공)에 영향을 주는 미래신호

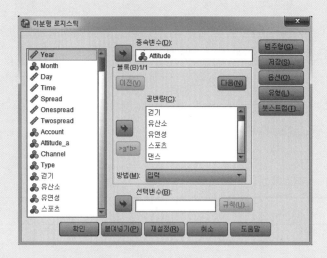

2) 의사결정나무분석을 통한 비만(다이어트) 미래신호 예측

운동 요인에 대한 비만(다이어트)의 위험 예측 모형에 대한 의사결정나무는 [그림 7-7]과 같다. 나무구조의 최상위에 있는 뿌리나무는 예측변수(독립변수)가 투입되지 않은 종속변수의 빈도를 나타낸다. 뿌리마디의 비만(다이어트)에 대한 감정의 비율을 보면 실패는 75.2%, 성공은 24.8%로 나타났다.

뿌리마디 하단의 가장 상위에 위치하는 운동 요인이 종속변수에 영향력이 가장 높은 요인(관련성이 깊은)으로 '유연성' 요인의 영향력이 가장 크게 나타났다. 즉 온라인 문서에 유연성 요인이 있는 경우 성공은 이전의 24.8%에서 55.9%로 증가하였다. '유연성 요인이 있고, 자전거 요인이 있고, 근력운동 요인이 있는' 경우 성공은 뿌리마디의 24.8%에서 84.7%로 증가하는 것으로 나타났다.

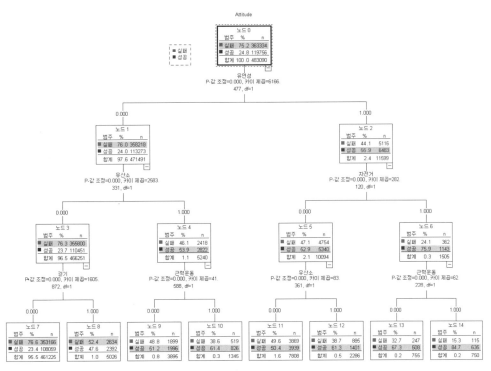

[그림 7-7] 운동 요인에 대한 비만(다이어트) 위험 예측 모형

[표 7-10] 운동 요인에 대한 비만(다이어트) 위험 예측 모형에 대한 이익도표와 같이 비만 (다이어트) 성공에 영향력이 가장 높은 경우는 '유연성 요인이 있고, 자전거 요인이 있고, 근력운동 요인이 있는' 경우의 조합으로 나타났다. 즉 14번 노드의 지수가 341.5%로 뿌리 마디와 비교했을 때 14번 노드의 조건을 가진 집단이 비만(다이어트)에 성공할 확률이 3.42 배로 나타났다.

[표 7-10] 운동 요인에 대한 비만(다이어트) 위험 예측 모형에 대한 이익도표

성공

노드	노드별						누적					
	노드		이득				노드		이득			
	N	퍼센트	N	퍼센트	반응	지수	N	퍼센트	N	퍼센트	반응	지수
14	750	0.2%	635	0.5%	84.7%	341.5%	750	0.2%	635	0.5%	84.7%	341.5%
13	755	0.2%	508	0.4%	67.3%	271.4%	1505	0.3%	1143	1.0%	75.9%	306.4%
10	1345	0.3%	826	0.7%	61.4%	247.7%	2850	0.6%	1969	1.6%	69.1%	278.7%
12	2286	0.5%	1401	1.2%	61.3%	247.2%	5136	1.1%	3370	2.8%	65.6%	264.7%
9	3895	0.8%	1996	1.7%	51.2%	206.7%	9031	1.9%	5366	4.5%	59.4%	239.7%
11	7808	1.6%	3939	3.3%	50.4%	203.5%	16839	3.5%	9305	7.8%	55.3%	222.9%
8	5026	1.0%	2392	2.0%	47.6%	192.0%	21865	4.5%	11697	9.8%	53.5%	215.8%
7	461225	95.5%	108059	90.2%	23.4%	94.5%	483090	100.0%	119756	100.0%	24.8%	100.0%

식이요법 요인에 대한 비만(다이어트) 위험 예측 모형에 대한 의사결정나무는 [그림 7-8]과 같다. 식이요법이 종속변수에 영향력이 가장 높은 요인으로 '균형잡힌식사' 요인의 영향력이 가장 크게 나타났다. 즉 온라인 문서에 균형잡힌식사 요인이 있는 경우 성공은 이전의 24.8%에서 53.8%로 증가하였다. '균형잡힌식사 요인이 있고, 저열량식사 요인이 있고, 원푸드식사 요인이 있는' 경우 성공은 뿌리마디의 24.8%에서 77.9%로 증가하였다.

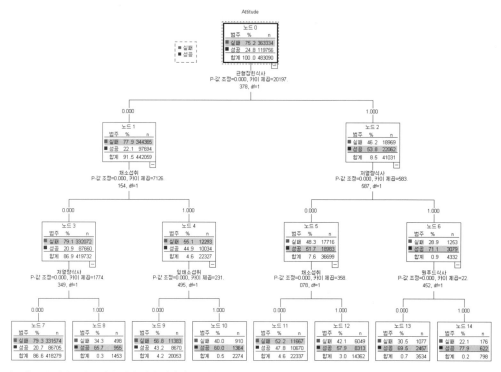

[그림 7-8] 식이요법 요인에 대한 비만(다이어트) 위험 예측 모형

[표 7-11] 식이요법 요인에 대한 비만(다이어트) 위험 예측 모형에 대한 이익도표와 같이 비만(다이어트) 성공에 가장 영향력이 높은 경우는 '균형잡힌식사 요인이 있고, 저열량식사 요인이 있고, 원푸드식사 요인이 있는' 경우의 조합으로 나타났다. 즉 14번 노드의 지수가 314.4%로 뿌리마디와 비교했을 때 14번 노드의 조건을 가진 집단이 비만(다이어트)에 성공할 확률이 3.14배로 나타났다.

[표 7-11] 식이요법 요인에 대한 비만(다이어트) 위험 예측 모형에 대한 이익도표

성공

노드	노드별						누적					
	노드		이득				노드		이득			
	N	퍼센트	N	퍼센트	반응	지수	N	퍼센트	N	퍼센트	반응	지수
14	798	0.2%	622	0.5%	77.9%	314.4%	798	0.2%	622	0.5%	77.9%	314.4%
13	3534	0.7%	2457	2.1%	69.5%	280.5%	4332	0.9%	3079	2.6%	71.1%	286.7%
8	1453	0.3%	955	0.8%	65.7%	265.1%	5785	1.2%	4034	3.4%	69.7%	281.3%
10	2274	0.5%	1364	1.1%	60.0%	242.0%	8059	1.7%	5398	4.5%	67.0%	270.2%
12	14362	3.0%	8313	6.9%	57.9%	233.5%	22421	4.6%	13711	11.4%	61.2%	246.7%
11	22337	4.6%	10670	8.9%	47.8%	192.7%	44758	9.3%	24381	20.4%	54.5%	219.7%
9	20053	4.2%	8670	7.2%	43.2%	174.4%	64811	13.4%	33051	27.6%	51.0%	205.7%
7	418279	86.6%	86705	72.4%	20.7%	83.6%	483090	100.0%	119756	100.0%	24.8%	100.0%

9 운동과 식이요법 요인에 대한 비만(다이어트) 위험 예측 모형

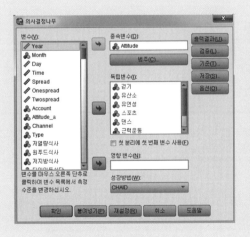

3) 연관분석을 통한 비만(다이어트) 미래신호 예측

소셜 빅데이터 분석에서 연관분석은 하나의 온라인 문서에 포함된 둘 이상의 단어들에 대한 상호관련성을 발견하는 것이다. 본 연구에서는 [표 7-12]와 같이 하나의 문서에 나타난 비만(다이어트) 감정과 미래신호(운동, 식이요법) 간 연관규칙을 분석하였다.

{균형잡힌식사, 잎채소섭취, 과일섭취, 유제품}=>{채소섭취} 다섯 개 변인의 연관성은 지지도 0.003, 신뢰도 0.975, 향상도 11.836으로 나타났다. 이는 온라인 문서에서 '균형잡힌식사, 잎채소섭취, 과일섭취, 유제품'이 언급되면 '채소섭취'가 언급될 확률이 97.5%로 '균형잡힌식사, 잎채소섭취, 과일섭취, 유제품'이 언급되지 않은 문서보다 '채소섭취'가 언급될 확률이 약 11.84배 높아지는 것을 나타낸다.

미래신호(운동, 식이요법) 간 연관규칙에 대한 SNA 결과 [그림 7-8]과 같이 채소섭취, 유산소, 걷기에 미래신호들이 상호 연결되어 있는 것으로 나타났다.

비만(다이어트) 감정(실패, 성공)과 미래신호(운동, 식이요법) 간의 연관규칙을 분석한 결과 {걷기, 유연성, 근력운동, 과일섭취}=>{성공}으로 5개 변인의 연관성은 지지도 0.001, 신뢰도 0.9891, 향상도 3.596으로 나타났다. 이는 온라인 문서에서 '걷기, 유연성, 근력운동, 과일섭취' 요인이 언급되면 비만(다이어트)에 성공할 확률이 89.1%이며, '걷기, 유연성, 근력운동, 과일섭취' 요인이 언급되지 않은 문서보다 성공할 확률이 약 3.60배 높아지는 것을 나타낸다.

비만(다이어트) 감정과 미래신호(운동, 식이요법) 간 연관규칙에 대한 SNA 결과 [그림 7-9]와 같이 유산소, 유연성, 근력운동, 걷기, 과일섭취, 균형잡힌식사가 성공에 상호 연결되어 있는 것으로 나타났다.

[표 7-12] 비만(다이어트)의 운동과 식이요법 간 연관규칙

	lhs	rhs	support	confidence	lift
[1]	{균형잡힌식사, 잎채소섭취, 과일섭취, 유제품}	=> {채소섭취}	0.002612350	0.9752705	11.83599
[2]	{균형잡힌식사, 현미식사, 잎채소섭취, 과일섭취}	=> {채소섭취}	0.001970647	0.9754098	11.83768
[3]	{과일섭취, 육류섭취, 유제품}	=> {채소섭취}	0.001579416	0.9857881	11.96363
[4]	{현미식사, 잎채소섭취, 과일섭취, 유제품}	=> {채소섭취}	0.001444865	0.9748603	11.83101
[5]	{균형잡힌식사, 잎채소섭취, 과일섭취, 소금섭취}	=> {채소섭취}	0.001401395	0.9755043	11.83883
[6]	{균형잡힌식사, 과일섭취, 육류섭취, 유제품}	=> {채소섭취}	0.001382765	0.9896296	12.01025
[7]	{유연성, 근력운동, 자전거, 균형잡힌식사}	=> {걷기}	0.001372415	0.9793205	44.03388
[8]	{잎채소섭취, 과일섭취, 육류섭취}	=> {채소섭취}	0.001366205	0.9792285	11.88402
[9]	{유산소, 유연성, 근력운동, 자전거, 균형잡힌식사}	=> {걷기}	0.001320665	0.9800307	44.06581
[10]	{균형잡힌식사, 현미식사, 잎채소섭취, 과일섭취, 유제품}	=> {채소섭취}	0.001293755	0.9780908	11.87022
[11]	{균형잡힌식사, 해조류섭취, 잎채소섭취, 과일섭취}	=> {채소섭취}	0.001279265	0.9793978	11.88608
[12]	{현미식사, 과일섭취, 육류섭취}	=> {채소섭취}	0.001273055	0.9746434	11.82838
[13]	{균형잡힌식사, 잎채소섭취, 과일섭취, 육류섭취}	=> {채소섭취}	0.001229585	0.9801980	11.89579
[14]	{잎채소섭취, 육류섭취, 유제품}	=> {채소섭취}	0.001171624	0.9877836	11.98785
[15]	{균형잡힌식사, 현미식사, 잎채소섭취, 육류섭취}	=> {채소섭취}	0.001136434	0.9751332	11.83432
[16]	{근력운동, 자전거, 균형잡힌식사, 과일섭취}	=> {유산소}	0.001086754	0.9776536	54.63844
[17]	{현미식사, 육류섭취, 유제품}	=> {채소섭취}	0.001076640	0.9774436	11.86236
[18]	{균형잡힌식사, 잎채소섭취, 육류섭취, 유제품}	=> {채소섭취}	0.001059844	0.9903288	12.01874
[19]	{걷기, 근력운동, 자전거, 균형잡힌식사}	=> {유산소}	0.001057774	0.9826923	54.92004
[20]	{균형잡힌식사, 잎채소섭취, 유제품, 소금섭취}	=> {채소섭취}	0.001039144	0.9747573	11.82976
[21]	{걷기, 균형잡힌식사, 잎채소섭취}	=> {채소섭취}	0.001030864	0.9920319	12.03941
[22]	{걷기, 유산소, 유연성, 근력운동, 과일섭취}	=> {균형잡힌식사}	0.001016374	0.9742063	11.47009
[23]	{잎채소섭취, 과일섭취, 육류섭취, 유제품}	=> {채소섭취}	0.001008094	0.9979508	12.11124

비만(다이어트)의 운동과 식이요법 간 연관규칙

```
> install.packages("arules")

> library(arules)

> asso=read.table('c:/미래신호_2부3장/비만_연관규칙_키워드.txt', header=T)

> trans=as.matrix(asso, "Transaction")

> rules1=apriori(trans, parameter=list(supp=0.001, conf=0.968, target="rules"))

> inspect(sort(rules1))

> summary(rules1)

> rules.sorted=sort(rules1, by="confidence")

> inspect(rules.sorted)

> rules.sorted=sort(rules1, by="lift")

> inspect(rules.sorted)
```

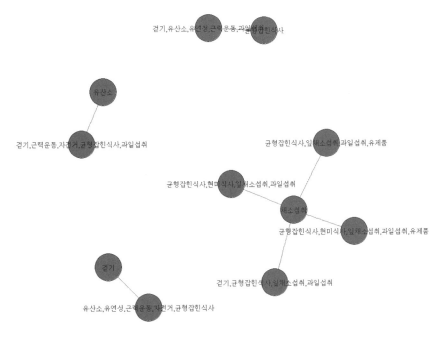

[그림 7-9] 비만(다이어트)의 운동과 식이요법 간 연관규칙의 SNA

```
> install.packages("dplyr")

> library(dplyr)

> install.packages("igraph")

> library(igraph)

> install.packages("arules")

> library(arules)

> asso=read.table('c:/미래신호_2부3장/비만_연관규칙_키워드.txt', header=T)

> trans=as.matrix(asso, "Transaction")

> rules1=apriori(trans, parameter=list(supp=0.001, conf=0.974, target="rules"))

> inspect(sort(rules1))

> rules = labels(rules1, ruleSep="/", setStart="", setEnd="")

> rules = sapply(rules, strsplit, "/", USE.NAMES=F)

> rules = Filter(function(x){!any(x == "")}, rules)

> rulemat = do.call("rbind", rules)

> ulequality = quality(rules1)

> ruleg = graph.edgelist(rulemat, directed=F)

> ruleg = graph.edgelist(rulemat[-c(1:16),], directed=F)

> plot.igraph(ruleg, vertex.label=V(ruleg)$name, vertex.label.cex=1, vertex.size=20,
  layout=layout.fruchterman.reingold.grid)

> savePlot("비만연관_키워드.png", type="png")
```

[표 7-13] 비만(다이어트)의 감정과 미래신호(운동, 식이요법) 간 연관규칙

```
      lhs                                         rhs      support      confidence  lift
[1]   {걷기,유연성,근력운동,파일섭취}             => {성공}  0.001037074  0.8914591   3.596103
[2]   {걷기,유산소,유연성,근력운동,자전거,균형잡힌식사}  => {성공}  0.001173694  0.8887147   3.585033
[3]   {유산소,유연성,근력운동,균형잡힌식사,파일섭취}   => {성공}  0.001020514  0.8835125   3.564048
[4]   {걷기,유산소,유연성,근력운동,자전거}        => {성공}  0.001235795  0.8818316   3.557267
[5]   {유산소,유연성,자전거,균형잡힌식사,파일섭취}    => {성공}  0.001028794  0.8812057   3.554742
[6]   {유산소,유연성,근력운동,자전거,균형잡힌식사}    => {성공}  0.001184044  0.8786482   3.544425
[7]   {유산소,유연성,자전거,파일섭취}             => {성공}  0.001070194  0.8777589   3.540838
[8]   {걷기,유연성,자전거,균형잡힌식사,파일섭취}     => {성공}  0.001037074  0.8743455   3.527068
[9]   {유연성,근력운동,균형잡힌식사,파일섭취}       => {성공}  0.001213024  0.8707281   3.512476
[10]  {걷기,유연성,근력운동,자전거,균형잡힌식사}     => {성공}  0.001194394  0.8702866   3.510695
[11]  {유산소,유연성,근력운동,파일섭취}           => {성공}  0.001061914  0.8694915   3.507487
[12]  {유산소,유연성,근력운동,자전거}            => {성공}  0.001258565  0.8648649   3.488824
[13]  {걷기,유연성,근력운동,자전거}             => {성공}  0.001281335  0.8633194   3.482589
[14]  {유연성,자전거,균형잡힌식사,파일섭취}        => {성공}  0.001119874  0.8628389   3.480651
[15]  {유연성,근력운동,자전거,균형잡힌식사}        => {성공}  0.001206814  0.8611521   3.473847
[16]  {걷기,유연성,자전거,파일섭취}             => {성공}  0.001115994  0.8605769   3.471526
[17]  {유연성,근력운동,파일섭취}               => {성공}  0.001345505  0.8597884   3.468345
[18]  {유연성,근력운동,자전거}                 => {성공}  0.001314455  0.8466667   3.415413
[19]  {유연성,자전거,파일섭취}                 => {성공}  0.001239935  0.8460452   3.412906
[20]  {원푸드식사,현미식사,채소섭취}             => {성공}  0.001014304  0.8433735   3.402129
[21]  {원푸드식사,균형잡힌식사,현미식사}          => {성공}  0.001026724  0.8336134   3.362757
[22]  {원푸드식사,현미식사}                    => {성공}  0.001119874  0.8209408   3.311636
[23]  {걷기,유산소,유연성,자전거,균형잡힌식사}      => {성공}  0.001465565  0.8203940   3.309430
```

12 비만(다이어트)의 감정과 미래신호(운동, 식이요법) 간 연관규칙

```
> asso=read.table('c:/미래신호_2부3장/비만_연관규칙_키워드종속변수.txt', header=T)
> install.packages("arules")
> library(arules)
> trans=as.matrix(asso, "Transaction")
> rules1=apriori(trans, parameter=list(supp=0.001, conf=0.82), appearance=list(rhs=c("실패",
  "성공"), default="lhs"), control=list(verbose=F))
> inspect(sort(rules1))
> summary(rules1)
> rules.sorted=sort(rules1, by="confidence")
> inspect(rules.sorted)
> rules.sorted=sort(rules1, by="lift")
> inspect(rules.sorted)
```

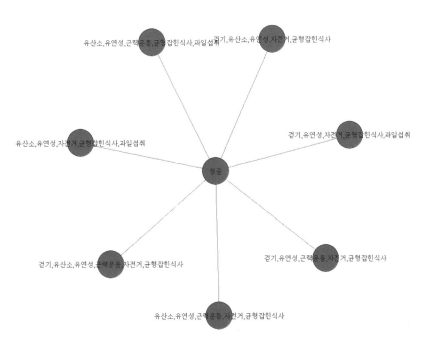

[그림 7-10] 비만(다이어트)의 감정과 미래신호(운동, 식이요법) 간 연관규칙의 SNA

⑬ 비만(다이어트)의 감정과 미래신호(운동, 식이요법) 간 연관규칙의 SNA

```
> install.packages("dplyr")
> library(dplyr)
> install.packages("igraph")
> library(igraph)
> install.packages("arules")
> library(arules)
> asso=read.table('c:/미래신호_2부3장/비만_연관규칙_키워드종속변수.txt', header=T)
> trans=as.matrix(asso, "Transaction")
> rules1=apriori(trans, parameter=list(supp=0.001, conf=0.82), appearance=list(rhs=c("실패",
  "성공"), default="lhs"), control=list(verbose=F))
> inspect(sort(rules1))
> summary(rules1)
> rules.sorted=sort(rules1, by="confidence")
> inspect(rules.sorted)
> rules.sorted=sort(rules1, by="lift")
> inspect(rules.sorted)
> rules = labels(rules1, ruleSep="/", setStart="", setEnd="")
> rules = sapply(rules, strsplit, "/", USE.NAMES=F)
> rules = Filter(function(x){!any(x == "")}, rules)
> rulemat = do.call("rbind", rules)
> rulequality = quality(rules1)
> ruleg = graph.edgelist(rulemat, directed=F)
> ruleg = graph.edgelist(rulemat[-c(1:16),], directed=F)
> plot.igraph(ruleg, vertex.label=V(ruleg)$name, vertex.label.cex=1, vertex.size=20,
  layout=layout.fruchterman.reingold.grid)
> savePlot("비만연관_키종속.png", type="png")
```

본 연구는 우리나라에서 수집 가능한 모든 온라인 채널에서 언급된 비만(다이어트) 관련 문서를 수집하여 비만(다이어트)과 관련하여 나타나는 미래신호(운동, 식이요법, 치료, 질병)를 탐지하여 예측모형을 제시하고자 하였다.

본 연구의 분석을 위하여 207개의 온라인 채널을 통해 수집된 온라인 문서를 대상으로 자연어처리 기술을 이용하여 텍스트마이닝과 감성분석을 실시하였다. 비만(다이어트) 미래신호를 탐색하기 위해 단어빈도, 문서빈도, TF-IDF를 분석하고, 키워드의 중요도(KEM)와 확산도(KIM)를 분석하여 미래신호를 탐색하였다. 그리고 머신러닝 분석기술을 이용하여 탐색된 미래신호를 중심으로 비만(다이어트)의 미래신호를 예측하고 미래신호 간의 연관관계를 파악하였다.

본 연구의 비만(다이어트)에 대한 미래신호 예측 결과를 살펴보면 다음과 같다.

첫째, 비만(다이어트)의 미래신호 분석에서 비만(다이어트)에 대한 성공 감정은 24.8%로 나타났다.

둘째, 비만(다이어트)에 대한 DoV 증가율과 평균단어빈도를 분석한 결과 운동 요인은 걷기, 식이요법 요인은 채소섭취, 치료 요인은 시술, 질병 요인은 합병증이 많이 확산되고 있는 것으로 나타났다.

셋째, 운동 요인 중 걷기의 중요성은 감소한 반면 시술에 대한 관심은 확산되고 있는 것으로 나타났다. 걷기는 문서빈도는 높으나 증가율은 중앙값보다 낮아 걷기에 대한 국민의 관심을 높이는 방안을 마련해야 할 것으로 보인다.

넷째, 시술은 문서빈도가 높고 증가율도 높게 나타나 비만(다이어트) 치료를 위한 무분별한 시술을 방지하기 위해서 대책을 마련해야 할 것으로 보인다.

다섯째, 약신호 중 치료 요인에서 한약과 비만치료제가 높은 증가율을 보여 이에 대한 과학적 근거를 마련하여야 할 것으로 보인다. 치료 요인 중 시술과 수술은 단어빈도가 높고, 높은 증가율을 보여 이에 대한 대응방안도 마련해야 할 것으로 보인다.

여섯째, 운동 요인 중 유연성, 자전거, 근력운동이 동시에 언급된 문서의 비만(다이어트) 성공 확률이 높게 나타났다. 또한 {걷기, 유연성, 근력운동, 과일섭취}=>{성공} 확률이 높게 나타났다.

참고문헌

1. 건강보험공단(2012, 2012/11/29). [보도자료] 흡연, 음주, 비만으로 인해 지출되는 진료비 규모 건강보험 전체 진료비 중 14.5% 차지. Retrieved 06/18, 2014, from http://www.nhis.or.kr/portal/site/main/MENU_WBDCC01

2. 대한비만학회(2010). 비만치료지침 2010 권고안. EndocrinolMetab, 25(4), 301–304.

3. 송태민·송주영(2016). R을 활용한 소셜 빅데이터 연구방법론. 한나래아카데미.

4. 질병관리본부(2011). 2011 국민건강통계: 국민건강영양조사. 2차년도 (Ed.).

5. 최중명·김춘배(2011). 비만관리와 과학적 근거. J Korean Med Assoc, 54(3), 250–265.

6. NICE(2006). Obesity: The Prevention, Identification, Assessment and Management of Overweight and Obesity in Adults and Children NICE clinical guideline 43. Hoborn, London: National Collaborating Center for Primary Care and the Centre for Public Health Excellence at NICE.

찾아보기